GUO JIA SHI FAN XING GAO ZHI YUAN XIAO JIAN SHE XIANG MU CHENG GUO

国家示范性高职院校建设项目成果

机电专业系列

模具

装拆实训指导

胡云　陈剑鹤　主编

清华大学出版社

北京

内 容 简 介

本书以五套典型的模具案例为载体，用简洁的语言、三维立体图及直观的照片对模具装拆步骤进行阐述。主要内容包括模具装拆前的准备、工具的使用方法、典型模具结构与工作原理、模具图样的绘制、模具的安装与调试等。

本书所选内容既有冷冲模具又有塑料模具的装拆，每个任务都配有全套完整、详尽的模具图样，可作为"模具装拆与测绘"实训教材或作为模具设计与制造专业教学参考图册，也可供从事模具设计与制造的技术人员参考。

图书在版编目(CIP)数据

模具装拆实训指导/胡云，陈剑鹤主编. —北京：清华大学出版社，2012.1(2020.1重印)
(国家示范性高职院校建设项目成果. 机电专业系列)
ISBN 978-7-302-25240-5

Ⅰ. ①模…　Ⅱ. ①胡…②陈　Ⅲ. ①模具—装配(机械)—高等职业教育—教材　Ⅳ. ①TG76

中国版本图书馆 CIP 数据核字(2011)第 064621 号

责任编辑：田　梅
责任校对：李　梅
责任印制：李红英

出版发行：清华大学出版社
　　　　网　　址：http://www.tup.com.cn，http://www.wqbook.com
　　　　地　　址：北京清华大学学研大厦 A 座　　　　　　邮　　编：100084
　　　　社　总　机：010-62770175　　　　　　　　　　邮　　购：010-62786544
　　　　投稿与读者服务：010-62776969，c-service@tup.tsinghua.edu.cn
　　　　质　量　反　馈：010-62772015，zhiliang@tup.tsinghua.edu.cn
印　装　者：北京九州迅驰传媒文化有限公司
经　　销：全国新华书店
开　　本：185mm×260mm　　　印　　张：9.25　　　字　　数：204 千字
版　　次：2012 年 1 月第 1 版　　　　　　　　　　　印　　次：2020 年 1 月第 5 次印刷
定　　价：22.00 元

产品编号：036073-02

编 委 会 成 员

出版说明

　　特色教材建设是推动课程改革和专业建设的基础,是提升人才培养质量的重要举措,也是高职院校内涵建设的重点之一。

　　2007年,经教育部、财政部批准,常州信息职业技术学院进入100所国家示范性高职院校建设行列。开展示范院校建设以来,学院坚持以科学发展观为指导,针对市场设专业,针对企业定课程,针对岗位练技能,围绕区域经济建设、信息产业发展的实际需求,全面推进以"三依托、三合一"为核心的工学结合人才培养模式改革,强化职业素质和职业技能的培养,构建了具有学院自身特色的校企合作管理平台,在培养高素质技能型人才、为服务区域经济等方面取得了显著成效。

　　为展示课程建设成果,学院和清华大学出版社合作出版了常州信息职业技术特色教材30部,这也是学院示范院校建设的成果之一。作为一种探索,这套教材在许多方面还不尽成熟和完善,但它从一个侧面反映了学院广大教师多年来对有中国特色高职教育教学,特别是教材建设层面的创新与实践,希望能对深化以职业能力培养为核心的专业改革、切实提高教育教学质量发挥应有的作用。

　　在人才培养模式的创新、课程改革和教材建设中,我们始终得到教育部、财政部、江苏省教育厅、财政厅和国家示范性高职院校建设工作协作委员会等各级领导、专家的关心和指导,得到众多行业企业、兄弟院校和清华大学出版社的大力支持,在此一并致谢!

常州信息职业技术学院

清华大学出版社

2010.6

FOREWORD

前　言

　　本教材通过以实际工作任务驱动，以实际工作过程为导向的典型模具装拆与测绘的实际工作项目的实践操作活动，训练和培养学生综合运用冲压模具设计、模具材料与热处理技术、冲压材料与冲压设备技术的能力，并能运用主流二维或三维 CAD 软件进行冲压件的二维或三维建模等。主要任务是冲压模具的装拆与测绘、塑料模具的装拆与测绘的实践。其拓展项目为模具钳工能力培训（高技能从业者综合训练）。通过掌握模具装拆、测绘及安装调试等专业技能，帮助读者逐步培养模具钳工、设计师、质检等岗位所需的工具使用、软件操作等职业能力与职业素养。

　　编者在历年指导学生进行模具拆装与测绘实训过程中，深感实训环节的重要性，但在这方面基本上没有合适的教材和参考书，教师"教"和学生"学"都遇到了不少问题和困难。本教材较好地贯彻了职业性、实用性、开放性的编写原则，避免大段的文字叙述及公式推导，提供大量的图片与实例，具有明显的职业教育特色，这将有助于学生技能的训练和专业能力的提高。

　　本书以模具的装拆及主要结构认知为主线，围绕模具装拆过程中所需要掌握的知识，以新颖的内容，紧贴行业实际，系统地讲述模具设计与制造及相近专业学生必须掌握的模具装拆、测绘和安装调试环节的内容。

　　全书分为两个项目，项目 1 介绍冷冲压模具的拆装与安装调整，其中包括级进模的拆装与测绘、复合模的拆装与测绘及弯曲模的拆装与测绘 3 个任务；项目 2 介绍塑料模具的拆装与安装调整，其中包括单分型面注射模的拆装与测绘和带内侧抽芯的双分型面注射模的拆装与测绘两个任务。每一个任务都有详尽的拆装步骤、测绘方法与全套模具图样，并采用最新国家标准进行绘图。

　　本书由常州信息职业技术学院胡云、陈剑鹤担任主编，叶锋、宋治国、吴振明、于云程与王凯等参与编写。

　　由于编写时间仓促，加之编者的水平有限，书中难免有错漏之处，期待广大读者批评指正，以便下次修订时改正。

编　者

2011 年 9 月

目录

CONTENTS

绪　　论

1. 编写目的、意义及特点

随着经济的发展,各式各样的冲压件与塑料制品已经遍及我们生活中的每个角落,模具是生产这类工业产品的重要工艺装备,现代工业中 60%～90% 的产品要靠模具生产。而对于模具专业的学生来说,首先要了解模具的结构,学会模具的拆装方法。这是掌握模具设计前重要的实践教学环节。

本教材根据职业教学改革要求,通过以实际模具的装拆及测绘过程的实际工作项目作为教材案例,使学生达到以下目标:

(1) 训练和加深学生对模具设计基础知识和基本理论的理解,培养学生的设计和实践能力。使学生全面了解与掌握模具的组成、结构和工作原理。

(2) 掌握典型模具拆装的一般方法,能够完成模具组件与总体拆卸和装配。

(3) 能够正确使用测量工具对拆卸的实际零件进行测绘,并将所学的模具知识、零件设计、制图、机械制造工艺、刀具、公差与技术测量等知识有机地结合在一起,提高学生对模具零件设计与制造、制图及测量技术等知识与技能的综合掌握与应用能力。

(4) 学会模具的简单维修维护与保养方法。

(5) 了解安装和调试方法,学会间隙调整与控制的方法。

(6) 培养学生严谨的工作态度和分析解决问题的能力。

(7) 养成良好的安全生产意识,能够自觉按规程操作。

(8) 养成良好的环境保护意识,能够自觉保持工作场所的整洁。

(9) 具有良好的团队协作精神,主动适应团队工作要求。

2. 模具拆装要点认知

模具拆装测绘的工作程序如图 0-1 所示。其具体步骤为:

(1) 将实训模具放于钳工台上,绘出模具外形结构简图。

(2) 拆装模具前,先分清可拆卸件与不可拆卸件,制订拆卸方案提前请实训室老师审查同意后方可拆卸(其中导柱与下模座、导套与上模座、浇注或铆接凸模与固定板为不可拆件)。

(3) 拆卸时一般先把上、下模(或动、定模)分开,仔细观察已准备好的模具,熟悉其工作原理,各零部件的名称、作用及相互配合关系,并了解模具所完成的工序、工步排列顺序(级进模),以及坯料和工序件的结构形状。

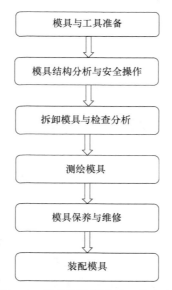

图 0-1　模具拆装测绘的工作程序

（4）分别把上、下模（或动、定模）作紧固用的螺钉拧松，再打出销钉，用拆卸工具将模具分解为各组件，再将其分解为单个零件，使可拆卸件全部分离。然后深入了解：凸、凹模（或型芯、型腔）的结构形状、加工要求与固定方法；定位与导料零件的结构形式及定位特点；卸料、压料零件的结构形式、动作原理及安装方式；导向零件的结构形式与加工要求；支承零件的结构及其作用；紧固件及其他零件的名称、数量和作用。在拆卸过程中，需记清各零件在模具中的位置及配合关系。

（5）用常用普通量具分别量出各零部件的尺寸并作记录。

（6）绘制模具装配草图与零件草图。

① 按比例绘制装配主视图，揭开上模看到下模的俯视图或上模与下模各画一半，要求清楚表明所有零部件的装配关系，标注零件序号、封闭高度及主要外形尺寸；明细栏内注明零件的序号、名称、材料、规格或标准号、热处理；注明技术要求。

② 绘制模具工作零件图。按 1∶1 的比例绘制，标注全部尺寸、精度、公差、材料、热处理及技术要求。

（7）装配上、下模及上、下合模。装配顺序与拆卸顺序刚好相反，但要注意：

① 装配前应用干净的棉纱仔细擦净销钉、导柱与导套等各配合面。若存有油垢，将会影响配合面的装配质量。销钉要用铜棒垂直敲入，螺钉应拧紧。

② 上、下模合模时要先弄清上、下模的相互正确位置，使上、下模打字面都面向操作者，合模前导柱、导套应涂以润滑油，上、下模应保持平行，使导柱平稳置入导套，不可用铜棒强行打入。

③ 上模刃口即将进入下模刃口时要缓慢进行，防止上、下刃口相啃。

（8）装配完成的模具采取人工合模验证，必要时再在压力机上试模，验证模具工作是否正常，所冲冲件是否合格。在拆装过程中，切忌损坏模具零件，尤其是模具的工作零件。对少量损伤的零件应及时修复，严重损坏的零件应更换。

（9）实训总结、写实训报告、评定实训成绩。

冷冲压模具的拆装与安装调整

任务 1-1 级进模的拆装与测绘

任务目标

(1) 使学生全面了解与掌握模具的组成、结构和工作原理。

(2) 掌握典型模具拆装的一般方法。

(3) 学会拆装工具的使用。

(4) 掌握测绘零件的方法。

任务要求

(1) 写出拆卸方案、模具类型、工作原理及各零件的作用。

(2) 安全有序地拆装模具。

(3) 写出模具现状报告。

(4) 测绘零件草图与装配草图。

本任务主要内容为冲孔落料级进模的拆装与测绘。该级进模的结构较为复杂，所包含的零件较多，所以通过对其拆装测绘，可以掌握典型冲裁模的拆装方法，理解冲裁模的工作原理及结构组成，使学生对冷冲裁模有良好的感性认识。

1.1.1 冷冲压模具的拆卸与检查

1. 模具与工具的准备

选取多套中等复杂程度的典型冷冲压模具作为拆卸对象，按组分配给学生，把要拆卸的模具放到钳工台上并对模具失效进行分析。学会安全地使用拆卸工具。

(1) 安全注意事项

① 搬运模具时，注意上、下模（或动、定模）应在合模状态。对于小型模具，如图 1-1 所示，应双手搬运，注意轻拿、稳放；而对于大型模具采用吊车或手动葫芦起重，模具要竖直放在等高垫铁或木块上。

② 进行模具拆装工作前必须检查工具是否正常，并按手用工具安全操作规程操作。

（2）工具的准备

① 铜棒、内六角扳手、十字槽与一字槽螺钉旋具、平行垫铁、台虎钳、锤子、小铜棒、磨石等钳工工具。

② 准备手套、碎布、清洗箱、塑料盒、柴油等。

（3）工具使用方法

① 使用铜棒、撬棒拆卸模具时，姿势要正确，用力要适当。图 1-2 所示为铜棒的使用方法。

图 1-1　搬运小型模具的方法　　　　图 1-2　铜棒的使用方法

② 使用螺钉旋具时

- 螺钉旋具口不可太薄、太窄，以免拧紧螺钉时滑出。

- 不得将零部件拿在手上用螺钉旋具松紧螺钉。

- 螺钉旋具不可用铜棒或锤子敲击，以免手柄砸裂。如图 1-3（a）所示，螺钉旋具不可用做传力件。

- 螺钉旋具不可当錾子使用。

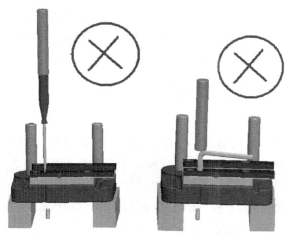

(a) 螺钉旋具不可用做传力件　　(b) 内六角扳手不可用做垂直传力件

图 1-3　不允许的操作

③ 使用内六角扳手时

· 必须与螺钉同一规格。

· 扳手不可用铜棒或锤子敲击,以免扳手变形。如图 1-3(b)所示,内六角扳手不可用做垂直传力件。

· 扳手紧螺钉时不可用力过猛,松螺钉时应有一种击力,注意可能碰到的障碍物,防止碰伤手部。图 1-4 所示为扳手的正确使用方法。

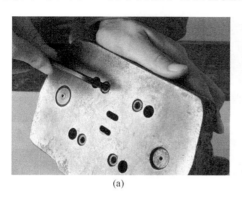 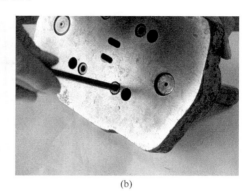

(a)   (b)

图 1-4 扳手的正确使用方法

为了使本任务顺利完成,应首先认识该模具的结构与工作原理,并制订合理的拆装工艺方案。任务实施中应注重分析和动手能力的培养。

2. 级进模模具分析

冷冲压件种类繁多,从而导致冲模的类型多种多样。根据工序性质可分为冲裁模、弯曲模、拉深模、成形模等;根据工序组合程度可以分为单工序模、复合模、级进模。

本任务以一套级进模的拆装为例,完成拆装的全部任务。

(1)模具结构简图

将要拆装模具放于钳工台上,按照图 1-5 所示的模具外形结构图,绘出模具结构简图的主视图,如图 1-7 所示。其下模部分在拆开上、下模部分后,再根据图 1-6 所示的下模结构图,绘制模具结构简图的俯视图,如图 1-7 所示。

(2)模具结构分析

① 模具的类型:本模具为冲孔落料级进模,采用弹压卸料装置,始用挡料销+挡料销+导料板组合对板料定位。

② 模具零件的组成

· 工艺构件:冲圆孔凸模、冲方孔凸模、落料凸模、凹模板、卸料板、导料板、承料板、始用挡料销、挡料销。

· 辅助构件:上模座、下模座、导柱、导套、凸模固定板、垫板、模柄、弹簧、螺钉、销钉。

③ 零件的作用

· 工作零件:冲圆孔凸模、冲方孔凸模、落料凸模、凹模板,直接进行冲裁的零件。

· 定位零件:导料板、承料板、始用挡料销、挡料销,使板料在冲模中准确地定位(送料定距与送料导向)。

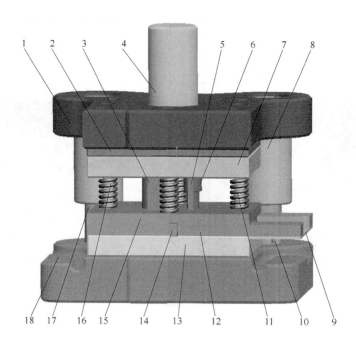

图 1-5　模具外形结构图

1—上模座；2—垫板；3—落料凸模；4—模柄；5—冲方孔凸模；6—冲圆孔凸模；
7—凸模固定板；8—导套；9—承料板；10—螺钉；11—卸料螺钉；12—导料板；
13—凹模板；14—始用挡料销；15—卸料板；16—弹簧；17—导柱；18—下模座

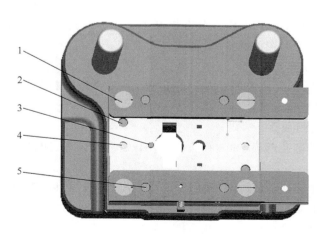

图 1-6　下模结构图

1、2—螺钉；3—挡料销；4、5—销钉

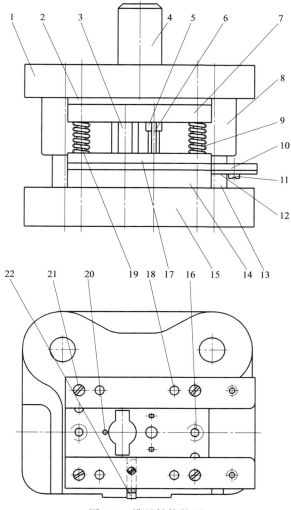

图 1-7 模具结构简图

1—上模座;2—垫板;3—落料凸模;4—模柄;5—冲圆孔凸模;6—冲方孔凸模;

7—凸模固定板;8—导套;9—弹簧;10—导料板;11、16、21—螺钉;12—承料板;

13—导柱;14—凹模;15—下模座;17—销钉;18—卸料螺钉;19—卸料板;

20—挡料销;22—始用挡料销

• 卸料零件:卸料板、弹簧,起压料与卸料作用,把卡在凸模上的料边卸下来,保证冲压能继续进行。

• 导向零件:导柱、导套,能保证在冲裁过程中凸模与凹模间间隙均匀,保证模具各部分保持良好的运动状态。

• 固定零件:上、下模座,起连接固定模具零件作用;模柄,把模具安装在压力机上的连接件;凸模固定板,起固定凸模的作用;垫板,可以很好地防止凸模被压入上模座,影响凸模正常的工作。

• 紧固零件:螺钉、销钉。

（3）级进模工作原理分析

图1-8所示为始用挡料销的工作原理。由图可知,当冲第一个零件时,手指按压始用挡料销1,使其伸出并挡住板料的前进,这时上模部分随着压力机的下行,首先由弹压卸料板压住板料,当达到压力机下死点时完成小圆孔与两个小方孔的冲裁,然后释放始用挡料销1使其归位;压力机回程时弹压卸料装置把套在小凸模上的料边卸下,同时继续向前送料,当碰到固定挡料销2时停止,上模部分随压力机再次下行时同样在压料状态下完成外形落料和冲三个小孔的工序,压力机回程时弹压卸料装置把套在凸模上的板料卸下。冲孔废料与落料件则由下模座的洞口漏出。以后各次冲裁都由固定挡料销定位。

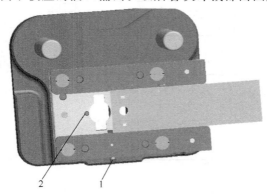

(a) 按压始用挡料销先冲三个小孔

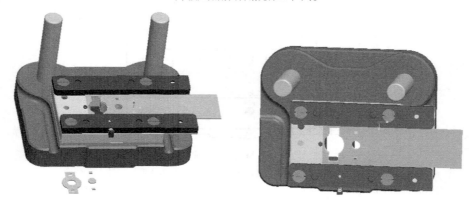

(b) 始用挡料销归位时由固定挡料销定位外形落料

图1-8　始用挡料销的工作原理

1—始用挡料销;2—固定挡料销

3. 级进模模具拆装方案的制订

（1）分析模具的配合部位

表1-1为冲模零件的配合关系。对照图1-5可知,凸模3及凸模6与凸模固定板7的配合为过渡配合且为台阶固定可以拆卸,其中冲方孔凸模5为铆接固定为不可拆卸件(为保护模具,这几个有配合的部分可以不拆卸;凸模与固定板浇注或铆接固定时凸模与固定板均为不可拆件)。

表 1-1 冲模零件的配合关系

配合部位	配合关系	配合状态	可否拆卸
凸模与固定板	H7/m6 或 H7/n6	过渡配合	视模具的固定方式而定
模柄与上模座	H7/m6 或 H7/n6	过渡配合	可拆卸
导柱与下模座	H7/r6	过盈配合	不可拆卸
导套与上模座	H7/r6	过盈配合	不可拆卸

（2）制订拆卸方案

① 分开上、下模部分。

② 先拆下模部分：如图 1-6 所示的下模结构图中，先把固定导料板的螺钉 19 拧松，再把销钉 23 打出，取下导料板与承料板组件；再取出始用挡料销组件；然后拧松螺钉 20，打击销钉 22，把凹模板与下模座分开；导柱与下模座不要拆开。

③ 再拆上模部分：如图 1-5 所示的模具外形结构图中，先把卸料装置取下；再把凸模固定板与上模座分开；再把凸模与凸模固定板分开；最后把上模座与模柄分离，上模座与导套不要拆开。

注意：制订完拆卸方案后应提请实训室老师审查同意后方可拆卸。

4. 模具拆卸与检查分析

（1）拆卸时的注意事项

① 拆卸零部件应尽可能放在一起，不要乱丢乱放，注意放稳放好，防止零件滑落、倾倒砸伤人而出现事故。

② 工作地点要经常保持清洁，通道不准放置零部件或者工具，以免使人滑倒。

③ 拆卸模具的弹性零件时，应防止零件突然弹出伤人。

④ 传递物件要小心，不得随意投掷，以免伤及他人。

⑤ 不能用拆装工具玩耍、打闹，以免伤人。

⑥ 如图 1-9 所示，拆卸销钉时不能用螺钉旋具、扳手、螺钉做传力件，应使用专用的工具，如使用小铜棒。

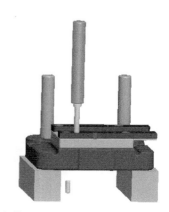

图 1-9 不能用螺钉旋具、扳手、螺钉做传力件

⑦ 不可拆卸零件或不易拆卸的零件,不要拆卸。如导柱与下模座为过盈配合或有特殊要求的配合,不要强行拆出,否则难以复原。

⑧ 拆卸过程中对少量损伤零件应及时修复,严重损坏或丢失零件应及时更换或修配。

⑨ 不准用锤子直接敲打模具,防止模具零件变形。

⑩ 拆下的零件要按顺序分类摆放整齐,防止丢失。

(2) 拆卸模具任务实施

注意在拆卸过程中要分析零件在模具中的作用,拆卸模具后要对总装草图作出修改。

① 画出模具外形图。用铅笔画出模具闭合状态下的主、俯视图,以便拆装过程中对模具具体细节结构理解的同时完善草图。

② 分开上、下模部分。模具在加工装配时,都会在模板同一侧上按顺序打标号,所以在分开模具前,应认真观察模板原有标记号的位置(图 1-10),为确保装配时不出错,也可以用粉笔或粗记号笔在模板上做标记(图 1-11),并在拆卸时按顺序整齐地摆放在钳工台的两侧,以免出错。

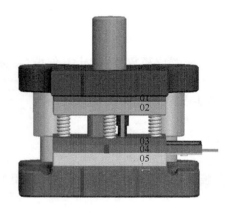

图 1-10　模具板上原有的标记号

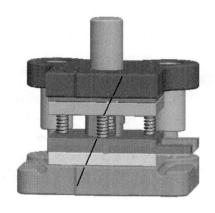

图 1-11　拆卸前给模具做标记

把模具放在钳工台上,如图 1-12 所示,用铜棒轻轻从下往上敲打上模座四周,使上、下模部分分离,如图 1-13 所示。若模具配合较紧时,可以按照图 1-14 所示方法从上往下均匀敲打下模四周,切记不能硬敲。然后把上模部分放置在钳工台的一边。

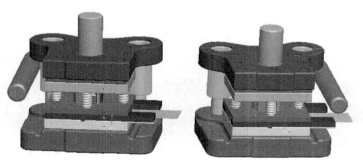

图 1-12　轻轻从下往上均匀敲打上模座四周

③ 拆卸下模部分。如图 1-15 所示，先把下模部分固定导料板的四个螺钉拧出，再用铜棒传力于小铜棒把两个销钉打出，取下导料板与承料板组件，如图 1-16 所示。

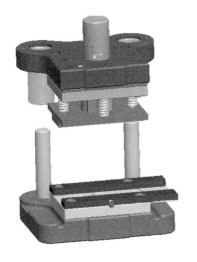

图 1-13　上、下模分离　　　　图 1-14　若模具配合较紧时可以均匀敲打下模四周

图 1-15　拆卸导料板　　　　　图 1-16　导料板与承料板组件

如图 1-17 所示，拆卸导料板组件时，需将始用挡料销组件取出，并把两个螺钉拧开，使导料板与承料板分开。

如图 1-18 所示，把下模部分放在两块平行垫铁上，然后用扳手拧出 4 个紧固螺钉，再用如图 1-19 所示方法，用铜棒敲击小铜棒把两个销钉打出，把凹模板与下模座分开；导柱与下模座属于过盈配合，不要拆开。

如图 1-20 所示，把拆卸好的下模零件按照顺序整齐地摆放在钳工台上。

④ 拆卸上模部分。如图 1-21 所示，用扳手先把卸料螺钉拧开，取下卸料板，取出弹簧。然后把四个紧固螺钉拧出，用销钉棒把两个销钉打下，把凸模固定板与上模座分开，

如图 1-22 所示;为保护模具,凸模与凸模固定板不要拆开,如图 1-23 所示,上模座与模柄、上模座与导套也不要拆开。只有在模具零件有损坏,需要修配时才拆开。

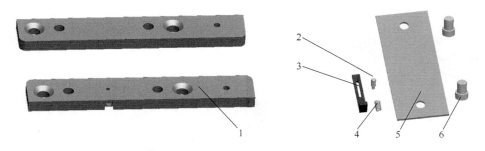

图 1-17　拆卸导料板组件
1—导料板;2—定位销;3—挡料销;4—弹簧;5—承料板;6—螺钉

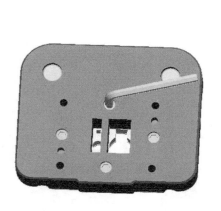

图 1-18　拆卸紧固螺钉

图 1-19　拆卸销钉

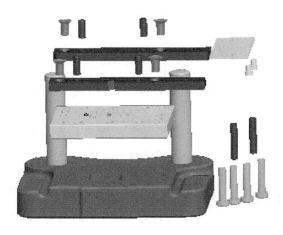

图 1-20　拆好的下模零件按照顺序摆放整齐

图 1-21　拧开卸料螺钉,取下卸料板

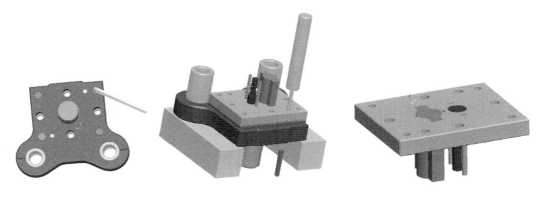

图 1-22 凸模固定板与上模座分离   图 1-23 凸模与固定板不要拆开

如图 1-24 所示,拆卸后的模具零件按上、下模结构顺序整齐摆放在钳工台上,以便模具的装配还原。

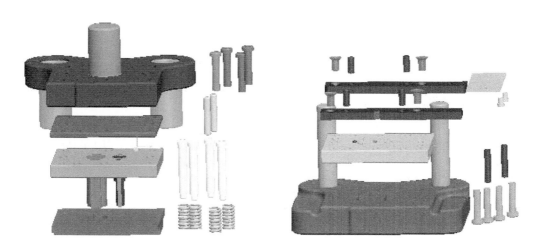

图 1-24 拆卸后的模具零件按上、下模结构顺序整齐摆放

1.1.2 模具测绘

模具测绘是把现有模具零件测绘出符合生产要求的模具图样。因此,模具测绘不仅是掌握用徒手画模具零件草图的技巧,也要求把画好的零件草图转化成正规的模具图样。这是模具工程技术人员及模具钳工必须掌握的基本技能。

本任务中要求把拆开的零件用钢直尺、游标卡尺、半径样板、表面粗糙度比较样块等测量工具,按顺序测绘出零件草图,并标注测绘尺寸。在图中标注测量基本尺寸,并按照设计尺寸确定公差。

1. 测量工具的使用

(1)钢直尺与钢卷尺

钢直尺与钢卷尺均为粗测量工具,误差较大。钢直尺的应用如图 1-25 所示。钢卷尺有 1m、2m、3m、5m 等多种规格。使用时，用尺端的挂钩勾住工件的边缘来测量尺寸。无法利用挂钩时，可将尺端让过一段尺寸来使用，使量取的尺寸更准确，如图 1-26 所示。

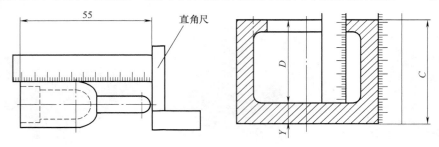

图 1-25　用钢直尺直接测量

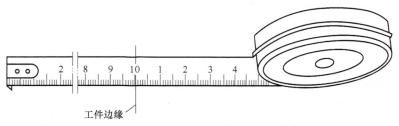

图 1-26　钢卷尺及其用法

（2）直角尺

直角尺是钳工必备的工具之一，如图 1-27(a)所示。使用方法同钢直尺一样，在长度允许的范围内，可以利用直角尺上的刻度来量取长度，或测量零部件尺寸；也用来作划线

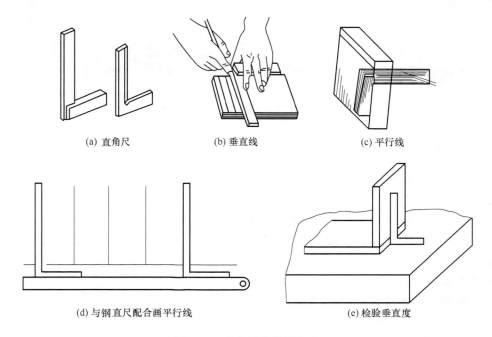

(a) 直角尺　　　　　　　(b) 垂直线　　　　　　　(c) 平行线

(d) 与钢直尺配合画平行线　　　　　　　(e) 检验垂直度

图 1-27　直角尺及使用方法

基准,可以划垂直线、平行线,如图 1-27(b)、(c)、(d)所示;还可用来检验垂直度,如图 1-27(e)所示。

（3）游标卡尺

① 游标卡尺的结构。游标卡尺是一种中等精度的量具,主要用来测量工件的外径、孔径、长度、宽度、深度、孔距等尺寸。常用的游标卡尺有普通游标卡尺、深度游标卡尺、高度游标卡尺、齿轮游标卡尺等。游标卡尺的结构如图 1-28 所示。

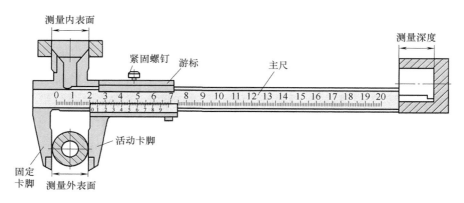

图 1-28 游标卡尺的结构

测量时,旋松紧固螺钉可使活动尺身沿固定尺身移动,并通过游标和固定尺身上的刻线进行读数,在调节尺寸时可先将微调装置上的紧固螺钉旋紧,再通过微调螺母与螺杆配合推动活动尺身前进或后退,从而获得所需要的尺寸,前端量爪可分别用来测量外径、孔径、长度、宽度、孔距等尺寸,后端测深杆可用来测量深度尺寸。

② 游标卡尺的读数方法。游标卡尺测量工件时,读数分三个步骤,如图 1-29 所示。

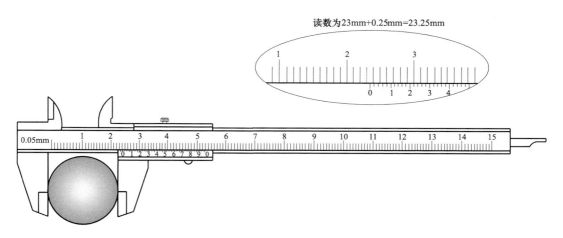

图 1-29 游标卡尺读数方法

- 先读出整数部分,即游标零刻线左边尺身上最靠近的一条刻线。
- 再读小数部分,即游标零刻线右边哪一条线与尺身刻线重合。

• 将读数的整数部分与读数的小数部分相加即为所求的读数。

③ 游标卡尺的使用要点。

• 测量前应将量爪和被测表面擦干净,检查游标卡尺各部件的相互作用,如尺框移动是否灵活,紧固螺钉是否起作用等。

• 校对零位的准确性。两量爪紧密贴合,应无明显的光隙,尺身零线与游标零线应对齐。若未对齐,应根据原始误差修正测量读数。

• 测量外形时,应先将两量爪张开到略大于被测尺寸,而测量内径时,则应将两量爪张开到略小于被测尺寸,再将固定量爪的测量面紧贴工件,轻轻移动副尺上的活动量爪使其测量面也紧贴工件,如图 1-30(a)、(b)、(c)所示,并找出最小(外形)或最大(内孔)尺寸。图 1-30(d)所示为用游标卡尺测量工件的深度。测量时,游标卡尺测量面的连线要垂直于被测表面,不可处于歪斜位置,否则测量值不正确。测量工件时,卡脚测量面必须与工件的表面平行或垂直,不得歪斜,且用力不能过大,以免卡脚变形或磨损,影响测量精度。

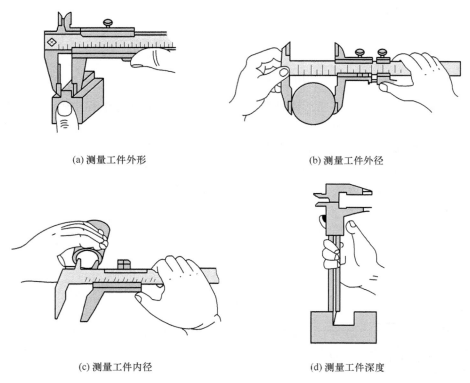

(a) 测量工件外形

(b) 测量工件外径

(c) 测量工件内径

(d) 测量工件深度

图 1-30　游标卡尺的用法

• 读数时,视线应垂直于尺面,否则测量值不准确。

• 游标卡尺用完后,仔细擦净,抹上防护油,平放在盒内,以防生锈或弯曲。

④ 高度游标卡尺、深度游标卡尺。高度游标卡尺由尺身、游标、划线脚和底盘组成,划线脚镶有硬质合金,能直接表示出高度尺寸,其读数精度一般为 0.02mm,通常作为精密划线工具使用。高度游标卡尺、深度游标卡尺如图 1-31 所示,使用方法如下:

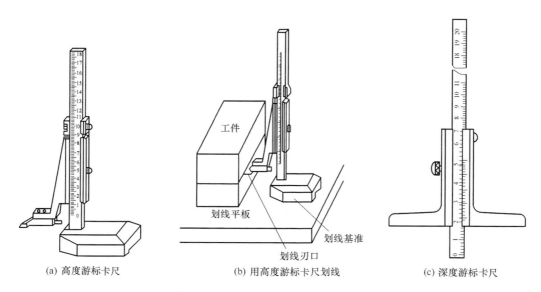

(a) 高度游标卡尺　　　　(b) 用高度游标卡尺划线　　　　(c) 深度游标卡尺

图 1-31　高度游标卡尺、深度游标卡尺

- 高度游标卡尺作为精密划线工具,不得用于粗糙毛坯表面的划线。
- 用完以后应将高度游标卡尺、深度游标卡尺擦拭干净,涂油装盒保存。

（4）千分尺

千分尺是一种精密测量的测微量具,用来测量加工精度较高的工件,其测量精度为0.01 mm。千分尺可分为外径千分尺、内径千分尺和深度千分尺。

外径千分尺主要由尺架、砧座、固定套管、微分管、锁紧手柄、测微螺杆、测力装置等组成,如图 1-32 所示。其规格按测量范围分为:0～25mm、25～50mm、50～75mm、75～100mm、100～125mm、125～150mm 等,使用时按被测工件的尺寸大小选用。

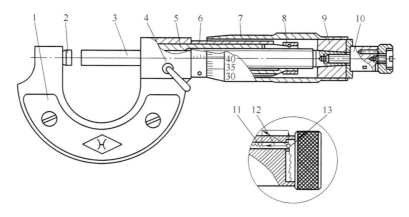

图 1-32　外径千分尺

1—尺架；2—砧座；3—测微螺杆；4—锁紧手柄；5—螺纹套；6—固定套管；7—微分管；
8—螺母；9—接头；10—测力装置；11—弹簧；12—棘轮爪；13—棘轮

　　内径千分尺主要由固定测头、活动测头、螺母、固定套管、微分管、调整量具、管接头、管套、量杆等组成,如图 1-33 所示。它的测量范围可达 13mm 或 25mm,最大不超过 50mm。为扩大测量范围,成套的内径千分尺还带有各种尺寸的接长杆。

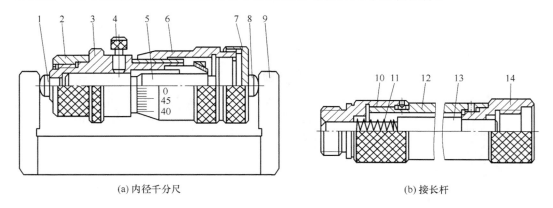

(a) 内径千分尺　　　　　　　　　　　　　(b) 接长杆

图 1-33　内径千分尺

1—固定测头;2—螺母;3—固定套管;4—锁紧装置;5—测微螺母;6—微分管;7—螺母;8—活动测头;9—调整量具;
10、14—管接头;11—弹簧;12—管套;13—量杆

　　千分尺的使用方法如下:

　　① 测量前,转动千分尺的测力装置,使两侧砧面贴和,检查是否密合;同时检查微分管与固定套管的零刻线是否对齐。

　　② 测量时,在转动测力装置时,不要用大力转动微分管。当测量面与被测工件贴合时,保持测微螺杆的轴线与工件表面垂直,此时转动测力装置,直到棘轮发出"嗒嗒"声为止。

　　③ 读数时,最好不要取下千分尺进行读数,如确需取下,应首先锁紧测微螺杆,防止尺寸变动。

　　注意:读数时,不要漏读 0.5mm。

　　读数时,首先读出微分筒边缘在固定套管主尺的毫米数和半毫米数,然后看微分管上哪一格与固定套管上基准线对齐,并读出相应的不足半毫米数,最后把两个读数相加就是测得的实际尺寸。千分尺的读数方法如图 1-34 所示。

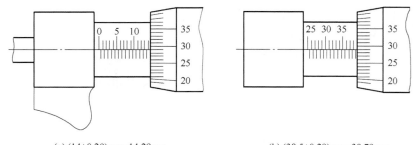

(a) (14+0.29)mm=14.29mm　　　　　　　(b) (38.5+0.29)mm=38.79mm

图 1-34　千分尺的读数方法

（5）塞尺

塞尺是用来检验两个接合面之间间隙大小的片状量规。塞尺由一组薄钢片组成，厚度一般为 0.01～11mm，长度有 50mm、100mm、200mm 等多种规格，每片有两个平行的测量面，用于测量零件之间的微小间隙。塞尺及其用法如图 1-35 所示，使用塞尺时应注意：

① 应根据间隙大小选择塞尺的薄片数，可用一片或数片重叠在一起使用。

② 由于塞尺的片很薄，容易弯曲和折断，因此，测量时不能用力过大。

③ 不要测量高温零件，以免塞尺变形，影响精度。

④ 用完后要擦拭干净，及时放到夹板中。

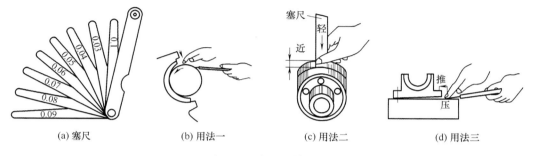

(a) 塞尺　　　　　(b) 用法一　　　　　(c) 用法二　　　　　(d) 用法三

图 1-35　塞尺及其用法

（6）内、外卡钳

内、外卡钳是一种间接测量工具，由于工件或测量场合的限制无法使用游标类量具或千分尺等测量工具时，才使用该类测量工具，其测量精度较低。内、外卡钳及其应用如图 1-36 所示，使用方法如下：

① 使用时应先在工件上度量后，再与带读数的量具进行比较，然后得出读数；或者先在读数的量具上度量出必要的尺寸后，再和所要测量的工件进行比较。

② 两个卡脚的测量面与工件接触要正确，调整卡钳使卡脚与工件感觉稍有摩擦即可，如图 1-37 所示。

（7）半径样板及圆弧线轮廓度的检测方法

半径样板一般是成套组成的，其外形如图 1-38(a) 所示，由凸形样板和凹形样板组成，常用的半径样板有 $R1～R6.5mm$、$R7～R14.5mm$ 和 $R15～R25mm$ 三种。其测量方法如图 1-38(b) 所示，使用方法如下：

① 半径样板最小只能测量 $R1mm$，最大只能测量 $R25mm$，如果半径小于 $R1mm$ 或大于 $R25mm$ 就需要自制半径样板。

② 测量时，半径样板圆弧与零件轮廓圆弧相吻合，半径样板上的标值即为零件圆弧半径。

③ 当光线不足，样板与零件圆弧吻合程度难以判断时，可通过对灯看缝隙大小来判断。

（8）表面粗糙度比较样块

表面粗糙度比较样块常用在型腔模具表面粗糙度有一定要求时进行比较。以样块工作表面的表面粗糙度为标准，与待测工件表面进行比较，从而判断工件表面粗糙度值。比较时所用样块须与被测工件的加工方法相同，以减少检测误差，提高判断的准确性。当大批量生产时，也可从加工零件中挑选出样品，经鉴定后作为表面粗糙度样板使用。

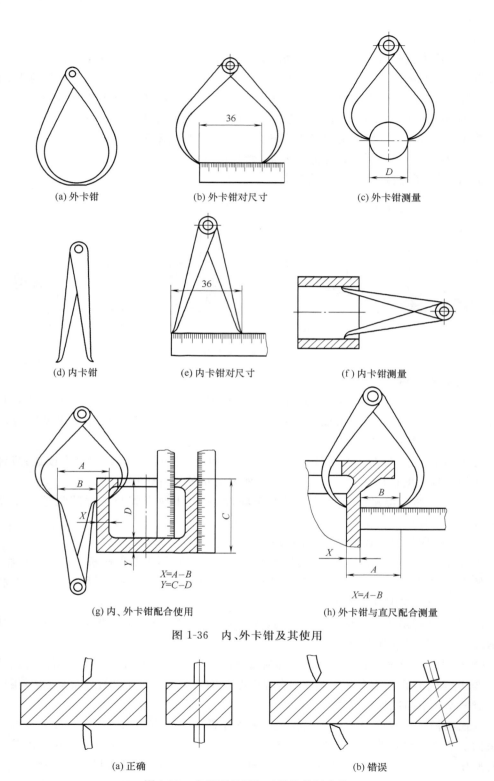

(a) 外卡钳　　　　　　　(b) 外卡钳对尺寸　　　　　　(c) 外卡钳测量

(d) 内卡钳　　　　　　　(e) 内卡钳对尺寸　　　　　　(f) 内卡钳测量

$X=A-B$
$Y=C-D$

$X=A-B$

(g) 内、外卡钳配合使用　　　　　　　　(h) 外卡钳与直尺配合测量

图 1-36　内、外卡钳及其使用

(a) 正确　　　　　　　　　　　　　(b) 错误

图 1-37　卡钳测量面与工件的接触方法

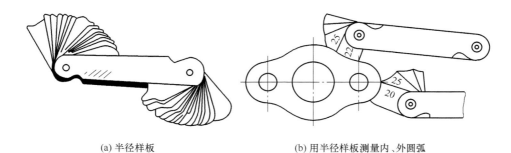

(a) 半径样板   (b) 用半径样板测量内、外圆弧

图 1-38　半径样板及应用

比较法具有简单易行的优点,适合在车间或现场使用;缺点是评定的可靠性很大程度取决于检验人员的经验。因此,比较法只适用于评定表面粗糙度要求不是太高的模具零件。

图 1-39 所示为套装表面粗糙度比较样块,其规格见表 1-2。

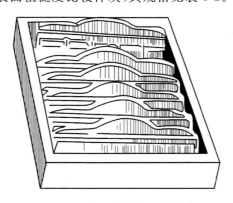

图 1-39　表面粗糙度比较样块

表 1-2　表面粗糙度比较样块的规格

表面加工方式		每套数量	表面粗糙度参数公称值 $Ra/\mu m$
铸造(GB/T 6060.1—1997)		12	0.2,0.4,0.8,1.6,3.2,6.3,12.5,25,50,100
机 加 工 （GB/T 6060.2—2006)	磨	8	0.025,0.05,0.1,0.2,0.4,0.8,1.6,3.2
	车、镗	6	0.4,0.8,1.6,3.2,6.3,12.5
	铣	6	0.4,0.8,1.6,3.2,6.3,12.5
	插、刨	6	0.8,1.6,3.2,12.5
电火花(GB/T 6060.3—2008)		6	0.4,0.8,1.6,3.2,12.5
抛丸、喷砂(GB/T 6060.3—2008)		10	0.2,0.4,0.8,1.6,3.2,6.3,12.5,25,50,100
抛光(GB/T 6060.3—2008)		7	0.012,0.025,0.05,0.1,0.2,0.4,0.8

注:Ra 为表面轮廓算术平均偏差。

（9）实际模具测量实例

① 测量零件外形,如图 1-40 所示。

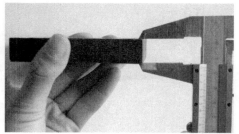

图 1-40　测量零件外形

② 测量零件内形,如图 1-41 所示。

图 1-41　测量零件内形

③ 测量孔间距,如图 1-42 所示。

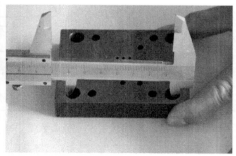

图 1-42　测量孔间距

④ 测量孔边距,如图 1-43 所示。

⑤ 测量阶梯孔深度,如图 1-44 所示。

小技巧: 拆装测绘图精度要求不高时,可以用纸和铅笔对小型模具进行拓印,然后用尺量出其尺寸,如图 1-45 所示。

模具中曲面零件的手工测量方法多种多样,因人而异,但存在的共同问题是测量精度低,要想达到精密测量,需借助三坐标测量仪等先进测量设备。

2. 测绘零件结构草图

(1) 测绘零件草图的方法与步骤

① 绘图前,仔细观察、分析模具零件,确定各部分形状和相互关系,选择模具零件工

图 1-43　测量孔边距

图 1-44　测量阶梯孔深度

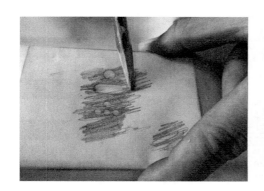

图 1-45　用纸和铅笔拓印小型模具

作位置作为零件主视图的投射方向。

② 使绘制的模具零件三视图总体和局部形状、大小接近零件实际。

③ 画图时,先画外形轮廓,再画剖视图。

④ 三视图轮廓线绘制完成后,再徒手画出各部分的尺寸界限、尺寸线及箭头,集中对模具零件测量,将每次测量所得的数值填写在尺寸线上。

⑤ 检查各视图及标注的尺寸是否正确,经过修改,确定无误后,徒手描出图中的粗实线。

⑥ 最后将测绘草图转换为正式的模具图,拟订技术要求,检查、填写标题栏。

（2）绘制凹模零件草图

绘制如图 1-46 所示凹模零件草图。可先标注测量尺寸,绘制正规零件图时再进行尺寸公差和几何公差的标注,再把测量尺寸转换为设计尺寸。

（3）测绘导料板

两个导料板形状接近对称,可测绘一个后,另一个只测绘不同形状部位,标注不同形状部位的尺寸。导料板的测绘草图如图 1-47 所示。

（4）测绘承料板

测量孔边距尺寸 10mm、孔径为 7mm、承料板宽度为 40mm、承料板厚度为 2mm,然后在绘制的零件草图上标注测量尺寸。承料板的测绘草图如图 1-48 所示。

（5）测绘下模座

由于模座是标准零件,可以只绘制模座外形与剖视图,标注外形尺寸、型孔尺寸及深度即可,最后再参照相应标准零件标全尺寸。下模座的测绘草图如图 1-49 所示。

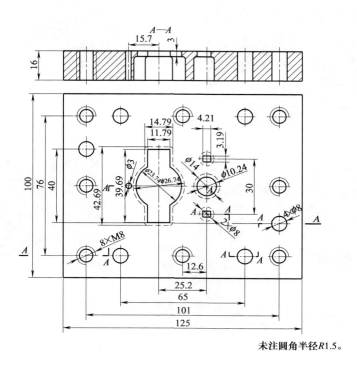

图 1-46 凹模零件的测绘草图

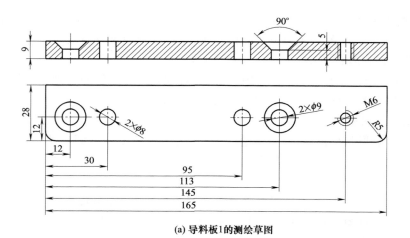

(a) 导料板1的测绘草图

图 1-47 导料板的测绘草图

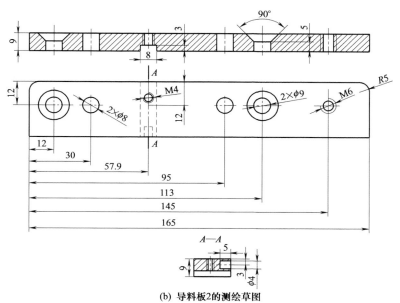

(b) 导料板2的测绘草图

图 1-47 （续）

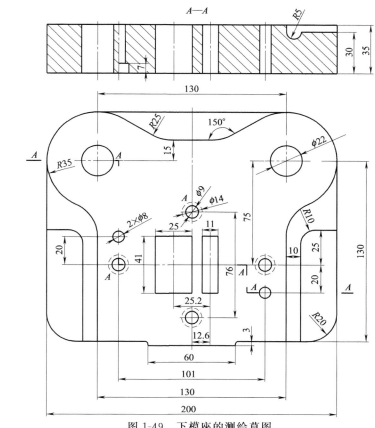

图 1-48 承料板的测绘草图

图 1-49 下模座的测绘草图

（6）测绘凸模及固定板

因为凸模与凸模固定板不拆开，所以凸模的具体结构要通过组件的上下尺寸及固定方式决定。图 1-50 所示为凸模与凸模固定板组件的测绘草图。测绘不拆下的凸模时，为了解具体结构，凸模固定板上下测出的凸模尺寸差小于 1mm 时，推测凸模与固定板是铆接关系；当该尺寸差大于或等于 1mm 时，则为台阶固定。

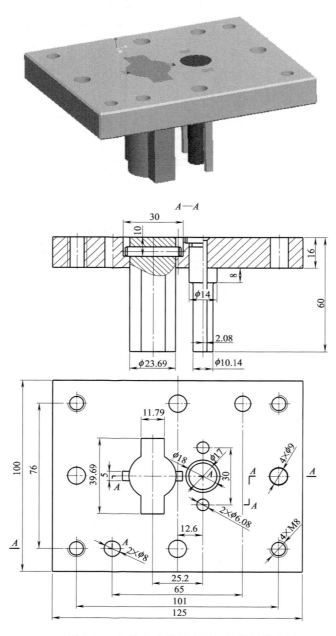

图 1-50 凸模与凸模固定板组件的测绘草图

测绘后把凸模及凸模固定板细节结构完善后,绘出拆卸零件草图。

① 拆画凸模。三种凸模的零件测绘草图与相应的加工方法和固定方式见表1-3。

表 1-3 三种凸模的零件测绘草图与相应的加工方法和固定方式

	落料凸模	冲圆孔凸模	冲方孔凸模
加工方法	电火花线切割	车削加工	铣削
固定方式	销钉固定、外形配合	台肩固定	铆接

② 拆画凸模固定板,如图1-51所示。

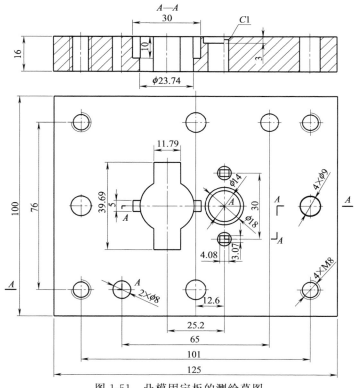

图 1-51 凸模固定板的测绘草图

（7）测绘卸料板，如图 1-52 所示。

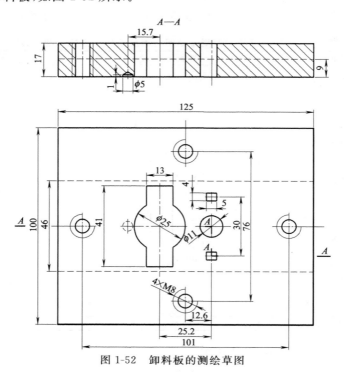

图 1-52　卸料板的测绘草图

（8）测绘垫板，如图 1-53 所示。

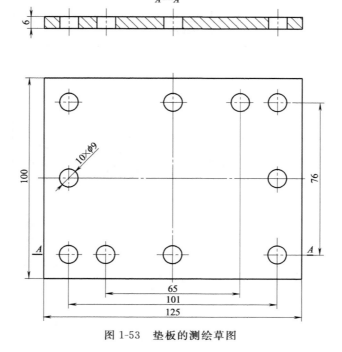

图 1-53　垫板的测绘草图

（9）测绘上模座，如图1-54所示。

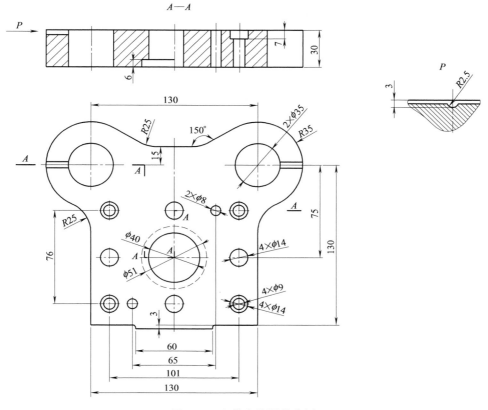

图1-54 上模座的测绘草图

以上为实际测绘尺寸，在绘制正规装配图与零件图时，将实测尺寸转换为设计尺寸进行标注，同时还要注意标注必要的公差与配合尺寸。

1.1.3 级进模的装配

1. 模具装配概述

（1）模具装配过程及其主要技术要求

模具装配过程是按照模具技术要求和各零件间的相互关系，将合格的零件连接固定为组件、部件，直至装配成合格的模具，它可以分为组件装配和总装配等。模具装配质量的好坏直接影响到制件的质量、模具本身的工作状态及使用寿命。模具属于单件小批量生产类型，所以模具装配大都采用集中装配的组织形式。所谓集中装配是指在模具零件组装成部件或模具的全过程中，由一个工人在固定地点完成。

模具装配的内容包括：将模具零件按图样要求选择装配基准、组件装配、调整、修配、研磨抛光、检验和试冲（试压）等环节，通过装配达到模具各项精度指标和技术要求。通过模具装配和试冲（试压），将考核制件成形工艺、模具设计方案和模具工艺编制等工作的正确性和合理性。在模具装配阶段发现的各种技术质量问题，必须采取有效措施及时解决，以满足制件成形的需要。

模具装配工艺规程是指导模具装配的技术文件,也是制订模具生产计划和进行生产技术准备的依据。模具装配工艺规程的制订应根据模具种类和复杂程度以及各单位的生产组织形式和习惯做法等具体情况可简可繁。模具装配工艺规程包括:模具零件和组件的装配顺序,装配基准的确定,装配工艺方法和技术要求,装配工序的划分以及关键工序的详细说明,必备的工具和设备,检验方法和验收条件等。

在装配过程中,模具钳工应按装配图和技术要求将模具零件进行装配。冷冲压模具装配的主要技术要求如下。

① 模具的总体装配精度。

•装配前要检查模具各零件的材料、几何形状、尺寸精度、表面粗糙度和热处理硬度等是否符合设计要求,各零件的工作表面是否有裂纹和机械损伤等缺陷,有则视为不合格件。

•装配完成后,模具各零件间的相对位置精度必须保证。尤其是一种冲压件需要几套冲模才能得到时,冲模制造要保持一定的连续性,这时冲压件的有些尺寸与几套冲模零件尺寸有关,需特别注意。

•所有存在相对活动的模具零件,应保证位置准确,配合间隙合理,运动平稳。

•模具的螺钉、销钉等紧固零件,要固定得牢固可靠,不应出现松动和脱落。

•模架的精度等级应满足冲压件所需的精度要求。

•模具装配后,上模座沿导柱上、下移动时,应平稳顺畅,导柱与导套的间隙要均匀,且配合精度应符合标准规定。

•模板导柱部分应与下模座上平面垂直,其垂直度允差为 0.01∶100mm。所有凸模应与固定板装配基面垂直。

•凸模与凹模间的间隙要符合设计要求,且在凸模与凹模间的整个轮廓间隙应均匀一致。

•定位销、挡料销要符合设计要求,毛坯的定位应准确、可靠、安全;模具的出件与排料应通畅无阻。

•装配后的冲模除符合上述要求外,还应符合装配图的其他技术要求。

② 模具外观和安装尺寸。

•模具外露部分应将锐角倒钝,安装面应光滑平整。螺钉、销钉头部不能高出安装面,并且不应有明显毛刺和击伤等痕迹。

•所用的压力设备应满足模具的闭合高度、模具与压力机的各配合部位尺寸。

•大、中型冲模应设有起重孔。

•模具上应打有模具编号和产品零件图号。

(2) 装配尺寸链和装配工艺方法

模具装配的重要问题是用什么样的装配工艺方法来达到装配精度要求,以及如何根据装配精度要求来确定零件的制造公差,而建立和分析装配尺寸链将确定经济合理的装配工艺方法和零件的制造公差。

① 装配尺寸链的概念。在模具装配中,将与某项精度指标有关的各个零件的尺寸依次排列,形成一个封闭的链形尺寸,这个链形尺寸就称为装配尺寸链,如图 1-55

所示。

　　装配尺寸链的组成和计算方法与工艺尺寸链相似。装配尺寸链有封闭环和组成环。封闭环是装配后自然得到的,它往往是装配精度要求或是技术条件;组成环是构成封闭环的各个零件的相关尺寸。如图 1-55 所示,A_0 是装配后形成的,它又是技术条件规定的尺寸,因此它是封闭环,A_1、A_2、A_3 和 A_4 是组成环。组成环又分增环和减环,它和工艺尺寸链中的判断方法一样。由于各个组成环都有制造公差,所以封闭环的公差就是各个组成环的累积公差。因此,建立和分析装配尺寸链就能够了解累积公差和装配精度的关系,以及通过计算公式定量计算来确定合理的装配工艺方法和各个零件的制造公差。

　　建立装配尺寸链应遵循尺寸链最短路线原则,即环数最少原则。

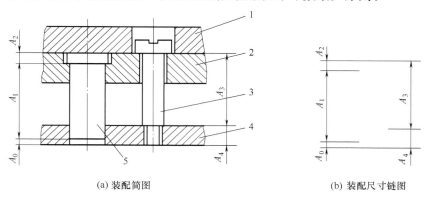

(a) 装配简图　　　　　　　　　　　　(b) 装配尺寸链图

图 1-55　装配简图及装配尺寸链图

1—垫板;2—固定板;3—退料螺钉;4—弹压卸料板;5—凸模

　　② 模具装配的工艺方法。模具装配的工艺方法有互换法、修配法和调整法。模具生产属于单件小批生产,又具有成套性和装配精度高的特点,所以目前模具装配常用修配法和调整法。随着模具加工设备的现代化,零件制造精度将满足互换法的要求,互换法的应用也会越来越多。

　　•互换法。互换法的实质是利用控制零件制造加工误差来保证装配精度的方法。按互换程度分为完全互换法和部分互换法。

　　•完全互换法(极值法)。完全互换法的原则是各有关零件的制造公差之和应小于或等于装配允许的误差。用公式来表示如下

$$\delta_\Delta \geqslant \sum_{i=1}^{n} \delta_i = \delta_1 + \delta_2 + \delta_3 + \cdots + \delta_n \tag{1-1}$$

式中　δ_Δ——装配允许的误差(公差);

　　　　δ_i——各有关零件的制造公差。

　　显然在这种装配中,零件是完全可以互换的。就是说对于加工合格的零件,不需经过任何选择、修配或调整,经装配后就能达到预定的装配精度和技术要求。例如,某种定、转子硅片硬质合金多工位自动级进模,凹模由 12 个拼块镶拼而成,制造精度达到微米级,不

需修配就可以装配，是采用精密加工设备来保证的。

• 部分互换法（概率法）。这种方法的原则是各有关零件的制造公差值平方之和的算术平方根小于或等于装配允许的误差。即

$$\delta_\Delta \geqslant \sqrt{\sum_{i=1}^{n} \delta_i^2} = \sqrt{\delta_1^2 + \delta_2^2 + \delta_3^2 + \cdots + \delta_n^2} \qquad (1\text{-}2)$$

显然，式(1-2)与式(1-1)相比，零件的制造公差可以放大些，使加工容易且经济，同时仍能保证装配精度。采用这种方法存在着超差的可能性，但超差的概率很小，合格率为99.75%，不合格率很小，只有少数零件不能互换，故称为部分互换法。

互换法的优点是：装配过程简单，生产率高；对工人技术水平要求不高，便于流水作业和自动化装配；容易实现专业化生产，利于降低成本；备件供应方便。

互换法的缺点是：零件加工精度要求高（相对其他装配方法）；部分互换法有出现不合格产品的可能。

• 修配法。在单件小批生产中，当装配精度要求高时，如果采用完全互换法，则使相关零件尺寸精度要求很高，这对降低成本不利。在这种情况下，采用修配法是适当的。

修配法是在某零件上预留修配量，在装配时根据实际需要修整预留面来达到装配精度的方法。修配法的优点是能够获得很高的装配精度，而零件的制造公差可以放宽；缺点是装配中增加了修配工作量，工时多且不易预定，装配质量依赖于工人技术水平，生产率低。

采用修配法时应正确选择修配对象。应选择那些只与本项装配精度有关，而与其他装配精度无关的零件。通过装配尺寸链计算修配件的尺寸与公差，既要有足够的修配量，又不要使修配量过大；应尽可能考虑用机械加工方法代替手工修配。

• 调整法。调整法的实质与修配法相同，仅具体方法不同。调整法是利用一个可调整的零件来改变它在机器中的位置，或变化一组定尺寸零件（如垫片、垫圈）来达到装配精度的方法。调整法可以放宽零件的制造公差，但装配时同样费工、费时，并要求工人有较高的技术水平。

（3）模具装配的主要步骤

模具装配是典型的钳工负责制的单件小批量组装，普遍采用修配装配法及调整装配法，通过对某些零件的修磨或位置调整使之达到装配精度要求。在组织形式上，模具装配现阶段多数还是在固定地点，由技术熟练的钳工完成所有装配工作。常见模具装配的主要步骤如下。

① 装配前的准备。

• 研究分析装配图、零件图，了解各零件的作用、特点和技术要求，掌握关键装配尺寸。

• 检查待装配零件，确定哪些零件有配作加工内容。

• 确定装配基准。

• 清理模具零件。清洁、退磁、规整模具零件。

② 装配和配作。根据模具设计图样，按照模具的结构和技术要求，确定合理的装配顺序及装配方法，选择合理的检测方法和测量工具，对模具进行装配。

冲裁模一般选用标准模架，装配时需对标准模架进行补充加工，然后进行模柄、凸模

和凹模等装配。

模具装配时,为了方便地将上、下两部分的工作零件调整到正确位置,并使凸模、凹模具有均匀的间隙,应正确安排上、下模的装配顺序。

装配有模架的模具时,一般是先装配模架,再进行模具工作零件和其他结构零件的装配。装配模架时要注意,导柱与导套的配合及与上、下模座的装配关系如图1-56所示。上、下模的装配顺序应根据上模和下模上所安装的模具零件在装配和调整过程中所受限制的情况来决定。如果上模部分的模具零件在装配和调整时所受限制最大,应先装上模部分,并以它为基准调整下模部分的零件,保证凸、凹模配合间隙均匀。反之,则应先装模具的下模部分,并以它为基准调整上模部分的零件。

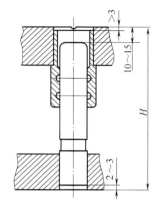

图1-56 导柱与导套的配合

上、下模的装配顺序应根据模具的结构来决定。对于无导柱的模具,凸、凹模的配合间隙是在模具安装到压力机上时才进行调整,上、下模的装配可以分别进行。

③ 检验。在装配完成后进行全面检查,以确定是否满足装配技术要求。

④ 试模和修正。将装配好的模具在压力机上试模,找出模具的问题所在并加以修正,修正后再进行试模,直至模具检验合格为止。

⑤ 入厂或入库。将合格的模具清理干净,特别是凸模、凹模表面的残料,给上、下模打上编号、生产日期等,涂上缓蚀剂后出厂或入库。

2. 冲压模具零部件的装配

(1) 模架的技术要求及装配

① 模架装配的技术要求。冲压模模架技术条件(JB/T 8050—2008)的主要内容如下:

• 组成模架的零件应符合相应标准和技术条件(JB/T 8070—2008)的规定。

• 装入模架的每对导柱和导套间的配合要求应符合表1-4的规定。

• 装配成套的滑动导向模架分为Ⅰ和Ⅱ级,装配成套的滚动导向模架分为0Ⅰ级和0Ⅱ级。各级精度的模架必须符合表1-5的规定。

表 1-4 导柱和导套间的配合要求

配合形式	导柱直径/mm	配合精度		配合后的过盈量/mm
		H6/h5(Ⅰ级)	H7/h6(Ⅱ级)	
		配合后的间隙值/mm		
滑动配合	≤18	≤0.010	≤0.015	
	>18~28	≤0.011	≤0.017	
	>28~50	≤0.014	≤0.021	
	>50~80	≤0.016	≤0.025	
滚动配合	>18~35			0.01~0.02

表 1-5   模架分级技术指标

检 查 项 目	被测尺寸/mm	精 度 等 级			
		滑动导向模架		滚动导向模架	
		Ⅰ级	Ⅱ级	0Ⅰ级	0Ⅱ级
上模座上平面对下模座下平面的平行度	≤400	5	6	5	6
	>400	6	7	6	7
导柱轴心线对下模座下平面的垂直度	≤160	4	5	4	5
	>160	4	5	4	5

• 装配后的模架,上模相对下模上下移动时,导柱和导套之间应滑动平稳。如图 1-56 所示,装配后,导柱固定端面与下模座下平面保持 2～3mm 的空隙,导套固定端面应低于上模座上平面 2～3mm。

• 压入式模柄与上模座为 H7/h6 配合。除浮动模柄外,其他模柄装入上模座后,模柄轴心线对上模座上平面的垂直度误差在模柄长度内不大于 0.05mm。

• 在有明显方向标志的情况下,滑动式和滚动式中间导柱模架和对角导柱模架允许采用相同直径的导柱。

② 模架的装配方法。

• 压入式模架的装配。压入式模架的导柱和导套与上、下模座采用过盈配合。按照导柱、导套的安装顺序,有以下两种装配方法。

ⓐ 先压入导柱的装配方法。如图 1-57 所示,压入导柱时,在压力机平台上将导柱置于下模座孔内,用专用工具的百分表(或宽座角尺)在两个垂直方向检验和校正导柱的垂直度。边检验校正边压入,将导柱慢慢压入下模座内。

如图 1-58 所示,将上模座反置套上导套,转动导套,用千分表检查导套内、外圆配合面的同轴度误差;然后将同轴度最大误差调至两导套中心连线的垂直方向,使由于同轴度误差引起的中心距变化最小,然后压入导套。

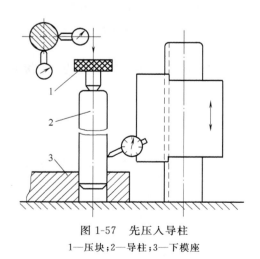

图 1-57   先压入导柱
1—压块;2—导柱;3—下模座

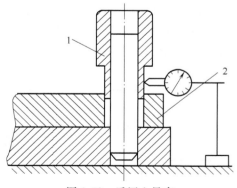

图 1-58   后压入导套
1—导套;2—上模座

ⓑ 先压入导套的装配方法。如图 1-59 所示,将上模座放于专用工具的平板上,平板上有两个与底面垂直、与导柱直径相同的圆柱,将导套分别套入两个圆柱上,垫上等高垫

块,在压力机平台上将导套压入上模座内。

压入导柱的过程如图1-60所示,在上、下模座之间垫入等高垫块,将导柱插入导套内,在压力机平台上将导柱压入下模座5～6mm;然后将上模座提升到导套不脱离导柱的最高位置,如图1-60中双点画线所示的位置,然后轻轻放下,检验上模座与等高垫块接触的松紧是否均匀。如松紧不均匀,应调整导柱,直至松紧均匀,然后压入导柱。

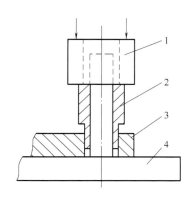

图1-59 先压入导套

1—等高垫块;2—导套;3—上模座;4—专用工具

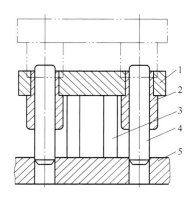

图1-60 后压入导柱

1—上模座;2—导套;3—等高垫块;4—导柱;5—下模座

ⓒ 检测上、下模座的平行度。平行度是指工件上被测要素(线和面)相对于与基准平行方向所偏移的程度,如图1-61(a)所示。图1-61(b)为单个零件两面平行度误差的一种检验方法,将被测零件放在检验平板上,移动百分表,在被测表面上按规定测量线进行测量,百分表最大与最小示值之差即为平行度误差。

图1-62所示为冲压模架上模座对下模座平行度检测方法。将装配好的上下模座合拢,中间垫以球面垫块,测量时放在精密平板上,移动千分表架或推动模架,在被测面上用千分表测量,取最大与最小示值之差即为模架的平行度误差。

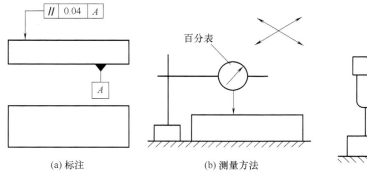

(a)标注   (b)测量方法

图1-61 平行度标注与测量方法

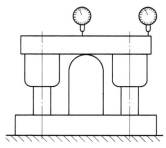

图1-62 冲压模架平行度测量

• 组件装配。压入式模柄的装配如图1-63所示。装配前要检查模柄和上模座配合部位的尺寸精度和表面粗糙度,并检验上模座安装面与平面的垂直度精度。装配时将上模座放平,在压力机上将模柄慢慢压入(或用铜棒打入)上模座,要边压边检查模柄垂直度,直至模柄台阶面与安装孔台阶面接触为止。检查模柄相对于上模座上平面的垂直度精度,合格后加工骑缝销孔,安装骑缝销,最后磨平端面。

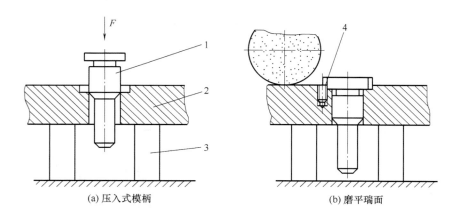

(a) 压入式模柄　　　　　　　(b) 磨平瑞面

图 1-63　压入式模柄的装配
1—模柄;2—上模座;3—等高垫块;4—骑缝销

检测模柄相对于上模座上平面的垂直度精度的方法有两种:用百分表测量,如图1-57所示;用直角尺测量,如图 1-64(b)所示,测量直角尺窄边之间的缝隙,最大缝隙与最小缝隙之差即为垂直度误差。

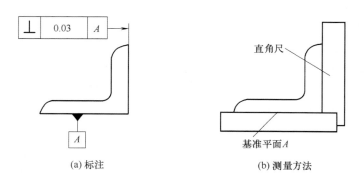

(a) 标注　　　　　　　(b) 测量方法

图 1-64　垂直度的标注与测量方法

- 凸模、凹模与固定板的装配。其装配要点与模柄的装配相同。

(2) 冲裁模总装配要点

① 确定装配基准件。根据模具主要零件的相互装配关系以及装配方便和易于保证装配精度的要求来确定装配基准件。依据模具类型的不同,导板模以导板作为装配基准件,复合模以凸凹模作为装配基准件,级进模以凹模作为装配基准件,模座有窝槽结构的则以窝槽作为装配基准件。

② 确定装配顺序。根据各个零件与装配基准件的装配关系和远近程度来确定装配顺序。装配零件要有利于后续零件的定位和固定,不得影响后续零件的装配。

③ 控制冲裁间隙。装配时要严格控制凸、凹模间的冲裁间隙,保证间隙均匀。

④ 对模具内各活动部件的要求。模具内各活动部件必须保证位置尺寸正确,活动配合部位动作灵活可靠。

⑤ 试冲。试冲是模具装配的重要环节,通过试冲可以发现问题,并采取措施排除故障。

3. 级进模的装配

把已经拆卸的模具零件清洗后,按先拆的零件后装,后拆的零件先装为一般装配顺序。根据级进模装配要点,选凹模作为装配基准件,先装下模,再装上模。

级进模的装配要点:凹模型孔的相对位置及布局一定要准确,否则冲出的制件很难满足规定的质量要求;级进模的凹模是装配基准件,其结构多数采用镶拼的形式,由若干块拼块或镶块组成。因此级进模的装配首先是装配凹模或凹模组件,当凹模组件装配合格后,再将其压入固定板,然后把固定板装入下模,以凹模定位装配凸模,再把凸模装入上模,待用试切纸法试冲达到要求后,用销钉定位固定,再装入其他辅助零件。级进模装配的关键是获得准确的布局和保证间隙均匀,因此,必须对各组凸、凹模进行预配合。

(1)级进模组件的装配

先装导料板与承料板组件、始用挡料销与导料板组件,若导柱与下模座、导套与上模座、模柄与上模座、凸模与凸模固定板没有拆开的都不用装配,只需放在相应位置。若卸料板为有导柱导向结构时,先把小导柱与凸模固定板装配,如图 1-65 所示。

图 1-65　小导柱与凸模固定板装配

若凸模与凸模固定板拆开,如图 1-66 所示,则应将各凸模分别压入凸模固定板的型孔中,并保证凸模与凸模固定板的垂直度要求,然后挤紧固牢。装配时要小心,不能伤到刃口。

图 1-66　凸模与凸模固定板装配

（2）下模的装配

① 图 1-67 所示为装配凹模与下模座，装配时先将销钉打入，然后拧紧螺钉。

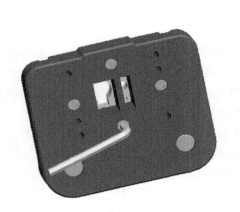
(a) 拧紧螺钉

(b) 打入销钉

图 1-67　装配凹模与下模座

② 图 1-68 所示为在凹模上装配导料板组件。

图 1-68　在凹模上装配导料板组件

图 1-69　装配上模部分

（3）上模的装配

① 将上模座与垫板、凸模固定板的相应螺孔、销孔位置对齐，打入销钉，然后拧紧螺钉（为操作方便可辅助采用高度合适的垫铁），如图 1-69 所示。

② 将卸料板套装在已装入固定板的凸模上，装上弹簧（或橡胶）后旋入卸料螺钉，如图 1-70 所示。装配后要求卸料板运动灵活，并保证在弹簧作用下卸料板处于最低位置时，凸模的下端面应处在卸料板孔内，故要调节弹簧（或橡胶）的预压量，使卸料板高出凸模下端 0.3～0.5mm。

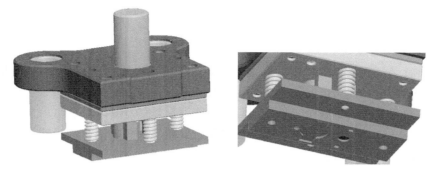

图 1-70 把卸料装置装配到上模部分

③ 安装其他零件,如导正销等。

（4）模具总装配

装配下模、上模及上下合模时要注意以下的问题。

① 装配前要用干净的棉纱仔细擦净销钉、导柱与导套等各配合面,若存有油垢,将会影响配合面的装配质量。销钉要用铜棒（锤）垂直敲入,螺钉应拧紧。

② 上、下模合模时要先弄清上、下模的相互正确位置,使上、下模打字面或标记面都面向操作者,合模前导柱、导套应涂以润滑油,上、下模应保持平行,使导套平稳直入导柱,不可用铜棒使劲打入。

③ 上模刃口即将进入下模刃口时要缓慢进行,防止上、下刃口相啃。

4. 模具总装草图的完善

将图 1-71 所示的总装结构草图进行剖视图绘制,要求尽量把模具的所有零件都能剖到,而且结构清楚。并把所冲零件与排样图画出,如图 1-71 所示。

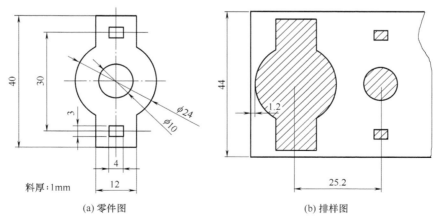

(a) 零件图　　　　　　　　　　　(b) 排样图

图 1-71 零件图和排样图

1.1.4 模具图样的绘制

模具测绘结束后要对测绘的零件图与装配草图进行整理,绘制出正规的总装配图与零件图。在绘制模具装配图时,初学者的主要问题是图面紊乱无条理、结构表达不清、剖面选择不合理等,以及作图质量差,如引出线重叠交叉、螺钉、销钉作图比例失真,漏线条等错误。出现上述问题除因平时练习过少外,更主要的是缺乏作图技巧所致。一旦掌握了必要的技巧,这些错误均可避免。

1. 装配图的画法

绘制模具装配图最主要的目的是要反映模具的基本构造,表达零件之间的相互装配关系,包括位置关系和配合关系。从这个目的出发,一张模具装配图所必须达到的基本要求为:首先,模具装配图中各个零件(或部件)不能遗漏,不论哪个模具零件,装配图中均应有所表达;其次,模具装配图中各个零件位置及与其他零件间的装配关系应明确。在模具装配图中,除了要有足够的说明模具结构的投影图、必要的剖视图、断面图、技术要求、标题栏和填写各个零件的明细栏外,还应有其他特殊的表达要求。模具装配图的绘制要求须符合国家制图标准,现总结如下。

(1)总装图的布图及比例

① 应遵守国家标准机械制图中图纸幅面和格式的有关规定(GB/T 14689—2008)。

② 可按模具设计中习惯或特殊规定的制图方法作图。

③ 尽量以 1∶1 的比例绘图,必要时按机械制图要求的比例缩放,但尺寸仍按实际尺寸标注。

④ 模具总装图的布置方法如图 1-72 所示。

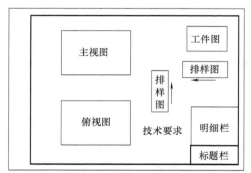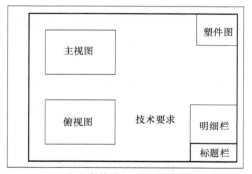

(a)冲压模具总装配图的布置　　　　　　(b)塑料模具总装配图的布置

图 1-72　模具总装图的布置方法

(2)模具设计绘图顺序

① 主视图。绘制总装图时,应采用阶梯剖或旋转剖视,尽量使每一类模具零件都反映在主视图中。按先里后外、由上而下,即按产品零件图、凸模、凹模的顺序绘制,零件太多时允许只画出一半,无法全部画出时,可在左视图或俯视图中画出。

② 俯视图。将模具沿冲压或注射方向"打开"上(定)模,沿冲压或注射方向分别从上往下看"打开"的上(定)模或下(动)模,绘制俯视图。主、俯视图要一一对应画出。

③ 左、右视图。当主、俯视图表达不清楚装配关系时,或者塑料模具以卧式为工作位置时,左、右视图绘制按注射方向"打开"定模,看动模部分的结构。

(3)模具装配图主视图的要求

① 在画主视图前,应先估算整个主视图大致的长与宽,然后选用合适的比例作图。

主视图画好后其四周一般与其他视图或外框线之间应保持 50～60mm 的空白。

② 主视图上应尽可能将模具的所有零件画出,可采用全剖视图、半剖视图或局部视图。若有局部无法表达清楚的,可以增加其他视图。

③ 在剖视图中剖切到圆凸模、导柱、顶件块、螺栓(螺钉)和销钉等实心旋转体零件时,其剖面不画剖面线;有时为了图面结构清晰,非旋转体的凸模也可不画剖面线。

④ 绘制的模具一般应处于闭合状态或接近闭合状态,也可以一半处于闭合工作状态,另一半处于非闭合状态。

⑤ 两相邻零件的接触面或配合面,只画一条轮廓线;相邻两个零件的非接触面或非配合面(基本尺寸不同),不论间隙大小,都应画两条轮廓线,以表示存在间隙。相邻零件被剖切时,剖面线倾斜方向应相反;几个相邻零件被剖切时,可用剖面线的间隔(密度)不同、倾斜方向或错开等方法加以区别。但在同一张图样上同一个零件在不同的视图中的剖面线方向、间隔应相同。

⑥ 冲模装配图上零件的部分工艺结构,如倒角、圆角、退刀槽、凹坑、凸台、滚花、刻线及其他细节可不画出。螺栓、螺母、销钉等因倒角而产生的线段允许省略。对于相同零部件组,如螺栓、螺钉、销的连接,允许只画出一处或几处,其余则以点画线表示中心位置即可。

⑦ 模具装配图上零件断面厚度小于 2mm 时,允许用涂黑代替剖面线,如模具中的垫圈、冲压钣金零件及毛坯等。

⑧ 装配图上弹簧的画法。被弹簧挡住的结构不必画出,可见部分轮廓只需画出弹簧丝断面中心或弹簧外径轮廓线,如图 1-73(a)所示。弹簧丝直径在图形上小于或等于 2mm 的断面可用示意图画出,也可以涂黑,如图 1-73(b)、(c)所示。

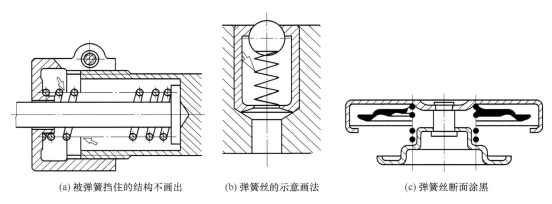

(a) 被弹簧挡住的结构不画出　　　(b) 弹簧丝的示意画法　　　(c) 弹簧丝断面涂黑

图 1-73　模具装配图中螺旋压缩弹簧的规定画法

弹簧也可以用简化画法,即用双点画线表示外形轮廓,中间用交叉的双点画线表示,如图 1-74 所示。

(4) 模具装配图俯视图的要求

俯视图一般只绘制出下(动)模,对于对称结构的模具,也可上(定)、下(动)模各画一半,需要时再绘制一侧视图或其他视图。

绘制模具结构俯视图时,应画拿走上模部分后的结构形状,其重点是为了反映下模部分所安装的工作零件的情况。俯视图与边框、主视图、标题栏或明细栏之间也应保持50~60mm的空白。

（5）序号引出线的画法

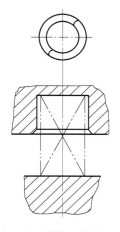

图1-74　弹簧的简化画法

在画序号引出线前应先数出模具中零件的个数，然后再作统筹安排。序号一般应与以主视图为中心依顺时针旋转的方向为序依次编定，一般左边不标注序号，空出标注闭合高度及公差的位置。在图1-75所示的模具装配图中，在画序号引出线前，数出整副模具中有27个零件，因此设计者考虑上方布置9个序号，右方布置9个序号，下方布置9个序号。根据上述布置，然后用相等间距画出27个短横线，最后从模具内引画零件到短横线之间的序号引出线。按照"数出零件数目→布置序号位置→画短横线→画序号引出线"的作图步骤，可使所有序号引出线布置整齐、间距相等，避免了初学者画序号引出线常出现的"重叠交叉"现象。当然如果在俯视图上也要引出序号时（图1-75），也可以按顺时针再顺序画出引出线并进行序号标注。其注写规定如下：

① 序号的字号应比图上尺寸数字大一号或大两号。一般从被注零件的轮廓内用细实线画出指引线，在零件一端画圆点，另一端画水平细实线。

② 直接将序号写在水平细实线上。

③ 画指引线不要相互交叉，不要与剖面线平行。

（6）剖面的选择

如图1-75所示，模具的上模部分剖面的选择应重点反映凸模的固定，凹模洞口的形状、各模板之间的装配关系（即螺钉、销钉的安装情况），模柄与上模座间的安装关系及由打杆、打板、顶杆和推块等组成的打料系统的装配关系等。上述需重点突出的地方应尽可能地采用全剖或半剖，而除此之外的一些装配关系则可不剖而用虚线画出或省去不画，在其他视图上（如俯视图）另作表达即可。

模具下模部分剖面的选择应重点反映凸凹模的安装关系、凸凹模的洞口形状、各模板间的安装关系（即螺钉、销钉如何安装）、漏料孔的形状等，这些地方应尽可能考虑全剖，其他一些非重点之处则尽量简化。

图1-75中上模部分全剖了凸模的固定、凹模的洞口形状、模柄与上模座的连接及螺钉、销钉的安装情况（并在左面布置销钉与紧固螺钉、右面布置卸料螺钉及弹簧），对于始用挡料销的装配情况采用虚线及局部剖视图的表达方式。

（7）螺钉、销钉的画法

画螺钉、销钉时应注意以下几点。

① 螺钉各部分尺寸必须画正确。螺钉的近似画法是：如螺纹部分直径为D，则螺钉头部直径画成$1.5D$，内六角螺钉的头部沉头深度应为$D+(1\sim3)$mm；销钉与螺钉联用时，销钉直径应选用与螺钉直径相同或小一号（即如选用M8的螺钉，销钉则应选$\phi8$mm或$\phi6$mm）。

② 画螺钉连接时应注意不要漏线条。以图1-75中的螺钉3为例，螺钉只与尾部的凸模固定板10螺纹连接，而螺钉经过垫板9及上模座1均应为过孔。

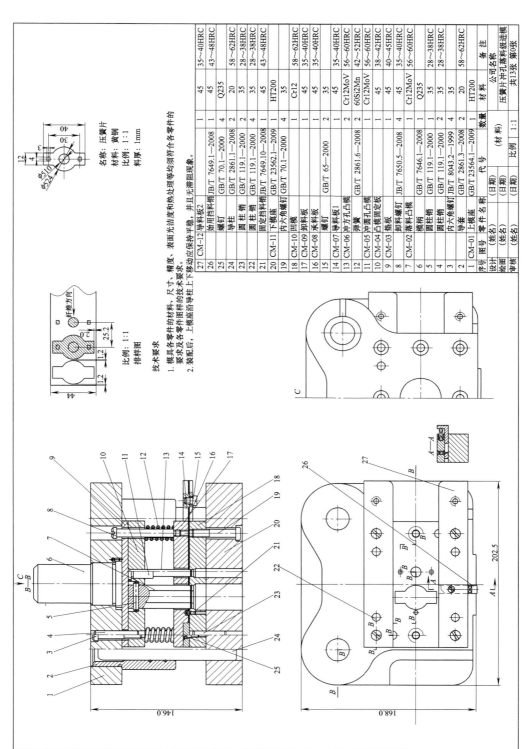

名称：压簧片
材料：黄铜
比例：1:1
料厚：1mm

排样图　比例：1:1

送料方向

技术要求

1. 模具各零件的材料、尺寸、精度、表面光洁度和热处理等均须符合各零件的要求及各零件图样件的技术要求。
2. 装配后，上模座沿导柱上下移动应保持平稳，并且无滞阻现象。

序号	图号	零件名称	代号	数量	材料	备注
27	CM-12	导料板2		1	45	35~40HRC
26		螺钉	JB/T 7649.1—2008	1	45	43~48HRC
25		导柱	GB/T 70.1—2000	4	Q235	
24		圆柱销	GB/T 2861.1—2008	2	20	58~62HRC
23		圆柱销	GB/T 119.1—2000	2	35	28~38HRC
22		固定挡料销	GB/T 119.1—2000	4	35	28~38HRC
21		始用挡料销	JB/T 7649.10—2008	1	45	43~48HRC
20	CM-11	下模座		1	HT200	
19		内六角螺钉	GB/T 23562.1—2009	4	45	
18	CM-10	凹模		1	Cr12	58~62HRC
17	CM-09	卸料板		1	45	35~40HRC
16	CM-08	承料板		1	35	35~40HRC
15		螺钉	GB/T 65—2000	2	45	
14	CM-07	导料板1		2	45	35~40HRC
13	CM-06	冲方孔凸模		2	Cr12MoV	56~60HRC
12		弹簧	GB/T 2861.6—2008	2	60Si2Mn	42~52HRC
11	CM-05	冲圆孔凹模		1	Cr12MoV	56~60HRC
10	CM-04	冲圆孔凸模固定板		1	45	38~42HRC
9	CM-03	垫板		1	45	40~45HRC
8	CM-02	卸料螺钉	JB/T 7650.5—2008	4	45	35~40HRC
7		内六角螺钉	JB/T 7646.1—2008	1	Cr12MoV	56~60HRC
6		模柄	GB/T 119.1—2000	1	Q235	
5		圆柱销	JB/T 8043.2—1999	4	35	28~38HRC
4		内六角螺钉	GB/T 2861.3—2008	2	35	28~38HRC
3		导套	GB/T 23564.1—2009	1	20	58~62HRC
2	CM-01	上模座		1	HT200	

设计	（姓名）	（日期）	公司名称	
绘图	（姓名）	（日期）	压簧片冲孔落料级进模	共13张 第04张
审核	（姓名）	（日期）	比例　1:1	（材料）

A—A　B—B　C

图1-75　压簧片冲孔落料级进模装配图

③ 画销钉连接时也要注意不要漏线条。以图 1-75 中的圆柱销 4 为例,在销钉经过的通孔凸模固定板 10 与上模座 1 需用销钉进行定位,而垫板 9 则无须用圆柱销 4 来定位,所以应为过孔。

(8) 工件图的画法

① 工件图是经冲压或模塑成形后得到的冲压件或塑料件图形,如图 1-75 所示,一般画在总装图的右上角,并说明材料的名称、厚度及必要的尺寸;对于不能在一道工序内完成的产品,装配图上应将该道工序图画出,并且还要标注与本道工序有关的尺寸。

② 工件图的比例一般与模具图上的比例一致,特殊情况下可以缩小或放大。工件图的方向应与冲压方向或模塑成形方向一致(即与工件在模具中的位置一致),若特殊情况下不一致时,必须用箭头注明冲压件或模塑成形方向。

(9) 冲压模具装配图中的排样图

① 利用带料、条料时,应画出排样图,一般画在总装图右上角的工件图下面或俯视图与明细栏之间。

② 排样图应包括排样方式、零件的冲裁过程、定距方式(用侧刃定距时侧刃的形状、位置)、材料利用率、步距、搭边、料宽及公差,对弯曲、卷边工序的零件要考虑材料纤维方向。通常从排样图的剖切线上可以看出是单工序模还是复合模或级进模。

③ 排样图上的送料方向与模具结构图上的送料方向必须一致,以使其他读图人员一目了然,如图 1-75 所示。

(10) 模具装配图的技术要求

在总装图中,要简要注明对该模具的要求、注意事项和技术要求。技术要求包括所用设备型号、模具闭合高度以及模具打印标记、装配要求等,冲裁模还要注明模具间隙。有时在左上角标注图样代号是企业结合产品的型号而编制的,便于图样的使用管理。

(11) 总装图的标注

模具总装图上应标注的尺寸有模具闭合高度、外形尺寸、特征尺寸(与成形设备配合的定位尺寸)、装配尺寸(安装在成形设备上的螺钉孔中心距)、极限尺寸(活动零件的起始位置之间的距离)。

(12) 标题栏和明细栏

① 标题栏和明细栏在总装图右下角,若图纸幅面不够,可以另立一页。标题栏和明细栏的格式如图 1-75 右下角所示。

② 明细栏至少应有序号、图号、零件名称、代号、数量、材料和备注等。

③ 在填写零件名称一栏时,应使名称的首尾两字对齐,中间的字则均匀插入,也可以左对齐。

④ 在填写图号一栏时,应给出所有零件图的图号。数字序号一般应与序号一样以主视图画面为中心顺时针旋转的方向为序依次编定。由于模具装配图一般算作图号 00,因此明细栏中的零件图号应从 01 开始计数。没有零件图的零件则没有图号。

⑤ 备注一栏主要为标准件的规格、热处理、外购或外加工等说明。一般不另注其他内容。

⑥ 标题栏主要填写的内容有模具名称、作图比例及签名等内容。其余内容可不填。

模具装配图绘制完成后,要审核模具的闭合高度、漏料孔直径、模柄直径及高度、打杆高度、下模座外形尺寸等与压力机有关技术参数间的关系是否正确。本例经审核后确认满足 J23—16F 压力机的参数要求。

2. 零件图的画法

（1）图形的绘制方法

图形的绘制方法依各人习惯而不尽相同，以下的观点及建议可供参考。

① 图形的不绘条件。画零件图的目的是为了反映零件的构造，为加工该零件提供图示说明。那么哪些零件需要画零件图呢？这可用一句话概括：一切非标准件或虽是标准件但仍需进一步加工的零件均需绘制零件图。以图 1-75 所示冲孔落料级进模为例，下模座 20 虽是标准件，但仍需要在其上面加工漏料孔、螺钉过孔及销钉孔，因此要画零件图；导柱、导套及螺钉、销钉等零件是标准件无须进一步加工，因此可以不画零件图。

② 零件图的视图布置。为保证绘制零件图的正确性，建议按装配位置画零件图，但轴类零件按加工位置（一般轴心线为水平布置）画。以图 1-75 所示的凹模 18 为例，装配图中该零件的主视图反映了厚度方向的结构，俯视图则为原平面内的结构情况，如图 1-76 所示，在绘该凹模 18 的零件图时，建议就按装配图上的状态来布置零件图的视图。实践证明：这样能有效地避免投影关系绘制的错误。

③ 零件图的绘制步骤。绘制模具装配图后，应对照装配图来拆画零件图，推荐绘制步骤如下：

绘制零件图时，可先引出尺寸线，后标注相关尺寸。模具可分为工作零件、结构零件及其他零件三大部分。在画零件图时，绘制的顺序一般采用"工作零件优先，由下至上"的步骤进行。如图 1-75 所示，凹模 18 是工作零件可以首先画出，如图 1-76 所示；绘完凹模 18 后，对照装配图，卸料板 17 与凹模 18 相关，其内孔与凹模洞口完全一致，内孔尺寸应比凹模洞口单边大出 0.5mm，根据这一关系即可画出卸料板 17，如图 1-85 所示；接下来再画冲孔凸模 11、13 及落料凸模 7，如图 1-80 所示；然后画凸模固定板 10，如图 1-77 所示，再对照模具装配图画出垫板 9（图 1-78）和上模座 1（图 1-91）。在画上模部分的零件图时，应注意经过上模座 1、上垫板 9、冲孔凸模固定板 10 及凹模 18 等模板上的螺钉、销钉孔的位置应一致。

在画下模部分的零件图时，一般采用"工作零件优先，自上往下"的步骤进行。对照凹模先画两个导料板 14，如图 1-79 所示；然后对照装配图上的装配关系，画始用挡料销钉孔，再画承料板 16；在凹模上加上挡料销钉孔。在画下模的零件图时，也应注意经过导料板 14、凹模 18 及下模座 1 上的螺钉与销孔位置，同时下模座 20 上漏料孔的位置要与凹模的孔位一致。按照上述步骤，根据装配关系对零件形状的要求，绘制各零件图的图形，能很容易地正确绘制出模具零件的图形，并使之与装配关系完全吻合。

（2）尺寸标注方法

从事模具设计的人都有这样的体会，标注尺寸是一大难点。然而初学者中普遍存在一种"重图形、轻尺寸标注"的倾向。在零件图上所标注的尺寸经常出现错误较多或标注混乱的情况；甚至出现螺孔销钉孔错位，致使模具无法装配的严重错误，漏尺寸漏公差值

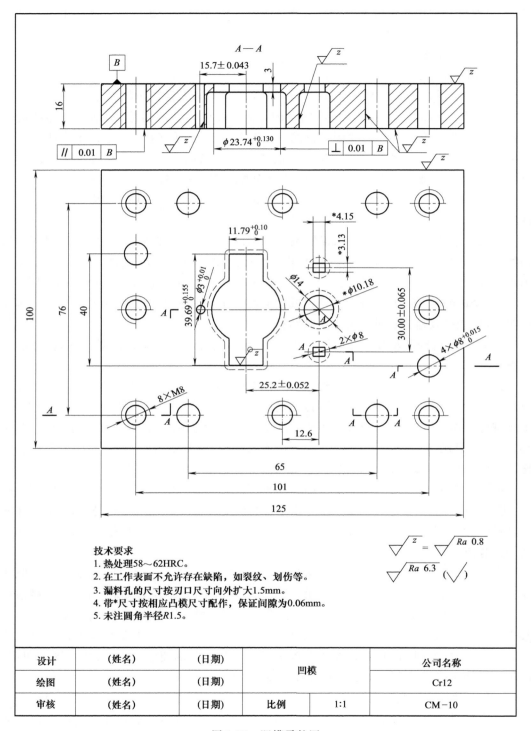

技术要求
1. 热处理58～62HRC。
2. 在工作表面不允许存在缺陷，如裂纹、划伤等。
3. 漏料孔的尺寸按刃口尺寸向外扩大1.5mm。
4. 带*尺寸按相应凸模尺寸配作，保证间隙为0.06mm。
5. 未注圆角半径R1.5。

设计	（姓名）	（日期）		凹模		公司名称
绘图	（姓名）	（日期）				Cr12
审核	（姓名）	（日期）	比例	1:1		CM—10

图 1-76　凹模零件图

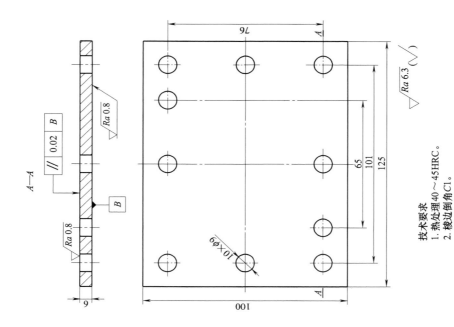

技术要求
1. 热处理 40～45HRC。
2. 棱边倒角C1。

图 1-78   垫板

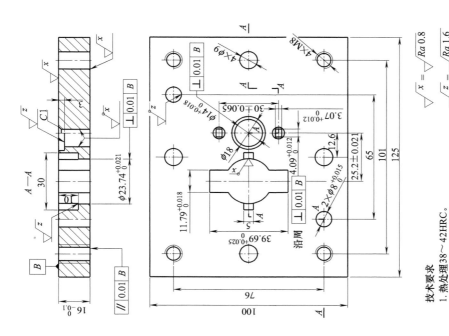

技术要求
1. 热处理38～42HRC。
2. 棱边倒角C1。
3. 2×φ8$^{+0.015}_{0}$ 与上模座配钻。

图 1-77   凸模固定板

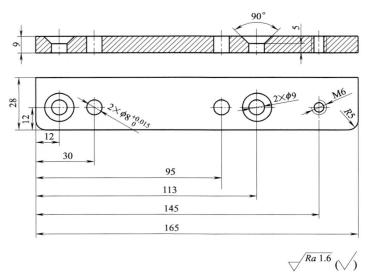

图 1-79　导料板(材料:45)

等现象更为普遍。因此进行尺寸标注时,建议根据装配图上的装配关系,用"联系对照"的方法标注尺寸,可有效提高尺寸标注的正确率,具有较好的合理性。

① 尺寸的布置方法。对于初学者出现尺寸标注紊乱、无条理等现象,主要是尺寸布置方法不当。要使所有标注的尺寸在图面上布置合理、条理清晰,必须很好地运筹。图 1-77 所示的凸模固定板零件图中,共有近 24 个尺寸与 4 个几何公差尺寸的标注,其中俯视图左侧与下方布置螺钉、销钉孔的孔距尺寸及模板的外形直径尺寸;内部则布置孔形的尺寸,尽量错开标注避免交叉。如图 1-75 所示,主视图上布置了冲圆孔凸模 11 和冲方孔凸模 13 及落料凸模 7 的固定孔形状尺寸及模板的厚度等尺寸;几何公差尺寸插空标注。这种布置方法合理地利用了零件图形周围的空白,既条理分明,又方便读图。

② 尺寸标注的思路。要使尺寸标注正确,就要把握尺寸标注的"思路"。前面要求绘制所有零件图的图形而先不标注任何尺寸,就是为了在标注尺寸时能够统筹兼顾,用一种正确的"思路"来正确地标注尺寸。下面以图 1-75 所示冲孔落料级进模为例阐述尺寸标注的"思路"。

• 标注工作零件的刃口尺寸。工作零件刃口尺寸的标注依据制造工艺的不同有两种形式:一是互换法制造,则凸模和凹模分别标注公称尺寸和公差;二是配合法制造,则基准件标注公称尺寸及公差,而相配件标注公称尺寸和与基准件的配合间隙。

• 标注相关零件的相关尺寸。相关尺寸正确,各模具零件才能装配组成一套模具。在下模部分,相关尺寸的标注建议按照"自上而下"的顺序进行。先从工作零件凹模 18 开始,观察装配图 1-75,与该零件模具相关的零件有内六角螺钉 19、圆柱销 23、沉头螺钉 25、导料板 14,应从分析这些相关关系入手进行"相关尺寸"的标注。

凹模 18 与圆柱销 23 成 H7/m6 配合,故销钉孔直径为 ϕ8H7。圆柱销 23 与凹模 18、下模座 20 成 H7/m6 配合,因此下模座 20 上销钉孔直径也应为 ϕ8H7,同时孔距为 40 和 101,可立即在下模座 20 的零件图上标出这些尺寸。

凹模 18 与 4 个 M8 的内六角螺钉 19 是螺纹连接,因此凹模 18 的图样上对应螺纹孔应标注为 4×M8;螺钉由下模座拧入,故相应的图样上应立即标注 4×M8,螺纹孔距均为 76 与 101。

凹模 18 还与导料板 14、27 相关。从装配关系知:两个导料板与凹模各用两个沉头螺钉 25 及两个圆柱销 22 连接,所以在凹模上要标出 4 个 M8 的沉头螺钉 25 的螺纹孔,与 4 个 M8 的内六角螺钉 19 的孔一起可以标注为 8×M8;凹模上的四个销钉孔可以分别标注 2×ϕ8H7,也可以一起标为 4×ϕ8H7;与之对应的导料板的标注如图 1-79 所示。

标注完凹模与凸模相关零件上的相关尺寸后,再标注凸模固定板 10 上相关零件的相关尺寸,以此类推直至上模中所有零件的相关尺寸标注完毕。上模部分的螺钉与销钉通过垫板的孔时双边应有 0.5～1mm 的间隙,因此垫板 9 上相应的过孔直径为 ϕ9mm,也应在相应的图样上标出。

再举一例进一步说明相关尺寸的标注。装配图中的冲孔凸模 11、13 与冲孔凸模固定板 10 相关;其中冲孔凸模固定板 10 相应处为一吊装固定台阶孔,台阶深度与冲圆孔凸模吊装段等高,即同为 3mm,孔径应比凸模台阶直径大出 0.5～1mm,为 ϕ17mm;ϕ14mm 的孔与凸模固定板成 H7/m6 的配合,即冲孔凸模固定板 10 上的对应孔直径应为 ϕ14mm。上述尺寸应依次同时标注。冲孔凸模 11、13 与落料凸模 7 的零件图如图 1-80 所示。

模具上模部分的相关尺寸标注可按"自下而上"的顺序标注。先标注弹压卸料板 17 与挡料销 21,弹压卸料板与圆柱销 4 之间的相关尺寸;再标注模柄 6 与凸模 7、卸料螺钉 8、内六角螺钉 3、圆柱销 4 之间的相关尺寸,同样方法直至所有相关尺寸标注完毕。

• 补全其他尺寸及技术要求。这个阶段可逐个零件进行,先补全其他尺寸,例如轮廓大小尺寸、位置尺寸等;再标注各加工面的表面粗糙度要求及倒角、圆角的加工情况,最后是选材及热处理,并对本零件进行命名等。

尺寸标注中,一般冲压模具零件表面粗糙度值选取可参照如下经验值:

ⓐ 冲压模具的上、下模座,上、下垫板,凸、凹模固定板,卸料板,压料板,打料板与顶料板等零件表面粗糙度 Ra 值通常为 1.6～0.8μm。板类零件周边表面粗糙度 Ra 值通常为 6.3～3.2μm。

ⓑ 冲压模具的凸模与凹模工作面的表面粗糙度 Ra 值通常为 0.8～0.4μm;凸模与凹模固定部位及与之配合的模板孔的表面粗糙度 Ra 值通常为 3.2～0.8μm。

ⓒ 卸料(顶料)零件与凸模(凹模)配合面的表面粗糙度 Ra 值通常为 6.3～3.2μm。

ⓓ 螺栓或其他零件的非配合过孔面的表面粗糙度 Ra 值通常为 12.5～6.3μm。销钉

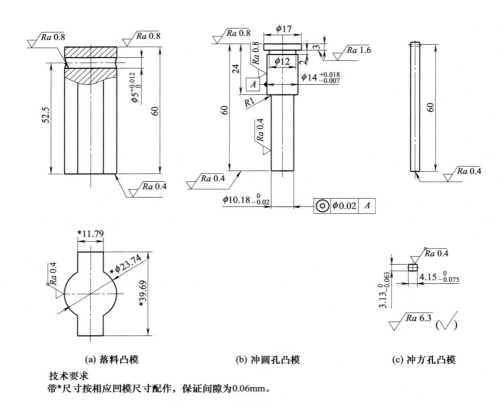

(a) 落料凸模　　　　　　　(b) 冲圆孔凸模　　　　　　(c) 冲方孔凸模

技术要求
带*尺寸按相应凹模尺寸配作,保证间隙为0.06mm。

图 1-80　凸模(材料:Cr12MnV)

孔面的表面粗糙度 Ra 值通常为 $0.8\mu m$。

③ 其他尺寸标注问题。

• 复杂型孔的尺寸标注。形状越复杂,尺寸就越多,由此造成的标注困难是初学者设计冲压模时的主要障碍。如图 1-77 所示的凸模固定板零件,因洞口形状的尺寸繁多而出现标注困难。此时有两个解决方法,一是放大标注法,将凹模零件图适当放大后再标注尺寸;二是移出放大标注法,将复杂的洞口型孔单独移至零件图外面的适合位置,再单独标注型孔尺寸,而零件图内仅标注型孔图形的位置尺寸即可。

• 其他模板上型孔的配制标注。在进行凹模洞口的刃口尺寸计算时,如何处理半径尺寸 R,实践中视对 R 的测量手段以及使用要求而定,如有能精确测定 R 值的量具,则需对 R 值进行刃口尺寸的计算;如仅有靠尺等常规测量工具,则对 R 进行刃口尺寸计算并在凹模图上标注计算结果就无必要,可在凹模图上标注原注 R 值。

由于凸模外形、凹模洞口及其他模板上相应的型孔都是在同一台线切割机床上用同一加工程序,根据线切割机床的"间隙自动补偿"功能使其在线切割机床的割制过程中自动配制一定的间隙而成,因此其他模板上型孔可按上述配制加工的特点进行标注,既简单明晰,又符合模具制作的实际。如果凸模固定模板按配制法特点进行标注时,仅需在模板内标注型孔的位置尺寸,而型孔的形状尺寸则在图样的适当位置加注:"型孔尺寸按凸模的实际尺寸成 0.02mm 的过盈配合"即可。

1.1.5 冲压模具拆装实训报告的撰写

冷冲模拆装实训报告

班级_____ 学号_____ 姓名_____ 指导教师_____

实训小组号_____ 实训日期_____ 成绩_____

一、实训目的

1. 能写出典型冲模的工作原理、结构特点。

2. 能写出模具零件的功用及相互连接与配合关系。

3. 学会典型模具的总装顺序。

4. 培养学生的实践动手能力,增加对模具结构的感性认识。

二、冲模拆装与测绘的任务

1. 画模具总装配图。

2. 拆开模具测画模具部分非标准件的零件图。包括:凸模、凹模、凸凹模、固定板、卸料板、导料板等。

三、模具基本情况(在选项中打勾,在叙述题目后按要求填写内容)

(一)模具结构形式

1. 模具类型:(复合模、单工序模、级进模、冲裁模、弯曲模、拉深模)

2. 模具结构:(倒装式、正装式)

定位装置:(挡料销、导料销、导料板、侧刃、导正销、始用挡料销)

卸料装置:(弹压卸料、刚性卸料、手工取出)

出件装置:(弹压上顶出、弹压下顶出、刚性下出件、直接推料漏料、手工取出)

导向装置:(有导柱导套、无导向、导板兼卸料板)

模架结构:(后侧导柱、中间导柱、对角导柱)

(二)零件缺失情况记录(写出缺少零件名称与数量)

(三)模具工作原理(写出模具随压力机下行至下死点时对板料压料及冲裁的情况;压力机滑块带着模具回程时卸料及顶料、排料的情况;板料送进时的送进定距和送进导向。)

四、装拆测绘步骤及要求

　　1. 说明各模具零件的名称及结构类型。

　　2. 说明各零件拆卸、测绘及装配过程。

五、模具草图及测绘结果

　　1. 零件草图(含测绘尺寸)。

　　2. 模具总装配图(含零件图与排样图)。

　　3. 非标准模具零件图(凸模、凹模、凸凹模、固定板、卸料板等)。

　　小组成员 _____

　　装配图与零件图图样要求:

　　(1) 图样尽可能放大。

　　(2) 线条清晰。

　　(3) 尺寸标注齐全。

　　(4) 剖面线不密集且剖面表达完整。

完整的模具零件图如图 1-81～图 1-92 所示。

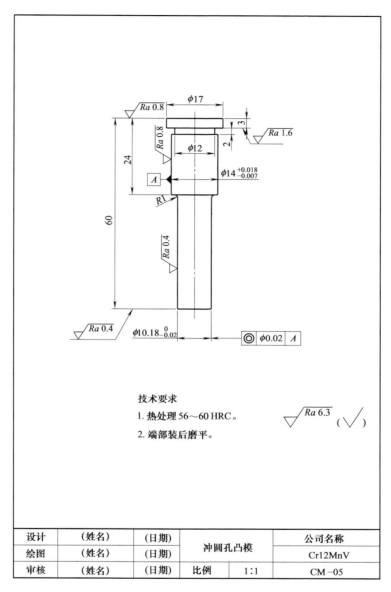

技术要求

1. 热处理 56～60 HRC。
2. 端部装后磨平。

设计	（姓名）	（日期）	冲圆孔凸模		公司名称
绘图	（姓名）	（日期）			Cr12MnV
审核	（姓名）	（日期）	比例	1:1	CM−05

图 1-81　冲圆孔凸模零件图

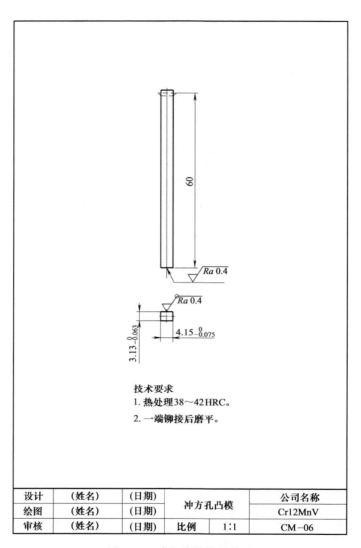

技术要求
1. 热处理38～42HRC。
2. 一端铆接后磨平。

设计	(姓名)	(日期)	冲方孔凸模		公司名称
绘图	(姓名)	(日期)			Cr12MnV
审核	(姓名)	(日期)	比例	1:1	CM-06

图 1-82　冲方孔凸模零件图

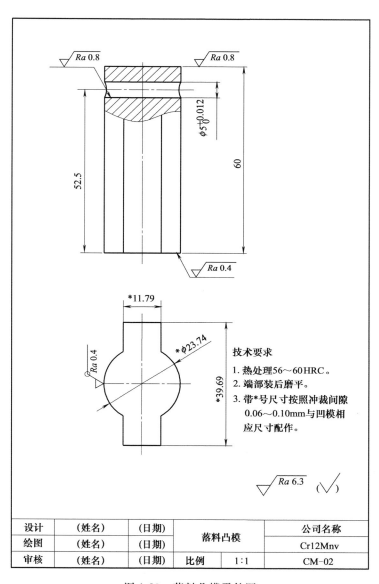

技术要求

1. 热处理56～60HRC。
2. 端部装后磨平。
3. 带*号尺寸按照冲裁间隙
   0.06～0.10mm与凹模相
   应尺寸配作。

设计	(姓名)	(日期)	落料凸模		公司名称
绘图	(姓名)	(日期)			Cr12Mnv
审核	(姓名)	(日期)	比例	1:1	CM-02

图 1-83 落料凸模零件图

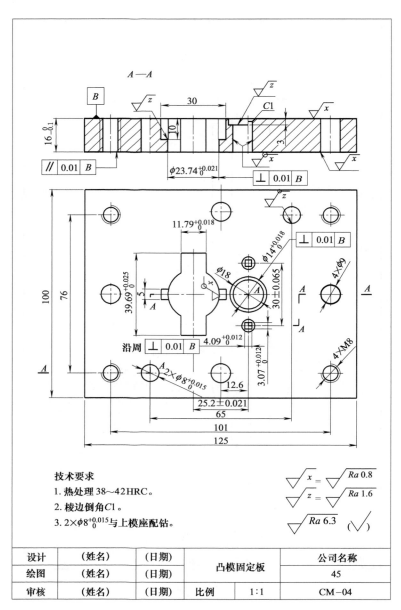

技术要求

1. 热处理 38～42HRC。

2. 棱边倒角C1。

3. 2×$\phi 8^{+0.015}_{0}$与上模座配钻。

设计	(姓名)	(日期)	凸模固定板		公司名称	
绘图	(姓名)	(日期)			45	
审核	(姓名)	(日期)	比例	1:1	CM－04	

图 1-84　凸模固定板零件图

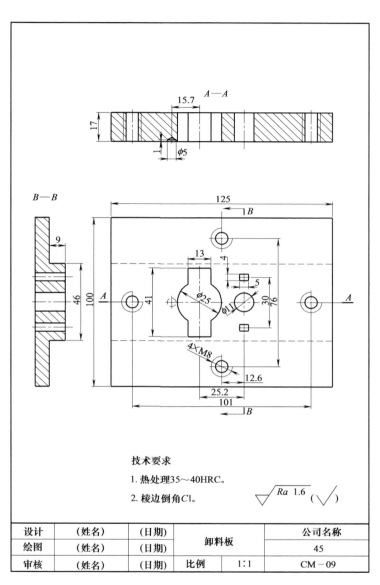

技术要求

1. 热处理35～40HRC。

2. 棱边倒角C1。

$\sqrt{Ra\ 1.6}$ ($\sqrt{\ }$)

设计	(姓名)	(日期)	卸料板		公司名称	
绘图	(姓名)	(日期)			45	
审核	(姓名)	(日期)	比例	1:1	CM－09	

图 1-85　卸料板零件图

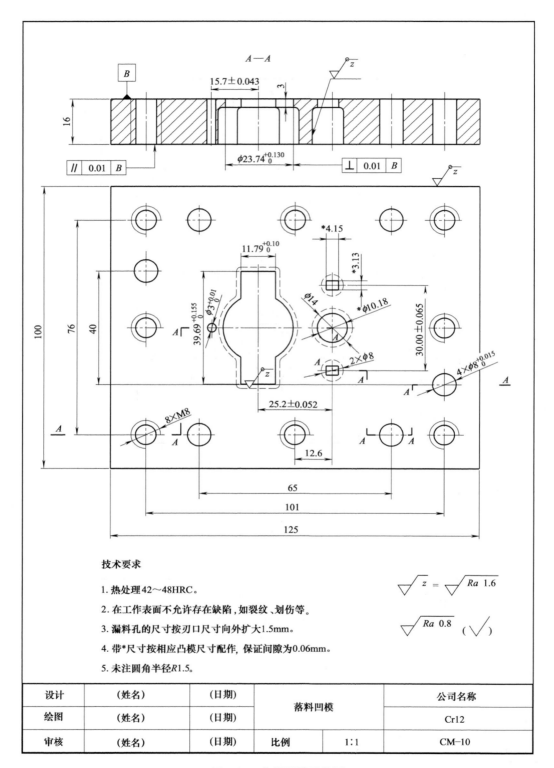

技术要求

1. 热处理42～48HRC。

2. 在工作表面不允许存在缺陷,如裂纹、划伤等。

3. 漏料孔的尺寸按刃口尺寸向外扩大1.5mm。

4. 带*尺寸按相应凸模尺寸配作,保证间隙为0.06mm。

5. 未注圆角半径R1.5。

设计	(姓名)	(日期)	落料凹模		公司名称
绘图	(姓名)	(日期)			Cr12
审核	(姓名)	(日期)	比例	1:1	CM-10

图 1-86 落料凹模零件图

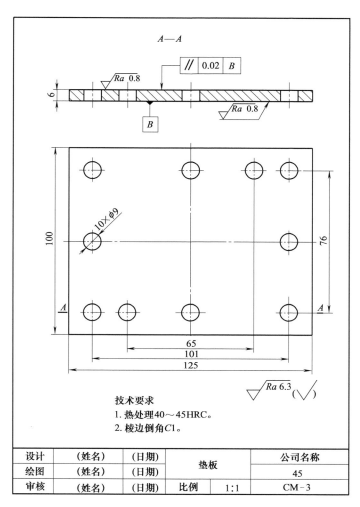

技术要求

1. 热处理40～45HRC。

2. 棱边倒角C1。

设计	(姓名)	(日期)	垫板		公司名称	
绘图	(姓名)	(日期)			45	
审核	(姓名)	(日期)	比例	1:1	CM-3	

图 1-87 垫板零件图

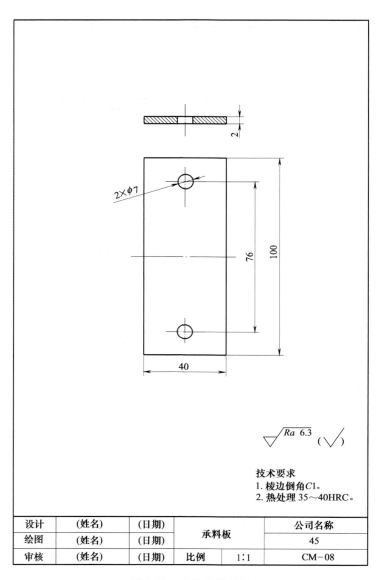

技术要求
1. 棱边倒角C1。
2. 热处理35～40HRC。

设计	(姓名)	(日期)	承料板		公司名称	
绘图	(姓名)	(日期)			45	
审核	(姓名)	(日期)	比例	1:1	CM-08	

图 1-88 承料板零件图

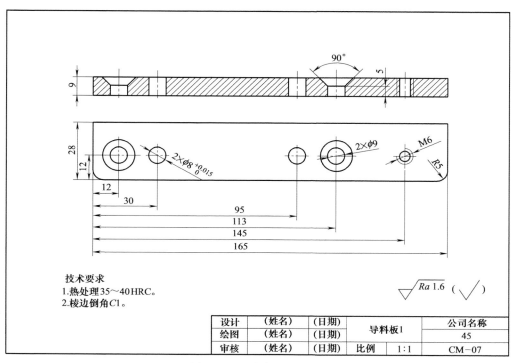

技术要求
1.热处理35~40HRC。
2.棱边倒角C1。

$\sqrt{Ra\,1.6}$ ($\sqrt{}$)

设计	(姓名)	(日期)	导料板1		公司名称
绘图	(姓名)	(日期)			45
审核	(姓名)	(日期)	比例	1:1	CM-07

图 1-89　导料板 1 零件图

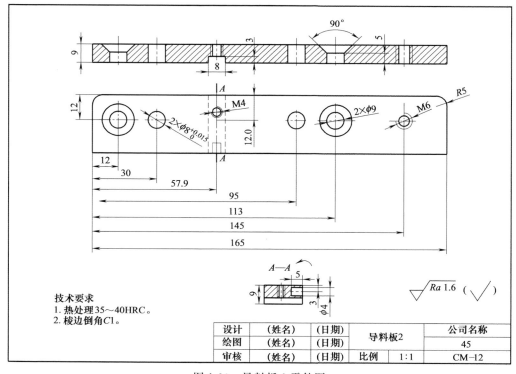

技术要求
1.热处理35~40HRC。
2.棱边倒角C1。

$\sqrt{Ra\,1.6}$ ($\sqrt{}$)

设计	(姓名)	(日期)	导料板2		公司名称
绘图	(姓名)	(日期)			45
审核	(姓名)	(日期)	比例	1:1	CM-12

图 1-90　导料板 2 零件图

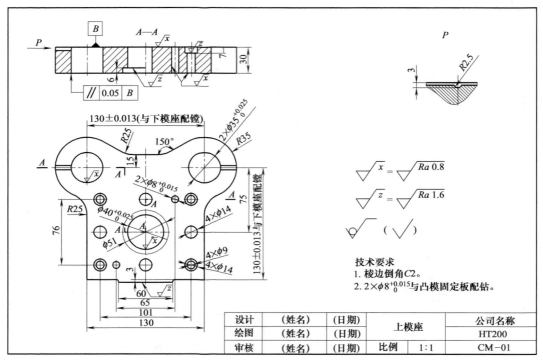

图 1-91　上模座零件图

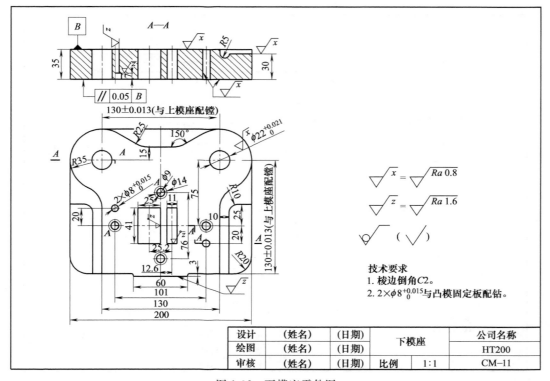

图 1-92　下模座零件图

任务 1-2 复合模的拆装与测绘

任务目标

（1）使学生全面了解与掌握模具的组成、结构和工作原理。

（2）掌握典型模具拆装的一般方法。

（3）学会拆装工具的使用。

（4）掌握测绘零件的方法。

任务要求

（1）写出拆卸方案、模具类型、工作原理及各零件的作用。

（2）安全有序地拆装模具。

（3）写出模具现状报告。

（4）测绘零件草图与装配草图。

本任务主要内容为冲孔落料复合模的拆装与测绘。复合模的结构较为复杂，所包含零件较多，通过对复合模的拆装与测绘，可以掌握典型冷冲压模具的拆装方法，理解复合模的工作原理及结构组成。

1.2.1 复合模的拆卸与检查

1. 模具与工具的准备

选取多套中等复杂程度的典型复合模作为拆卸对象，按组分配给学生，把要拆卸的模具放到钳工台上并对模具结构进行直观分析。拆卸工具使用方法及安全注意事项与本项目任务 1-1 相同。

2. 复合模模具分析

现以一套复合模的拆装为例，完成拆装的全部任务。

（1）模具结构简图

将要拆装模具放于钳工台上，按照图 1-93 所示的倒装式复合模具外观结构图，绘出落料冲孔复合主视结构简图，如图 1-94 所示。将上、下模分开，再根据图 1-95 所示的倒装式复合模下模俯视外观图，绘出倒装式复合模具结构简图的俯视图，如图 1-96 所示。

（2）模具结构分析

① 模具的类型：本模具为冲孔落料倒装式复合模，采用弹压卸料装置，刚性打件装置，由上面取出工件，挡料销＋导料板组合对板料定位。

② 模具零件的组成如下。

• 工艺构件：冲圆孔凸模、凸凹模、落料凹模、卸料板、导料板、挡料销、导料销、推块。

• 辅助构件：上模座、下模座、导柱、导套、凸模固定板、凸凹模固定板、垫板、模柄、橡胶、螺钉、销钉。

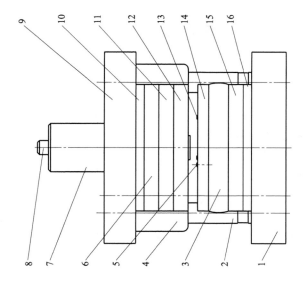

图 1-94 落料冲孔复合主视结构简图

1—下模座；2—导柱；3—橡胶；4—导套；5—挡料销；
6—凸模固定板；7—模柄；8—拉杆；9—上模座；
10—上模垫板；11—空心垫板；12—落料凹模；
13—导料销；14—卸料板；15—凸凹模固定板；
16—下模垫板

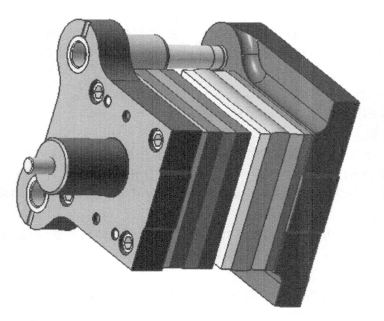

图 1-93 倒装式复合模具外观结构图

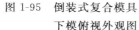

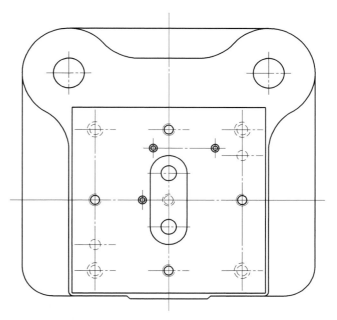

图 1-95 倒装式复合模具　　　　图 1-96 倒装式复合模具结构简图俯视图
　　　下模俯视外观图

（3）零件的作用

• 工作零件：冲圆孔凸模、凸凹模、落料凹模，直接进行冲裁的零件。

• 定位零件：两个导料销对板料进行送进导向；挡料销使板料在冲模中准确地定位（送料定距与送料导向）。

• 卸料零件：卸料板、橡胶，起压料与卸料作用，把卡在凸凹模上的料边卸下来，保证冲压能继续进行。

• 打料零件：打杆、推块，把套在凸模上的工件推下。

• 导向零件：导柱、导套，能保证在冲裁过程中凸模与凹模间隙均匀，保证模具各部分保持良好的运动状态。

• 固定零件：上、下模座，起连接固定模具零件的作用；模柄，把模具安装在压力机的连接件；凸模固定板，用来固定凸模作用；垫板，可以很好地防止凸模或凸凹模被压入上、下模座，影响凸模或凸凹模正常的工作。

• 紧固零件：螺钉、销钉。

（4）模具工作原理分析

图 1-97 所示倒装式复合模工作原理可知，它是在压力机的一次行程中，在模具同一位置上同时完成落料和冲孔两道冲压工序。板料送进时两个导料销 2 控制条料的送料方向，当冲第一个零件时，固定挡料销 1 在送进方向上挡住板料，上模部分随着压力机滑块的下行，首先与弹压卸料板同时压紧板料，随着压力机滑块继续下行，板料在压紧状态下

同时完成两个内孔及外形的冲裁；压力机回程时弹压卸料板在弹性零件的作用下将条料从凸凹模上卸下，当上模部分的打杆碰到压力机滑块上的打料横梁时，打杆与推块将工件从落料凹模中推下，清除下落的废料轻轻翘起板料使其通过固定挡料销，然后继续往左送料，当废料边碰到固定挡料销1时停止，从而开始进行再次冲压。冲孔废料则由下模座的漏料孔漏出。以后各次冲裁都由固定挡料销控制条料的送料步距。

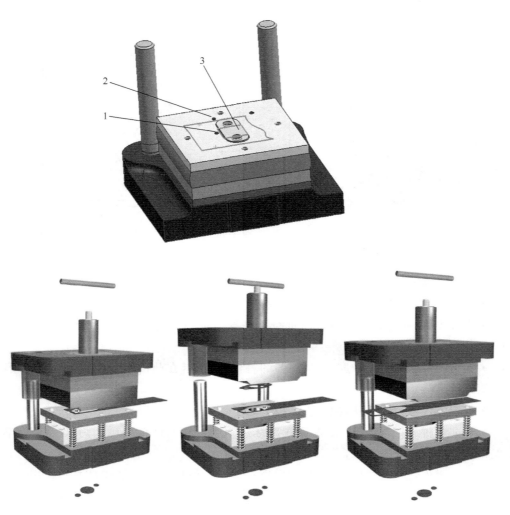

图 1-97   倒装式复合模工作原理

1—固定挡料销；2—导料销；3—工件

3. 模具拆装方案的制订

（1）分析模具的配合部位

表 1-6 为模具零件有配合要求的部位的装配情况，对于过渡配合的零件一般可以拆卸，过盈配合的零件一般不能拆卸，除非零件有损坏时再拆下。为保护模具，几个有配合的部分可以不拆卸；浇注或铆接凸模与固定板均为不可拆件。

表 1-6 模具零件的配合关系

配 合 部 位	配合关系	配合状态	可否拆卸
冲圆孔凸模与凸模固定板	H7/m6 或 H7/n6	过渡配合	视模具的固定方式而定
凸凹模与凸凹模固定板	H7/m6 或 H7/n6	过渡配合	视模具的固定方式而定
模柄与上模座	H7/m6 或 H7/n6	过渡配合	可拆卸
导柱与下模座	H7/r6	过盈配合	不可拆卸
导套与上模座	H7/r6	过盈配合	不可拆卸

（2）制订拆卸方案

① 分开上、下模部分。

② 拆下模部分。如图 1-96 所示的下模结构图中,先把卸料螺钉拧出,取下卸料板与橡胶;再把销钉打出,松开螺钉,取下凸凹模及凸凹模固定板,取下下模垫板,使凸凹模固定板与下模座分开,再将凸凹模与凸凹模固定板分开;导柱与下模座不要拆开。

③ 拆上模部分。如图 1-94 所示的模具外形结构图中,先把落料凹模 12 取下;再把推块及空心垫板 11 取下,取出打杆 8;然后把凸模固定板 6 与上模座 9 分开;再把凸模与凸模固定板分开;上模座与模柄 7 分离,上模座与导套 4 不要拆开。

注意:制订完拆卸方案后应提请实训室老师审查同意后方可拆卸。

4. 复合模拆卸与检查分析

拆卸过程中应注重分析零件在模具中的作用,拆卸模具后要对总装草图做修改。

① 画出模具外形图。用铅笔画出模具在闭合状态下的主、俯视图,如图 1-94 和图 1-96 所示,以便在拆装过程中对模具具体细节结构理解的同时完善草图。

② 分开上、下模部分。在分开模具前,应认真观察模板原有标记号的位置(图 1-98),为确保装配时不出错,也可以用粉笔或粗记号笔在模板上做标记(图 1-99),并在拆卸时按顺序整齐地摆放在钳工台的两侧,以免出错。

把模具放在钳工台上,用铜棒轻轻从下往上敲打上模座四周,使上、下模部分分离,如图 1-100 所示,然后把上模部分放置在钳工台的一边。

③ 拆卸下模部分。如图 1-101 所示,先把下模部分卸料板的四个卸料螺钉拧出,再取下卸料板和橡胶。

如图 1-102 所示,将挡料销与导料销取下。

如图 1-103 所示,用内六角扳手卸下紧固螺钉,再把下模部分置于平行垫块上,而后打出销钉,将凸凹模固定板与下模座分开;导柱与下模座属于紧配合,不要拆开。

如图 1-104 所示,将固定凸凹模的螺钉拧下,使凸凹模固定板与垫板分开;如图 1-105 所示,用铜棒将凸凹模与固定板分开,注意要用力轻而均匀地敲击凸凹模,防止损坏刃口。

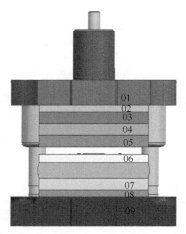

图 1-98　模具板上原有的标记号

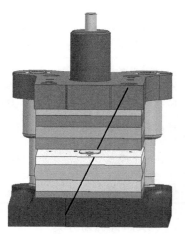

图 1-99　拆卸前给模具做标记

图 1-100　上、下模分离

如图 1-106 所示，把拆卸好的下模零件按照顺序整齐地摆放在钳工台上。

④ 拆卸上模部分。如果是凸缘式模柄，先拆下固定螺钉分离模柄与上模座；如果是压入式模柄，需拆完上模零件后，再用铜棒把模柄从上模座中打出。先用内六角扳手拧出紧固螺钉，然后用小铜棒打出凹模定位用销钉，使凹模及空心垫板与上模其他部分分离，如图 1-107 所示。再用小铜棒打出凸模固定板定位用销钉，如图 1-108 所示把凸模固定板与上模座分开。为保护模具，凸模与凸模固定板不要拆开，只有当模具零件有损坏需要修配时才用铜棒轻轻敲打拆下，如图 1-109 所示。如图 1-110 所示，再把模柄从上模座中打出。上模座与导套一般不要拆。

如图 1-111 所示，拆卸后的模具零件按上、下模结构顺序整齐摆放在钳工台上，以便模具的装配还原。

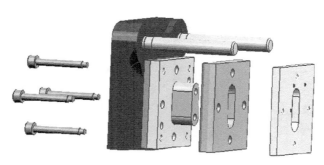

图 1-101 取下卸料部分的各零件

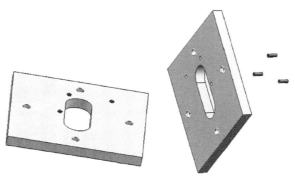

图 1-102 拆卸卸料板上的挡料销和导料销

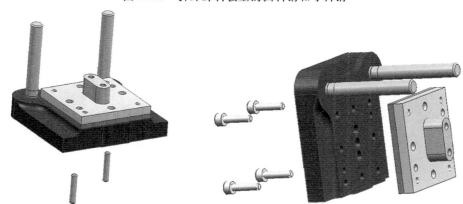

图 1-103 分离凸凹模组件与下模座

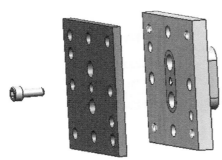

图 1-104 拆开凸凹模固定板与垫板

图 1-105 将凸凹模与固定板分开

图 1-106　下模部分拆装零件按顺序摆放

图 1-107　分开推块与推块固定板,并取出打杆

图 1-108　把凸模固定板与上模座分开

图 1-109　凸模与凸模固定板分离

图 1-110　拆卸模柄

图 1-111　拆卸所有上模零件整齐摆放

1.2.2 模具测绘

用钢直尺、游标卡尺、半径样板、表面粗糙度比较样块等把拆开的零件按顺序测绘出零件草图,并标注测绘尺寸。按零件功能要求确定各尺寸的公差值。其测绘方法与本项目任务 1-1 的方法相同,在此处不做叙述。

1.2.3 复合模的装配

复合模是多工序模中的一种,在压力机的一次行程中,在同一位置上同时完成几道工序的冲模。根据落料凹模位置不同,复合模可分为正装复合模和倒装复合模。任务 1-2 中的模具为冲孔落料倒装复合模。

1. 复合模的装配要求

相对于单工序模来说,复合模的结构要复杂得多,其主要工作零件(凸模、凹模、凸凹模)数量多,上、下模都有凸模和凹模,给加工和装配增加了一定的难度;结构上采用的打料、推料机构在冲压过程中的动作必须及时、可靠,其上、下模的配合稍有不准,就会导致整副模具的损坏,所以装配时不得有丝毫差错。因此,对复合模装配提出如下要求:

(1) 主要工作零件(凸模、凹模、凸凹模)和相关零件(如顶件器、推件板)必须保证加工精度。

(2) 加工和装配时,凸模和凹模的间隙应均匀一致。

(3) 如果是依靠压力机滑块中横梁的打击来实现推件的,那么推件机构推力合力的中心应与模柄中心重合。为保证推件机构工作可靠,推件机构的零件(如顶杆)在工作中不得歪斜,以防止工件和废料推不出,导致小凸模折断。

(4) 下模中设置的顶件机构应有足够的弹力,并保持工作平稳。

复合模所选用的装配方法和装配顺序的原则与单工序冲裁模基本相同,按先拆的零件后装,后拆的零件先装为一般装配顺序。但具体装配技巧应根据具体的模具结构确定。对于正装复合模,则先装上模,确定凸凹模的位置,然后装下模,在保证间隙均匀的前提下确定凸模及凹模的位置。对于倒装复合模,则先装下模,确定凸凹模的位置,然后装上模,在保证间隙均匀的前提下确定凸模及凹模的位置。最后再安装其他辅助零件。

2. 复合模的装配方法

冲孔、落料是在模具同一位置上完成的两道冲压工序,所以在模具同一位置上要安装两套凸、凹模。如何安装两套凸、凹模,并保证冲裁间隙均匀,两套凸、凹模相互位置正确,是这类模具装配时要解决的主要问题。此类模具的装配技巧是:分析此类模具的结构特点和技术要求,确定模具的装配顺序和装配方法。若采用外购标准模架,则此类模具应先将凸凹模按照装配图要求安装在模板(座)上,再根据冲裁间隙要求,将冲孔凸模、落料凹模安装在另一模板(座)上,最后安装其他结构零件。

这类模具的安装方法如下:

(1) 凸凹模安装方法

① 根据模具装配图要求,将凸凹模按凸模安装方法装在凸凹模固定板上。

② 用夹板将凸凹模固定板、垫板、模板(座)夹紧(必须牢固,避免在加工中产生松

动),配作定位销孔,并打出其他各孔位置。然后拆去夹板,在模板上加工出各螺钉过孔。

③ 将凸凹模固定板及垫板安装到模架上,先打入两个定位销钉,确定凸凹模与模架的相对位置,然后拧紧各紧固螺钉。

(2) 冲孔凸模、落料凹模安装及间隙调整方法

① 根据模具装配图要求,将凸模按凸模固定方法装配在凸模固定板上。

② 将凸凹模插入凹模中,使凹模与凸凹模保持间隙均匀。将上、下模架闭合,用压板将凹模与对应的模架锁紧(仍应与凸凹模保持均匀的间隙)。打开上、下模架,配作销钉孔,加工出各螺钉过孔的位置。松开夹板,加工各螺钉过孔。

③ 将凸模插入凸凹模中,使凸模与凸凹模保持间隙均匀。将上、下模架闭合,用压板将凸模固定板与对应的模架锁紧(仍应与凸凹模保持均匀的间隙)。找开上、下模架,配作销钉孔,加工出各螺钉过孔的位置。松开夹板,加工各螺钉过孔。

(3) 其他零件安装方法

① 推板(杆)安装。将工件或废料从凹模中推出,一般采用推板(杆)。加工顶杆过孔,退出定位销,松开紧固螺钉,将推板(杆)、顶杆按装配图要求装好,使推板(杆)高出凹模的高度符合装配图的要求(0.2～0.5mm),重新装好螺钉和定位销。

② 卸料板和橡胶(或弹簧)安装。

将卸料板套在凸凹模上,装上橡胶(或弹簧)和卸料螺钉,并调节橡胶(或弹簧)的压缩量,保证有足够的卸料力。调节卸料螺钉的长度,使卸料板高出凸凹模的高度符合装配图的要求(0.2～0.5mm)。

(4) 注意事项

① 应检验主要零件(凸模、凹模、凸凹模),若采用配制法加工的凸模、凹模、凸凹模,应实测其尺寸,并检验按其实测的尺寸形成的实际冲裁间隙是否在装配要求范围内。切忌未检验实际冲裁间隙就进行装配。

② 安装顺序切忌颠倒。

③ 安装后检查推料件动作是否可靠,切忌有卡死现象。

④ 顶杆的长度切忌不一致。顶杆过孔与顶杆的间隙应合理,间隙为 0.2～0.3mm,切忌太大。

3. 复合模装配实例

(1) 下模的装配

① 下模组件装配。将凸凹模装入凸凹模固定板型孔,如图 1-112 所示。将挡料销和导料销打入卸料板,如图 1-113 所示。

② 下模零件装配。如图 1-114 所示,依次将垫板、凸凹模组件置于下模座上,对齐销钉孔,打入销钉,而后拧紧 4 个凸凹模固定板紧固用螺钉,再拧紧凸凹模固定用螺钉,如图 1-114 所示。先将弹性零件置于凸凹模固定板上,再将卸料板套在凸凹模上,然后拧紧卸料螺钉,如图 1-115 所示。装配后要求卸料运动灵活并保证在弹簧作用下卸料板处于最低位置时,凸凹模的上端面应处在卸料板孔内,故要调节橡胶的预压量,使卸料板高出

图 1-112 凸凹模组件装配

图 1-113 挡料销、导料销与卸料板装配

图 1-114 装配凸凹模组件与下模座

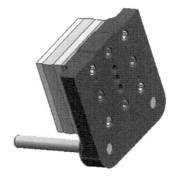

图 1-115 装配弹压卸料零件

凸凹模上端 0.3~0.5mm。

（2）上模的装配

① 上模组件装配。若凸模与凸模固定板拆开，则应将各凸模分别压入凸模固定板的形孔中，并挤紧固牢，如图 1-116 所示，装配时要小心，不能伤到刃口。若模柄与上模座拆开，将上模座倒置在等高垫块上，用铜棒把模柄打入上模座的孔内，如图 1-117 所示，然后骑缝打入防转销钉。

图 1-116 凸模与凸模固定板装配

图 1-117 模柄与上模座装配

② 上模零件装配。将上模座模柄向下置于等高垫铁上，在上模座上依次放上垫板、凸模固定板，并使相应螺孔、销孔位置对齐，用铜棒打入销钉，如图 1-118(a)所示。把打杆装入凸模固定板相应的孔内，如图 1-118(b)所示。放上空心垫板，并把推块放入空心垫板内，放上凹模板，如图 1-118(c)所示。使各相应螺孔、销孔对齐，用铜棒打入销钉，然后拧紧紧固螺钉，如图 1-118(d)所示。

(a) 打入销钉

(b) 装入打杆

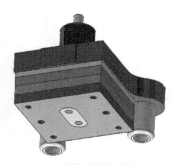
(c) 推块装入推块固定板

(d) 推块固定板与上模座连接

图 1-118　上模装配组图

（3）复合模总装配

图 1-119 为总装配好的复合模。装配上模、下模及上、下模合模时要注意：

① 装配前就用干净棉纱仔细擦净销钉、导柱与导套等各配合面，若存有油垢，将会影响配合面的装配质量。

② 上、下模合模时要先弄清上、下模的相互正确位置，使上、下模打字面或标记面都面向操作者，合模前导柱、导套应涂以润滑油，上、下模应保持平行，使导套平稳直入导柱。不可用铜棒使劲打入。

③ 上模刃口即将进入下模刃口时要缓慢进行，防止上、下刃口相啃。

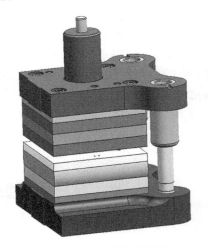

图 1-119　复合模总装配

4. 模具总装草图的完善

总装草图的完善可参考本项目任务 1-1 的方法，在此不再叙述。

1.2.4　复合模模具图样的绘制

模具测绘结束后要把测绘的零件图与装配草图进行整理，绘制出正规的总装配图与零件图，如图 1-120～图 1-132 所示。其方法与本项目的任务 1-1 相同。

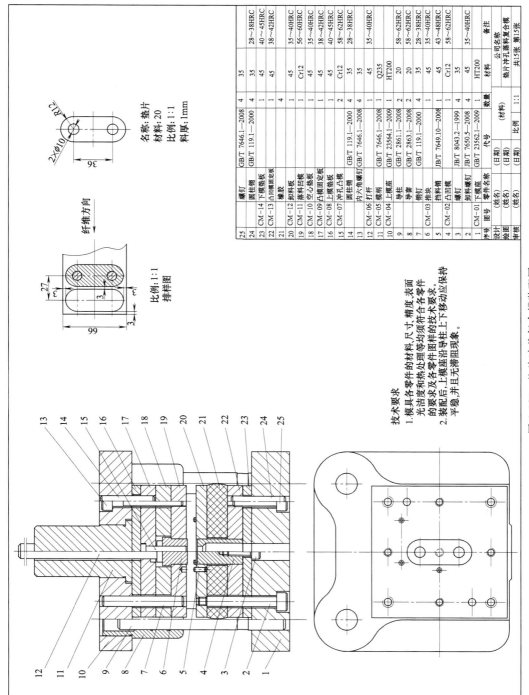

图1-120　垫片冲裁复合模装配图

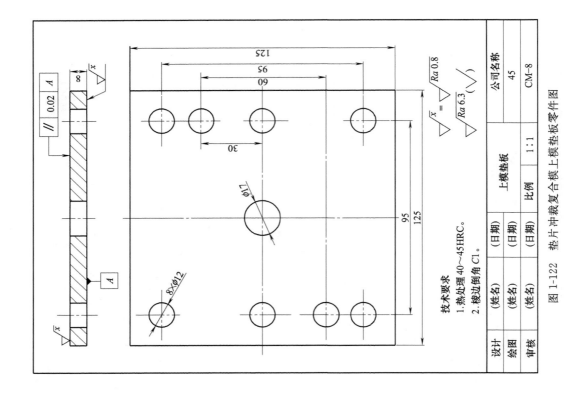

技术要求
1.热处理 40~45HRC。
2.棱边倒角 C1。

设计	(姓名)	(日期)		上模垫板		公司名称	45
绘图	(姓名)	(日期)					
审核	(姓名)	(日期)	比例	1:1			CM-8

图 1-122　垫片冲裁复合模上模垫板零件图

技术要求
1.热处理 56~60HRC。
2.在工作表面不允许存在缺陷,如裂纹、划伤等。
3.棱边倒角 C1。

设计	(姓名)	(日期)		落料凹模		公司名称	Cr12
绘图	(姓名)	(日期)					
审核	(姓名)	(日期)	比例	1:1			CM-11

图 1-121　垫片冲裁复合模落料凹模零件图

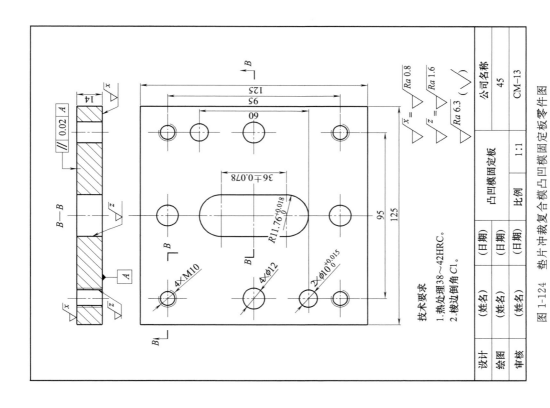

图 1-124 垫片冲裁复合模凸凹模固定板零件图

图 1-123 垫片冲裁复合模上模座零件图

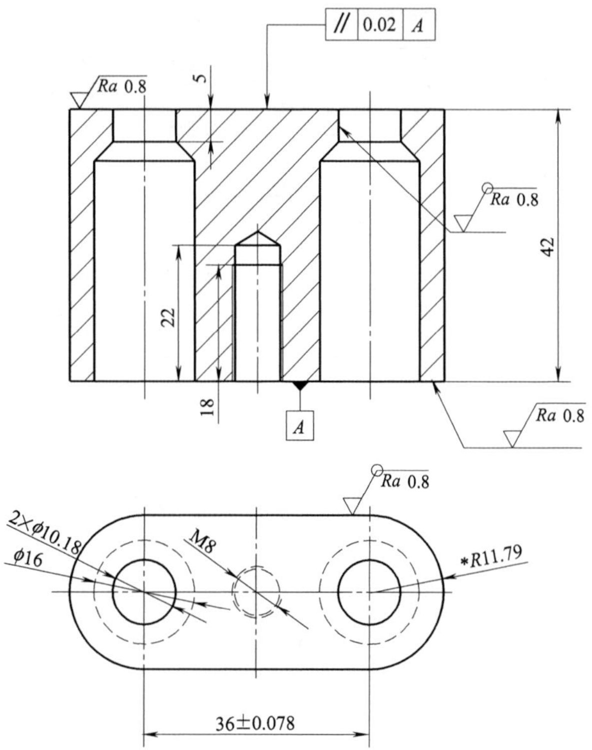

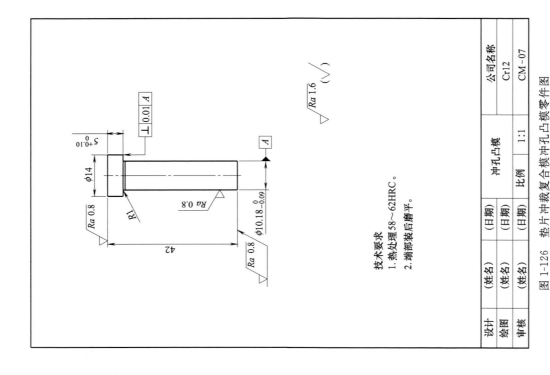

技术要求
1. 热处理58~62HRC。
2. 端部装后磨平。

图 1-126 垫片冲裁复合模冲孔凸模零件图

设计	(姓名)	(日期)	公司名称	Cr12
绘图	(姓名)	(日期)	冲孔凸模	CM-07
审核	(姓名)	(日期)	比例 1:1	

技术要求
1. 热处理58~62HRC。
2. 工件表面不允许出现缺陷,如裂纹、划伤等。
3. 带*尺寸按冲裁间隙0.06~0.09mm与相应凸模、凹模刃口配作。

图 1-125 垫片冲裁复合模凸凹模零件图

设计	(姓名)	(日期)	公司名称	Cr12
绘图	(姓名)	(日期)	凸凹模	CM-02
审核	(姓名)	(日期)	比例 1:1	

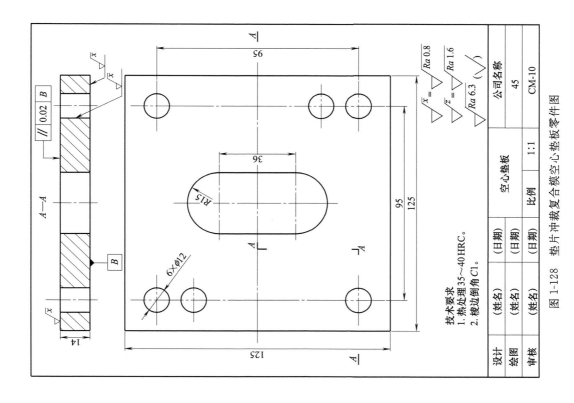

图1-128 垫片冲裁复合模空心垫板零件图

图1-127 垫片冲裁复合模凸模固定板零件图

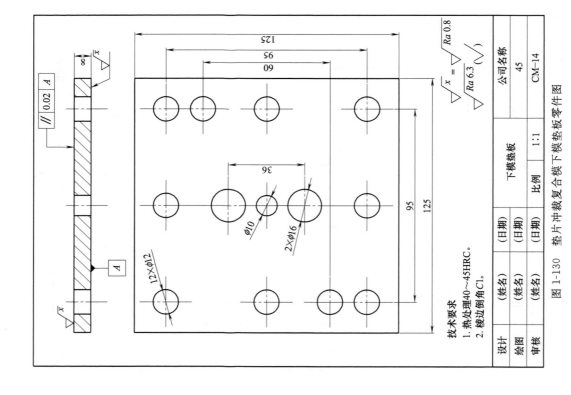

技术要求
1. 热处理40~45HRC。
2. 棱边倒角C1。

设计	(姓名)	(日期)		公司名称	45
绘图	(姓名)	(日期)	下模垫板		CM-14
审核	(姓名)	(日期)	比例	1:1	

图 1-130 垫片冲裁复合模下模垫板零件图

技术要求
热处理35~40HRC。

设计	(姓名)	(日期)		公司名称	45
绘图	(姓名)	(日期)	推块		CM-03
审核	(姓名)	(日期)	比例	1:1	

图 1-129 垫片冲裁复合模推块零件图

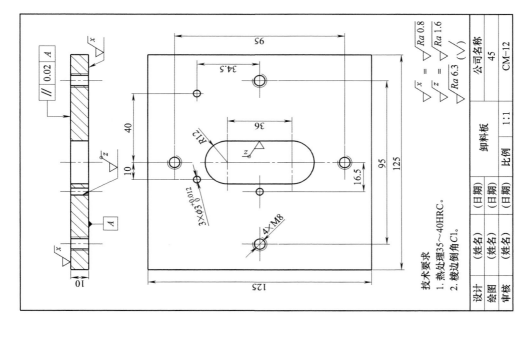

技术要求

1. 热处理35~40HRC。
2. 棱边倒角C1。

$$\sqrt[x]{} = \sqrt{\dfrac{Ra\,0.8}{}}\quad \sqrt[z]{} = \sqrt{\dfrac{Ra\,1.6}{}}\quad \sqrt{\dfrac{}{Ra\,6.3}}\ (\sqrt{})$$

设计	(姓名)	(日期)		公司名称		
绘图	(姓名)	(日期)			45	
审核	(姓名)	(日期)	卸料板			CM-12
			比例	1:1		

图1-132 垫片冲裁复合模卸料板零件图

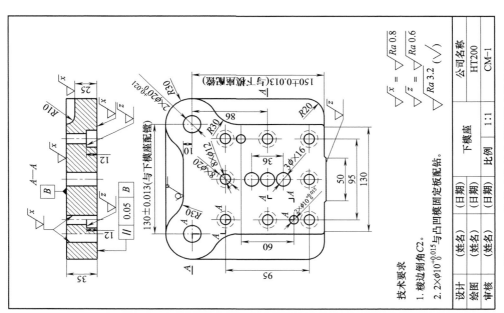

技术要求

1. 棱边倒角C2。
2. $2 \times \phi 10^{+0.015}_{0}$ 与凸凹模固定板配钻。

$$\sqrt[x]{} = \sqrt{\dfrac{Ra\,0.8}{}}\quad \sqrt[z]{} = \sqrt{\dfrac{Ra\,0.6}{}}\quad \sqrt{\dfrac{}{Ra\,3.2}}\ (\sqrt{})$$

设计	(姓名)	(日期)		公司名称		
绘图	(姓名)	(日期)			HT200	
审核	(姓名)	(日期)	下模座			CM-1
			比例	1:1		

图1-131 垫片冲裁复合模下模座零件图

1.2.5　复合模拆装实训报告的撰写

冷冲模拆装实训报告

班级_____　学号_____　姓名_____　指导教师_____

实训小组号_____　实训日期_____　成绩_____

一、实训目的

1. 能写出典型冲模的工作原理、结构特点。

2. 能写出模具零件的功用及相互连接与配合关系。

3. 学会典型模具的总装顺序。

4. 培养学生的动手能力,增加模具结构的感性知识。

二、冲模拆装与测绘的任务

1. 画模具总装配图。

2. 拆开模具测画模具部分非标准件的零件图。包括:凸模、凹模、凸凹模、固定板、卸料板、导料板等。

三、模具基本情况(在选项中打勾,在叙述题目后按要求填写内容)

(一)模具结构形式

1. 模具类型:(复合模、单工序模、级进模;冲裁模、弯曲模、拉深模)

2. 模具结构:(倒装式、正装式)

　　定位装置:(挡料销、导料销、导料板、侧刃、导正销、始用挡料销)

　　卸料装置:(弹压卸料、刚性卸料、手工取出)

　　出件装置:(弹压上顶出、弹压下顶出、刚性下出件、直接推料漏料、手工取出)

　　导向装置:(有导柱导套、无导向、导板兼卸料板)

　　模具结构:(后侧导柱、中间导柱、对角导柱)

(二)零件缺失情况记录(写出缺少零件名称与数量)

(三)模具工作原理(写出模具随压力机下行至下死点时对板料压料及冲裁的情况,压力机滑块带着模具回程时卸料及顶料、排料的情况;板料送进时的送进定距和送进导向)

四、装拆测绘步骤及要求

    1. 说明各模具零件的名称及结构类型。

    2. 说明各零件拆卸、测绘及装配过程。

五、模具草图及测绘结果

    1. 零件草图(含测绘尺寸)。

    2. 模具总装配图(含零件图与排样图)。

    3. 非标准模具零件图(凸模、凹模、凸凹模、固定板、卸料板等)。

小组成员＿＿＿＿＿＿＿＿＿＿＿＿＿＿＿＿＿＿＿＿

装配图与零件图图样要求：

(1) 图样尽可能放大。

(2) 线条清晰。

(3) 尺寸标注齐全。

(4) 剖面线不密集且剖面表达完整。

1.2.6 冲裁模的安装与调试

模具的安装、调试是模具装配后生产前的最后一步,也是最重要的环节,将直接影响到制件的质量、模具的技术性能和使用寿命。所以要求在拆装完模具后要掌握模具的安装方法并掌握模具调试的一般方法且经调试后方可冲出合格的制件。

在模具安装、调试的过程中,模具钳工的主要工作是把已安装好的模具正确地安装到压力机上,并针对出现的问题进行调整,使冲出的制件合格。

1. 冷冲压模具的安装

在压力机上安装模具的操作顺序如下:

(1) 开动压力机,将压力机滑块上升到上死点位置。

(2) 把压力机滑块底面、工作台面擦拭干净。压力机上滑块有模柄安装孔,应将滑块下部的前压块取出。

(3) 将模具放在压力机台面规定的中心位置上。模具下部有弹顶机构的顶杆,应按要求安装好,并将其置于工作台面中间的孔中。

(4) 用压力机行程尺检查滑块底面至冲模上平面间的距离是否大于压力机行程。调节压力机丝杠,以保证该距离大于压力行程。

(5) 点动压力机,将滑块降至下死点位置,并调节丝杠,如图 1-133 所示,使滑块底平面与冲模上平面接触。

图 1-133   调节压力机线杠

(6) 将上模(或模柄)固紧在压力机滑块上,如图 1-134 所示。人力转动飞轮,使滑块连同模具上下运动 2~3 次,运动距离为 10~20mm,下模可以自由、无阻滞地落在压力机台面上后,下模用压板螺栓连接但不紧固,如图1-135所示。

图 1-134   将上模紧固在滑块上

图 1-135   用压板螺钉固定下模

(7) 再次人力转动飞轮,使滑块上下运动 2~3 次,导向灵活、无阻滞,或上、下模无卡滞现象后,对称交错固紧压板螺栓,使模具紧固。

(8) 开动压力机,使滑块空行程运动数次,确认模具的上、下模(包括导向)运动正常无阻碍。

（9）调节滑块中打料横梁到适当高度，使打料杆能正常工作。

（10）调节下模弹顶机构压力，使顶出零件（顶件器、压料圈、顶杆等）处于正确的工作位置。

（11）清理模具零件工作部位和导柱、导套，清除油污、异物，导柱涂润滑油。

（12）送入条料进行试冲。根据试冲情况，调节丝杠调整压力机闭合高度；调整卸料、推件与顶件装置的位置和压力，直到能冲出合格制件。

2. 冷冲压模具的调试要点

（1）上、下模在压力机上的相对位置调整。冲裁模的上、下模要吻合。应保证凸、凹模相互闭合，深度要适中，不能太深或太浅，以冲下合格零件为准；调整弯曲模与拉深模时既不能压实工件又不会发生硬性碰撞。表1-7为装模时的调整项目及内容。

表1-7　装模时调整项目及内容

调整项目	调整内容
刃口位置与冲裁间隙调整	（1）凸模、凹模的形状和尺寸必须与制件的形状和尺寸相吻合 （2）冲裁时，凸模、凹模刃口的工作高度一定要与制件厚度相适应 （3）凸模、凹模的冲裁间隙一定要准确均匀。对于有导向机构的模具，导向系统必须定位准确，运动灵活平稳；对于无导向机构的模具，必须在压力机上安装模具时认真调试
定位部分调整	（1）修边和冲孔模具坯料定位部分的形状和尺寸必须与坯料的形状和尺寸相吻合 （2）保证定位钉、定位块、导料板等的位置准确，调整时，必须根据制件和坯料的形状、尺寸以及位置精度进行调整
卸料部分调整	（1）卸料板（推件器）的形状必须与制件形状相吻合 （2）卸料板与凸模之间的间隙不能太大或太小，运动必须灵活、平稳 （3）卸（推）料弹簧的弹力必须足够大而均匀 （4）卸料板（推件器）的行程不能太大或太小 （5）凹模型孔不能有倒锥 （6）漏料孔（出料槽）在卸（推）料工作中应畅通无阻

（2）间隙调整。对于有导向零件的冲模，只要保证导向运动顺利而无发涩现象即可保证间隙值；对于无导向零件的冲模，可以在凹模刃口周围衬以纯铜皮或硬纸板进行调整，也可以用透光及塞尺测量方法在压力机上调整，直到上、下模的凸、凹模互相对中且间隙均匀后，方可用螺钉紧固在压力机上，进行试冲。

（3）定位装置的调整。模具定位零件形状应与坯件相一致。故在调整时，应充分保证其定位的可靠性和稳定性。检查定位块及定位销是否定位稳定和合乎定位要求。假如位置不合适及形状不准，在调整时应修正其位置，必要时要更换定位零件。

（4）卸料、顶件装置的调整。卸料装置及顶件装置应调整到动作灵活并能顺利地卸出零件，不应有任何卡死现象；卸料行程应足够大；卸料及弹顶装置的弹力要适中，必要时要重新更换弹性元件；卸料装置作用于制件的作用力要均衡，以保证制件的平整及表面质量。

做好试模准备后,选用冲压材料,根据推荐的工艺参数进行试模,并根据制件质量和模具工作情况,做出相应的调整。冷冲模试模缺陷、产生原因及相应调整方法见表 1-8。

表 1-8   冷冲模试模缺陷、产生原因及相应调整方法

缺　　陷	产　生　原　因	调　整　方　法
制件毛刺太大	(1) 刃口不锋利或淬火硬度不够 (2) 间隙过大或过小,间隙不均匀	(1) 修磨刃口或更换凸模或凹模 (2) 重新调整冲裁间隙,使其均匀
制件尺寸、形状不准确	凸模、凹模的尺寸和形状误差太大	(1) 修整凸模、凹模的形状和尺寸 (2) 调整冲裁间隙,或更换凸模或凹模
制件不平整	(1) 凹模型孔有倒锥 (2) 顶件杆(器)与制件之间的接触面太小或不均匀 (3) 顶件杆(器)分布不合理或顶件力不均匀	(1) 修整凹模型孔,去掉倒锥,修出后角 (2) 更换件杆(器),增大接触面积 (3) 合理分布件杆(器),均匀顶件弹力
凸模折断	(1) 冲裁力与模具压力中心不重合,产生侧向力 (2) 卸料板产生倾斜 (3) 上、下模表面与压力机着力方向不平行 (4) 凸模、导向机构垂直度超差	(1) 调整模具在压力机上的安装位置 (2) 调整卸料板,上其平行;均匀顶件力 (3) 保证模具在压力机上的安装水平,压紧不松动 (4) 重新装配模具,保证凸模、导向机构垂直度符合要求
凹模胀裂	(1) 凹模结构不合理,容易造成应力集中 (2) 凹模有上口大、下口小的倒锥	(1) 重新设计和制造凹模 (2) 修整凹模型孔,去掉倒锥
啃口	(1) 上、下模座,固定板等零件的平行度超差 (2) 凸模、凹模错位 (3) 导向机构、凸模装配垂直度超差 (4) 导柱、导套配合间隙过大 (5) 顶件机构(卸料板)孔位产生偏移,使凸模产生歪斜	(1) 重新装配模具,保证平行度要求 (2) 重新装配模具,使冲裁间隙准确均匀 (3) 重新装配模具,保证垂直度要求 (4) 更换导柱、导套 (5) 修整或更换卸料板
制件端面有光亮带,毛刺大小不均匀	(1) 冲裁间隙过小 (2) 冲裁间隙不均匀	(1) 根据制件的尺寸和形状要求,修整凸模或凹模(对冲孔模具修整凹模,落料模具修整凸模),适当放大冲裁间隙 (2) 调整冲裁间隙,保证间隙合理
制件断面有二次光亮带和齿形毛刺	冲裁间隙过小	根据制件的尺寸和形状要求,修整凸模或凹模(对冲孔模具修整凹模,落料模具修整凸模),适当放大冲裁间隙
制件外形与内孔偏移	(1) 定位机构位置误差过大,坯料定位不准确 (2) 复合模具的凸凹模型孔和落料刃口偏心 (3) 级进模具的定距侧刃位置与步距不一致 (4) 导料板工作面与凹模送料中心不平行或产生偏置	(1) 调整定位机构位置,使其符合制件的尺寸、形状和位置精度要求 (2) 更换凸凹模,保证其位置精度 (3) 加大或减小定距侧刃长度;磨小挡料块的尺寸 (4) 调整导料板,使其工作面与凹模送料中心平行,使工作平面的中心对称面与送料中心重合

续表

缺 陷	产 生 原 因	调 整 方 法
送料不畅， 易被卡死 （连续模）	（1）两导料板之间的尺寸过大或过小，或两导料板的工作平面不平行 （2）卸料板与凸模之间的间隙过大，使搭边翻转卡死 （3）导料板工作平面与定距侧刃不平行，形成锯齿卡住调料 （4）导料板与定距侧刃工作平面之间的间隙过大，产生毛刺	（1）修整或重新装配两导料板 （2）重新加工或更换卸料板，调整卸料板与凸模之间的间隙，使其合理均匀 （3）重新装配两导料板 （4）调整导料板与定距侧刃工作平面之间的间隙，使之与条料之间配合紧密
卸料不正常， 退不下料	（1）卸料装置不动作 （2）卸料弹力不足 （3）卸料孔卸料不畅，卡死废料 （4）凹模型孔有倒锥 （5）打料杆长度不够 （6）凹模落料孔与下模座漏料孔错位	（1）重新装配卸料装置，使其动作灵活可靠 （2）增大弹簧长度和橡胶厚度以及弹力 （3）修整卸料孔 （4）修整凹模型孔，去掉倒锥 （5）增大打料杆长度 （6）修整漏料孔

任务 1-3　弯曲模的拆装与测绘

1.3.1　弯曲模的拆卸与检查

弯曲模的拆卸、装配过程和冲裁模基本相似，其装配的主要技术要求与冲裁模基本一致。弯曲模拆卸过程简单，所以在此不再介绍其拆卸与测绘。

1. 弯曲模模具结构分析

（1）模具的类型：本任务中介绍的是无导柱单工序校正弯曲模，采用定位块对工序件进行定位。

（2）模具零件的组成。

① 工艺构件：弯曲凸模、弯曲凹模、定位块。

② 辅助构件：上模座、下模座、凸模固定板、凸模垫板、模柄、凹模垫板、凹模固定板、螺钉、销钉。

（3）零件的作用如下。

① 工作零件：弯曲凸模、弯曲凹模，直接对冲裁后的落料件进行弯曲的零件。

② 定位零件：导料板、承料板、始用挡料销、挡料销，使板料在冲模中准确地定位（送料定距与送料导向）。

③ 固定零件：上、下模座，起连接固定模具零件作用；模柄，把模具安装在压力机的连接件；凸、凹模固定板，用来固定凸、凹模；垫板，可以很好地防止凸、凹模被压入上、下模座，影响凸、凹模正常的工作。

④ 紧固零件：螺钉、销钉。

2. 模具工作原理分析

图 1-136 所示为保持架弯曲模结构图。由图可知,将已经加工好的弯曲件毛坯(图 1-137(a)所示)放在弯曲凹模 3 上,用定位块 5 对毛坯进行定位。当压力机滑块带着上模部分的弯曲凸模 7 下行时,其底部首先接触到毛坯的上表面,压力机继续下行使毛坯逐渐贴合到弯曲凹模表面,完成保持架的弯曲。当压力机回程时,人工取出工件后,再取一个毛坯放在凹模上,进行下一个零件的弯曲。零件形状如图 1-137(b)所示。

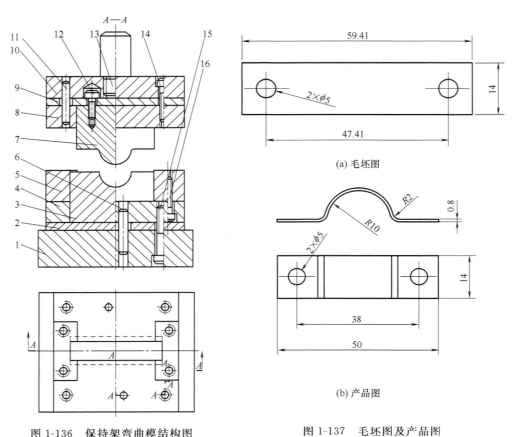

图 1-136　保持架弯曲模结构图

1—下模座;2—凹模垫板;3—凹模;4—凹模固定板;

5—定位块;6—圆柱销;7—凸模;8—凸模固定板;

9—凸模垫板;10—上模座;11—圆柱销;

12、14、15、16—螺钉;13—模柄

图 1-137　毛坯图及产品图

3. 弯曲模的拆卸

弯曲模的拆卸步骤可以参照本项目任务 1-1 中级进模的拆卸方法,在此处不做叙述。

1.3.2　弯曲模的测绘

弯曲模的测绘方法可以参照本项目任务 1-1 中级进模的测绘方法,在此处不做叙述。该弯曲模测绘完成后绘制的模具装配图与零件图如图 1-138～图 1-148 所示。

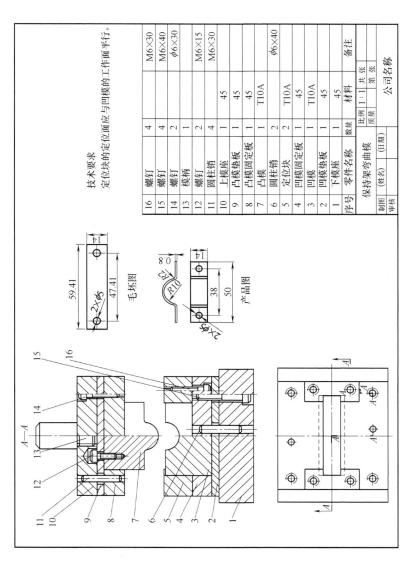

图 1-138 保持架弯曲模装配图

16	螺钉	4		M6×30
15	螺钉	4		M6×40
14	螺钉	2		φ6×30
13	模柄	1		
12	螺钉	2		M6×15
11	圆柱销	4		M6×30
10	上模座	1	45	
9	凸模垫板	1	45	
8	凸模固定板	1	45	
7	凸模	1	T10A	
6	圆柱销	2	T10A	φ6×40
5	定位块	2	T10A	
4	凹模固定板	1	45	
3	凹模	1	T10A	
2	凹模垫板	1	45	
1	下模座	1	45	
序号	零件名称	数量	材料	备注

技术要求

定位块的定位面应与凹模的工作面平行。

保持架弯曲模　比例 1:1　共 张

质量　第 张

制图（姓名）（日期）　公司名称

审核

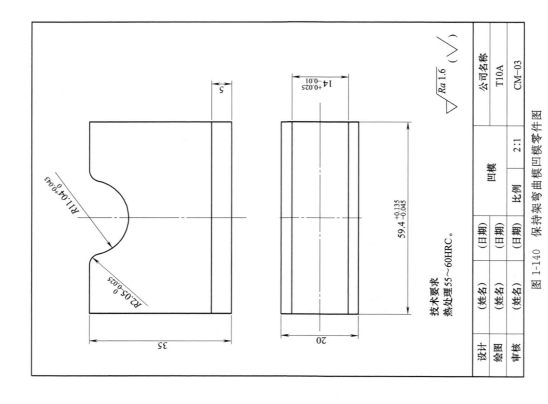

技术要求
热处理 55～60HRC。

设计	(姓名)	(日期)		公司名称	T10A
绘图	(姓名)	(日期)	凹模		CM-03
审核	(姓名)	(日期)	比例	2:1	

图 1-140　保持架弯曲模凹模零件图

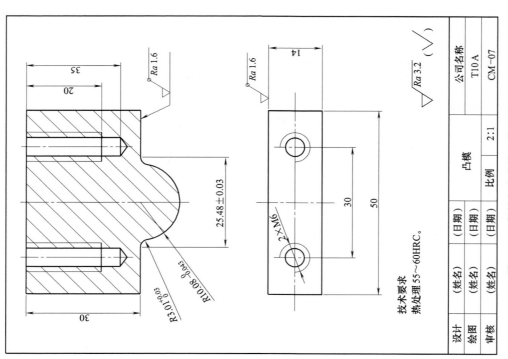

技术要求
热处理 55～60HRC。

设计	(姓名)	(日期)		公司名称	T10A
绘图	(姓名)	(日期)	凸模		CM-07
审核	(姓名)	(日期)	比例	2:1	

图 1-139　保持架弯曲模凸模零件图

技术要求
1. 调质处理 38～42HRC。
2. 棱边倒角 $C1$。
3. 配合型孔内壁 $Ra=1.6\mu m$。
4. 孔 $2\times\phi6H7$ 与上模座配钻。

$\sqrt{Ra\ 3.2}$ ($\sqrt{}$)

设计	（姓名）	（日期）	凸模固定板	公司名称
绘图	（姓名）	（日期）		45
审核	（姓名）	（日期）	比例 2:1	CM-08

图 1-141 保持架弯曲模凸模固定板零件图

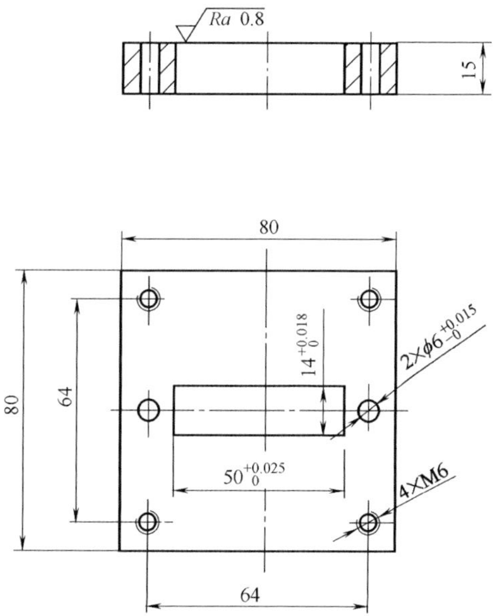

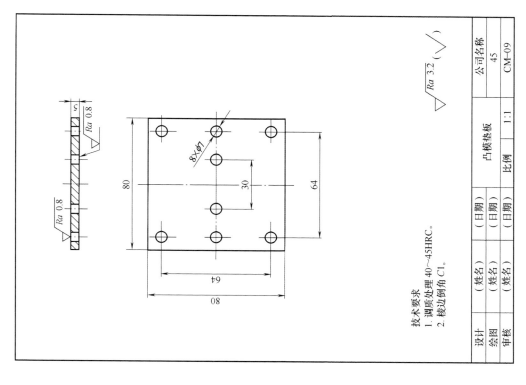

技术要求
1. 调质处理 40～45HRC。
2. 棱边倒角 $C1$。

$\sqrt{Ra\ 3.2}$ ($\sqrt{}$)

设计	（姓名）	（日期）	凸模垫板	公司名称
绘图	（姓名）	（日期）		45
审核	（姓名）	（日期）	比例 1:1	CM-09

图 1-142 保持架弯曲模凸模垫板零件图

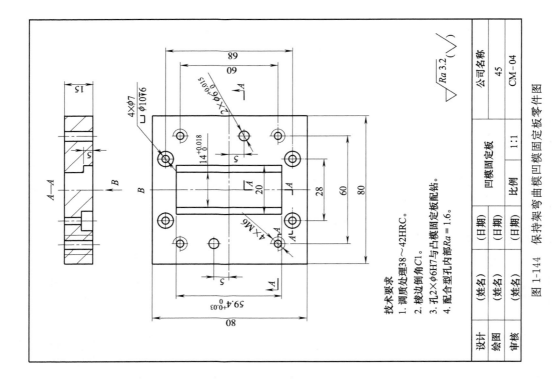

技术要求
1. 调质处理38～42HRC。
2. 棱边倒角C1。
3. 孔2×φ6H7与凸模固定板配钻。
4. 配合型孔内部Ra = 1.6。

设计	(姓名)	(日期)		公司名称	45
绘图	(姓名)	(日期)	凹模固定板		
审核	(姓名)	(日期)	比例	1:1	CM-04

图 1-144 保持架弯曲模凹模固定板零件图

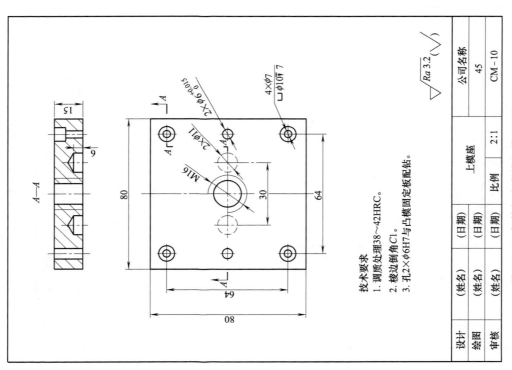

技术要求
1. 调质处理38～42HRC。
2. 棱边倒角C1。
3. 孔2×φ6H7与凸模固定板配钻。

设计	(姓名)	(日期)		公司名称	45
绘图	(姓名)	(日期)	上模座		
审核	(姓名)	(日期)	比例	2:1	CM-10

图 1-143 保持架弯曲模上模座零件图

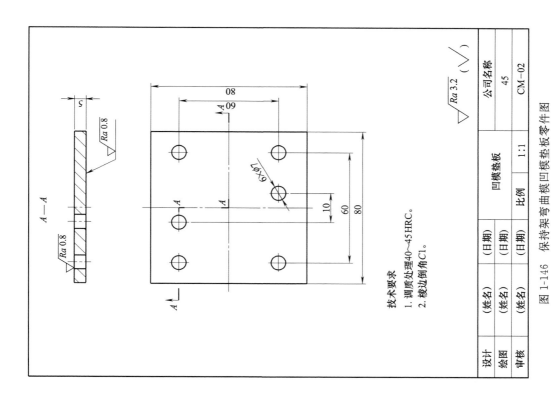

技术要求
1. 调质处理40~45HRC。
2. 棱边倒角C1。

图1-146 保持架弯曲凹模凹模垫板零件图

设计	(姓名)	(日期)		公司名称	45
绘图	(姓名)	(日期)	凹模垫板		CM-02
审核	(姓名)	(日期)	比例	1:1	

技术要求
1. 调质处理48~52HRC。
2. 棱边倒角C1。

图1-145 保持架弯曲模定位块零件图

设计	(姓名)	(日期)		公司名称	45
绘图	(姓名)	(日期)	定位块		CM-05
审核	(姓名)	(日期)	比例	2:1	

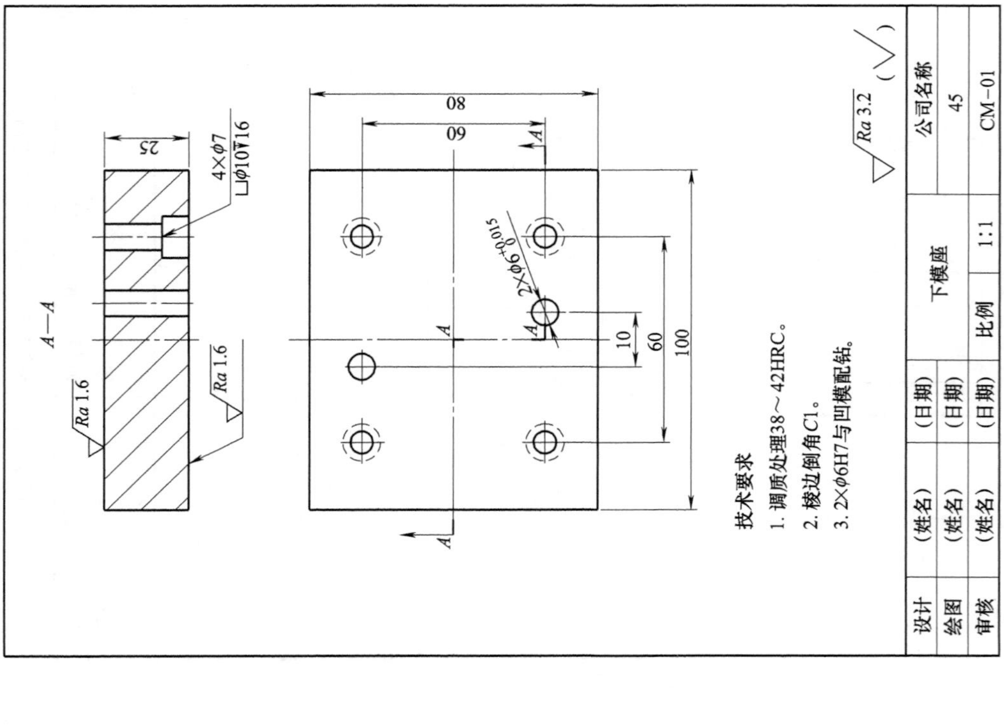

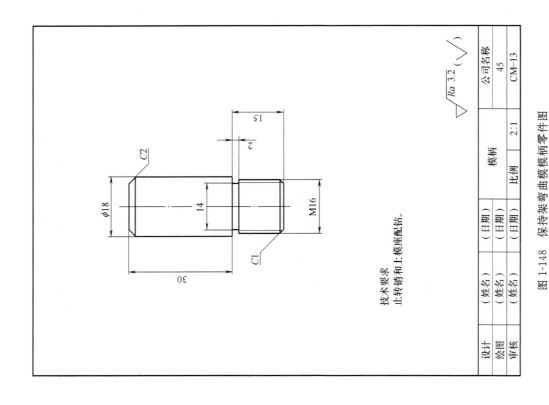

A—A
25
4×φ7
⊔φ10↧16
Ra 1.6
Ra 1.6
80
60
A
A
2×φ6+0.015 0
A
A
10
60
100
Ra 3.2
(√)
技术要求
1. 调质处理38～42HRC。
2. 棱边倒角C1。
3. 2×φ6H7与凹模配钻。
设计 (姓名) (日期)
绘图 (姓名) (日期)
审核 (姓名) (日期)
下模座
比例 1:1
公司名称
45
CM−01

图 1-147 保持架弯曲模下模座零件图

C2
φ18
14
M16
30
2
15
C1
Ra 3.2
(√)
技术要求
止转销和上模座配钻。
设计 (姓名) (日期)
绘图 (姓名) (日期)
审核 (姓名) (日期)
模柄
比例 2:1
公司名称
45
CM−13

图 1-148 保持架弯曲模模柄零件图

1.3.3　弯曲模的装配

1. 弯曲模装配的特点和主要步骤

（1）弯曲模装配的特点。弯曲模装配工艺重点有以下几点：

① 弯曲模的工作部分一般形状比较复杂，几何形状与尺寸精度要求较高。在制造时，凸、凹模工作表面的曲线和折线往往需要用事先做好的样板来控制，以保证制造精度。样板的精度一般应为±0.05mm。由于回弹的影响，制造与加工出来的凸模与凹模形状不可能与制品最后形状完全相同，因此必须有一定的修正值。弯曲模在装配时要借助样板调整凸、凹模间的间隙值。装配时还需保证上、下模座的垂直度和各模板底面的平行度要求，必要时采用导柱结构或方槽过盈配合结构。上模装配时，必须保证凸模、模柄相对于上模座的垂直度，且安装牢固可靠。

② 弯曲凸、凹模的加工次序应按制品外形尺寸标注情况来选定。对尺寸标注在内形的制件，一般先加工凸模，而凹模按凸模配制；对尺寸标注在外形的制件，一般先加工凹模，而凸模按加工出来的凹模配制，并保证双向间隙值。

③ 在选用卸料弹性元件时，一定要保证有足够的弹力，装配后弹簧能正常工作。

④ 经试压后，工件表面应无压痕和划伤。最后在模具上打好印记。

需要注意的是，由于理论计算的弯曲件展开尺寸受到多方面的因素影响，对形状复杂的工件通常先加工制造弯曲模，经试模合格后，再根据试模中的展开尺寸设计制造落料模。

（2）弯曲模装配的主要步骤。模具装配时，为了方便地将上、下两部分的工作零件调整到正确位置，并使凸模、凹模具有均匀的间隙，应正确安排上、下模的装配顺序。

装配有模架的模具时，一般是先装配模架，再进行模具工作零件和其他结构零件的装配。上、下模的装配顺序应根据上模和下模上所安装的模具零件在装配和调整过程中所受限制的情况来决定。如果上模部分的模具零件在装配和调整时所受限制最大，应先装上模部分，并以它为基准调整下模部分的零件，保证凸、凹模配合间隙均匀。反之，则应先装模具的下模部分，并以它为基准调整上模部分的零件。

以保持架弯曲模为例，弯曲模装配的基本步骤包括：

① 分析模具结构，把握装配要求。

② 组件装配。将模柄装入上模座并磨平；将凸模装入凸模固定板，作为凸模组件。

③ 确定装配基准件。以凸模为装配基准件，装配时首先确定凸模在模架中的位置。

④ 装配中零件的补充加工。通过平行夹板夹紧，配作螺纹孔和销钉孔。

⑤ 组装上模部分，同样步骤，安装下模部分。

⑥ 模具总装。

⑦ 试模。

⑧ 检验入库。

2. 弯曲模的装配

如图 1-136 所示的保持架弯曲模，应选择弯曲凸模 7 作为模具装配的基准件。先装凸模部分，再装凹模部分。其装配顺序如下：

（1）组装模柄 13 组件

① 将模柄 13 拧入上模座 10,检查模柄的外圆柱面对上模座上端面的垂直度,其误差不大于 0.05mm。

② 钻防转螺钉的螺纹底孔,攻螺纹孔,旋入防转螺钉。

（2）组装凸模组件。将凸模 7 压入凸模固定板 8 的紧固孔中,不断校验,确保垂直度。装好后在平面磨床上磨平。

（3）将垫板上固定凸模用螺钉过孔与凸模螺孔对齐,拧入紧固螺钉。

（4）上模补充加工:

① 将垫板和凸模固定板在上模架上找正位置,用平行夹板夹紧。

② 将模柄向下置于平行垫铁上,通过凸模固定板配作上模座上的销钉孔;通过凸模固定板引钻螺钉过孔预孔。

③ 卸下平行夹板,加工上模座上的螺钉过孔及沉孔。

（5）将凸模固定板、垫板及上模座各相应孔对齐,用铜棒打入销钉,拧紧紧固螺钉。

（6）组装凹模组件。用压入法将凹模 3 装入凹模固定板 4 的紧固孔中,不断校验,确保垂直度。装好后在平面磨床上磨平。

（7）定位块 5 的补充加工。两个定位块 5 上共有 4 个 M6 的螺纹孔。其加工步骤如下:

① 将定位块 5 和凹模组件按装配图位置找正,用平行夹头夹紧。

② 用 $\phi7mm$ 的钻头从凹模固定板 4 上引钻(只点孔不钻孔),做好记号后再拆开。

③ 用 $\phi5.2mm$ 的钻头钻螺纹底孔,孔端倒角,攻螺纹 M6。

（8）下模座 1 的补充加工。下模座 1 有 4 个 M6 的螺钉过孔,孔径为 $\phi7mm$,沉孔孔径为 $\phi10mm$、深 7mm,2 个 $\phi6mm$ 销钉孔。其加工步骤如下:

① 将凹模固定板在下模座上找正位置,用平行夹板把凹模固定板与下模座夹紧,通过凹模固定板上的销钉孔配制下模座上的销孔。松开平行夹板取下凹模固定板。

② 将凹模垫板 2 和下模座 1 按销孔位置找正,用平行夹头将垫板和下模座夹紧。

③ 由凹模垫板 2 上的螺钉过孔配制下模座 1 上的螺钉过孔,松开平行夹板。

④ 加工下模座上螺钉过孔的沉孔。

（9）组装下模部分。凹模组件、凹模垫板 2 和下模座 1 直接的定位由沉孔定位,加工时注意配合精度。

① 将定位块 5 装入凹模组件,装入螺钉。

② 将垫板、凹模固定板置于下模座上,找正销钉孔,用铜棒打入销钉。

③ 从下模座拧入螺钉,紧固凹模固定板。

（10）合模。该弯曲模的间隙在试模时在压力机上调整。

（11）试模、送验入库。

1.3.4 弯曲模的安装与调试

模具在合适的压力机上通过试冲后才知道模具制作是否合格,如出现故障,则要从分析原因入手进行模具的调整或修理,直至模具工作正常并冲出合格的冲压件为止。

1. 弯曲模的安装

如图 1-136 所示的保持架弯曲模,通过冲压力的计算,压力选择 3kN 的开式压力机 J23—3.5。冲压模的安装过程如下:

(1)首先进一步熟悉冲压工艺和冲压模具图样,在动手安装之前,检查保持架弯曲模和压力机 J23—3.5 是否完好、正常。

(2)检查模具安装所需要的紧固螺栓、螺母、压板、垫块、垫板等零件是否备齐。

(3)卸下打料横杆。将滑块下降到下止点。调节装模高度,使其略大于模具的闭合高度。

(4)清除粘附在冲压模上、下表面、压力机滑块底面与工作台面上的杂物,并擦洗干净。

(5)取下模柄锁紧块,将上、下模同时放到工作台上,注意将下弹顶装置放入工作台落料孔,并让模柄进入压力机滑块的模柄孔内,合上锁紧块。将压力机滑块停在下止点,转动滑块调节螺母,调整压力机滑块高度,使滑块与模具顶面贴合。

(6)紧固锁模块。

(7)将下模用压板轻轻紧固在工作台上,但不要将螺栓拧得太紧。

(8)用压力机上的调节螺母调整装模高度,上、下模闭合高度适当后,将压板螺栓拧紧,使滑块上升到上止点。

(9)装入打料横杆。

(10)试空车,检查压力机和模具有无异常。

(11)开动压力机,逐步调整滑块高度,并逐次试压,直至压弯出合格的弯曲件,然后将可调节连杆螺母锁紧。

(12)调整压力机的打料横杆限止螺钉,以打料横杆能通过打料杆打下上模内的冲压废料为准。

(13)冲 5~10 件正式冲压件,确认质量是否符合要求。

2. 弯曲模的调试

弯曲模由于塑性成形工序比分离工序复杂,难以准确控制的因素多,所以其调试过程比较复杂,试模、修模反复次数多。弯曲模试模缺陷、产生原因及相应调整方法见表 1-9。

表 1-9　弯曲模试模缺陷、产生原因及相应调整方法

缺　陷	产　生　原　因	调　整　方　法
制件产生回弹	弹性变形的存在	改变凸模的形状和角度大小
		增加凹模型槽的深度
		减小凸模和凹模之间的间隙
		增加找正或使找正力集中在角部变形区
制件底面不平	压力不足	增大压料力,最好找正一下
	顶件用顶杆的着力点分布不均匀,制件底面顶变形	将顶杆位置分布均匀,顶杆面积不可太小
形件左右高度不一致	定位不稳定或定位不准	调整定位装置
	凹模的圆角半径左右两边加工不一致	修正圆角半径使左右一致
	压料不牢	增加压料块(力)
	凸模、凹模左右两边间隙不均匀	调整两模之间的间隙

续表

缺　陷	产 生 原 因	调 整 方 法
弯曲角变形部分有裂纹	弯曲半径太小	加大弯曲半径
	材料的纹向与弯曲线平行	将板料退火后再弯曲或改变落料的排样
	毛坯有毛刺一面向外	使毛刺在弯曲的内侧
	材料的塑性差	将板料进行退火处理或改用其他材料
制件表面有擦伤	凹模的内壁和圆角处表面不光,太粗糙	将凹模内壁与圆角修光
	板料被黏附在凹模表面	在凸模或凹模的工作表面镀0.01～0.03mm厚硬铬,或将凹模进行化学热处理,如氮化处理、氮化钛涂层或进行激光表面强化热处理
制件尺寸过长或不足	间隙过小,将材料挤长	加大间隙
	压料装置的力过大,将材料挤长	减小压料装置的压力
	计算错误	落料尺寸应在弯曲模试冲后确定

　　弯曲模的装配图与零件图如图1-138～图1-148所示。

1.3.5　弯曲模拆装实训报告的撰写

弯曲模拆装实训报告

班级_____　学号_____　姓名_____　指导教师_____

实训小组号_____　实训日期_____　成绩_____

一、**实训目的**

　　1. 能写出典型弯曲模的工作原理、结构特点。

　　2. 能写出弯曲模模具零件的功用及相互连接与配合关系。

　　3. 学会典型弯曲模的总装顺序。

　　4. 培养学生的实践动手能力,增加弯曲模模具结构的感性知识。

二、**弯曲模拆装与测绘的任务**

　　1. 画弯曲模总装配图。

　　2. 拆开弯曲模测画模具部分非标准件的零件图。包括:凸模、凹模、固定板、定位板等。

三、**弯曲模基本情况**(在选项中打勾,在叙述题目后按要求填写内容)

　　(一)模具结构形式

　　1. 模具类型:(复合模、单工序模、级进模)

　　2. 弯曲件类型:(V形、U形、⊔形、L形、Z形、O形、Ω形)

　　3. 模具结构:(倒装式、正装式)

　　　定位装置:(定位销、定位板、定位圈)

　　　压料装置:(压料板、压料块、顶杆)

　　　出件装置:(弹压上顶出、弹压下顶出、刚性下出件、直接由滑道推出、手工取出)

　　　导向装置:(有导柱导套、无导向)

　　　模架结构:(后侧导柱、中间导柱、对角导柱)

(二)零件缺失情况记录(写出缺少零件名称与数量)

(三)模具工作原理(写出模具随压力机下行至下死点时对板料压料及冲裁与弯曲的情况;压力机滑块带着模具回程时卸料及顶料、排料及取件的情况;板料冲裁或弯曲时,如何确定板料或毛坯的位置。若是级进模时,说明板料送进的送进定距和送进导向的情况)

四、装拆测绘步骤及要求

1. 说明各模具零件的名称及结构类型。

2. 说明各零件拆卸、测绘及装配过程。

五、模具草图及测绘结果

1. 零件草图(含测绘尺寸)。

2. 模具总装配图(含零件图与排样图)。

3. 非标准模具零件图(凸模、凹模、固定板、压料板、定位板等)。

小组成员 _____

装配图与零件图图样要求:

(1)图样尽可能放大。

(2)线条清晰。

(3)尺寸标注齐全。

(4)剖面线不密集且剖面表达完整。

塑料模具的拆装与安装调整

任务2-1　单分型面注射模的拆装与测绘

任务目标

(1) 使学生全面了解与掌握塑料模具的组成、结构和工作原理。

(2) 掌握典型塑料模具拆装的一般方法。

(3) 学会拆装工具的使用。

(4) 掌握测绘零件的方法。

任务要求

(1) 写出拆卸方案、模具类型、工作原理及各零件的作用。

(2) 写出拆装过程及操作规则。

(3) 对所拆模具零件进行测绘并绘出零件图与装配图。

(4) 写出模具拆装实训报告。

任务引入

本任务主要内容为典型的单分型面注射模的拆装与测绘。该注射模的结构较为复杂，所包括零件较多，所以通过对其拆装测绘，可以掌握典型塑料模的拆装方法，理解注射模的工作原理及结构组成，使学生对塑料模有良好的感性认识。

2.1.1　模具拆装前的准备

1. 模具与工具的准备

选取多套中等复杂程度的典型塑料模作为拆卸对象，按组分配给学生，把要拆卸的模具放到钳工台上并对模具失效进行分析。学会安全地使用拆卸工具。

安全注意事项与工具的准备等与冷冲模拆装准备基本相同，在此不再叙述。

2. 注射模模具分析

(1) 模具结构简图

将要拆装模具放于钳工台上，绘出模具结构简图，如图 2-1 所示。

(2) 模具结构分析

① 模具的类型：本模具为单分型面(也称两板式)注射模。

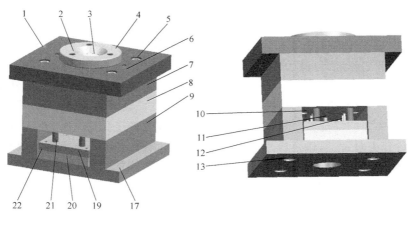

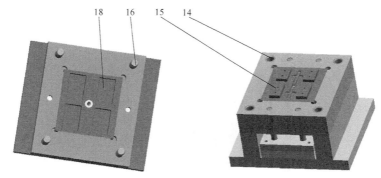

图 2-1 塑料模结构图

1—定模座板;2、5、10、13、22—螺钉;3—浇口套;4—定位圈;6—销钉;7—定模板;
8—动模板;9—垫块;11—拉料杆;12—推杆;14—导套;15—型芯;16—导柱;17—动模座板;
18—型腔;19—推杆固定板;20—推板;21—复位杆

② 模具零件的组成及作用。

• 成型零件:型芯、型腔,都是用于组成塑料制件的型腔的零件。

• 浇注系统:由浇口套和模板上的分流道组成。

• 推出装置:在开模过程中,将塑件从模具中推出的装置。大型模具中的推出装置为避免在顶出过程中推板歪斜,还设有导向零件,使推板运动平稳。本模具推出装置由推杆、推板、推杆固定板、复位杆、主流道拉杆组成。

• 导向机构:其作用是确保动模和定模合模时准确对中。本模具中导向系统由导柱和导套组成。

• 冷却系统:一般注射模都在模具内开设冷却水道,本模具属小型注射模,不加冷却系统。压缩模都在模具内或周围安装加热元件。

• 结构零部件:用来安装固定或支承成型零件及前述的各部分机构的零部件。如图 2-1(a) 所示的模具结构零部件有定模座板 1、动模座板 17、垫块 9 等。

• 紧固零件:螺钉、销钉。

（3）模具工作原理分析

本模具属于单分型面注射模，其一般工作过程为：模具闭合→模具锁紧→注射→保压→补塑→冷却→开模→推出塑件。下面图 2-2 为注射模开模状态（工作原理），解释单分型面注射模的工作原理（其中零件标号如图 2-1 所示）。

在导柱和导套的导向定位下，动模和定模闭合。如图 2-1 所示，型腔零件由定模板 7 与动模板 8 和型芯 15 组成，并由注射机合模系统提供锁模力锁紧；然后注射机开始注射，塑料熔体经定模上的浇注系统进入型腔；待熔体充满型腔并经过保压、补塑和冷却而硬化定型后开模；开模时，注射机合模系统带动动模后退，模具从动模和定模分型面分开，塑件包在型芯上随动模一起后退，同时，拉料杆 11 将浇注系统的主流道凝料从浇口套 3 中拉出。当动模移动一定距离后，注射机的顶杆接触推板 20，推出机构开始动作，使推杆 12 和拉料杆分别将塑件及浇注系统凝料从型芯和冷料穴中推出，塑件与浇注系统凝料一起从模具中落下，至此完成一次注射过程。合模时，推出机构靠复位杆 21 复位，并准备下一次注射。

下面以图 2-2 为例讲解单分型面注射模的工作原理（其中零件标号按照图 2-1 中所示）。

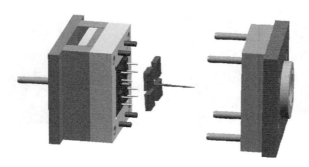

图 2-2　注射模工作原理

3. 模具拆装方案的制订

（1）分析模具的配合部位

表 2-1 为该塑料模具零件的配合关系。拆卸模具时，对于过渡配合的零件可以拆卸，对于过盈配合的零件不要拆开。

表 2-1　塑料模具零件的配合关系

配合部位	配合关系	配合状态	可否拆卸
型腔与定模座板	H7/m6 或 H7/n6	过渡配合	可拆卸
型芯与动模座板	H7/m6 或 H7/n6	过渡配合	可拆卸
浇口套	H7/m6 或 H7/n6	过渡配合	可拆卸
定位圈	H9/f6	间隙配合	可拆卸
导柱与定模板	H7/r6	过盈配合	不可拆卸
导套与动模板	H7/r6	过盈配合	不可拆卸
复位杆、推杆及拉料杆与推杆固定板	H7/m6 或 H7/n6	过渡配合	可拆卸

过渡配合的部位可以拆卸,但为保护模具,一般不拆卸,除非有模具零件失效必须更换时才拆卸。导柱、导套均为不可拆件。

(2)制订拆卸方案

① 分开动、定模部分。本模具是小型模具,模具要水平放置在平整的钢板上,即模具在注塑机上的使用状态。用撬杠及铜棒均匀打击动、定模板(导柱、导套附近的模板),保证平行分开动、定模,避免倾斜开模而损坏导柱、导套及其他模具零件,如图 2-3 所示。

图 2-3 动、定模分离

② 先拆定模部分。如图 2-1 所示,把固定定位圈 4 上的螺钉 2 拧出,取下定位圈 4;拧松并取出螺钉 5,然后用小铜棒敲出销钉 6,使定模板 7 与定模座板 1 分开;拿走定模座板 1;打出浇口套 3;一般型腔 18 与定模板 7、导柱 16 与定模板 7 不要拆开。

③ 再拆动模部分。如图 2-1 所示,先把动模座板 17 及垫块 9 与动模板 8 分开;再取下推料板组件;通常不拆开型芯与动模板;再把推料板组件分开。

注意:制订完拆卸方案后应提请实训室老师审查同意后方可拆卸。

2.1.2 塑料模的拆卸与测绘

塑料模的拆卸及测绘方法与冷冲模的拆卸及测绘方法基本相同,具体内容参见项目1 中任务 1-1 的相关内容。

1. 用撬杠及铜棒分开动、定模

(1)观察模具结构类型:本模具属于单分型面、一模四腔结构。

(2)画出零件图:图 2-4 所示为方盒形塑料零件的零件图。

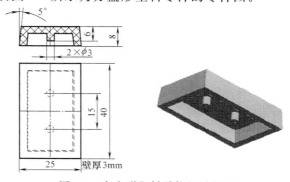

图 2-4 方盒形塑料零件的零件图

（3）画出流道图：图 2-5 所示为一模四腔的流道图。

图 2-5　一模四腔方盒形塑料零件流道图

2. 拆卸定模部分

（1）先把定模部分放在平行垫铁上，将固定定位圈的螺钉拧出，再用大铜棒传力于小铜棒把定模座板上的两个销钉打出，拧出四个连接螺钉。此时定模座板与定模板分离，再将定位圈与浇口套分离。由于浇口套与定模座板通常采用过渡配合，在取出时易使浇口套变形。因此，禁止用锤子直接击打浇口套，应选用直径合适且头部已车平的纯铜棒作为冲击杆，使其对准浇口套的出料部位，用锤子或大铜棒击打冲击杆，进而使其与型腔脱离。再把固定型腔的螺钉拧出后，用大铜棒借助小铜棒从模具工艺孔把型腔打出。图 2-6 所示为定模部分拆卸组图。

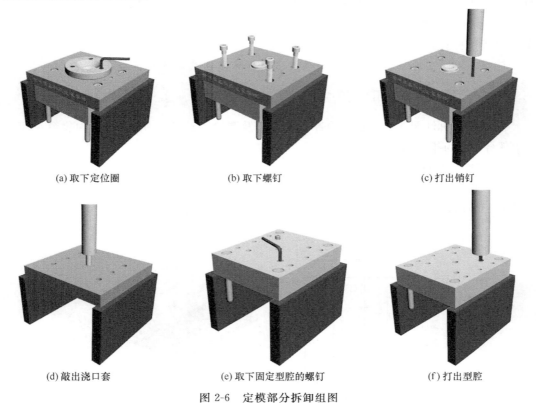

(a) 取下定位圈　　　　　　(b) 取下螺钉　　　　　　(c) 打出销钉

(d) 敲出浇口套　　　　　(e) 取下固定型腔的螺钉　　　　(f) 打出型腔

图 2-6　定模部分拆卸组图

（2）测画定模部分各零件。成形零件的尺寸精确到 0.01mm，其余取整。

测绘零件时，先画草图，标注尺寸，要求零件的视图完整，投影正确。

有配合的地方应根据该处的配合要求，确定基本尺寸及公差；模具的刃口尺寸、型芯尺寸，应根据模具刃口尺寸型腔尺寸计算公式进行核算；对于一般尺寸和外形尺寸应进行完整标注，应根据要求标注公差或自由公差（不标）。

在画正规产品零件图、模具零件图、装配图的过程中，对于标准件，要查阅手册，按标准画出，其他部分应按国家标准画出。具体方法参考项目1任务 1-1 中各图的画法。

3. 拆卸动模部分

（1）用内六角扳手卸下动模固定板紧固螺钉，由下模板底面向型芯方向打出全部销钉，取下定模座板和垫块，其方法如图 2-7 所示。

（2）卸下推出机构（推板、推杆固定板、推杆、拉料杆、复位杆）。取出所有推杆、复位杆、拉料杆，拿走推杆固定板，如图 2-8 所示。

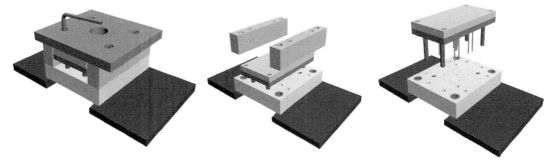

图 2-7　卸下螺钉，取下定模座板和垫块　　　　图 2-8　卸下推出机构

（3）若有支承板的拆卸支承板与动模板（打出定位销）。

（4）先将固定型芯的螺钉拧下，再将型芯从动模板中用铜棒轻轻敲击取出（但一般不拆开），如图 2-9 和图 2-10 所示。

图 2-9　把固定型芯的螺钉卸下　　　　图 2-10　将型芯从动模板中用铜棒轻轻敲击取出

（5）若导柱或导套与模板配合不是太紧，可用纯铜棒打出导柱或导套。

（6）拆卸时型腔镶件受力要均匀，禁止在歪斜情况下强行打出，保证型腔镶件和固定板完好不变形。

4. 拆卸推出机构各零件

（1）卸下螺钉，拆开推板、推杆固定板，取下推杆、拉料杆、复位杆等。推杆与推杆固定板用记号笔做好标记，以方便装配，避免装错而导致损坏模具，如图 2-11 所示。

(a) 把推板与推杆固定板分开　　　(b) 取下推板　　　(c) 取下推杆固定板上所有零件

图 2-11　拆卸推出机构组件

（2）测绘推出机构各零件。测绘草图略。

5. 测绘导向机构各零件

因导柱、导套可不拆卸，其尺寸可直接在动、定模板上测绘。测绘草图略。

2.1.3　塑料模的装配

在装配时要注意各模板的位置关系及方向，察看方向标记或装配痕迹，切忌强行敲击装入。

1. 塑料模定模部分的装配

取定模板放在平行垫铁上，装入型腔，如图 2-12 所示；将组件翻面装入型腔固定螺钉，如图 2-13 所示；取定模座板放在定模上，在定模板与定模座板间装入销钉，装入连接螺钉并拧紧，如图 2-14 所示；装入浇口套，如图 2-15 所示；装入定位圈并拧入连接螺钉，如图 2-16 所示。如有冷却系统装入水嘴并拧紧。至此，定模部分装配完成。

图 2-12　装配型腔　　　图 2-13　翻面装入螺钉　　　图 2-14　装配定模与定模座板

2. 塑料模动模部分的装配

取动模板的分型面朝上放在平行垫铁上，将型芯装入动模板（用铜棒轻轻敲击型芯表面），将型芯与动模板组件翻面，装入型芯固定螺钉并拧紧，如图 2-17(a) 所示；按规定方向

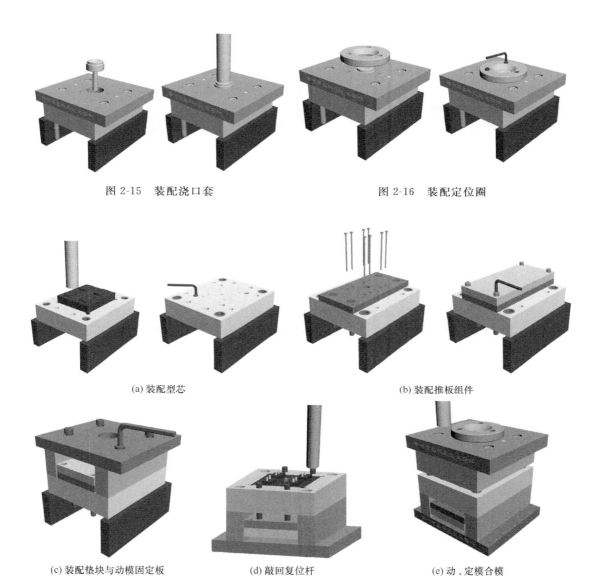

图 2-15　装配浇口套　　　　　　　　图 2-16　装配定位圈

(a) 装配型芯　　　　　　　　　　(b) 装配推板组件

(c) 装配垫块与动模固定板　　　(d) 敲回复位杆　　　　(e) 动、定模合模

图 2-17　塑料模装配组图

放上推杆固定板,装入拉料杆、复位杆、推杆,装好后再把推板放在推杆固定板上,再装入推杆固定板与推板间的连接螺钉并均匀拧紧,如图 2-17(b)所示;然后按方位放上两个垫块与动模固定板,用螺钉拧紧,如图 2-17(c)所示;将组件翻面,用铜棒将复位杆敲回,并检查推件装置是否灵活,如图 2-17(d)所示。如有冷却系统,装入水嘴并拧紧,动模部分装配完成。

　　将定模部分合到动模上,验证重合标记是否对齐,模具装配完毕,如图 2-17(e)所示。

3. 模具总装草图的完善

　　拆装模具后,对模具的具体结构有了更深的了解,对已经绘制的模具装配结构草图要进行进一步的修改,使其反映模具的基本构造,表达零件之间的相互装配关系,包括位置关系和配合关系。具体要求可参见项目1中任务1-1的模具图样的绘制。

模具装配图各部分要表达正确、清楚,虚、实线分明;标题栏、明细栏填写完整、正确;保证至少两个视图,一般对于有斜顶或侧抽芯机构,要有三个方向的视图表达,如表达不清楚应增加视图或采用局部放大视图。

在正规的模具零件图上要标注尺寸偏差与表面粗糙度,其中塑料模具零件表面粗糙度值的确定可参照如下经验值选取:

① 塑料模板类零件底面与周边的表面粗糙度值:塑料模具的动、定模座,动、定模板,流道推板,塑料件推板,垫块,推杆固定板,推板等零件表面粗糙度值通常为 $1.6\sim0.8\mu m$,最高可取 $0.4\mu m$。板类零件周边的表面粗糙度值通常为 $6.3\sim3.2\mu m$。

② 复位杆与推杆内、外表面的表面粗糙度值通常为 $1.6\sim0.8\mu m$。

③ 型芯表面的表面粗糙度值通常为 $1.6\sim0.8\mu m$,型芯与模板孔配合面通常为 $3.2\sim1.6\mu m$。

④ 型腔表面通常为 $0.2\sim0.025\mu m$,最高可达 $0.012\sim0.008\mu m$。

另外,导柱与导套滑动配合面的表面粗糙度值通常为 $0.8\sim0.4\mu m$,与模座过盈配合面的表面粗糙度值通常为 $1.6\sim0.8\mu m$。滑块、导轨、斜导柱等滑动配合零件表面的表面粗糙度值通常为 $1.6\sim0.8\mu m$。

2.1.4 注射模的安装与调整

1. 塑料模的安装

塑料模的安装是将总装完成后的模具正确无误地安装在选定的试模设备上,使模具在试模设备上合模、开模、顶出、复位、再合模、再开模时,各运行机构的动作灵活、平稳、安全可靠。

安装时首先要注意操作者的人身安全;其次要确保设备和模具的安全。

(1) 准备工作

① 熟悉有关的工艺文件以及注射机的主要技术参数和使用规格。

② 检查模具的安装条件。包括模具的外观及零部件的数量;成型零件和浇注系统的表面质量,是否有伤痕和塌陷等缺陷;各运动零件的配合、起止位置是否正确,整个模具连接紧固是否可靠;模具的闭合高度、脱模距离、安装槽(孔)位置是否与注射机相适应。当定、动模部分分开检查时,要注意方向,以免合模时搞错。

③ 检查设备的油路、水路以及电路能否正常工作。

(2) 安装连接

① 开机。开动注射机,使注射机的动、定模板处于开启状态。

② 清理杂物。将机床和模具的安装面擦拭干净。

③ 吊装模具。小型模具采用整体吊装。先在机床下面的两根导柱上垫好木板,把模具从上面吊入机架间,并调整好方位。

④ 将模具安装在注射机上。

• 定模的安装主要通过模具上的定位圈与注射机定模板上定位孔的配合来对准定心

图 2-18　注射模的安装组图

的。将定模上的定位圈装入注射机定模板上的定位孔内；找正定模座板的位置，并将定模座板紧紧贴在注射机的定模板上，然后利用螺钉、压板、垫块将定模部分压紧、固定，如图 2-18 所示。

• 动模部分的安装一般是在定模安装完成后及时进行的。安装时先调整注射机动模将模具锁紧，再用压板螺钉将动模部分初步压紧在注射机动模板上。然后以慢速开合模具数次，找正动模，并保证模具开合过程中运动平稳、灵活、无阻滞现象，最后紧固动模。

⑤ 顶出机构调整。要求将顶出螺杆调整到在开模起始阶段保证拉料杆拉下浇口料时不动作；然后带动推板使模具顶出装置顶出制件。同时，开模行程在保证顺利取出制件的前提下不能过大。

⑥ 配套部分的安装。当模具主体部分安装在注射机上以后，通过空载运行确认一切正常，便可以进行配套部分的安装，即根据要求接通冷却水路，液压、气压回路以及电气控制回路，并安装相应的辅助部分等。

（3）安装要点。

① 装模时应注意安全，两人一起操作时，必须相互配合，统一行动。

② 模具紧固应平稳可靠，要求压板对角压紧，压板要放平，不得倾斜。要注意防止合模时，动模压板和定模压板以及推板和动模压板相碰。

③ 带侧向分型抽芯机构的模具，在卧式注射机上安装时，一定要注意模具安装方位，应使模具安装方位与设计方位一致，以保证滑块定位装置的可靠性。

④ 模具紧固后，应慢速开模，直到动模板到位停止后退为止，这时把推杆的位置调整到模具上的推板和支承板之间，且应留有 5～10mm 的间隙（对装有复位弹簧的推板，要留有弹簧被压缩后所占的距离）。这样既可以防止顶坏模具，又能够推出制件。同时开合模具，观察推出机构动作是否平稳、灵活，复位机构动作是否协调、准确。

2. 注射模的调整

（1）对空注射，观察塑料熔融情况，分析材料温度是否达到要求，如图 2-19 所示。

（2）首次注射后开模，取下产品，如图 2-20 所示。

（3）观察产品形状，分析产生缺陷的原因。

若飞边很大，分析产生原因，若是因注射压力过大锁模不紧，应再次调整锁模力，并从压力表上观察锁模力大小，如图 2-21 所示。调整后再次注射后开模取出产品，再次观察产品，直至飞边消除，产品外形合格，如图 2-22 所示。

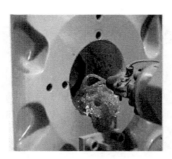

图 2-19　对空注射

图 2-20　首次注射后开模取下产品

图 2-21　调整锁模力并观察压力表

图 2-22　观察产品

（4）尺寸检验。如图 2-23 所示,去除产品浇道凝料后用游标卡尺进行测量,所有尺寸都满足产品要求时,完成试模。

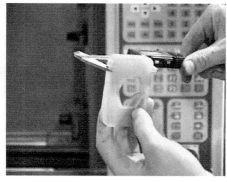

图 2-23　产品检验

　　在试模过程中,制件会出现各种缺陷。塑料注射制品主要成型缺陷及产生原因见表 2-2。

表 2-2　塑料注射制品主要成型缺陷及产生原因

制 品 缺 陷	产 生 的 原 因
制品不足	(1) 料筒、喷嘴及模具温度偏低 (2) 加料量不足 (3) 注射压力太低 (4) 注射速度太慢 (5) 注射时间太短 (6) 模腔排气不良
制品溢边	(1) 料筒、喷嘴及模具温度太高 (2) 加料量太多 (3) 注射压力太大,锁模力不足 (4) 模具密封不严,有杂物或模板弯曲变形 (5) 模腔排气不良
制品有气泡	(1) 塑料干燥不良 (2) 注射速度太快 (3) 注射压力太小 (4) 模具温度太低,充模不完全 (5) 模具排气不良
制品凹陷	(1) 加料量不足 (2) 材料温度太高 (3) 制件壁厚相差太大 (4) 注射及保压时间太短 (5) 注射压力不够 (6) 注射速度太快
其他	略

2.1.5 塑料模拆装实训报告的撰写

塑料模拆装实训报告

班级_____学号_____姓名_____指导教师_____

实训小组号_____实训日期_____成绩_____

一、实训目的

1. 能写出典型注射模的工作原理、结构特点。

2. 能写出模具零件的功用及相互连接与配合关系。

3. 学会典型模具的总装顺序。

4. 学会使用工具、量具,以便顺利进行装拆和测绘。

二、冲模拆装与测绘的任务

1. 画模具总装配图。

2. 拆开模具测画模具部分非标准件的零件图。包括:型芯、型腔、动模板、定模板、推板、推杆固定板、推杆、拉料杆等。

三、模具基本情况(在选项中打勾,在叙述题目后按要求填写内容)

(一)模具结构形式

1. 模具类型:(单分型面、双分型面、侧抽芯注射模)

2. 型腔数目:( )写出个数

3. 分流道的形状:(圆形、梯形、U 型、半圆形、矩形)

4. 浇口类型:(直接浇口、中心浇口、侧浇口)

5. 型腔结构:(整体式、整体嵌入式、局部嵌入式、底部镶拼式、侧壁镶拼式、四壁拼合式)

6. 型芯结构:(整体式、组合式)

7. 螺纹型芯脱卸类型:(模内自动脱卸、模外手动脱卸)

8. 推杆个数:( )写出个数

9. 复位机构类型:(复位杆、弹簧)

(二)零件缺失情况记录（写出缺少零件名称与数量）

(三)模具工作原理(写出模具随着注射机闭合→模具锁紧→注射→保压→补塑→冷却→开模→推出塑件的情况)

四、装拆测绘步骤及要求

    1. 说明各模具零件的名称及结构类型。

    2. 说明各零件拆卸、测绘及装配过程。

五、模具草图及测绘结果

    1. 零件草图(含测绘尺寸)。

    2. 模具总装配图(含零件图与排样图)。

    3. 非标准模具零件图(型芯、型腔、动模板、定模板、推板、推杆固定板、推杆、拉料杆等)。

小组成员＿＿＿＿＿＿＿＿＿＿＿＿＿＿＿＿＿＿＿＿＿＿＿＿＿＿＿＿

装配图与零件图图样要求：

(1) 图样尽可能放大。

(2) 线条清晰。

(3) 尺寸标注齐全。

(4) 剖面线不密集且剖面表达完整。

    方盒形零件注射模装配图及零件图如图 2-24～图 2-34 所示。

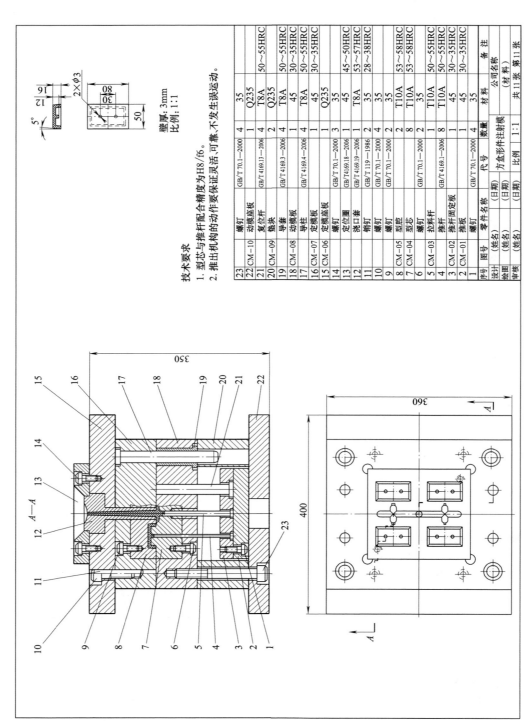

图 2-24　方盒形注射模装配图

技术要求

1. 型芯与推杆配合精度为H8/f6。
2. 推出机构的动作要保证灵活、可靠，不发生误运动。

壁厚：3mm
比例：1:1

序号	图号	零件名称	代号	数量	材料	备注
23		螺钉	GB/T 70.1—2000	4	35	
22	CM-10	动模座板		1	Q235	
21		复位杆	GB/T 4169.13—2006	4	T8A	50～55HRC
20	CM-09	垫块		2	Q235	
19		导套	GB/T 4169.3—2006	4	T8A	50～55HRC
18	CM-08	动模板		1	45	30～35HRC
17		导柱	GB/T 4169.4—2006	1	T8A	50～55HRC
16	CM-07	定模板		1	45	30～35HRC
15	CM-06	定模座板		1	Q235	
14		螺钉	GB/T 70.1—2000	3	35	
13		定位圈	GB/T 4169.18—2006	1	45	45～50HRC
12		浇口套	GB/T 4169.19—2006	1	T8A	53～57HRC
11		销钉	GB/T 119—1986	2	35	28～38HRC
10		螺钉	GB/T 70.1—2000	4	35	
9		螺钉	GB/T 70.1—2000	2	35	
8	CM-05	型腔		2	T10A	53～58HRC
7	CM-04	型芯		8	T10A	53～58HRC
6		螺钉	GB/T 70.1—2000	2	35	
5	CM-03	拉料杆		1	T10A	50～55HRC
4		推杆	GB/T 4169.1—2006	8	T10A	50～55HRC
3	CM-02	推杆固定板		1	45	30～35HRC
2	CM-01	推板		1	45	30～35HRC
1		螺钉	GB/T 70.1—2000	4	35	
设计	(姓名)	(日期)	方盒形件注射模		公司名称	
绘图	(姓名)	(日期)	代号	方盒形件注射模	材料	(材料)
审核	(姓名)	(日期)	比例	1:1	共11张	第11张

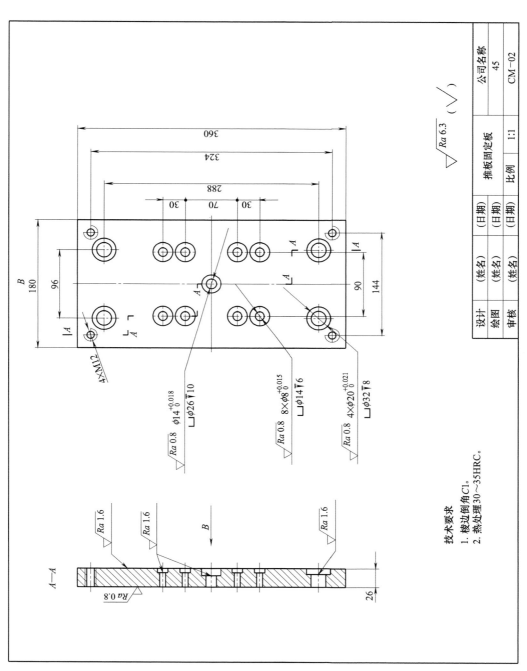

图 2-25　推杆固定板零件图

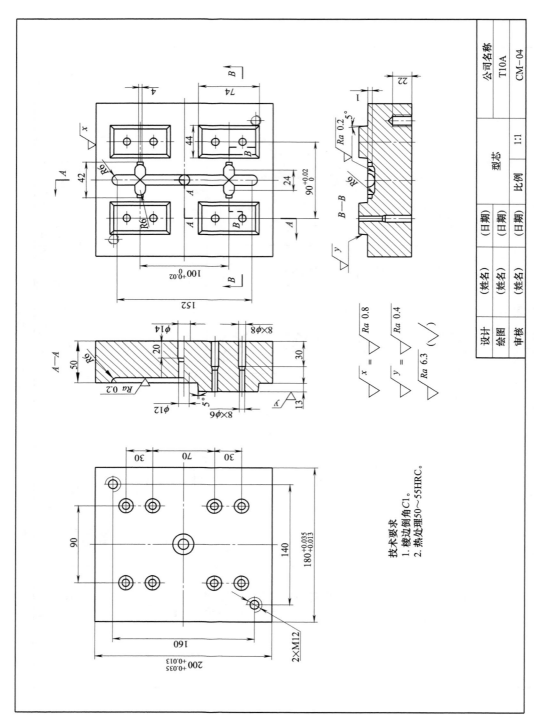

技术要求
1. 棱边倒角C1。
2. 热处理50～55HRC。

$x = \sqrt{Ra\ 0.8}$ $y = \sqrt{Ra\ 0.4}$ $\sqrt{Ra\ 6.3}(\sqrt{\ })$

设计	(姓名)	(日期)	公司名称	
绘图	(姓名)	(日期)	型芯	T10A
审核	(姓名)	(日期)	比例 1:1	CM-04

图 2-26　型芯零件图

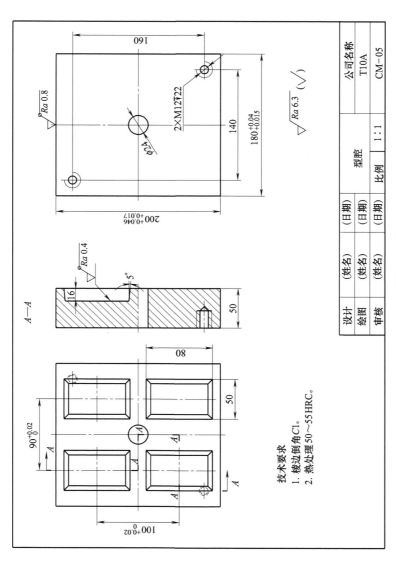

技术要求
1. 棱边倒角C1。
2. 热处理50~55HRC。

图 2-27 型腔零件图

设计	(姓名)	(日期)	公司名称		
绘图	(姓名)	(日期)		T10A	
审核	(姓名)	(日期)	型腔		CM−05
			比例	1∶1	

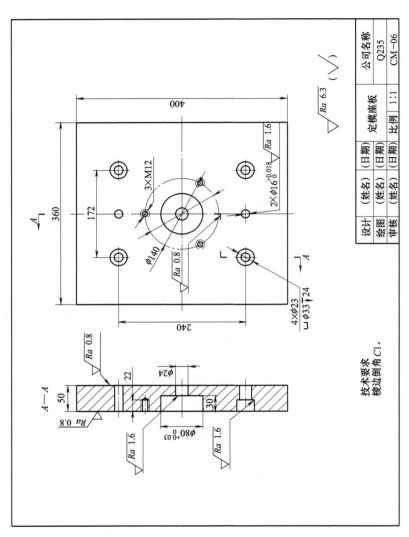

图 2-28 定模座板零件图

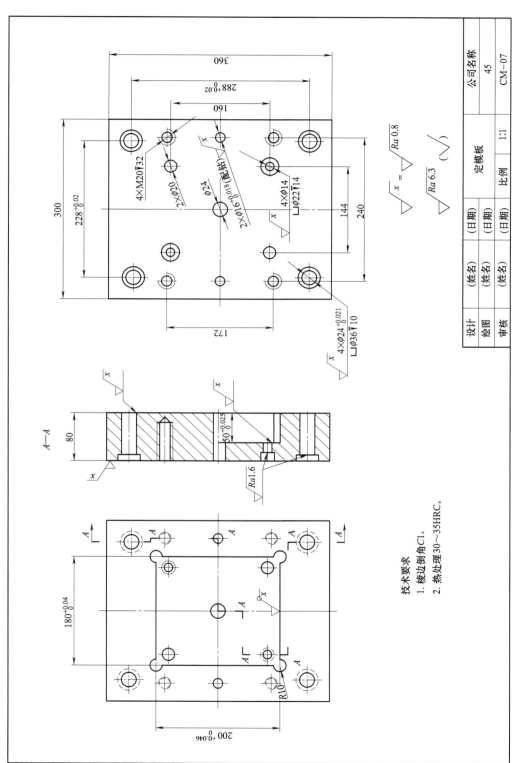

图 2-29 定模板零件图

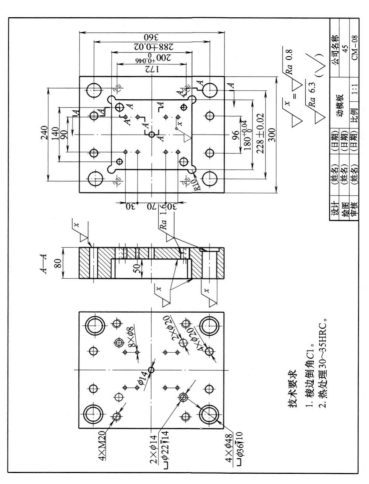

图 2-30 动模板零件图

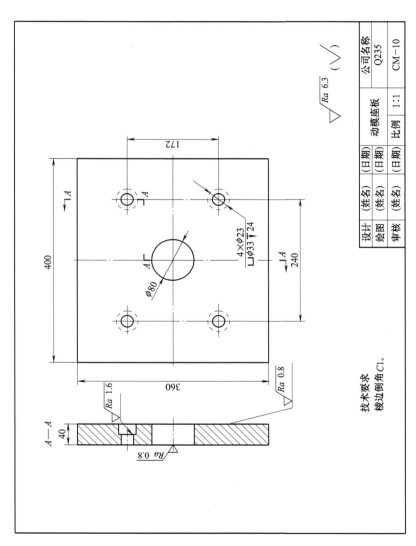

图 2-31 动模座板零件图

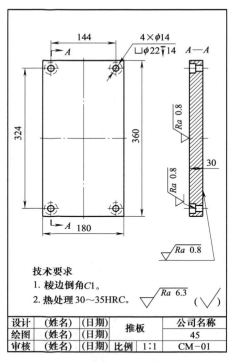

技术要求
1. 棱边倒角C1。
2. 热处理30~35HRC。

设计	(姓名)	(日期)	推板	公司名称
绘图	(姓名)	(日期)		45
审核	(姓名)	(日期)	比例 1:1	CM-01

图 2-32 推板零件图

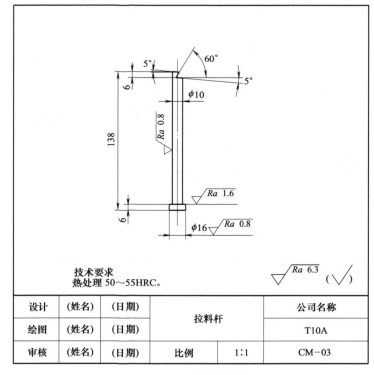

技术要求
热处理50~55HRC。

设计	(姓名)	(日期)	拉料杆	公司名称
绘图	(姓名)	(日期)		T10A
审核	(姓名)	(日期)	比例	1:1	CM-03

图 2-33 拉料杆零件图

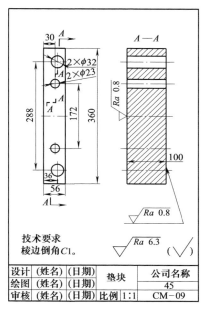

图 2-34 垫块零件图

任务2-2 带内侧抽芯的双分型面注射模的拆装与测绘

2.2.1 带内侧抽芯的双分型面注射模拆装前的准备

任务目标

（1）使学生全面了解与掌握侧抽芯注射模具及双分型面注射模具的组成、结构和工作原理。

（2）掌握典型侧抽芯、双分型面注射模具拆装的一般方法。

（3）学会拆装工具的使用。

（4）掌握测绘零件的方法。

任务要求

（1）写出拆卸方案，模具类型、工作原理及各零件的作用。

（2）写出拆装过程及操作规则。

（3）对所拆模具零件进行测绘并绘出零件图与装配图。

（4）写出模具拆装实训报告。

任务引入

本任务主要内容为典型的侧抽芯及双分型面注射模的拆装与测绘。通过对其拆装测绘,掌握典型双分型面塑料模的拆装方法,理解双分型面模具、侧抽芯机构的工作原理及结构组成。

1. 模具分析

(1)模具结构分析。将要拆装模具放于钳工台上,绘出模具外形结构简图,如图 2-35 和图 2-36 所示。

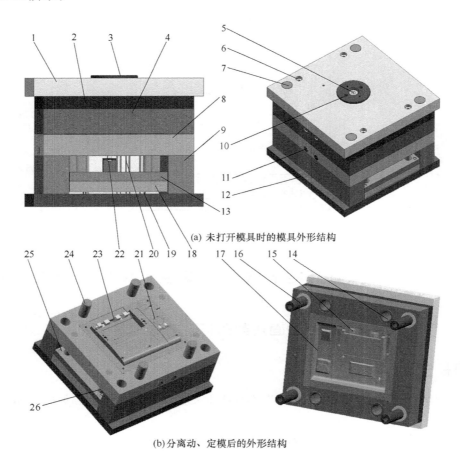

(a) 未打开模具时的模具外形结构

(b)分离动、定模后的外形结构

图 2-35　塑料模外形结构

1—定模座板;2—拉料板;3—定位圈;4—定模板;5—浇口套;6、10、25—螺钉;7、16、24—导柱;

8—动模板;9—垫块;11—冷却管道;12—动模座板;13—推杆固定板;14—导套;15—弯销;

17—型腔;18—推板;19—小孔型芯;20—推管;21—型芯;22—斜顶机构组件;

23—侧型芯滑块;26—复位杆

由模具结构分析出塑件形状为电话机机壳,如图 2-37 所示,C 与 D 处需要采用侧抽芯。

(2)模具结构分析

① 模具类型:本模具为带内侧抽芯双分型面(也称三板式)注射模。

② 模具零件组成如下。

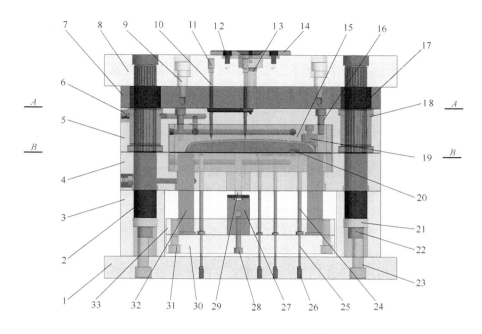

图 2-36　塑料模结构简图

1—动模座板；2—拉杆；3—垫块；4—动模板；5—定模板；6—冷却管道；7—拉料板；8—定模座板；

9—定距螺钉；10—拉料螺钉；11、12、16、22、23、28—螺钉；13—浇口套；14—定位圈；15—型腔；

17、18—导套；19—弯销侧抽芯组件；20—型芯；21—限位垫块；24—推管；25—小孔型芯；

26—顶丝；27—斜顶固定块；29—斜顶机构组件；30—推板；31—复位螺钉；32—复位杆；

33—推管固定板

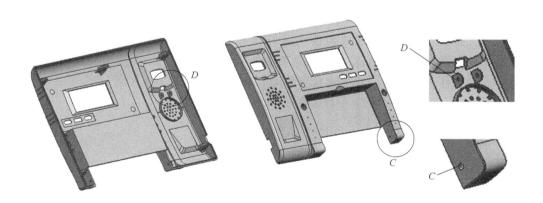

图 2-37　零件形状

- 成型零件：由型芯、型腔、小型芯、推管、侧型芯滑块组成。
- 浇注系统：由浇口套、拉料板、拉料螺钉和定模板组成。
- 推出装置：在开模过程中，将塑件从模具中推出的装置。大型模具中的推出装置为避免在顶出过程中推板歪斜,还设有导向零件,使推板运动平稳。本模具推出装置由推管、推板、推杆固定板、复位杆等组成。

推管适用于推出小直径管状塑件或者零件上有小孔的部位,其受力均匀且不会破坏塑件。推管由管筒和内针两部分组成。管筒装在推板上,而小孔型芯则固定安装在模架上。所以当推板带动推管运动时,小孔型芯是不运动的。这样就可以利用推管的端面的环形面来使塑件脱离模具。

斜顶机构也称侧限槽推出机构,即通过顶块的倾斜角度的运动使塑件侧限处脱离模具。斜顶的尾部可以采用不同的配合方式,本模具采用的是定位销的方式。

• 导向机构:其作用是确保模具在工作中开模和闭合时起导向作用,使动模和定模处于相对正确位置,同时承受由于塑料注塑时,注塑机运动误差所引起的侧压力,以保证塑件精度。本模具中导向系统由导柱和导套组成。

• 冷却系统:一般注射模都在模具内开设冷却水道,可缩短塑件的成形周期,提高生产率。

• 结构零部件:用来安装固定或支承成型零件及前述的各部分机构的零部件。如图 2-36 所示的模具结构零部件有定模座板 8、动模座板 1、垫块 3 等。

• 紧固零件:螺钉、销钉。

(3) 模具工作原理分析。本模具属于双分型面注射模,其一般工作过程为:模具闭合→模具锁紧→注射→保压→冷却→开模→拉出流道凝料→推出塑件。下面以图 2-36 为例来讲解双分型面带内侧抽芯的注射模的工作原理。

双分型面注射模有两个分型面(如图 2-36 所示)。开模时,注射机合模系统带动动模后退,在塑件对型芯的包紧力作用下,带动定模板 5 和拉料板 7 与定模座板产生分离(A—A),此时拉断主浇道。在定距螺钉作用下,拉料板 7 停止运动,而定模板 5 继续运动,进而产生第一个分型面(B—B),同时使浇道与拉料螺钉产生分离。当定模板 5 继续运动到拉杆 2 上限位块 21 时停止运动,而动模部分则继续运动,因而产生第二个分型面(C—C),侧抽芯组件完成如图 2-37 所示的 C 处孔的抽芯;塑件包紧在型芯 20 上随动模一起移动,此时点浇口被拉断。而后动模继续运动,当注塑机顶杆接触到推板 30 时,推件机构开始工作,推出制件,其开模状态如图 2-38 所示。

合模时,推出机构靠复位杆 32 复位,并准备下一次注射。

2. 模具拆装方案的制订

(1) 分析模具的配合部位

模具零件的配合关系见表 2-3。

过渡配合的部位可以拆卸,但为保护模具,一般不拆卸,除非有模具零件失效必须更换时才拆卸。导柱、导套一般不拆卸。

(2) 制订拆卸方案

① 分开动、定模部分。首先拆出模具锁板和冷却水嘴。用撬杠分开动、定模,拆下定距拉杆和拉扣,取下定模板组件与拉料板组件。

② 拆定模部分。取下定位圈与浇道拉钉,然后再拆卸定模座板组件与定模板组件。

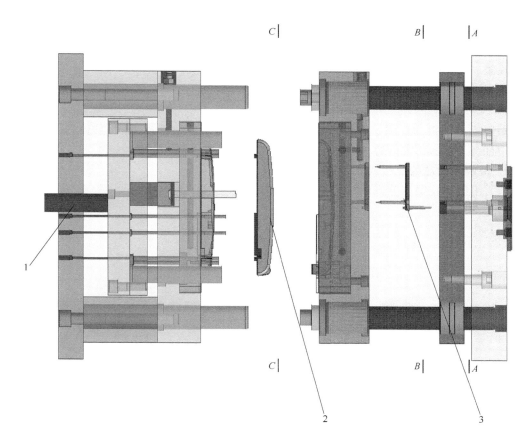

图 2-38　注射模工作原理

1—注塑机顶杆；2—塑件；3—流道凝料

表 2-3　模具零件配合关系

配 合 部 位	配 合 关 系	配 合 状 态	可 否 拆 卸
型腔与定模座板	H7/m6 或 H7/n6	过渡配合	可拆卸
型芯与动模座板	H7/m6 或 H7/n6	过渡配合	可拆卸
浇口套	H7/m6 或 H7/n6	过渡配合	可拆卸
定位圈	H9/f6	间隙配合	可拆卸
导柱与定模板	H7/r6	过盈配合	不可拆卸
导套与动模板	H7/r6	过盈配合	不可拆卸
复位杆、推管、斜顶固定块与推管固定板	H7/m6 或 H7/n6	过渡配合	可拆卸
小孔型芯与动模座板	H7/m6 或 H7/n6	过渡配合	可拆卸
弯销与型腔	H7/m6 或 H7/n6	过渡配合	可拆卸

③ 拆动模部分。先用内六角扳手卸下动模固定板紧固螺栓及顶丝。将动模座板及垫块与动模板分开;再取下推料板组件;通常不拆开型芯与动模板;再把推料板组件及动模板组件拆开。

注意:制订完拆卸方案后应提请实训室老师审查同意后方可拆卸。

2.2.2　带内侧抽芯的双分型面注射模的拆卸与测绘

塑料模具的拆卸及测绘方法与冷冲模的拆卸及测绘方法基本相同,具体内容参见项目 1 中任务 1-1 的相关内容。

1. 带内侧抽芯的三板式注射模的拆卸

(1) 用撬杠及铜棒分开动、定模,如图 2-39 所示

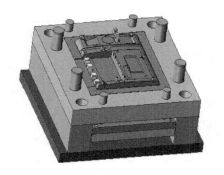

图 2-39　动、定模分离

① 观察模具结构类型:本模具属于双分型面、带斜滑块内侧抽芯一模一腔结构。

② 画出零件图:由学生画到模具拆装实训报告中。

（2）拆卸定模部分

① 如图 2-40 所示,先取下用于限制拉杆（位置）的螺钉 1 和限位块 2,并将定模板组件 3 从拉料杆上取下。将定模部分放在平行垫铁上,拧出定距螺钉 11 和固定定位圈螺钉 13,取下定位圈 12;拧出螺丝 10 和拉料螺钉 9。翻转定模部分使拉杆朝上,取下拉料板组件 4。用铜棒借助小铜棒轻轻敲击浇口套 8 与拉杆 6 使其与定模座板 7 脱离,再将导套 5 从拉料板上卸下。

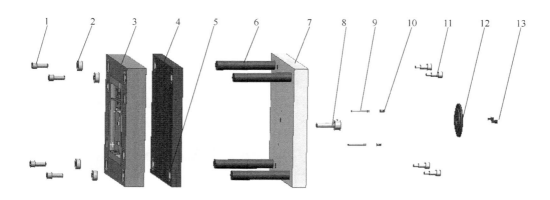

图 2-40　拆卸定模部分

1、13—螺钉;2—限位块;3—定模板组件;4—拉料板组件;5—导套;6—拉杆;7—定模座板;
8—浇口套;9—拉料螺钉;10—螺丝;11—定距螺钉;12—定位圈

② 拆卸定模板组件。如图 2-41 所示,卸下固定弯销 1 的两个螺钉 3,取下弯销,将型腔 2 从定模板 5 上敲下,然后分别将 8 个导套拆下。

拆卸后的定模部分按照顺序依次摆放整齐,如图 2-42 所示。

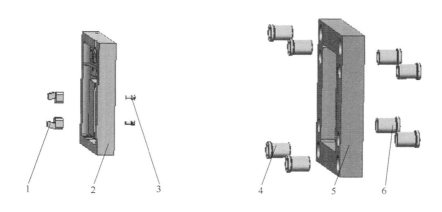

图 2-41　拆卸定模板组件

1—弯销;2—型腔;3—螺钉;4、6—导套;5—定模板

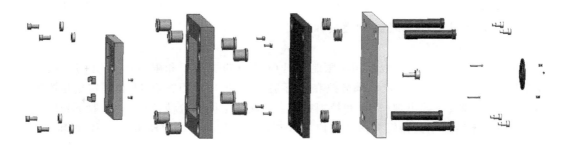

图 2-42   按顺序把定模部分摆放整齐

（3）拆卸动模部分

① 将模具动模部分倒放在平行垫铁上，如图 2-43 所示，用内六角扳手先拧下顶丝

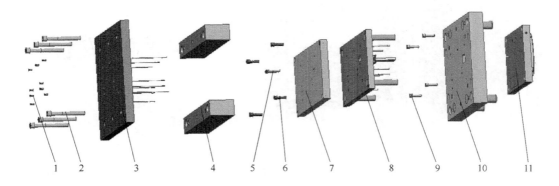

图 2-43   拆卸动模部分

1—顶丝；2、5、6、9—螺钉；3—动模座板组件；4—垫块；7—推板；

8—推管固定板组件；10—动模板组件；11—型芯组件

1 与螺钉 2，然后取下动模座组件 3 与垫块 4，然后卸下四个紧固推管固定板的螺钉 6，同时卸下两个斜顶固定块的螺钉，取下推板 7 与推管固定板组件 8，卸下固定型芯的螺钉 9，再用铜棒传力于销钉棒把型芯组件 11 打出（型芯组件没有失效时一般不拆卸）。

② 拆卸动模部分组件。

• 拆卸推管固定板组件。动模部分有失效需要修模时，必须拆卸动模部分组件。如图 2-44 所示，把推管固定板 3 放在平行垫铁上，用铜棒轻轻敲击推管 1 与复位杆 2，将其从推管固定板上卸下来；然后用销钉棒将斜顶固定块从底部打出，如图 2-45 所示，拆卸斜顶组件方法是将装有销钉的斜顶块 2 及锥形孔套板 3 从斜顶块的燕尾槽中取出，然后取下套板，打出斜顶块尾部的销钉。

• 拆卸型芯组件。如图 2-46 所示，将侧型芯滑块从型芯组件上拆下来。

2. 模具零件的测绘

测绘草图略，具体方法参考项目 2 中任务 2-1 模具零件图的画法。

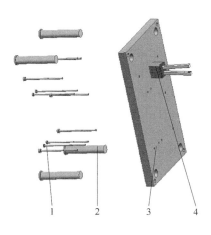

图 2-44　拆卸推管与复位杆

1—推管；2—复位杆；3—推管固定板；

4—斜顶机构组件

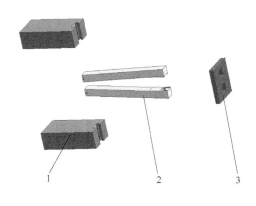

图 2-45　拆卸斜顶组件

1—斜顶固定块；2—斜顶块；3—锥形孔套板

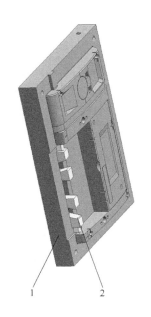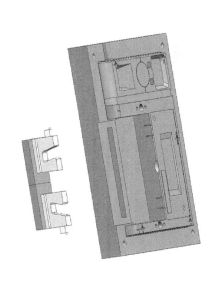

图 2-46　拆卸型芯组件

1—型芯；2—侧型芯滑块

2.2.3　带内侧抽芯的双分型面注射模的装配

在装配时要注意各模板的位置关系及方向，察看方向标记或装配痕迹，切忌强行敲击装入。其装配过程与拆卸过程相反，先内后外的原则，具体步骤可参照项目 2 中任务 2-1 的装配过程。

1. 塑料模定模部分的装配

（1）定模部分的组件装配

如图 2-41 所示的零件，取定模板放在平行垫铁上，装入型芯，用铜棒将弯销装配在型芯相应的配合孔内，再用内六角扳手拧紧螺钉，然后装入导套；将拉料板装入导套，再将定模座板放在平行垫铁上，如图 2-47 所示，装入浇口套，用铜棒装入拉杆。

（2）定模部分总装配

参照图 2-40 所示零件，将拉料板组件 4 套在定模座板组件的拉杆 6 上，然后将其放在平行垫铁上，用内六角扳手装入螺钉 11 并拧紧，再装入拉料螺钉 9 并拧紧顶丝 10。如图 2-48 所示，把定位圈用螺钉固定在定模座板上；然后将定模座板倒放在平行垫铁上套上定模板组件，再在四个拉杆上加垫块并用螺钉拧紧。本模具有冷却系统，所以要在冷却水嘴部位缠裹密封带，将其装入定模板（图 2-49）。至此，定模部分装配完成。

图 2-47　装配浇口套　　　　图 2-48　装配定位圈　　　　图 2-49　装入冷却水嘴

2. 塑料模动模部分的装配

（1）动模部分的组件装配

如图 2-46 所示，将侧型芯滑块装入型芯，完成型芯组件装配；如图 2-45 所示，先把斜顶固定块固定到推管固定板上，把斜顶块及套板装好；如图 2-44 所示，将推管与复位杆装配在推管固定板上。

（2）动模部分总装配

如图 2-43 所示，取动模板组件 10 的分型面朝上放在平行垫铁上，将型芯组件 11 装入动模板（用铜棒轻轻敲击型腔表面），将型芯与动模板组件翻面，装入型芯固定螺钉 9 并拧紧，按规定方向放上推管固定板组件 8，推板放在推管固定板上，用螺钉 5 固定斜顶固定块，再装入推管固定板与推板间的连接螺钉 6 并均匀拧紧；然后按方位放上两个垫块 4 与动模座板组件 3，用螺钉拧紧。

将组件翻面，用铜棒将复位杆敲回，并检查推件装置是否灵活。然后如图 2-49 所示装入冷却水嘴，并拧紧。至此，动模部分装配完成。

将定模部分合到动模上，验证重合标记是否对齐，模具装配完毕。

3. 模具总装草图的完善

拆装模具后，对模具的具体结构有了更深的了解，对已经绘制的模具装配结构草图要进行进一步的修改，要反映模具的基本构造，表达零件之间的相互装配关系，包括位置关系和配合关系。具体要求可参见项目 1 中任务 1-1 的模具图样的绘制。

2.2.4 塑料模拆装实训报告的撰写

塑料模拆装实训报告

班级_____ 学号_____ 姓名_____ 指导教师_____

实训小组号_____ 实训日期_____ 成绩_____

一、实训目的

1. 能写出典型注射模的工作原理、结构特点。

2. 能写出模具零件的功用及相互连接与配合关系。

3. 学会典型模具的总装顺序。

4. 学会使用工具、量具,以便顺利进行装拆和测绘。

二、冲模拆装与测绘的任务

1. 画模具总装配图。

2. 拆开模具测画模具部分非标准件的零件图。包括:型芯、型腔、动模板、定模板、推板、推杆固定板、推杆、拉料杆等。

三、模具基本情况(在选项中打勾,在叙述题目后按要求填写内容)

(一)模具结构形式

1. 模具类型:(单分型面、双分型面、侧抽芯注射模)

2. 型腔数目:( )写出个数

3. 分流道的形状:(圆形、梯形、U 型、半圆形、矩形)

4. 浇口类型:(直接浇口、中心浇口、侧浇口)

5. 型腔结构:(整体式、整体嵌入式、局部嵌入式、底部镶拼式、侧壁镶拼式、四壁拼合式)

6. 型芯结构:(整体式、组合式)

7. 螺纹型芯脱卸类型:(模内自动脱卸、模外手动脱卸)

8. 推杆个数:( )写出个数

9. 复位机构类型:(复位杆、弹簧)

10. 侧抽芯形式:(内侧抽芯、外侧抽芯)

11. 侧抽芯零件:(斜导柱、弯销)

(二)零件缺失情况记录(写出缺少零件名称与数量)

(三)模具工作原理(写出模具随着注射机闭合→模具锁紧→注射→保压→补塑→冷却→开模→推出塑件的情况)

四、装拆测绘步骤及要求

    1. 说明各模具零件的名称及结构类型。

    2. 说明各零件拆卸、测绘及装配过程。

五、模具草图及测绘结果

    1. 零件草图(含测绘尺寸)。

    2. 模具总装配图(含零件图与排样图)。

    3. 非标准模具零件图(型芯、型腔、动模板、定模板、推板、推杆固定板、推杆、拉料杆等)。

小组成员 _____

装配图与零件图图样要求:

(1) 图样尽可能放大。

(2) 线条清晰。

(3) 尺寸标注齐全。

(4) 剖面线不密集且剖面表达完整。

参 考 文 献

[1] 殷铖,王明哲.模具钳工技术与实训[M].北京:机械工业出版社,2007.

[2] 刘京华.模具识图与制图[M].北京:化学工业出版社,2008.

[3] 刘华刚.模具钳工操作技能[M].北京:化学工业出版社,2008.

[4] 杨海鹏.模具拆装与测绘[M].北京:清华大学出版社,2009.

[5] 王嘉.冷冲模设计与制造实例[M].北京:机械工业出版社,2009.

[6] 应龙泉.模具制作实训[M].北京:人民邮电出版社,2007.

[7] 钱泉森.塑料成型工艺与模具设计[M].济南:山东科学技术出版社,2006.

[8] 齐卫东.塑料模具设计与制造[M].北京:高等教育出版社,2005.

[9] 主力光.模具设计与制造实训[M].北京:高等教育出版社,2004.

神经内科
常见疾病临床诊疗实践

贺　燕　沈　锦　徐俊杰 ◎ 著

北方联合出版传媒（集团）股份有限公司
辽宁科学技术出版社

图书在版编目（CIP）数据

神经内科常见疾病临床诊疗实践 / 贺燕 , 沈锦 , 徐俊杰著 . -- 沈阳 : 辽宁科学技术出版社 , 2024. 9.

ISBN 978-7-5591-3919-1

Ⅰ . R741

中国国家版本馆 CIP 数据核字第 20246AW081 号

出版发行：辽宁科学技术出版社

（地址：沈阳市和平区十一纬路25号　邮编：110003）

印　刷　者：辽宁新华印务有限公司

幅面尺寸：185 mm × 260 mm

印　　张：17.75

字　　数：355 千字

出版时间：2024 年 9 月第 1 版

印刷时间：2024 年 9 月第 1 次印刷

责任编辑：张诗丁

封面设计：吕晓林

责任校对：卢山秀　刘　庶

书　　号：ISBN 978-7-5591-3919-1

定　　价：98.00元

前　言

在医学领域中，神经内科作为一个重要的分支，专注于研究和治疗涉及中枢神经系统的疾病。随着社会的不断发展和人们生活水平的提高，神经内科疾病的患病率逐渐上升，对医学界提出了更高的要求。

本书聚焦于神经内科的常见疾病，旨在为医学从业者提供一份系统而全面的参考资料，涵盖了诊断、治疗和管理等多个方面。通过深入解析各种神经内科疾病的病因、临床表现、实验室检查和影像学特征，我们旨在为医务人员提供更全面、更深入的知识体系，帮助他们在实际工作中更加从容应对各种疑难病例。

本书涵盖了神经内科领域的多个亮点，包括但不限于中风、癫痫、脑膜炎、帕金森病等多种疾病，涉及的内容既有传统的治疗方法，也包括了最新的研究进展和治疗技术。我们希望通过这本专著，能够帮助医学界的从业者更好地理解神经内科疾病，提高其在临床工作中的诊断和治疗水平。

在编写本书的过程中，我们深感责任重大，因为神经内科涉及的是人类最为复杂和神秘的器官——大脑和中枢神经系统。我们努力将最新的科研成果和实践经验融入到每一章节中，以确保读者能够获取最权威、最全面的信息。我们相信，通过本书的学习，读者将更好地理解神经内科领域的知识体系，提高在实际工作中的应对能力。

目录

第一章　神经内科基础知识

第一节　神经系统解剖与生理学

一、脑部解剖结构与功能

脑部是人体最为复杂和神秘的器官之一，它承担着诸多重要的生理和认知功能。脑部的解剖结构和功能密不可分，通过深入地了解脑的组织构造和各个区域的功能，我们可以更好地理解人类的思维、情感、运动等复杂活动。本文将探讨脑部解剖结构与功能的相关内容，以期为读者提供全面而深入的了解。

（一）脑部的主要解剖结构

1. 大脑

大脑是脑部的最大部分，占据颅腔的大部分空间。它分为左右两半球，称为大脑半球，通过胼胝体相互连接。大脑半球的表面呈现出许多褶皱，称为脑回，增加了表面积，有助于容纳更多的神经元。大脑半球分为额叶、顶叶、颞叶和枕叶，每一叶都与不同的功能相关。

2. 小脑

小脑位于颅腔的后下方，负责协调和调节运动。虽然小脑的体积相对较小，但它在运动控制和平衡维持中起着至关重要的作用。

3. 脑干

脑干连接大脑和脊髓，包括中脑、桥脑和延髓。脑干控制一些基本的生理功能，如呼吸、心跳和血压。

4. 间脑

间脑包括丘脑和松果体等结构，参与调节体温、饮水和食物摄取等自主神经系统的功能。

5.边缘系统

边缘系统包括海马、杏仁核等结构，与情感、记忆和自主神经系统的调节有关。

（二）脑部结构的功能

1.大脑半球

额叶：与情感、行为控制和语言有关。

顶叶：包含感觉皮层，处理触觉、视觉和听觉信息。

颞叶：包括听觉皮层，参与语言理解和记忆。

枕叶：主要处理视觉信息。

2.小脑

运动协调：小脑通过与大脑和脊髓的连接，协调和调节肌肉活动，确保流畅的运动。

3.脑干

基本生理功能：控制呼吸、心跳和血压等基本的自主神经系统功能。

4.间脑

内分泌调节：通过调节脑下垂体的分泌，参与体温、饮水和食物摄取等生理过程。

5.边缘系统

情感和记忆：海马参与短时记忆和空间导航，杏仁核与情感处理有关，尤其是与恐惧和愉悦有关的情感。

（三）脑的神经元和神经递质

脑的基本功能是通过神经元之间的复杂网络实现的。神经元是神经系统的基本单位，它们通过神经递质进行信息传递。神经递质是化学物质，通过神经元之间的突触传递电信号。

（四）脑部的发展和可塑性

脑部在生命的早期阶段经历着迅速的发育，婴儿期和童年是脑发展的关键时期。此外，脑部还具有可塑性，即它可以通过学习和经验发生结构和功能的变化。神经可塑性使得大脑能够适应环境的变化，并在学习新技能或处理新信息时进行调整。

（五）脑部疾病与神经科学研究

深入了解脑部结构和功能对于理解脑部疾病至关重要。例如，阿尔茨海默病与大脑中神经元的退化和脑组织的异常有关，帕金森病涉及运动控制区域的受损。神经科学研究努力揭示这些疾病的发病机制，以便开发更有效的治疗方法。

脑部解剖结构与功能是一个复杂而广泛的领域，本文仅对其进行了简要的概括。深入了解脑部有助于我们更好地理解人类的认知、情感和行为，也为神经科学领域的发展提供了基础。随着医学技术的不断进步，我们对脑部的理解将会更加深入，为治疗脑部疾病、优化认知功能以及探索人类思维和意识的奥秘提供更多的可能性。

二、神经元的电生理学基础

神经元的电生理学是神经科学领域中的一个基础性分支，致力于研究神经元是如何产生、传递和接收电信号的。神经元是神经系统的基本功能单元，通过电生理学的研究，我们能够深入地了解神经元的工作原理，从而揭示大脑和神经系统的复杂功能。本文将介绍神经元的电生理学基础，包括神经元膜电位、动作电位的产生和传播、突触传递等关键概念。

（一）神经元膜电位

1. 神经元膜的结构

神经元的细胞膜是一个由脂质双层组成的结构，其中嵌入了各种离子通道和受体。这种结构赋予神经元对外界刺激的感知和对内部信号的传递能力。

2. 神经元膜电位的生成

神经元膜电位是指神经元细胞膜上的电位差。在静息状态下，神经元处于极化状态，细胞内外的离子浓度差导致膜电位的存在。这种差异主要是由于钠离子、钾离子和氯离子的分布不同。

静息膜电位：在静息状态下，神经元膜内外的电位差约为 -70 mV，这种状态称为静息膜电位。此时，细胞膜对钠离子通道几乎关闭，对钾离子通道略微开放。

（二）动作电位的产生和传播

1. 动作电位的阈值

当神经元受到足够强度的刺激时，会触发动作电位。动作电位的产生与膜上的离子通道的状态变化密切相关。当刺激使膜电位超过一定阈值时，神经元将产生迅速而短暂的电位变化，即动作电位。

2. 动作电位的产生过程

膜的去极化：当刺激导致膜电位超过阈值时，钠离子通道打开，大量的钠离子进入细胞，导致膜去极化，即内部电位升高。

电位峰值：动作电位的峰值通常在 40 mV 左右，此时钠离子通道关闭，防止进一步的钠离子流入。

复极化：随后，钾离子通道打开，允许钾离子流出神经元，使膜电位逐渐恢复到静息状态。

3. 动作电位的传播

动作电位不仅能够在神经元的局部产生，还能够沿着神经元轴突传播。这是通过电流的流动和离子通道的打开关闭来实现的。在轴突上，动作电位以"一刺一传"方式传播，通过改变离子通道的状态来推动电流的流动。

（三）突触传递

神经元之间的信息传递主要通过突触完成，而突触传递的核心是神经递质的释放和接收。

1. 突触的结构

突触分为化学突触和电突触两种类型，其中化学突触占据主导地位。化学突触包括突触前终端、突触间隙和突触后膜。

2. 突触传递的过程

神经递质释放：当动作电位到达突触前终端时，电压依赖性钙离子通道打开，使得细胞内的钙离子浓度升高。这促使神经递质通过囊泡融合到细胞膜，并释放到突触间隙。

神经递质接收：神经递质穿过突触间隙，结合到突触后膜上的受体，导致神经元膜的电位发生变化。这个电位变化可能是激活性的（导致神经元兴奋）或是抑制性的（导致神经元抑制）。

（四）神经元网络与功能

神经元通过形成庞大的网络，相互之间进行复杂的信息传递和调节。这些网络的组织和功能对于实现感知、运动、认知和情感等复杂的生理功能至关重要。

1. 神经元网络的结构

神经元网络通常以神经元的突触连接模式为基础，形成多层次、多途径的网络结构。这种结构决定了信息在神经系统中的传递方式。

2. 神经元网络的功能

神经元网络的功能复杂多样，它可以实现以下几个重要的生理和认知功能。

感知与运动控制：神经元网络参与感知信息的处理和运动控制。感觉信息从感觉器官传入神经元网络，通过网络传递和处理，最终导致运动的执行。

记忆与学习：神经元网络通过突触的可塑性实现记忆与学习。当某个信息模式重复出现时，相关的突触强度可能增强，形成记忆。学习过程中，神经元网络的连接可能发生改变，从而适应新的信息。

情感与行为：神经元网络与情感调节和行为表现密切相关。情感信息经过神经元网络的处理，影响个体的情感状态和相应的行为反应。

自主神经系统：神经元网络还参与调节自主神经系统的功能，控制心血管系统、呼吸系统、消化系统等基本的生理过程。

（五）神经元的可塑性

神经元的可塑性是指神经元和神经网络对经验和学习的适应性变化。这种变化可以发生在突触水平，也可以发生在神经元的结构和功能上。

1. 突触可塑性

长时程增强（LTP）：在高频刺激下，突触的传递效率可能增强，这种现象被称为长时程增强。LTP在学习和记忆过程中扮演着重要角色。

长时程抑制（LTD）：在低频刺激下，可能导致突触的传递效率减弱，这被称为长时程抑制。

2. 结构可塑性

突触重构：神经元的突触连接可能会发生重构，包括新的突触形成、旧的突触消失，以适应不同的学习和记忆需求。

神经元发生：在发育和学习过程中，神经元的结构可能发生变化，新的神经元可能生成，参与到神经网络的形成和功能调节中。

这种可塑性使得神经系统具备适应环境变化和学习新事物的能力，也是神经系统对外界刺激和内部信息进行调节和优化的重要机制。

神经元的电生理学基础是神经科学研究的核心内容之一。通过深入了解神经元的膜电位、动作电位的产生和传播、突触传递等过程，我们可以更全面地理解神经元是如何工作的，从而推动对大脑和神经系统功能的深入认识。神经元的可塑性使得神经系统不仅能够适应环境的变化，还能够通过学习和记忆不断优化其结构和功能。随着医学技术的不断进步，对神经元电生理学的深入研究将有助于揭示大脑和神经系统更多的奥秘，为神经科学的发展提供新的突破口。

三、脊髓与周围神经的解剖特点

脊髓和周围神经是构成人体神经系统的两个重要组成部分，它们共同负责传递感觉信息、执行运动指令以及调控许多生理功能。通过深入了解脊髓和周围神经的解剖特点，我们能够更好地理解神经系统的结构和功能。本文将对脊髓和周围神经的解剖特点进行详细的介绍。

（一）脊髓的解剖特点

1. 脊髓的位置和结构

脊髓是中枢神经系统的一部分，位于脊柱内的脊髓管中。脊髓的长度在 42～45 cm 之间。脊髓的结构可以分为灰质和白质两部分。

灰质：位于脊髓的中央，形状呈蝶翼状。灰质主要包含神经元细胞体、突触和胶质细胞，是信息处理的主要区域。

白质：包裹在灰质的外部，主要由神经纤维（轴突）组成。白质负责传递信息，使脊髓与大脑、身体其他部分之间进行有效的通信。

2. 脊髓的分段

脊髓分为颈髓、胸髓、腰髓、骶髓和尾髓五个部分，与脊椎的不同段相对应。每个脊髓段都与特定的神经根相关，通过这些神经根与身体不同区域相连。

脊髓神经根：位于脊髓两侧，分为前根和后根。前根负责传递运动指令，而后根负责传递感觉信息。

3. 脊髓的功能

脊髓作为信息传递的中继站，承担着多种重要功能。

感觉传入：通过感觉神经根，脊髓接收来自身体不同部位的感觉信息，例如触觉、痛觉、温度感知等。

运动指令输出：通过运动神经根，脊髓发送运动指令，控制肌肉的收缩和松弛，从而执行各种运动和动作。

反射：脊髓具有反射弧，能够在不涉及大脑的情况下产生迅速的反应，以保护身体免受潜在的伤害。

（二）周围神经的解剖特点

1. 周围神经的分类

周围神经分为脑神经和脊神经两大类。

脑神经：出自脑干和大脑，共有 12 对。这些神经与头部和颈部的感觉、运动、自主神经系统等相关。

脊神经：出自脊髓，共有 31 对。它们分布在整个脊髓，分为颈、胸、腰、骶和尾部分，分别对应不同的脊髓分段。

2. 周围神经的结构

周围神经主要由神经纤维组成，包括轴突、神经髓鞘和末梢神经末端。这些神经纤维负责将信号从脊髓或脑传递到身体各个部分，或将感觉信息传递回脊髓或脑。

轴突：是神经元的突出部分，负责将电信号传递到其他神经元或效应器（肌肉、腺体等）。

神经髓鞘：是由胶质细胞包裹的脂质层，有助于提高神经冲动的传导速度。

末梢神经末端：是神经的末端，负责传递信号到目标细胞。

3. 周围神经的功能

周围神经的功能涵盖了全身范围内的感觉、运动和自主神经系统的控制。

感觉神经：通过感觉神经，周围神经传递身体各部位的感觉信息，包括触觉、痛觉、温度感知等。

运动神经：通过运动神经，周围神经传递大脑或脊髓发出的运动指令，控制肌肉的收缩和运动。

自主神经系统：一部分周围神经属于自主神经系统，调控心脏、血管、呼吸、消化等生理过程，分为交感神经系统和副交感神经系统。

交感神经系统：通过交感神经，周围神经传递从应激或危险环境中产生的冲动，导致身体进入"应激"状态。这通常包括心率增加、血压升高、瞳孔扩张等生理变化，以应对紧急情况。

副交感神经系统：通过副交感神经，周围神经传递从身体进入"平静"或"休息"状态的冲动，促使身体恢复正常的生理状态。这可能包括心率减缓、血压降低、消化系统活动增加等变化。

（三）脊髓与周围神经的互动

脊髓和周围神经之间存在密切的互动，彼此协同工作以完成身体的感觉和运动控制。

1. 神经元连接

脊髓和周围神经之间的连接主要通过神经元的突触实现。运动神经元的轴突从脊髓出发，通过神经根进入周围神经，最终到达肌肉，以控制肌肉的运动。感觉神经则相反，从感觉器官经过周围神经传递信息至脊髓，然后再通过脊髓传递到大脑进行处理。

2. 脊髓的反射

脊髓还参与了一些基本的反射弧，这是一种快速、无意识的运动响应。例如，当手触及热物体时，脊髓会发出信号导致手迅速收回，而这一过程无须等待大脑的参与。

3. 神经传导速度

周围神经的神经传导速度相对较慢，通常在每秒几米的范围。相比之下，脊髓内的神经传导速度更快，可达每秒数十米。这种速度差异使得神经系统能够灵活地调节对感觉和运动的响应，使身体能够更迅速而精准地做出反应。

（四）临床意义和相关疾病

1. 神经损伤和修复

神经损伤，尤其是脊髓损伤，可能导致失去感觉和运动功能。在一些情况下，神经可能会自行修复，但在其他情况下，可能需要外部干预和康复治疗。

2. 周围神经病

周围神经病是指影响周围神经的疾病，可能导致感觉异常、运动障碍和自主神经系统功能紊乱。例如，糖尿病性周围神经病就是一种常见的情况，其中高血糖水平损害了神经纤维。

3. 神经解剖学在手术中的应用

在外科手术中，对脊髓和周围神经的精确解剖学了解是至关重要的。手术医生需要避免损伤到神经结构，以确保手术的安全性和有效性。

脊髓和周围神经是神经系统中至关重要的两个组成部分，它们共同构成了信息传递和控制机制的基础。脊髓作为中枢神经系统的一部分，负责信息的传入、处理和传出；而周围神经则在全身范围内传递感觉和运动指令，调节自主神经系统。通过深入了解这两个结构的解剖特点，我们能够更好地理解神经系统的结构与功能，从而为相关疾病的诊断与治疗提供更深入的理解和指导。

第二节　临床神经学基本概念

一、神经学检查的基本步骤

神经学检查是一种通过观察、询问和测试来评估神经系统功能的临床方法。这一检查过程旨在帮助医生了解患者的神经系统状况，从而更好地进行诊断和制定治疗计划。神经学检查的基本步骤包括详细的病史采集、神经系统体格检查以及特殊的神经功能测试。本文将详细介绍这些基本步骤，以便更好地了解神经学检查的流程和意义。

（一）病史采集

1. 症状详细询问

病史采集是神经学检查的起点，通过与患者交谈了解其主诉和症状，有助于确定检查的方向和深度。关键的症状包括：

感觉异常：询问患者是否有疼痛、麻木、刺痛或其他感觉异常，以及这些异常出现的部位和时间。

运动障碍：询问患者是否有肌无力、肌肉痉挛、震颤或其他运动方面的问题，以及这些问题是否有进行性变化。

协调障碍：了解患者是否存在平衡困难、不稳定行走或其他协调方面的问题。

意识与认知障碍：询问患者是否有意识水平、记忆、思维清晰度等认知功能方面的异常。

自主神经系统症状：包括晕厥、心悸、尿失禁等与自主神经系统相关的症状。

2. 既往病史和家族史

了解患者的既往病史和家族史对于确定神经系统问题的根源至关重要。某些遗传性疾病、神经系统疾病的家族聚集、外伤史等都可能对神经系统产生影响。

3. 药物史

详细了解患者正在使用的药物，包括处方药、非处方药以及补充剂，因为一些药物可能导致神经系统症状或干扰神经学检查的结果。

4.环境因素和职业史

了解患者的生活和工作环境，以及是否接触过有害物质或进行过潜在的危险活动，有助于确定是否有神经系统损害的可能性。

（二）神经系统体格检查

病史采集后，医生进行神经系统体格检查，通过观察、感觉和运动测试来评估患者的神经系统功能。

1.外观检查

外观检查包括观察患者的站姿、步态、肌肉质量和肢体形态，这些观察可以提供关于患者神经系统整体状况的线索。

2.神经系统相关的体征

步态检查：步态检查可以揭示与神经系统相关的异常，如共济失调、瘫痪或震颤。

姿势和平衡：要求患者站立、行走或采取其他特定姿势，以评估其平衡和协调功能。

感觉检查：包括测定患者对触摸、痛觉、温度和位置感觉的反应。

运动检查：包括测试肌肉力量、协调性和肌肉张力。

腱反射检查：包括肱二头肌、肱三头肌、膝腱和跟腱反射的检查，用于评估神经元和脊髓的功能。

3.眼运动和瞳孔检查

眼球运动：观察患者的眼球运动，检查是否存在斜视、震颤或其他异常。

瞳孔检查：检查瞳孔的大小、对光反应和调节能力，以评估中枢神经系统和自主神经系统的功能。

4.神经系统检查

颅神经检查：包括对视觉、听觉、嗅觉、味觉和面部神经功能的检查。

运动神经检查：包括检查肌肉力量、协调性和肌肉张力。

感觉神经检查：包括对触觉、痛觉、温度感觉以及位置感觉的检查。

（三）特殊神经功能测试

在进行病史采集和神经系统体格检查的基础上，医生还可能进行一些特殊的神经功能测试，以更全面地评估神经系统的功能。

1.神经系统的影像学检查

脑电图（EEG）：通过记录大脑的电活动，脑电图可以检测癫痫发作、睡眠障碍、脑损伤等问题。

脑脊液检查：通过腰椎穿刺获取脑脊液样本，检查其中的细胞、蛋白质和糖等指标，有助于诊断脑膜炎、多发性硬化等疾病。

磁共振成像（MRI）：提供高分辨率的三维图像，可用于检查大脑、脊髓和周围神经系统的结构，对于肿瘤、出血、脱髓鞘等病变的诊断有很高的准确性。

计算机断层扫描（CT扫描）：使用X线进行断层成像，主要用于检查颅骨和脑部结构，对于颅内出血、脑积水等病变的诊断有一定帮助。

磁共振血管成像（MRA）：通过MRI技术检查血管系统，包括大脑和颈动脉，用于评估血管狭窄、动脉瘤等情况。

神经肌肉电图（EMG）和神经传导速度检查（NCS）：用于评估肌肉和神经的功能，对于神经根病变、神经炎、肌肉疾病等的诊断有帮助。

2. 神经肌肉电图（EMG）和神经传导速度检查（NCS）

神经肌肉电图（EMG）：通过测量肌肉的电活动，可以评估神经与肌肉的连接是否正常，帮助诊断神经肌肉疾病、神经病变等问题。

神经传导速度检查（NCS）：通过测量神经冲动在神经中的传播速度，可以评估神经的功能状态，用于诊断神经病变、神经炎等疾病。

3. 脑电图（EEG）

脑电图（EEG）：通过在头皮上放置电极，记录大脑的电活动，用于检测癫痫发作、睡眠障碍、脑功能异常等问题。

（四）整体评估和诊断

在完成病史采集、神经系统体格检查和特殊神经功能测试之后，医生将整合所有的信息，进行系统性的分析和评估。这个过程包括：

1. 概括性印象

医生会形成患者神经系统的概括性印象，考虑到症状的种类、程度和时长，以及体格检查和特殊测试的结果。

2. 异常的定位

医生会尝试确定异常发生的具体位置，是在大脑、脊髓、周围神经或神经肌肉接头等。这有助于缩小诊断范围。

3. 病因的考虑

医生会考虑可能的病因，包括感染、炎症、肿瘤、代谢性疾病、遗传性疾病等，以进一步指导后续的实验室检查和影像学检查。

4. 诊断和治疗建议

最终，医生将提出初步的诊断，可能需要进一步的实验室检查和影像学检查来确认诊断。基于诊断的确定，医生可以制定相应的治疗计划。治疗方案可能涉及药物治疗、康复治疗、手术干预等，具体取决于患者的病情和症状。

（五）常见神经学检查工具

为了更全面、准确地进行神经学检查，医生通常会使用一些专业的工具和设备。以下是一些常见的神经学检查工具：

1. 筷子和刷子

用于测试触觉感觉，医生可以用筷子轻轻刺激患者的皮肤，观察患者对触觉刺激的反应。刷子通常用于检查患者对触觉的感知，比如检查对于刷子在皮肤上滑动的感觉。

2. 针和小锤

用于测试痛觉感觉和腱反射。医生可以用针轻轻戳患者的皮肤，观察患者是否感受到痛觉。小锤则用于敲击腱骨，以检查相应的腱反射。

3. 交叉感觉袋

用于测试患者的交叉感觉。医生可以将物体放入袋子中，患者用手在袋子中触摸物体，通过触觉来辨别物体的性质。

4. 各种图表和标尺

用于评估患者的视觉和空间感知，包括测试眼球运动、瞳孔反射、视野等。

5. 压痛计

用于测定疼痛的程度和位置，通过轻压或刺激患者的不同部位，医生可以评估患者的疼痛感知。

6. 神经电生理学检查设备

包括神经肌肉电图（EMG）和神经传导速度检查（NCS）设备，用于评估神经和肌肉的功能状态。

7. 光谱图和听力测试设备

用于评估患者的视觉和听觉功能，包括对颜色、对比度、视力和听力的测试。

（六）注意事项和挑战

在进行神经学检查时，医生需要注意以下事项和挑战：

1. 患者配合度

一些患者可能由于年龄、智力水平或症状而难以配合检查。在这种情况下，医生可能需要采取更多的耐心和温和的方法，以确保患者能够完成检查。

2. 主观性和客观性

某些神经学检查，尤其是涉及感觉和疼痛的评估，具有一定的主观性，依赖于患者的自我报告。这使得一些评估相对主观，需要医生具有较高的经验和技能。

3. 神经学检查的局限性

神经学检查并不能覆盖所有神经系统疾病，有些潜在问题可能需要进一步的专业检查，如影像学检查或实验室检查。

4. 情感因素

患者的情感状态可能对神经学检查产生影响，特别是在涉及疼痛或不适的测试时。医生需要在检查过程中保持与患者的有效沟通，以减轻患者的紧张情绪。

5. 复杂性和多样性

神经系统的复杂性和多样性使得神经学检查不是一种简单的任务。医生需要综合运用多种技能和工具，以全面而准确地评估患者的神经系统状态。

神经学检查是神经科学领域的一项重要临床工具，通过系统性的病史采集、神经系统体格检查和特殊神经功能测试，医生能够全面地了解患者的神经系统状况。这一过程需要医生具备丰富的经验、专业的知识和良好的沟通技巧。通过神经学检查，医生能够更准确地诊断神经系统疾病，制定相应的治疗计划，提高患者的生活质量。随着医学科技的不断发展，神经学检查工具和方法也在不断创新，为更好地服务患者提供了新的可能性。

二、神经系统疾病的分级与评估

神经系统疾病是涉及中枢神经系统（大脑和脊髓）或周围神经系统（神经根、神经干和末梢神经）的一类疾病。这些疾病范围广泛，包括神经退行性疾病、神经感染、神经肌肉疾病等，严重影响着患者的生活质量。为了更好地理解和评估神经系统疾病，医学界通常采用分级与评估的方法，这有助于确定疾病的严重程度、制定治疗方案和预测患者的预后。本文将深入探讨神经系统疾病的分级与评估方法，帮助人们更好地理解这一领域的概念与实践。

（一）神经系统疾病的分类

在深入讨论分级与评估之前，有必要首先了解神经系统疾病的分类，因为不同类型的疾病可能需要不同的评估方法。以下是一些常见的神经系统疾病的分类：

1. 神经退行性疾病

阿尔茨海默病：一种进行性的、以认知功能损害为主的神经退行性疾病。

帕金森病：以运动障碍、震颤和肌肉僵硬为主要特征的神经退行性疾病。

亨廷顿病：导致运动障碍和认知功能下降的遗传性神经退行性疾病。

2. 神经感染

脑膜炎：脑膜的炎症，可能由细菌、病毒或其他微生物引起。

脑炎：大脑的炎症，通常与病毒感染有关。

多发性硬化：免疫系统攻击神经髓鞘，导致神经传导障碍。

3. 神经肌肉疾病

肌无力：一种自身免疫性疾病，导致神经肌肉连接失常。

运动神经元病：损害运动神经元的疾病，如脊髓性肌萎缩症。

4. 脊髓和周围神经疾病

脊髓损伤：对脊髓的损害，可能导致感觉和运动障碍。

周围神经病：包括糖尿病性周围神经病、坐骨神经痛等。

（二）神经系统疾病的分级与评估方法

1. 梅尔克曼分级法

梅尔克曼分级法主要用于评估肌肉无力症，尤其是肌无力患者的临床状况和治疗效果。该分级法包括五个级别：

级别Ⅰ：病情轻微，对患者日常生活无明显影响。

级别Ⅱ：病情轻到中等，患者在日常生活中可能会面临一些困难，但仍能够自理。

级别Ⅲ：中度肌无力，患者需要一些帮助，但仍能够站立和行走。

级别Ⅳ：重度肌无力，患者需要显著的支持，可能需要轮椅。

级别Ⅴ：极重度肌无力，患者完全失去自理能力，可能需要呼吸机辅助。

该分级法的使用有助于医生评估肌无力患者的整体状况，制定个性化的治疗计划，以提高患者的生活质量。

2. 神经功能评分

神经功能评分是一种用于评估神经系统疾病的常见方法，其中包括对感觉、运动、协调和认知等方面的评估。不同的评分工具用于不同类型的神经系统疾病。

Glasgow 昏迷评分：用于评估意识状态，包括眼睛的开闭、语言反应和运动反应。总分为 3～15 分，分数越低表示患者的意识状态越差。

国际神经功能障碍量表（INAS）：用于评估中枢神经系统疾病，包括感觉、运动、协调、眼球运动等方面。根据患者的症状和体征，给予相应的分数。

Berg 平衡量表：用于评估老年人和中风患者的平衡能力，包括站立、坐立、转身等动作。总分为 56 分，分数越低表示平衡能力越差。

3. 肌肉力量评估

对于一些神经系统疾病，特别是涉及肌肉的疾病，肌肉力量的评估是至关重要的。医生可以使用不同的评分系统来衡量患者的肌肉力量，其中一种常用的是医学研究理事会（Medical Research Council，MRC）肌力评分。这个系统将肌肉力量划分为 0~5 个等级：

级别 0：无肌肉收缩。

级别 1：轻微肌肉收缩，但不能抵抗重力。

级别 2：可以抵抗重力，但无法抵抗额外的阻力。

级别 3：可以抵抗一定的阻力，但仍然是轻度肌力减弱。

级别 4：可以抵抗一定的阻力，肌力正常。

级别 5：正常肌力，可以抵抗正常的阻力。

4. 疼痛评估

在神经系统疾病中，疼痛是一个常见的症状。评估疼痛的方法包括：

视觉模拟评分（Visual Analog Scale，VAS）：患者使用一个标尺来表达其疼痛程度，其中 0 表示无痛，10 表示最剧烈的疼痛。

疼痛问卷：包括疼痛的类型、位置、频率、持续时间等信息，有助于医生更全面地了解患者的疼痛状况。

5. 影像学评估

在一些神经系统疾病的诊断和评估中，影像学方法是必不可少的。常用的影像学评估方法包括：

磁共振成像（MRI）：用于观察脑部和脊髓的结构，对于肿瘤、出血、脊髓损伤等有很高的分辨率。

计算机断层扫描（CT 扫描）：提供对颅骨和脑结构的详细图像，对于颅内出血、骨折等有很高的敏感性。

神经肌肉电图（EMG）和神经传导速度检查（NCS）：用于评估神经和肌肉的功能状态，对于神经根病变、神经炎等疾病的诊断有帮助。

6. 生活质量评估

除了生理指标外，神经系统疾病的评估还应包括患者的生活质量。生活质量的评估可以通过问卷调查或专门设计的评估工具来进行，以了解患者在日常生活中的功能、活动水平和社交参与度。

（三）评估的挑战和注意事项

1. 多因素影响

神经系统疾病常常是复杂的、多因素的。患者的生活方式、心理状况、社会支持等因素都可能对评估结果产生影响。医生需要在评估时考虑这些因素，以更全面地理解患者的状况。

2. 可逆性与不可逆性

一些神经系统疾病可能是可逆的，而另一些可能是不可逆的。评估的目标和方法可能因疾病的性质而异。在可能的情况下，早期的干预和治疗可能有助于改善患者的症状和预后。

3. 患者的主观感受

疼痛、疲劳和其他症状是患者主观感受的表现，而这些感受是难以客观测量的。医生需要充分沟通并倾听患者的描述，以更好地了解他们的体验，并在评估中给予适当的重视。

4. 长期跟踪与监测

神经系统疾病通常是慢性疾病，需要长期的跟踪和监测。定期的评估有助于追踪疾病的进展、调整治疗计划，并及时发现可能的并发症。

5. 心理社会因素

患者的心理和社会因素对神经系统疾病的影响至关重要。焦虑、抑郁、社会孤立等因素可能会影响患者的症状和生活质量。在评估中，医生应该考虑这些因素，并在治疗计划中综合考虑患者的心理健康和社会支持。

（四）临床应用与未来展望

1. 个体化治疗

神经系统疾病的评估需要个体化的方法，以充分考虑每个患者的独特情况。基于评估的结果，医生可以制定个性化的治疗计划，包括药物治疗、康复治疗、心理支持等方面，以最大限度地提高患者的生活质量。

2. 创新的评估工具

随着医学科技的不断进步，新的神经系统疾病评估工具不断涌现。例如，虚拟现实技术和生物传感器等创新技术正在被应用于神经系统疾病的评估，提供更精准、客观的数据。

3. 互联网医疗和远程监测

互联网医疗和远程监测技术为神经系统疾病的评估提供了新的可能性。患者可以通过远程监测设备记录生理数据，医生可以实时监测患者的状况，并进行远程指导和调整治疗方案。

4. 多学科团队合作

由于神经系统疾病的复杂性，多学科团队合作变得尤为重要。神经科医生、康复医生、心理医生、社会工作者等专业人士的协同工作有助于更全面地评估和治疗患者。

5. 生命质量与功能性评估

未来的研究和临床实践中，生命质量和功能性评估将被更加强调。不仅要关注疾病的生理症状，还要关注患者的功能状态、生活质量和心理健康。

神经系统疾病的分级与评估是一项复杂而关键的任务，涉及多方面的因素。通过梅尔克曼分级法、神经功能评分、肌肉力量评估、疼痛评估、影像学评估等多种方法，医生能够更全面地了解患者的病情，并为其制定个性化的治疗计划。在评估过程中，需要综合考虑生理、心理和社会因素，以及患者的主观感受，这有助于更全面地把握疾病的全貌。

随着医学科技和临床实践的不断发展，我们可以期待更多创新的评估工具和方法的出现。虚拟现实、生物传感器、互联网医疗等技术的应用将为神经系统疾病的评估提供更多选择。此外，强调生命质量和功能性评估，将更好地关注患者的整体健康状况，促进更个体化、综合性的治疗方法。

在未来，临床医生需要不断更新自己的知识，学习和运用新的评估工具，同时加强多学科合作，共同为神经系统疾病患者提供更优质、全面的医疗服务。通过不断地改进评估方法，我们有望提高对神经系统疾病的早期诊断和干预，最终改善患者的生活质量。

总体而言，神经系统疾病的分级与评估是神经科学领域不可或缺的一环。它为医生提供了深入了解患者病情的途径，为制定科学、有效的治疗计划奠定基础。在全球范围内，随着对神经系统疾病认知的不断提高，对评估工具和方法的不断创新，我们有望更好地应对这一类疾病，为患者提供更精准、个性化的医疗服务。

三、神经系统症状的常见模式

神经系统症状涉及中枢神经系统（大脑和脊髓）和周围神经系统（神经根、神经干和末梢神经）的异常，表现为一系列特定的体征和症状。这些症状的常见模式对于神经科医生和其他医疗专业人员来说至关重要，因为它们提供了线索，有助于定位和诊断神经系统疾病。本文将深入讨论神经系统症状的常见模式，包括感觉障碍、运动障碍、认知障碍等，以帮助人们更好地理解和应对神经系统疾病。

（一）感觉障碍

1. 疼痛

疼痛是一种常见的神经系统症状，可以表现为各种类型和程度的疼痛感觉。常见的疼痛类型包括：

刺痛：骤发、尖锐的疼痛感，可能与神经根受损或神经病变有关。

针刺感：类似针刺的感觉，可能是神经末梢受损导致的。

麻木感：缺乏感觉或触觉的感觉，可能与神经传导障碍或大脑皮层功能异常有关。

烧灼感：类似火烧的疼痛感，可能是神经纤维受损导致的。

隐痛：持续的隐约疼痛感，可能与神经炎或神经根病变有关。

2. 触觉异常

触觉异常包括对触摸、温度、压力等感觉的异常反应。常见的触觉异常模式包括：

过敏：对于正常触碰或轻微刺激产生过度的疼痛或不适感。

感觉减退：对于触摸或刺激的感觉减弱，可能是神经传导障碍的表现。

感觉丧失：完全失去对于某些感觉的感知，可能是神经损伤导致的。

感觉过程异常：感觉信号的处理出现异常，导致对刺激的不正常感知。

3. 温度感知异常

温度感知异常可以表现为对冷热刺激的异常反应。患者可能感觉到异常的寒冷或灼热感，而实际环境温度并未发生变化。这可能与神经末梢或中枢神经系统的异常有关。

4. 运动感知异常

运动感知异常涉及对肌肉运动的感知和控制。患者可能感到肌肉沉重、僵硬、无力，或者出现不协调的运动。这可能是由于神经肌肉连接异常、运动神经元病变或其他神经系统障碍引起的。

（二）运动障碍

1. 运动无力

运动无力是指肌肉无法产生足够的力量进行正常的运动。这可能由神经肌肉连接问题、神经传导障碍或肌肉本身的问题引起。不同疾病可能表现为特定的运动无力模式，例如，肌无力通常表现为疲劳性无力，而脊髓性肌萎缩症可能导致进行性的肌肉萎缩和无力。

2. 震颤

震颤是一种肌肉不自主地周期性振动的现象。它可能是静止性的（休息时发生）或运动性的（运动时发生）。多种神经系统疾病，如帕金森病、特发性震颤等，都可能导致震颤。

3. 运动协调障碍

运动协调障碍表现为运动失调、不稳定或不协调。患者可能出现行走不稳、手眼协调问题、姿势不稳等症状。这可能与小脑、脑干或其他运动控制区域的损害有关。

4. 运动迟缓或过速

运动的速度异常可以表现为运动迟缓或过速。帕金森病患者常常表现为运动迟缓和步态困难，而某些神经系统疾病可能导致运动过度活跃或不受控制的动作。

（三）认知障碍

1. 记忆障碍

记忆障碍是指患者在记忆信息时出现问题。这可能表现为短时记忆障碍（难以记住最近的信息）、长时记忆障碍（难以回忆远处的信息）或是工作记忆障碍（难以在短时间内处理信息）。记忆障碍可以是许多神经系统疾病的共同症状，包括阿尔茨海默病、血管性痴呆等。

2. 注意力障碍

注意力障碍涉及对外界刺激的注意力集中和维持。患者可能出现注意力不集中、易分心、难以长时间保持专注的情况。这可能与多种神经系统疾病，如注意力缺陷多动障碍（ADHD）、脑损伤等相关。

3. 感知障碍

感知障碍包括对视觉、听觉、触觉等感知信息的异常处理。患者可能出现视物模糊、听力下降、触觉敏感度降低等症状。这可能是由于感觉神经元、感觉传导通路或大脑感觉区域的问题引起的。

4. 执行功能障碍

执行功能涉及高级的认知功能，包括计划、组织、执行任务等。患者可能出现执行功能障碍，表现为难以制定目标、计划行为、灵活应对变化等。这可能与前额叶或其他控制执行功能的脑区域的损害相关。

5. 语言障碍

语言障碍涉及语言的理解、表达和沟通。患者可能出现词汇找不到、语法错误、语言流畅性降低等症状。这可能与大脑的语言中枢区域的受损有关，如失语症。

（四）自主神经系统症状

1. 植物神经系统紊乱

植物神经系统负责调节自主神经系统，包括心率、血压、呼吸等。患者可能出现心率不齐、血压波动、呼吸困难等症状。这可能是由于自主神经系统的异常兴奋或抑制引起的。

2. 瞳孔异常

瞳孔对于光线的反应和大小的调节受到自主神经系统的控制。瞳孔异常可能表现为缩小或扩大不正常，这可能是由于神经系统疾病对自主神经系统的影响引起的。

3. 消化系统问题

神经系统疾病可能影响到消化系统，导致食欲改变、食管运动异常、腹痛等症状。这可能与神经系统对于胃肠道的调控发生异常有关。

（五）精神症状

1. 抑郁与焦虑

神经系统疾病常伴随着情绪和精神健康问题，包括抑郁和焦虑。患者可能感到沮丧、无助、紧张或过度担忧。这可能是疾病直接影响神经递质的结果，也可能是由于患者对于疾病的认知和应对产生的心理压力。

2. 精神错乱

一些神经系统疾病可能导致精神错乱，表现为幻觉、妄想、混乱等。这可能是由于神经系统中特定区域的损伤或是脑化学物质的异常导致的。

3. 认知衰退

认知衰退是指智力和认知功能的进行性下降，包括记忆力、学习能力、决策能力等。这通常是神经系统疾病，尤其是老年性疾病如阿尔茨海默病的一个主要症状。神经系统症状的常见模式是多种神经系统疾病的共同特征。理解这些模式有助于医生更快速、精准地定位和诊断神经系统问题。然而，需要强调的是，不同的神经系统疾病可能表现出相似的症状，因此综合考虑患者的病史、临床症状、体格检查和实验室检查等多方面信息是至关重要的。在神经系统疾病的诊断和治疗中，多学科协作、全面评估是提高诊断准确性和治疗效果的关键因素。

第三节 神经内科常见检查技术

一、神经影像学检查技术及原理

神经影像学检查是一种重要的医学诊断手段，通过图像学技术可视化观察神经系统结构和功能，对各种神经系统疾病进行定位、诊断和治疗方案的制定。本文将介绍一些常见的神经影像学检查技术及其原理，包括磁共振成像（MRI）、计算机断层扫描（CT 扫描）、脑电图（EEG）、正电子发射断层扫描（PET）和功能性磁共振成像（fMRI）等。

（一）磁共振成像（MRI）

1. 原理

磁共振成像是一种利用原子核在强磁场和射频脉冲作用下发生共振现象的成像技术。其基本原理如下：

核磁共振现象：当物体置于强磁场中时，其原子核会对外部磁场产生共振。在射频脉冲的作用下，原子核吸收能量并发生共振，形成共振信号。

信号检测：原子核共振后释放能量，产生特定频率的信号。这些信号被探测器捕获，通过计算机处理后形成图像。

组织对比度：不同组织中的原子核共振频率不同，使得 MRI 能够提供不同组织之间的优良对比度，适用于软组织成像。

2. 应用

MRI 在神经影像学中的应用非常广泛，包括但不限于：

脑部结构成像：用于观察脑的解剖结构，包括脑皮层、白质、脑脊液等。

脊髓成像：用于检测脊髓的解剖结构，对于脊髓损伤、脊髓肿瘤等有重要诊断价值。

血管成像：利用磁共振血管造影（MR angiography，MRA）技术，可视化血管系统，检测脑动脉瘤、血管狭窄等。

功能性 MRI（fMRI）：用于研究脑部活动，通过监测血氧水平变化，提供大脑功能区域的信息。

（二）计算机断层扫描（CT扫描）

1. 原理

计算机断层扫描是通过不同角度的X线扫描患者身体，然后由计算机对获取的数据进行处理，形成体断层图像。其基本原理如下：

X线透射：X线透过患者身体组织，被放置在患者另一侧的X线探测器捕捉。

旋转扫描：X线管和探测器绕患者旋转，不同角度的扫描提供多个层面的信息。

数据处理：计算机根据各个角度的扫描数据，重建三维图像。

2. 应用

CT扫描在神经系统疾病的诊断中具有以下应用：

脑部结构成像：提供高分辨率的脑部解剖结构图像，可用于检测肿瘤、血肿、脑积水等。

脑血管成像：通过CT血管造影（CT angiography，CTA），可观察颅内外血管病变，如动脉瘤、血栓等。

颅骨成像：显示颅骨的解剖结构，有助于检测颅骨骨折、畸形等。

脊柱成像：用于检测脊柱骨折、椎间盘突出等病变。

（三）脑电图（EEG）

1. 原理

脑电图是通过记录头皮上的电生理信号来监测大脑电活动的一种方法。其基本原理如下：

神经元电活动：大脑皮层中的神经元不断产生电活动，形成脑电信号。

电极记录：将电极放置在头皮上，通过放大和记录电信号，形成脑电图。

频谱分析：对脑电信号进行频谱分析，可以获得不同频率的波形，如 δ 波、θ 波、α 波、β 波和 γ 波。

2. 应用

脑电图在神经系统疾病的诊断和研究中有着广泛应用：

癫痫诊断：脑电图是癫痫诊断的重要工具，可以观察到癫痫发作时的脑电异常。

睡眠障碍：用于研究睡眠中的大脑电活动，有助于诊断和研究睡眠障碍，如失眠、睡眠呼吸暂停症等。

脑功能评估：在手术前后、麻醉状态等情况下，脑电图可用于评估大脑功能状态。

癫痫治疗效果监测：对患有癫痫的患者进行治疗后，通过脑电图的监测，可以评估治疗效果和癫痫发作的频率。

（四）正电子发射断层扫描（PET）

1. 原理

正电子发射断层扫描是一种核医学影像学技术，通过注射含有正电子放射性同位素的药物，检测其在体内的分布情况，形成图像。其基本原理如下：

正电子发射：药物中的正电子放射性同位素发射正电子，与体内电子相遇时产生 γ 射线。

探测器记录：探测器记录 γ 射线的位置，形成断层扫描数据。

图像重建：计算机通过处理数据，重建出体内放射性同位素的分布图像。

2. 应用

PET 在神经系统疾病中的应用主要包括：

脑代谢研究：通过标记葡萄糖或氧的同位素，PET 可以提供关于大脑代谢活动的信息，有助于研究脑功能和神经系统疾病的生理学改变。

肿瘤检测：PET 扫描对于脑肿瘤的定位和评估具有重要价值，通过观察肿瘤组织的代谢活动水平，定位和评估肿瘤。

癫痫灶定位：PET 扫描可以帮助确定癫痫患者大脑中异常的代谢区域，有助于手术前的定位。

神经系统炎症：对于一些神经系统炎症性疾病，如脑炎、脊髓炎，PET 扫描能提供有关炎症程度和分布的信息。

（五）功能性磁共振成像（fMRI）

1. 原理

功能性磁共振成像是一种通过监测血氧水平变化来测量脑部活动的成像技术。其基本原理如下：

血氧水平变化：脑活动导致相应区域的血流和氧供应增加，引起局部血氧水平的变化。

BOLD 信号：血氧水平变化引起血氧敏感磁共振（BOLD）信号变化，这种变化可通过磁共振成像技术检测到。

数据分析：通过记录脑活动引起的 BOLD 信号变化，进行数据分析后，可以生成显示脑功能活动的图像。

2. 应用

功能性磁共振成像在神经系统疾病研究和临床中的应用主要包括：

脑功能定位：对大脑功能区域进行定位，尤其是语言、运动、感觉等功能区。

疾病诊断：用于研究神经系统疾病，如帕金森病、抑郁症、脑卒中等，通过观察脑活动的改变来辅助诊断。

脑功能研究：在神经科学研究中，fMRI 被广泛应用于研究脑功能、认知过程、情绪调控等方面。

手术前定位：对于手术前的脑功能定位，尤其是癫痫手术前的癫痫灶定位，fMRI 可以提供重要的信息。神经影像学检查技术在神经系统疾病的诊断和治疗中发挥着关键作用。各种不同的成像技术具有自身的特点和适用范围，医生根据患者的具体情况选择合适的检查方法。这些技术的不断发展和创新使得我们能够更准确、更早地发现神经系统疾病，为患者提供更及时、更有效的医疗服务。

二、脑脊液检查的意义与实施

脑脊液检查是一种通过分析脑脊液中的成分和性质来评估神经系统健康状况的检查方法。脑脊液，位于脑膜下的空间中，是由脑室系统产生的透明液体。脑脊液检查对于神经系统疾病的诊断和治疗起着重要的作用。本文将深入探讨脑脊液检查的意义、实施方法以及其在各种神经系统疾病中的应用。

（一）脑脊液的组成和生理功能

1. 组成

脑脊液是由脑脊液腔系统（脑室系统、脑脊液通路和脑膜）产生的，其主要成分包括：

水分：占据脑脊液的大部分成分。

电解质：包括钠、钾、氯等。

蛋白质：主要是白蛋白和球蛋白。

葡萄糖：提供神经细胞的能量来源。

细胞：主要是淋巴细胞和单核细胞。

2. 生理功能

脑脊液在维持神经系统正常功能中起到多种重要作用：

机械支持：通过提供脑和脊髓的浮力，减轻头颅和脊柱的负担。

营养供应：向脑组织提供氧气、葡萄糖等营养物质。

废物清除：将脑细胞代谢产物排出。

免疫防御：包含免疫细胞，有助于抵抗感染。

（二）脑脊液检查的常规指征

脑脊液检查通常是在临床医生怀疑患者可能患有与神经系统相关的疾病时进行。常规指征包括但不限于：

1. 神经感染

脑膜炎：脑脊液检查是确诊细菌性或病毒性脑膜炎的关键。

脑脊髓结核：对于结核病的病原体进行脑脊液检查，有助于早期发现和治疗。

2. 神经自身免疫病

多发性硬化：脑脊液中特定的免疫细胞和蛋白质的变化可以帮助诊断多发性硬化。

脑髓液蛋白样体蛋白质变性：通过检查脑脊液中的免疫细胞和蛋白质，有助于判断是否存在免疫性疾病。

3. 脑肿瘤

脑脊液细胞学检查：在脑脊液中检测到异常细胞可以提示脑肿瘤的存在。

脑脊液蛋白浓度：脑脊液中蛋白质浓度的升高也可能与脑肿瘤有关。

4. 脑出血和脑卒中

蛋白质和红细胞：脑脊液中蛋白质浓度和红细胞计数的变化可能与脑出血和脑卒中有关。

5. 神经变性疾病

阿尔茨海默病：脑脊液中的 Tau 蛋白和 β 淀粉样蛋白的浓度升高可能提示阿尔茨海默病。

帕金森病：脑脊液中的多巴胺和其代谢产物的测定有助于诊断帕金森病。

6. 脊髓疾病

脊髓炎：对于病毒性或免疫性脊髓炎，脑脊液检查是明确诊断的关键。

脊髓肿瘤：脑脊液细胞学检查可以发现与脊髓肿瘤相关的异常细胞。

（三）脑脊液检查的实施方法

脑脊液检查通常通过腰穿（腰椎穿刺）进行，这是一种较为常见的方法。其实施步骤如下：

1. 患者准备

在进行腰穿之前，医生会详细询问患者的病史，包括过敏史、用药史等。患者通常需要空腹，并在医生的指导下适时停用抗凝药物。

2. 体位

患者需要取侧卧位，将身体弯曲成背弓状，以便医生更容易插入腰椎穿刺针。

3. 局部麻醉

医生会在穿刺点处进行局部麻醉，以减轻患者的疼痛感。

4. 穿刺

医生使用腰椎穿刺针穿破硬脊膜，进入蛛网膜腔，收集脑脊液样本。收集的脑脊液样本通常在透明的小管中，可以用于不同的检查，如细胞计数、蛋白质测定、葡萄糖测定等。

5. 封闭和观察

完成脑脊液采集后，医生会将穿刺点进行封闭，并对患者进行观察，确保没有并发症发生。

（四）脑脊液检查的实验室参数

脑脊液检查涉及多个实验室参数的测定，其中包括：

1. 细胞计数

通过显微镜观察脑脊液中的细胞数量和种类，可以提供关于炎症、感染或其他病理过程的信息。

白细胞计数：白细胞在脑脊液中的增加可能是感染或炎症的迹象。

红细胞计数：红细胞的增加可能与脑出血或脑脊液通路出血有关。

2. 蛋白质浓度

测定脑脊液中蛋白质的浓度，可以提供有关脑脊液中蛋白质的异常水平，例如免疫性疾病、脑脊液渗漏等。

3. 葡萄糖浓度

脑脊液中的葡萄糖浓度通常与血液中的葡萄糖浓度相比较。降低的脑脊液葡萄糖水平可能提示中枢神经系统感染，如脑膜炎。

4. 色素检测

通过检测脑脊液中的色素，如胶质细胞来源的蛋白质、胶纤维蛋白等，可以提供有关神经系统疾病的信息。

5. 免疫学检查

通过脑脊液中免疫球蛋白的测定，可以了解免疫系统的活动情况，有助于诊断自身免疫性疾病。

（五）脑脊液检查在神经系统疾病中的应用

1. 脑膜炎和脑炎

脑脊液检查是确诊脑膜炎和脑炎的关键步骤。通过观察脑脊液中白细胞计数和蛋白质浓度的增加，以及脑脊液细菌培养和病毒学检查，可以明确病原体，并制定相应的治疗方案。

2. 多发性硬化

多发性硬化的确诊和监测通常需要脑脊液检查。典型的结果包括脑脊液中免疫球蛋白的增加、蛋白质浓度的升高以及特定的脑脊液细胞学改变。

3. 脑肿瘤

脑脊液检查可以提供关于脑肿瘤的信息，包括脑脊液中的细胞学改变、蛋白质浓度的升高等。在脑脊液细胞学检查中发现异常细胞，如肿瘤细胞、转移细胞等，有助于确定是否存在脑肿瘤。此外，脑脊液中的蛋白质浓度的升高可能是脑脊液通路阻塞或肿瘤侵袭的指标。

4. 脑脊液通路出血

在脑脊液检查中，发现红细胞的增加可能是脑脊液通路出血的迹象。这种情况可能与外伤、脑血管病变或脑脊液通路出血有关，需要进一步的影像学检查来明确原因。

5. 脊髓炎和脊髓肿瘤

脊髓炎和脊髓肿瘤可能导致脑脊液中细胞学和生化参数的变化。通过脑脊液检查，医生可以初步判断是否存在炎症性疾病或脊髓肿瘤，并指导后续的治疗方案。

6. 神经变性疾病

在神经变性疾病的诊断中，脑脊液检查可以提供一些辅助信息。例如，在阿尔茨海默病的脑脊液中检测到 Tau 蛋白和 β 淀粉样蛋白的浓度升高，有助于确诊。这对于制定早期干预和治疗计划至关重要。

（六）脑脊液检查的注意事项和风险

1. 注意事项

与患者沟通：在进行脑脊液检查之前，医生应与患者充分沟通，解释检查的目的、步骤、可能的不适感和风险。

禁忌证：存在出血风险、高颅内压、椎动脉瘤等情况的患者可能不适合进行脑脊液检查。

患者体位：在腰穿时，患者的体位应逐渐变化，以防止引起头晕、晕厥等症状。

2. 风险和并发症

感染风险：脑脊液检查是一项有一定感染风险的操作，因此需要采取严格的无菌操作，以减少感染的可能性。

头痛：腰穿后，患者可能会出现腰部和头部的疼痛，这种头痛通常在几天内自行缓解。

出血：在腰穿过程中，可能会发生脑脊液通路出血，引起头痛和脑脊液的混浊。

神经损伤：极少数情况下，腰穿可能导致神经根损伤，引起感觉和运动异常。

过敏反应：在脑脊液检查中使用的麻醉药物或药物标本容器可能引起过敏反应。

脑脊液检查作为一种常规的神经系统检查手段，在神经系统疾病的诊断和治疗中发挥着重要作用。通过分析脑脊液的细胞学、生化学和免疫学参数，医生可以获取有关神经系统健康状况的关键信息。然而，在实施脑脊液检查时，需要注意患者的禁忌证和相关的风险，并采取适当的措施减少并发症的发生。综合临床症状、体征和其他辅助检查，脑脊液检查有助于医生制定更准确的诊断和治疗方案，以提高神经系统疾病的诊断水平和治疗效果。

第四节　影像学在神经内科的应用

一、CT 与 MRI 的优缺点比较

计算机断层扫描（CT）和磁共振成像（MRI）是医学影像学领域两种常用的非侵入性检查方法，它们在临床诊断和疾病监测中发挥着重要作用。本文将对 CT 和 MRI 的优缺点进行详细比较，以便更好地理解它们在不同情境下的应用和选择。

（一）CT 扫描的优缺点

1. 优点

（1）高分辨率图像。CT 扫描提供高分辨率的 X 线图像，能够清晰地显示骨骼、肺部和软组织等结构，使医生能够准确地诊断疾病。

（2）快速成像。CT 扫描速度快，一般情况下仅需几分钟即可完成，适用于紧急情况下的快速诊断。

（3）广泛应用范围。CT 扫描在多个领域有广泛的应用，包括头部、腹部、骨盆、

胸部等，可以检查不同部位的解剖结构和病变。

（4）适用于金属体内患者。CT 对于患有金属体内植入物或装置的患者，如关节置换术后患者，影响较小，成像效果较好。

2. 缺点

（1）辐射暴露。CT 扫描使用 X 线，因此患者在接受检查时会暴露于辐射。尤其是对于重复性检查，长期累积的辐射暴露可能增加癌症风险。

（2）对软组织对比度较低。相较于 MRI，CT 对于柔软组织的对比度较低，不够清晰，使得在某些情况下难以区分病变。

（3）不适用于孕妇。由于辐射的影响，CT 扫描在怀孕期间不太适用，特别是在胎儿器官发育的早期。

（二）MRI 的优缺点

1. 优点

（1）无辐射。MRI 使用强磁场和无害的无线电波，无辐射暴露，更适用于需要频繁检查或儿童、孕妇等对辐射较为敏感的人群。

（2）对软组织有较好的对比度。MRI 在对软组织的成像上具有优势，如脑部、肌肉、神经等，能够提供更清晰、详细的图像。

（3）多平面成像。MRI 能够在多个平面上进行成像，包括横断面、冠状面和矢状面，有助于更全面地了解解剖结构。

（4）功能性成像。MRI 不仅可以显示解剖结构，还可以进行功能性成像，如磁共振脑功能成像（fMRI），用于研究脑部活动。

2. 缺点

（1）价格昂贵。MRI 设备价格昂贵，设备维护成本也较高，使得 MRI 成像的费用相对较高。

（2）对金属体内植入物敏感。MRI 对于金属体内植入物或装置比较敏感，可能会产生成像伪影，影响图像质量。

（3）需要较长的扫描时间。相比于 CT，MRI 扫描通常需要较长的时间，对于一些患者，尤其是无法保持稳定姿势的患者，可能需要更多的耐心和协作度。

（4）对于某些患者不适用。由于强磁场的使用，MRI 对于某些患者可能不适用，如患有心脏起搏器、内耳植入物等的患者。

（5）某些情况下的适应证较窄。在某些状况下，如紧急情况、患者无法耐受较长时间的扫描，或对金属敏感的患者，MRI 可能不是最理想的选择。

（三）CT 和 MRI 的选择及应用场景

1. CT 的应用场景

（1）骨骼成像。CT 在骨骼成像方面表现出色，对于骨折、关节疾病、骨肿瘤等的诊断有很高的准确性。

（2）急诊情况。CT 扫描速度快，适用于急诊情况下的快速诊断，如创伤、脑卒中等。

（3）腹部和盆腔成像。CT 对于腹部和盆腔内脏器官的成像效果较好，适用于肿瘤、感染、出血等疾病的检查。

（4）血管成像。CT 血管造影（CTA）是评估血管结构和血流的常用方法，适用于动脉狭窄、动脉瘤等疾病的诊断。

2. MRI 的应用场景

（1）脑部和神经系统成像。MRI 在脑部和神经系统成像上的表现较好，对于癫痫、脑肿瘤、中风等疾病的检查具有高灵敏度。

（2）软组织成像。MRI 对于软组织的对比度更高，适用于肌肉、关节、腹部器官等的详细成像。

（3）乳腺和妇科成像。MRI 在乳腺和妇科领域的成像应用较为广泛，对于乳腺癌、子宫肌瘤等的诊断有一定优势。

（4）功能性成像。MRI 可进行功能性成像，如 fMRI，用于研究脑部功能，对于神经科学研究有很大的价值。

（四）综合比较与选择

在实际临床应用中，医生通常会根据患者的病情、病史、临床症状以及需要明确的解剖结构等因素，综合考虑 CT 和 MRI 的优缺点来选择合适的检查方式。以下是一些建议：

紧急情况下：对于紧急情况，如创伤、急性脑卒中等，CT 通常是首选，因为它能够提供快速而准确的成像结果。

软组织和神经系统：如果需要详细的软组织成像，尤其是在脑部和神经系统方面，MRI 通常更为适用，因为它具有更高的对比度和分辨率。

骨骼和肺部：CT 在骨骼和肺部成像上的表现更为出色，适用于骨折、骨肿瘤、肺结节等病变的检查。

儿童和孕妇：由于 MRI 无辐射，更适用于儿童和孕妇，尤其是在需要重复检查或涉及婴儿器官发育的情况下。

血管造影：如果需要进行血管造影检查，CTA 是一种较为常用的方法，能够提供清晰的血管图像。

金属体内植入物：对于患有金属体内植入物的患者，CT 可能更为适用，因为它对金属的敏感性较低。

综合来看，CT 和 MRI 各有其优势和适用场景。在具体选择时，医生需根据患者的具体情况、检查需求以及医疗资源的可行性进行综合考虑。在某些情况下，医生还可能选择将两种检查手段结合使用，以获取更全面的信息。

二、神经放射学的进展与前景

神经放射学是医学放射学的一个分支，专注于神经系统结构和功能的影像学检查。随着科技的不断发展和医学技术的不断创新，神经放射学在神经科学、神经外科学以及神经疾病的诊断与治疗等方面取得了显著的进展。本文将从技术、临床应用和前景等方面探讨神经放射学的发展及未来前景。

（一）技术进展

1. 磁共振成像（MRI）技术的进步

MRI 是神经放射学中常用的成像技术之一，近年来其技术水平有了显著提高。以下是 MRI 技术的一些进展：

（1）高场强 MRI。高场强 MRI（如 3T 和 7T）能够提供更高的空间分辨率和对比度，使得神经解剖结构的显示更加清晰。

（2）弥散张量成像（DTI）。弥散张量成像可以揭示白质纤维束的方向和连接方式，为神经解剖的详细研究提供了重要手段，对脑部损伤和疾病的诊断有了更准确的帮助。

（3）磁共振波谱学（MRS）。磁共振波谱学可以在不侵入患者的情况下分析脑内代谢产物，对脑病变的类型和程度提供信息，为疾病的诊断和治疗监测提供了更多的数据支持。

2. 计算机断层扫描（CT）技术的创新

（1）高分辨率 CT。高分辨率 CT 使得对骨骼结构和微小病变的检测更为准确，尤其在颅骨和椎体成像上具有显著优势。

（2）低剂量 CT。为了减少辐射暴露，低剂量 CT 技术逐渐得到应用，尤其在儿科和长期监测中更受欢迎。

3. 核医学与分子影像学的结合

核医学技术，如正电子发射断层扫描（PET）和单光子发射计算机断层扫描（SPECT），与分子影像学的结合为神经放射学带来了新的突破。

（1）PET-MRI。PET-MRI 结合了 PET 的分子代谢信息和 MRI 的高空间分辨率，提供了更全面的神经系统影像学信息，对神经肿瘤、神经退行性疾病等疾病的诊断具有重要价值。

（2）核医学分子探针。新型核医学分子探针的研发使得神经放射学在癌症早期诊断和分子靶向治疗方面有了更多的可能性。

（二）临床应用进展

1. 神经放射学在脑卒中的应用

神经放射学在脑卒中的诊断和治疗中发挥着关键作用。

（1）血管造影和血管成像。CTA 和 MRA 等血管成像技术能够直观地显示血管结构，对脑卒中的类型进行分类，为临床决策提供重要信息。

（2）神经影像学引导的血管介入治疗。神经影像学技术的进步使得血管介入治疗在脑卒中患者中更加精准，包括血栓溶解、血管成形术和支架植入等。

2. 神经放射学在神经外科手术中的应用

神经放射学为神经外科手术提供了精准的导航和显像。

（1）术前三维重建。CT 和 MRI 的三维重建技术能够提供精准的术前图像，帮助神经外科医生规划手术路径和避开关键结构。

（2）术中导航。神经影像学技术的实时导航使得神经外科手术更加安全和精准，减少手术风险和提高手术成功率。导航系统可以准确定位手术器械和患者的解剖结构，使医生能够更好地控制手术进程。

（3）神经监测。通过神经监测技术，神经外科医生能够实时监测患者的神经功能，以避免手术中损伤重要的神经结构，提高手术的安全性。

3. 分子影像学在神经疾病中的应用

分子影像学技术的进步为神经疾病的早期诊断和治疗提供了新的途径。

（1）脑部肿瘤的分子影像学。分子影像学技术可以帮助医生更准确地识别脑部肿瘤的类型，为个体化治疗方案的制定提供支持。

（2）神经退行性疾病的研究。通过分子影像学，科研人员能够观察神经退行性疾病的发展过程，加深对疾病机制的理解，为新药的研发提供线索。

4. 神经影像学在精神病学中的应用

神经放射学在精神病学领域的应用也逐渐展现出巨大潜力。

（1）结构性脑影像与精神疾病关联研究。神经影像学技术帮助科学家发现了多种精神疾病与脑结构之间的关联，为精神病学的研究提供了客观的生物学依据。

（2）脑功能影像学与认知研究。功能性 MRI 等技术使得科学家能够观察脑活动的实时变化，有助于了解认知功能、情绪调节等方面的神经机制。

（三）神经放射学的前景

1. 个体化医疗

随着分子影像学的不断发展，神经放射学有望在神经疾病的个体化治疗中发挥更大作用。通过个体化医疗，医生可以根据患者的基因、生理特征和病变的分子特性制定更精准的治疗方案，以提高治疗的效果。

2. 人工智能的应用

人工智能在医学影像分析中的应用将进一步推动神经放射学的发展。通过深度学习和计算机视觉技术，神经放射学的图像诊断速度将大幅提升，同时准确性也将得到增强。这将使得医生能够更快速地作出准确的诊断，为患者提供更及时的治疗。

3. 新技术的涌现

随着医学技术的飞速发展，神经放射学将继续受益于新技术的涌现。例如，光学成像技术、超声引导技术等新兴技术的引入将为神经放射学提供更多的选择，丰富其应用领域。

4. 临床实践的深度融合

神经放射学将更加深度地融入临床实践。医生、放射科医师和神经科医生之间的密切协作将成为常态，共同制定最佳的诊疗方案，以提高患者的治疗效果。

5. 预防与早期筛查

随着神经放射学技术的不断进步，预防和早期筛查神经系统疾病的能力将大大增强。通过高分辨率的成像和精准的分子影像学，医生可以在疾病发生前或早期发现病变，从而采取更有效的干预措施。神经放射学作为医学放射学的重要分支，在技术进展、临床应用和前景展望方面取得了显著的成就。随着医学科技的不断创新，神经放射学将继续在神经科学、神经外科学、神经疾病的诊断和治疗等方面发挥关键作用。未来，随着个体化医疗、人工智能等领域的不断拓展，神经放射学有望为患者提供更加精准、高效的医疗服务，为神经科学的发展注入新的活力。

三、分子影像学在神经疾病中的应用

分子影像学是一门综合了生物学、化学和医学等多学科知识的交叉学科，其主要目标是通过对生物分子进行可视化和定量分析，揭示生物学过程和疾病机制的内在变化。在神经疾病的研究和临床诊断中，分子影像学的应用日益广泛，为深入理解神经系统疾病的发生、发展及治疗提供了强大的工具。本文将探讨分子影像学在神经疾病中的应用，涵盖其基本原理、常用技术、研究进展以及未来前景。

（一）分子影像学基本原理

分子影像学的基本原理是通过引入或标记一种具有生物学特异性的分子探针，利用成像技术对其分布、浓度和代谢等进行检测和定量分析。这些分子探针可以是放射性同位素、荧光染料、顺磁性材料等，根据不同的成像模式，分子影像学主要分为以下几种类型：

1. 放射性同位素分子影像学

核医学技术是通过向生物体内引入放射性同位素标记的分子探针，利用 γ 射线成像设备对其进行成像和定量分析。主要包括以下几种技术：

（1）正电子发射断层扫描（PET）。PET 技术常用的同位素包括 ^{18}F、^{11}C、^{15}O 等，通过探测正电子与电子相遇时产生的两个 γ 射线，形成三维图像，用于研究脑代谢、神经受体、突触等生物过程。

（2）单光子发射计算机断层扫描（SPECT）。SPECT 利用放射性同位素发射的单一 γ 射线进行成像，适用于对脑血流、受体结合等生物过程的研究。

2. 光学分子影像学

光学分子影像学利用荧光染料或光学标记的生物分子进行成像，主要包括以下几种技术：

（1）荧光成像。通过对组织或细胞进行荧光染色，利用激发光源激发染料产生的荧光信号进行成像，用于研究脑组织结构、细胞活动等。

（2）光声成像。光声成像结合了光学和超声技术，通过激光激发组织内吸收光能产生的声波信号进行成像，适用于深部组织结构的研究。

3. 磁共振分子影像学

磁共振分子影像学利用核磁共振技术对标记的分子进行成像，主要包括以下几种技术：

（1）磁共振波谱学（MRS）。MRS 通过测定分子内氢、磷、碳等核的信号进行分析，适用于研究脑内代谢产物，如神经递质、脂肪等。

（2）弥散张量成像（DTI）。DTI 通过测定水分子的弥散方向，揭示白质纤维束的方向和连接方式，适用于研究神经连接的变化。

（二）分子影像学在神经疾病中的应用

1. 脑卒中

（1）PET 和 SPECT 在脑卒中的应用。利用 PET 和 SPECT 对脑卒中后的脑代谢进行监测，评估患者的康复情况。

血管成像技术，如 CTA 和 MRA，用于检测脑卒中的血管病变。

正电子发射计算机断层扫描（PET-CT）结合葡萄糖代谢显像，提高对缺血灶的检测准确性。

（2）MRI 和 MRS 在脑卒中的应用。弥散加权成像（DWI）用于早期诊断脑卒中灶。

磁共振血管成像（MRA）和时间飞行（TOF）技术用于检测脑血管病变。

MRS 用于评估脑卒中患者的代谢状态。

2. 神经退行性疾病

（1）PET 在阿尔茨海默病的应用。利用 ^{18}F- 标记的脑内淀粉样蛋白显像剂，观察阿尔茨海默病患者脑内淀粉样蛋白的沉积情况。

利用 ^{18}F- 标记的葡萄糖类显像剂，研究脑代谢的改变，评估阿尔茨海默病的病程和临床表现。

（2）MRI 和 DTI 在帕金森病的应用。使用 MRI 进行脑结构和体积的定量测量，发现帕金森病患者的脑结构变化。

利用 DTI 揭示白质纤维束的损害程度，帮助评估帕金森病的病理生理过程。

（3）MRS 在亨廷顿病的应用。利用 MRS 技术，观察亨廷顿病患者脑内代谢物的变化，如 N- 乙酰天冬酰胺和谷氨酰胺。

MRS 可以提供关于亨廷顿病病程和神经损伤的信息。

3. 精神疾病

（1）PET 和 SPECT 在抑郁症的应用。利用 PET 和 SPECT 技术，研究抑郁症患者脑内神经递质的改变，如 5-HT（5- 羟色胺）水平的变化。

通过血流灌注显像，观察抑郁症患者脑区的血流情况，探讨抑郁症的神经生物学机制。

（2）fMRI 在精神疾病中的应用。利用 fMRI 技术，研究精神疾病患者的脑功能连接和活动，如思维、情绪调节等方面的差异。

结合脑网络分析，揭示精神疾病中脑区协同作用的变化。

4. 肿瘤神经影像学

（1）PET 在脑肿瘤的应用。利用 ^{18}F- 标记的脱氧葡萄糖（FDG）显像剂，评估脑肿瘤的代谢活性。

使用氨基酸类 PET 显像剂，如 ^{11}C– 甲氨酸，提高对肿瘤的检测敏感性。

（2）弥散张量成像（DTI）在肿瘤中的应用。利用 DTI 技术，观察肿瘤周围的白质纤维束的完整性，帮助规划手术路径，预测手术风险。

（三）分子影像学的研究进展

1. 多模态分子影像学

多模态分子影像学结合不同的成像技术，如 PET、MRI、光学成像等，能够在同一患者上提供更全面、多层次的信息。例如，PET–MRI 结合了 PET 的高灵敏度和 MRI 的高空间分辨率，为神经疾病的诊断和治疗提供更详细的图像学信息。

2. 分子靶向成像技术

分子靶向成像技术通过设计特异性结合患者生物标志物的分子探针，实现对病变区域的高度选择性成像。这有助于早期发现病变、个体化治疗方案的设计以及疗效监测。

3. 神经放射学与生物学、遗传学的整合

分子影像学与生物学、遗传学等学科的整合，使得研究者能够更全面地理解神经系统疾病的发病机制。通过对分子层面的研究，可以揭示神经疾病的生物学基础，为精准治疗提供更多线索。

4. 人工智能在分子影像学中的应用

人工智能技术的不断发展，尤其是深度学习在图像分析方面的应用，为分子影像学提供了更高效、准确的数据处理和解读手段。神经网络等算法的应用使得自动化的病变识别和分析成为可能，提高了诊断效率。

（四）未来前景

1. 个体化医疗

分子影像学的不断发展将推动医学朝向个体化医疗迈进。通过分析患者个体差异，精准制定治疗方案，以提高治疗的针对性和效果。

2. 早期诊断与预防

分子影像学在早期诊断和疾病预防方面的应用前景广阔。通过检测生物标志物、代谢产物等，能够在症状出现之前发现病变，提高治疗的早期介入概率。

3. 精准治疗

分子影像学为精准治疗提供了基础。通过对疾病发生机制的深入理解，可以设计更有针对性的治疗方案。分子影像学为临床医生提供了能够根据个体病理生理状态调整治疗方案的工具，促使治疗更加个性化和精准。

4. 治疗效果监测

在治疗过程中，分子影像学可以用于监测治疗的效果。通过追踪分子标记物的变化，医生可以实时了解治疗的响应情况，及时调整治疗方案，提高疗效。

5. 疾病机制解析

随着医学技术的不断创新，分子影像学将更深入地解析神经疾病的发病机制。这有助于科学家更全面地理解神经系统疾病的本质，为新药的研发提供更为精确的靶点。

6. 多模态融合

未来分子影像学将更加注重多模态融合，即整合不同成像技术的信息。比如结合PET、MRI、CT 等多种成像模式，可以提供更全面、准确的信息，帮助医生全面了解患者的病情。

7. 人工智能的发展

随着人工智能在医学领域的迅猛发展，其在分子影像学中的应用也将不断扩大。深度学习等技术的引入使得对大规模影像数据的分析更为高效，自动化的图像处理和诊断助手将成为未来的发展趋势。

8. 新型分子探针的研发

新型、更具特异性的分子探针的研发将进一步丰富分子影像学的工具箱。这些探针可以更准确地标记特定的生物分子，使影像学的分辨率和敏感性更高，为更细致的病变检测提供可能。分子影像学作为神经疾病研究和临床诊断中的强大工具，不断推动着神经医学领域的发展。从脑卒中、神经退行性疾病到精神疾病，分子影像学在揭示疾病机制、提供准确诊断、指导治疗等方面都发挥着不可替代的作用。随着医学技术的进步和新方法的不断涌现，分子影像学将进一步加强在神经疾病领域的地位，为更精准、个体化的医学服务提供支持，为神经医学的研究和治疗带来更为广阔的前景。

第五节　神经系统疾病的分类与诊断标准

一、国际神经疾病分类系统介绍

神经疾病是涉及神经系统的一类复杂疾病，包括中枢神经系统（大脑和脊髓）

和周围神经系统（神经和神经节）。为了更好地理解、诊断和治疗神经疾病，国际神经疾病分类系统应运而生。这一系统的核心是提供一套标准化的分类标准，以便医生、研究人员和卫生管理者能够在全球范围内共同理解和处理神经疾病。

1. 国际疾病分类系统的背景

国际神经疾病分类系统的发展背景与国际疾病分类系统（International Classification of Diseases，简称 ICD）有关。ICD 是由世界卫生组织（WHO）制定的一套用于统计、报告和监测各种疾病和健康问题的标准分类系统。神经疾病分类系统是 ICD 的一个重要组成部分，它在全球范围内为医学专业人员提供了一个通用的语言和框架，以促进对神经疾病的研究、诊断和治疗。

2. 神经疾病分类的主要原则

神经疾病分类系统的制定遵循一些主要的原则，以确保其科学性、实用性和全球适用性。

疾病的分类和分级：神经疾病系统通常按照疾病的类型、严重程度和其他相关特征进行分类和分级，这有助于医生更好地理解疾病的性质，并采取相应的治疗措施。

标准化的定义和术语：为了避免在不同地区或不同医疗机构之间出现混淆，神经疾病分类系统采用标准化的定义和术语，以确保对疾病的描述和诊断具有一致性。

基于科学证据：系统的制定和修订应该基于最新的科学研究和医学实践。这有助于确保系统反映了当前对神经疾病的最佳理解。

多学科参与：由于神经疾病涉及多个学科领域，制定和修订系统需要医学、神经科学、心理学等多个专业领域的专家共同参与，以确保系统的全面性和多角度性。

3. 常见神经疾病的分类

神经疾病分类系统涵盖了各种不同类型的神经疾病，其中一些常见的分类包括：

神经系统变性疾病：如阿尔茨海默病、帕金森病等，这些疾病通常与神经细胞的死亡和脑功能的逐渐丧失有关。

神经系统感染：包括脑膜炎、脊髓灰质炎等，这些疾病由细菌、病毒或其他微生物引起。

神经系统发育畸形：如脑裂畸形、脊柱裂等，这些疾病通常与胚胎发育过程中的异常有关。

神经系统肿瘤：包括脑肿瘤、脊髓肿瘤等，这些疾病通常涉及神经组织的异常增殖。

神经系统创伤：如颅脑外伤、脊髓损伤等，这些疾病通常与外部力量对神经系统的损害有关。

4. 神经疾病分类系统的应用

神经疾病分类系统在医学实践中有广泛的应用，其中一些主要应用包括：

临床诊断：医生可以使用神经疾病分类系统来对患者的症状进行分类和诊断，从而指导治疗方案。

流行病学研究：研究人员可以利用该系统对神经疾病进行统计分析和流行病学研究，以更好地了解其发病机制和流行规律。

卫生政策制定：卫生管理者可以根据神经疾病的分类和分布情况，制定更科学、有效的卫生政策，以提高神经疾病患者的治疗水平和生活质量。

国际合作与知识共享：国际神经疾病分类系统为不同国家提供了一个共同的框架，促进了国际合作和知识共享。不同国家和地区可以使用相同的分类系统，使得疾病数据更容易比较和交流，从而促进全球卫生的提升。

5. 神经疾病分类系统的挑战与发展方向

尽管神经疾病分类系统在提供统一的框架方面取得了显著的成就，但仍然面临一些挑战和需要改进的方面。

复杂性和多样性：神经疾病的复杂性和多样性使得分类工作更具挑战性。不同疾病可能表现出相似的症状，而相同疾病在不同个体之间也可能呈现出差异。因此，需要不断优化分类系统，以更好地反映神经疾病的复杂性。

新科学发现的整合：随着神经科学和医学研究的不断发展，新的科学发现可能会对神经疾病的理解产生影响。因此，分类系统需要具备灵活性，能够及时整合新的科学证据，以保持其科学性和准确性。

全球标准的一致性：不同国家和地区对神经疾病的定义、分类和报告标准可能存在差异。建立更加全球一致的标准，促进各国之间的协作和数据共享，是未来发展的一个重要方向。

数字化和技术创新的整合：随着数字化医疗和人工智能的发展，这些新技术的应用可以为神经疾病的分类和诊断提供更多支持。将这些创新技术整合到神经疾病分类系统中，有望提高分类的精准度和效率。

国际神经疾病分类系统是医学领域中的一个关键工具，它为神经疾病的诊断、治疗、研究和卫生管理提供了一个统一的框架。通过标准化的术语和定义，医学专业人员能够更好地沟通和合作，全球范围内的卫生管理者能够更好地制定政策和采取行动。

然而，随着科学研究和医学实践的不断发展，神经疾病分类系统需要不断调整和更新，以确保它能够反映最新的科学认识和医学进展。此外，全球范围内的一致性和协作也是未来发展的重要方向，以更好地应对神经疾病的挑战，提高患者的生活质量，促进全球神经健康的改善。

二、诊断标准的制定与修订

"诊断标准的制定与修订"是一个涉及多个领域的广泛话题，包括医学、心理学、工程、环境科学等。在本文中，我们将主要关注医学领域中诊断标准的制定与修订过程。医学诊断标准的制定与修订是确保患者得到正确、一致和高质量医疗服务的关键环节。本文将从以下几方面展开讨论。

1. 概述

在医学领域，诊断标准是指用于识别和分类疾病的规范化标准和准则。这些标准不仅对医生的诊断和治疗决策具有指导作用，还对科研、流行病学调查和卫生政策的制定起到至关重要的作用。因此，制定和修订准确、全面的诊断标准对于提高医疗质量、促进医学研究和改善卫生体系至关重要。

2. 制定诊断标准的必要性

制定诊断标准的首要目的是确保在不同医疗环境和从事医学研究的机构之间能够实现一致性和可比性。此外，制定诊断标准还有助于降低误诊率，提高疾病识别的准确性。通过统一的标准，医生能够更好地理解患者的症状，进行更精确的诊断，从而选择更合适的治疗方法。

3. 制定诊断标准的流程

医学诊断标准的制定通常包括以下几个关键步骤：

文献回顾和综述：回顾最新的研究文献，了解有关特定疾病或症状的最新进展，并综述相关的临床实践和研究成果。

专家共识：邀请领域内的专家组成一个委员会，通过讨论和共识达成有关疾病诊断的标准。这确保了标准的制定是基于多方面的专业知识和实践经验。

数据分析：利用大量的患者数据和病例研究，进行统计分析，以确定具体症状、检查结果和其他因素与疾病的关联性。

公众参与：在一些情况下，公众的意见和反馈也可能被纳入制定标准的过程中，以确保标准的全面性和公正性。

4. 诊断标准的修订

制定一次完美的诊断标准是困难的，因为医学知识不断发展，新的科学研究可能会提供更多关于疾病的信息。因此，定期修订诊断标准是至关重要的。

新科学证据的整合：随着科学技术的不断进步，新的实验室检测方法、成像技术和病理学研究可能会为疾病诊断提供新的视角。诊断标准的修订需要将这些新的科学证据整合进来，以提高标准的准确性。

反馈和评估：从实际临床实践和科研中获得的反馈是修订诊断标准的重要依据。通过收集医生和患者的经验，可以更好地了解标准的实际应用情况。

国际协调：在全球范围内，一些疾病可能具有不同的流行病学特点。因此，与国际上的医学组织和专家保持紧密联系，进行经验分享和协调，有助于修订出更具全球适用性的诊断标准。

5. 挑战与展望

在诊断标准的制定与修订过程中，存在一些挑战。其中之一是平衡全面性和实用性。标准需要足够全面以覆盖各种临床情况，但也必须足够实用，以便在各种医疗环境中得到广泛应用。

另一个挑战是科技的快速发展，可能导致标准迅速过时。为了应对这一挑战，制定标准的机构需要建立灵活的修订机制，及时吸纳新的科学证据，确保标准的时效性和可靠性。

展望未来，随着人工智能和大数据分析的应用逐渐增多，这些新技术可能为诊断标准的制定和修订提供更多的支持。同时，国际协作也将变得更加紧密，以确保全球范围内的医疗标准达到最高水平。

三、个体化医学在神经病学中的应用

随着科学技术的迅猛发展，医学领域也在不断创新，个体化医学作为其中的一个重要分支正逐渐崭露头角。个体化医学旨在根据个体的遗传、生理学、生化学和环境因素等多层面信息，为每个患者提供精准、个性化的医学服务。在神经病学领域，个体化医学的应用为神经疾病的早期诊断、治疗选择和预后评估提供了新的思路和方法。本文将深入探讨个体化医学在神经病学中的应用，包括其原理、技术手段、挑战和前景。

1. 个体化医学的基本原理

个体化医学的核心思想是将医学研究和临床实践从传统的"一刀切"模式转变为更加个性化和精准的模式。其基本原理包括：

分子水平的信息：通过分析个体的基因组、转录组和蛋白质组等分子水平的信息，揭示与疾病相关的遗传变异和生物分子的表达情况。

生理学和生化学参数：考虑个体的生理学特征，包括代谢、激素水平、免疫状态等，以更全面地了解其健康状况。

环境因素：考虑外部环境对个体健康的影响，包括生活方式、饮食、环境污染等因素。

数据整合和分析：利用先进的数据整合和分析技术，将多源数据进行有机结合，为医学决策提供更全面的信息支持。

2. 个体化医学在神经病学中的应用

在神经病学领域，个体化医学的应用主要涉及神经系统疾病的诊断、治疗和预后评估。以下是一些具体的应用方面：

遗传性神经疾病的基因检测：对于一些遗传性神经疾病，如亨廷顿病、遗传性白质脑病等，个体化医学通过基因检测可以早期发现患者的潜在风险，从而进行更早的干预和治疗。

脑影像学与生物标志物的结合：利用神经影像学技术，如脑 MRI、PET 和脑电图，结合生物标志物的检测，可以更准确地评估神经系统疾病的程度和进展，为个体化治疗方案提供依据。

药物反应个体差异的考虑：针对神经系统疾病的治疗，个体化医学考虑到患者对药物的个体差异，通过基因检测等手段预测患者对药物的反应，优化治疗方案，减少药物副作用。

深度学习和人工智能的应用：利用深度学习和人工智能技术，对大规模的神经疾病数据进行分析，可以发现新的疾病模式、提高疾病诊断的准确性，以及预测患者的疾病风险。

3. 个体化医学的技术手段

实现神经病学中的个体化医学需要借助一系列先进的技术手段。

基因测序技术：高通量基因测序技术能够快速而准确地解读患者的基因组信息，发现潜在的遗传变异，为遗传性神经疾病的早期诊断提供支持。

生物标志物检测：通过检测生物标志物，如血液中的特定蛋白质或代谢产物，可以评估患者神经系统疾病的状态，帮助制定个体化的治疗计划。

脑影像学技术：包括结构性和功能性磁共振成像、正电子发射断层扫描等，能够在不同层面揭示患者神经系统的结构和功能信息。

深度学习和人工智能：利用大数据和先进的机器学习技术，对患者的多维数据进行整合分析，挖掘潜在的模式和规律。

生物信息学工具：包括生物信息学数据库、分析工具和数据挖掘技术，用于整合和解释大规模的生物学数据。

第二章 神经肌肉疾病

第一节 肌无力与重症肌无力的诊断与治疗

一、重症肌无力的免疫学机制

重症肌无力（Myasthenia Gravis，MG）是一种罕见而慢性的自身免疫性疾病，主要表现为肌肉易疲劳、无力，特别是在使用肌肉一段时间后症状明显加重。其免疫学机制主要涉及自身免疫攻击神经－肌肉接头的抗体介导炎症反应。本文将深入探讨重症肌无力的免疫学机制，包括疾病的发病机制、相关的免疫学因素以及治疗中的免疫调节策略。

（一）重症肌无力的病因

重症肌无力的确切病因尚不完全清楚，但已经确定其主要与免疫系统的异常有关。在正常情况下，免疫系统负责识别和攻击外来入侵的病原体，以保护机体免受感染。然而，在重症肌无力患者中，免疫系统错误地将神经－肌肉接头上的特定结构视为异物，导致自身免疫攻击。以下是与 MG 相关的主要病因：

抗体介导的免疫攻击：在绝大多数 MG 患者中，发现了一种称为抗乙酰胆碱受体抗体（Acetylcholine Receptor Antibodies，简称 AChR 抗体）的抗体。这些抗体主要攻击神经－肌肉接头上的乙酰胆碱受体，阻断了神经冲动到达肌肉的传递，导致肌肉的无力和易疲劳。

MuSK（Muscle-Specific Kinase）抗体：10%～15% 的 MG 患者没有 AChR 抗体，而是表现为一种称为 MuSK 抗体相关的 MG。这些患者的抗体主要针对 MuSK，这是神经－肌肉接头上的另一种重要蛋白。

其他抗体和 T 细胞参与：除了 AChR 抗体和 MuSK 抗体，还有一些患者可能产生其他抗体，如抗 LRP4 抗体。此外，免疫系统中的 T 细胞也被认为在 MG 的发病机制中发挥一定的作用。

（二）免疫学机制

1.AChR 抗体介导的机制

AChR 抗体是重症肌无力最常见的自身抗体，其作用机制主要包括：

抗体与 AChR 结合：AChR 抗体与神经 - 肌肉接头上的 AChR 结合，形成抗体 - 抗原复合物。

激活免疫细胞：抗体 - 抗原复合物激活免疫系统中的吞噬细胞，如巨噬细胞，引发炎症反应。

炎症反应导致破坏：免疫系统对 AChR 抗体的激活导致炎症反应，使神经 - 肌肉接头受损。这包括破坏 AChR 本身、激活补体系统、引起炎症浸润和产生其他炎症因子。

功能障碍：由于 AChR 是神经 - 肌肉传递的关键组成部分，其受损导致乙酰胆碱的正常传递受阻，导致神经冲动不能正常传递到肌肉，从而引起肌肉的无力和疲劳。

2.MuSK 抗体介导的机制

对于 MuSK 抗体介导的 MG，其作用机制略有不同。

MuSK 功能失调：MuSK 是一种在神经 - 肌肉接头上发挥关键作用的蛋白，它调控 AChR 的分布和功能。MuSK 抗体可能通过阻止 MuSK 的正常功能，导致 AChR 不能适当地集中在神经 - 肌肉接头上，从而影响神经冲动的传递。

激活免疫细胞：类似于 AChR 抗体，MuSK 抗体也可以激活免疫系统中的炎症反应，引起巨噬细胞的活化和其他免疫细胞的浸润。

破坏神经 - 肌肉接头结构：MuSK 抗体介导的炎症反应可能导致神经 - 肌肉接头结构的破坏，包括 AChR 的内在结构和与之相关的信号传导通路。

影响乙酰胆碱信号传导：类似于 AChR 抗体介导的机制，MuSK 抗体介导的免疫反应最终会影响乙酰胆碱信号的传导，导致神经冲动不能正常地引起肌肉收缩。

（三）T 细胞的参与

除了抗体介导的机制，T 细胞也被认为在重症肌无力的免疫学机制中发挥一定的作用。T 细胞是免疫系统中的另一类关键细胞，它们通过释放细胞因子和直接作用于目标细胞来调控和介导免疫反应。

自身抗原的识别：T 细胞可能识别并攻击与 MG 相关的自身抗原。这可能包括 AChR、MuSK 等与神经 - 肌肉传递相关的蛋白。

炎症介导：激活的 T 细胞可以释放炎症因子，如肿瘤坏死因子 –alpha（TNF–α）和干扰素 –gamma（IFN–γ）引起炎症反应，导致神经 – 肌肉接头的损伤。

调控 B 细胞：T 细胞还可以通过直接或间接地调控 B 细胞的活性，影响抗体的产生和分泌。

（四）免疫调节治疗策略

鉴于重症肌无力的免疫学机制主要涉及自身抗体介导的炎症反应，治疗的策略主要集中在免疫调节上。以下是一些常见的免疫调节治疗策略：

胸腺切除术：胸腺是免疫细胞发育和分化的重要器官，胸腺切除术被认为是一种可逆的干预措施。对于大多数患者，胸腺切除术可能减轻症状并改善临床状况。

免疫抑制剂：使用免疫抑制剂，如糖皮质激素、环磷酰胺等来减轻免疫系统的活性，抑制自身免疫反应。

血浆置换：血浆置换是一种通过去除患者体内的异常抗体和其他炎症介质来缓解症状的方法。

免疫球蛋白治疗：注射大剂量免疫球蛋白可以提供抗体的替代，通过多种机制调节免疫系统的活性。

B 细胞抑制剂：针对 B 细胞的药物，如利妥昔单抗（Rituximab），可以减少抗体的产生，改善症状。

免疫调节药物：最近的研究还涉及一些免疫调节药物，如免疫抑制剂 Fingolimod、抗 IL–6 抗体 Tocilizumab 等，这些药物通过调节免疫细胞的活性来治疗 MG。

重症肌无力是一种以肌肉无力和易疲劳为主要表现的免疫性疾病，其免疫学机制主要涉及自身抗体介导的神经 – 肌肉接头炎症反应。AChR 抗体和 MuSK 抗体是主要的自身抗体，它们通过激活免疫系统导致炎症反应，最终影响神经冲动的传递。此外，T 细胞也被认为在疾病的发病机制中发挥一定的作用。

治疗重症肌无力的主要策略是通过免疫调节来减轻免疫系统对神经 – 肌肉接头的攻击。不同的治疗方法可能适用于不同的患者，因此个体化的治疗方案是非常重要的。随着对该病理机制的深入了解和治疗方法的不断创新，有望为重症肌无力患者提供更有效、更个体化的治疗策略。

二、药物治疗及其副作用

药物治疗在现代医学中扮演着至关重要的角色，尤其是在疾病治疗和症状缓解方面。然而，随着药物的广泛使用，不同的药物往往伴随着一系列的副作用。本文将探讨药物治疗的一般原理、常用的治疗类别以及与之相关的主要副作用。为了更具体地说明这一问题，我们将以高血压治疗为例进行讨论。

（一）药物治疗的原理

药物治疗的基本原理是通过干预生物体的生理过程，从而实现对疾病的治疗或症状的缓解。这些生理过程包括细胞的代谢、信号传导、激素分泌、神经递质传递等。药物可以通过不同的机制实现治疗效果，主要包括以下几种方式：

受体激动或抑制：很多药物通过与特定的受体结合，激活或抑制生物体内的生理效应。例如，β 受体阻滞剂通过抑制心脏 β 受体的活性，减慢心率和降低血压。

酶的抑制：一些药物通过抑制特定的酶，阻断生物体内的代谢途径。例如，ACE 抑制剂通过抑制抗生素转换酶（ACE），从而降低血压。

通道的调控：某些药物可以调节离子通道的活性，影响神经信号传导。例如，钙通道阻滞剂通过抑制钙通道的开放，减少心肌的收缩。

激素替代或抑制：一些药物可以模拟或抑制体内激素的作用。例如，甲状腺激素替代治疗甲状腺功能减退症，抗雄激素药物用于治疗前列腺癌。

（二）药物治疗的主要类别

在药物治疗中，不同的疾病和症状可能需要不同的药物类别。以下是一些常见的药物治疗类别：

抗生素：用于治疗细菌感染，抑制细菌的生长和繁殖。例如，青霉素、头孢菌素等。

抗病毒药物：用于治疗病毒感染，抑制病毒的复制。例如，抗艾滋病病毒药物、抗流感药物等。

抗真菌药物：用于治疗真菌感染，抑制真菌的生长。例如，抗念珠菌药物、抗曲霉药物等。

抗肿瘤药物：用于治疗癌症，通过抑制肿瘤细胞的生长和分裂。例如，化疗药物、靶向治疗药物等。

抗高血压药物：用于治疗高血压，通过调节血管张力、心脏泵血力度等方式。例如，ACE 抑制剂、β 受体阻滞剂、钙通道阻滞剂等。

抗抑郁药物：用于治疗抑郁症，调节神经递质的水平。例如，选择性 5- 羟色胺再摄取抑制剂（SSRI）、三环抗抑郁药等。

抗痛风药物：用于治疗痛风，降低尿酸水平。例如，非甾体抗炎药、尿酸合成抑制剂等。

（三）药物治疗的副作用

尽管药物治疗在许多情况下是必要且有效的，但许多药物也伴随着一系列的副作用。副作用是药物在治疗目标之外对机体产生的不良反应，它可以发生在治疗的任何阶段，包括用药前、用药中和用药后。

药物过敏反应：有些人对特定药物过敏，可能表现为皮疹、荨麻疹、呼吸急促、过敏性休克等症状。这种反应通常是由于免疫系统对药物产生异常的过敏性反应。

药物毒性：一些药物在治疗过程中可能对器官产生毒性影响，如肝脏损害、肾脏损伤等。长期使用或高剂量使用某些药物可能增加其毒性风险。

消化系统副作用：许多药物可能引起消化系统的副作用，包括恶心、呕吐、腹泻、便秘等。这些反应可能与药物对肠道的直接影响或对胃肠黏膜的刺激有关。

神经系统副作用：某些药物可能影响神经系统，导致头晕、头痛、失眠、抑郁等症状。神经系统的副作用通常与药物对神经递质或神经元的作用有关。

内分泌系统副作用：某些药物可能影响内分泌系统的正常功能，导致激素水平的改变。这可能导致代谢紊乱、激素失衡等问题。

免疫系统副作用：一些药物可能影响免疫系统的正常功能，导致免疫抑制或过度激活，增加感染的风险或引发自身免疫性疾病。

心血管系统副作用：部分药物可能对心血管系统产生影响，引起心率改变、血压升高或降低等反应。

（四）药物治疗中的个体差异

药物治疗的效果和副作用在不同个体之间可能存在差异，这受到多种因素的影响。

遗传因素：个体的基因差异可能导致对药物的代谢能力、受体敏感性等方面存在差异。例如，药物代谢酶基因型可能影响药物在体内的清除速度，从而影响药物的浓度和效果。

生理状态：个体的生理状态，包括年龄、性别、体重、肝功能、肾功能等，都可能影响药物的代谢和分布。老年人和儿童通常需要调整药物剂量。

疾病状态：患有其他疾病的个体可能对药物的反应产生影响。某些疾病可能改变药物的吸收、分布、代谢和排泄。

药物相互作用：当一个人同时使用多种药物时，可能发生药物相互作用，影响药物的效果和副作用。这种相互作用可能是药物之间的相互作用，也可能是药物与食物或其他化学物质的相互作用。

（五）个体化治疗的趋势

随着对药物治疗的深入研究，个体化治疗成为未来的发展趋势之一。个体化治疗旨在根据患者的个体特征，选择最适合其生理状况和基因型的治疗方案，以最大限度地提高治疗效果并减少副作用。以下是实现个体化治疗的一些关键方面：

基因组学：通过分析患者的基因型，可以预测其对特定药物的反应。这种信息有助于调整药物剂量，选择更适合的治疗方案。

药物测定：监测患者体内药物浓度可以帮助医生调整剂量，确保在治疗期间维持在安全和有效的水平。

生物标志物：特定生物标志物的测定可以帮助评估患者的疾病状态和药物治疗的效果。这有助于及早调整治疗方案。

临床数据分析：利用大数据和人工智能技术，分析临床数据可以更全面地了解患者的疾病特征，为个体化治疗提供更为准确的指导。

药物治疗是许多疾病管理的核心，它在提高患者生活质量、延长寿命方面发挥着关键作用。然而，药物治疗也伴随着一系列的副作用，这需要在治疗过程中密切监测和调整。未来，随着医学研究的深入，个体化治疗将成为药物治疗的主要趋势，为患者提供更加精准和有效的治疗方案。通过综合运用基因组学、药物测定、生物标志物和临床数据分析等技术手段，医疗领域有望实现更加精细化和个体化的治疗，为患者带来更好的治疗效果和生活质量。

三、神经调控技术在治疗中的应用

神经调控技术是一类通过对神经系统进行刺激或调节来治疗疾病的先进医疗技术。这些技术可以在神经水平上调整生理和病理状态，为许多慢性病症提供新的治疗途径。本文将深入探讨神经调控技术的种类、原理以及在治疗中的应用，以及这些技术在未来医学领域中的潜在影响。

1. 神经调控技术的种类

神经调控技术涉及多种方法，每种方法都有其独特的原理和应用。以下是一些常见的神经调控技术：

脑深部刺激（Deep Brain Stimulation，DBS）：DBS是通过在大脑深部植入电极并传递电流来调整神经元活动的技术。该技术常用于治疗帕金森病、抑郁症和特发性震颤等神经系统疾病。

经颅磁刺激（Transcranial Magnetic Stimulation，TMS）：TMS 利用磁场通过头皮刺激大脑表面的神经元，从而调节神经元的活动。TMS 被广泛应用于治疗抑郁症、焦虑症和神经病理学研究。

经颅直流电刺激（Transcranial Direct Current Stimulation，tDCS）：tDCS 通过在头皮上施加微弱的直流电流来改变神经元的兴奋性。它在神经可塑性研究和某些神经疾病治疗中显示出潜在的效果。

脑电反馈（Neurofeedback）：这是一种通过监测大脑活动，并将反馈信息传递回患者，以帮助他们自我调节脑功能的技术。脑电反馈广泛用于焦虑症、注意力不足多动障碍（ADHD）和头痛等疾病的治疗。

脊髓刺激（Spinal Cord Stimulation，SCS）：SCS 通过在脊髓上植入电极并传递电流，来缓解慢性疼痛，特别是对于无法通过其他治疗手段缓解的疼痛患者。

周围神经刺激（Peripheral Nerve Stimulation，PNS）：PNS 通过在周围神经附近植入电极，传递电流以调整神经活动，可用于治疗慢性疼痛和神经系统疾病。

2. 神经调控技术的原理

神经调控技术的原理基于对神经系统的直接或间接影响，以调整神经元的兴奋性或抑制性，从而实现治疗效果。不同的技术有着不同的作用机制：

DBS 的原理：DBS 通过在大脑深部的特定核团植入电极，通过传递电流调整神经元的兴奋性。这可以抑制异常神经信号，适用于帕金森病等运动障碍性疾病。

TMS 的原理：TMS 使用强磁场通过头皮刺激大脑表面的神经元。这种刺激可以激活或抑制特定脑区域，产生远程效应。在抑郁症治疗中，TMS 可影响前额叶皮质活动。

tDCS 的原理：tDCS 通过在头皮上施加微弱的直流电流，改变神经元的膜电位。这可以增强或抑制神经元的兴奋性，对一些神经精神疾病如抑郁症、精神分裂症等具有潜在疗效。

SCS 和 PNS 的原理：SCS 和 PNS 通过在脊髓或周围神经附近植入电极，传递电流以干预疼痛信号传导通路。这可以减轻慢性疼痛，提高生活质量。

脑电反馈的原理：脑电反馈通过监测大脑活动，将反馈信息传递回患者，帮助他们自我调节脑功能。这可以在认知和情绪调节方面产生积极效果。

3. 神经调控技术在治疗中的应用

神经调控技术在临床上已经得到广泛应用，涵盖了多个医学领域。以下是一些主要应用领域：

神经精神疾病：神经调控技术在神经精神疾病的治疗中取得了显著的进展。例如，TMS 已被 FDA 批准用于治疗难治性抑郁症。DBS 也在抑郁症、强迫症、精神分裂症等疾病中进行研究和应用。这些技术通过直接影响神经元的活动，有望成为精神疾病治疗的重要手段。

神经运动障碍：DBS已成为帕金森病等神经运动障碍的重要治疗选择。通过调节深部神经核团的活动，DBS能够减轻运动障碍的症状，改善患者的生活质量。

慢性疼痛管理：SCS和PNS在慢性疼痛管理中显示出显著的潜力。这些技术通过刺激或调节神经传导，可以减轻疼痛感知，改善患者的生活质量，特别是对于那些难以通过药物治疗的慢性疼痛患者。

神经康复：神经调控技术在中风、脑损伤和神经系统损伤后的康复中也发挥着积极作用。这些技术有助于促进神经可塑性，加速康复过程，提高患者的功能水平。

癫痫治疗：DBS已被用于癫痫的治疗。通过刺激特定的脑区域，DBS可以减少癫痫发作的频率和强度，为癫痫患者提供了一种新的治疗选择。

认知障碍和脑衰老：TMS和tDCS等技术在认知障碍和脑衰老的研究中也显示出一定的潜力。这些技术通过调整神经网络的活动，有望改善认知功能，延缓脑衰老的进程。

神经性疼痛：TMS和其他神经调控技术被用于治疗神经性疼痛，如三叉神经痛。这些技术通过调节神经系统的活动，有助于减轻神经性疼痛的症状。

4. 挑战和前景

尽管神经调控技术在治疗中表现出许多潜在优势，但仍然面临一些挑战和问题。这包括：

技术安全性和准确性：对于植入式技术如DBS，手术风险和植入物的长期稳定性仍然是问题。对于非侵入性技术如TMS和tDCS，技术的准确性和效果的一致性需要更多研究。

治疗机制的不完全了解：尽管这些技术在治疗中取得了一些成功，但对于它们确切的治疗机制仍然存在许多不明之处。更深入地研究对于揭示这些技术如何影响神经系统以及其长期效果至关重要。

个体差异和个体化治疗：不同个体对神经调控技术的反应存在差异，需要更好的个体化治疗策略。基因组学、神经成像和其他生物标志物可能有助于实现个体化治疗。

成本和可及性：一些神经调控技术的设备和治疗费用较高，这可能限制其在一些地区或个体中的广泛应用。未来需要努力降低成本，提高技术的可及性。

尽管存在这些挑战，神经调控技术在医学中的前景仍然令人充满期待。随着对神经系统的深入了解和技术的不断创新，这些技术有望为更多疾病提供有效的治疗选择，推动医学领域迈向更加精准、个体化的时代。

第二节 运动神经元疾病的临床特征

一、运动神经元疾病的亚型分类

运动神经元疾病（Motor Neuron Diseases，MNDs）是一组罕见而严重的神经系统疾病，主要影响运动神经元，导致逐渐进行性的肌肉萎缩和运动功能障碍。这些疾病的亚型分类对于更好地理解其病理生理学、诊断和治疗至关重要。本文将深入讨论运动神经元疾病的亚型分类，包括其主要亚型、特征、临床表现以及现有的治疗方法。

1. 运动神经元疾病的概述

运动神经元疾病是一组以运动神经元损伤为主要特征的神经系统疾病，主要包括两种亚型：肌萎缩侧索硬化症（Amyotrophic Lateral Sclerosis，ALS）和脊髓性肌萎缩症（Spinal Muscular Atrophy，SMA）。这两种疾病在临床表现、病理生理学和遗传学方面有所不同，因此对其进行亚型分类有助于更好地理解和管理这些疾病。

2. 肌萎缩侧索硬化症（ALS）

ALS 是一种进行性神经系统疾病，主要影响运动神经元，包括中枢神经系统的上运动神经元和周围神经系统的下运动神经元。ALS 的亚型分类主要基于临床病程、病理学和遗传学特征。

经典型 ALS：经典型 ALS 是最常见的亚型，涉及上运动神经元和下运动神经元的受累。患者通常表现出进行性肌无力、肌肉萎缩、痉挛和运动功能障碍。ALS 的病程通常较快，导致患者在数年内失去生命质量。

原发性侧索硬化（Primary Lateral Sclerosis，PLS）：PLS 是一种相对较为罕见的 ALS 亚型，主要涉及上运动神经元。患者表现出进行性上运动神经损伤，而下运动神经元相对较为保留。相比于 ALS，PLS 的病程通常较缓慢，而且患者可能在较长时间内保持相对较好的运动功能。

ALS 与前角脱落（ALS–FTD）：ALS 与前角脱落是一种同时伴有运动神经元损害和前额叶退行性症状的亚型。前额叶退行性症状包括行为和认知功能的改变，被称为前额叶痴呆（Frontotemporal Dementia，FTD）。这一亚型突显了 ALS 与其他神经系统疾病的重叠。

3. 脊髓性肌萎缩症 （SMA）

脊髓性肌萎缩症是一组由基因缺陷引起的神经肌肉疾病，主要影响下运动神经元。与 ALS 不同，SMA 通常在婴幼儿期或儿童期发病。SMA 的亚型主要基于发病年龄和病程的不同。

SMA Ⅰ：也被称为婴儿型脊髓性肌萎缩症，是最严重的亚型。患者通常在出生后几个月内出现症状，表现为进行性肌无力、呼吸困难和肌肉萎缩。这一亚型通常导致患者在两岁前死亡。

SMA Ⅱ：也被称为儿童型脊髓性肌萎缩症，发病年龄通常在 6 个月到 2 岁之间。患者表现为进行性肌无力，但相较于 SMA Ⅰ，生存期较长，通常可以维持到成年。

SMA Ⅲ：也被称为成人型脊髓性肌萎缩症，发病年龄通常在 2 岁后。患者在儿童或成年期表现为进行性肌无力，但相较于 SMA Ⅰ 和 SMA Ⅱ，生存期更长，通常能够维持相对较好的运动功能。

4. 亚型分类的诊断和治疗意义

亚型分类对于运动神经元疾病的诊断和治疗具有重要意义。在临床上，不同亚型的患者可能表现出不同的症状和病程，因此亚型分类有助于医生更准确地进行诊断。

诊断意义：亚型分类有助于确定患者的疾病类型、预后和患者可能面临的并发症，从而指导医生采取合适的治疗策略。不同亚型的运动神经元疾病可能需要不同的管理和支持措施，包括康复治疗、呼吸支持、饮食管理等。因此，通过亚型分类，医生能够更有针对性地为患者提供个体化的医疗服务。

遗传咨询：由于运动神经元疾病涉及一些与遗传相关的基因突变，亚型分类对于家族遗传风险的评估和遗传咨询也至关重要。了解患者所属的亚型可以帮助家庭了解是否存在患病基因，从而采取相应的遗传咨询和测试，以了解潜在风险并制定未来的生育计划。

研究和新药开发：亚型分类还对科学家和研究人员进行临床研究和新药开发提供了基础。不同亚型可能有不同的病理生理机制，因此研究人员需要深入了解每个亚型的特点，以便开发更为精准的治疗方法。亚型分类还为进行临床试验提供了具体的研究群体，有助于评估新药物在特定亚型中的疗效。

5. 治疗方法和展望

目前，运动神经元疾病的治疗主要是对症治疗和康复支持。针对 ALS 的治疗包括草酸盐（Riluzole）和他昔洛尔（Edaravone）等药物，用于延缓病程。对于 SMA，近年来上市的药物包括奥伦西龙（Nusinersen）和里索普（Risdiplam），它们针对基因突变引起的缺陷进行干预。

未来的治疗展望主要集中在以下几个方面：

基因治疗：随着基因编辑技术的发展，基因治疗成为治疗运动神经元疾病的新方向。针对特定基因突变的基因编辑技术有望在基因水平上进行干预，修复受损的基因。

药物研发：科学家正在积极研究新的药物，以改善患者的生存期和生活质量。针对不同亚型的药物研发将更加个体化和精准。

康复治疗：康复治疗在提高患者生活质量方面扮演着重要角色。随着康复技术的不断创新，患者将能够更好地应对运动神经元疾病引起的运动功能障碍。

生物标志物的发现：寻找特定亚型的生物标志物有助于早期诊断和治疗监测。生物标志物的发现将有助于更早地干预治疗，提高治疗效果。

运动神经元疾病的亚型分类是对这一类疾病更全面理解的关键。它有助于医生更准确地进行诊断和治疗，为患者提供更为个体化和综合性的医疗服务。随着科学技术的不断进步和对疾病机制的深入了解，我们有望看到更多的治疗方法和新药的出现，为运动神经元疾病患者带来更多希望。通过综合运用基因治疗、药物研发、康复治疗等多方面手段，未来我们有望实现更为有效的治疗策略，从而改善患者的生活质量和生存期。

二、临床症状与病程演变

患者的临床症状和病程演变是医生进行疾病诊断和治疗规划的重要依据。不同的疾病表现出不同的症状，其演变过程也因疾病的性质和严重程度而异。本文将以多种疾病为例，深入探讨临床症状及其病程演变，以增进对疾病的理解和管理。

（一）帕金森病（Parkinson's Disease）

1. 临床症状

静止性震颤（Resting Tremor）：典型的帕金森病症状之一，主要在休息时出现，通常为手指、手部或下颚的轻微震颤。

肌肉强直（Muscle Rigidity）：帕金森病患者的肌肉通常呈现不自主的持续性紧张，导致关节运动受限。

运动迟缓（Bradykinesia）：患者经常感到运动缓慢，行走步态受损，举手、握物等动作变得困难。

平衡障碍（Postural Instability）：患者在站立或行走时容易失去平衡，增加摔倒的风险。

2.病程演变

早期阶段：初期症状可能较轻微，患者可能只是感到轻微的不适。震颤、运动迟缓和肌肉强直逐渐显现。

中期阶段：症状逐渐加重，肌肉强直和运动迟缓明显增加，平衡问题更为突出。日常生活活动能力受到较大限制。

晚期阶段：病情进一步恶化，患者可能完全失去行走和自我照顾的能力。认知功能受到影响，可能出现认知障碍。

（二）阿尔茨海默病（Alzheimer's Disease）

1.临床症状

记忆丧失（Memory Loss）：典型的阿尔茨海默病症状，尤其是对新学的信息和事件的遗忘。

认知功能下降（Cognitive Decline）：患者可能体验到思维、理解和决策能力的逐渐下降。

语言障碍（Language Impairment）：随着病程的发展，患者可能出现语言理解和表达能力的减退。

失迷行为（Disorientation）：患者可能在熟悉的环境中迷失方向，不清楚自己所在的地方或时间。

2.病程演变

初期阶段：主要表现为轻度的记忆问题，可能被误认为是正常老化的一部分。患者可能会在社交场合或找不到常用物品时感到困扰。

中期阶段：记忆丧失进一步加重，认知能力下降。语言能力和空间感知可能出现问题。日常生活活动的独立性下降。

晚期阶段：症状显著加重，患者可能完全失去对周围环境和人物的认知。需要全天候照顾，常伴有肌肉萎缩和运动障碍。

（三）糖尿病（Diabetes Mellitus）

1.临床症状

多尿和口渴（Polyuria and Polydipsia）：由于高血糖水平导致肾脏排放大量尿液，患者感到口渴。

体重下降（Weight Loss）：体内无法充分利用血糖，导致身体组织分解脂肪和蛋白质，引起体重下降。

疲劳感（Fatigue）：细胞无法获得足够的能量，患者可能感到疲倦和虚弱。

视力问题（Vision Problems）：高血糖可能导致眼睛水肿，影响视网膜功能，引起视力问题。

2. 病程演变

早期阶段：可能没有明显症状，或表现为轻微的多尿和口渴。患者可能被诊断为糖尿病前期。

中期阶段：随着病情的发展，症状可能加重，包括持续的多尿、口渴和疲劳感。可能需要药物治疗来维持血糖水平。

晚期阶段：如若未能得到有效管理，糖尿病可能导致并发症的发展。这些并发症包括但不限于糖尿病肾病、糖尿病视网膜病变、糖尿病神经病变等。晚期糖尿病可能需要更为严格的治疗和管理，包括胰岛素治疗，以确保血糖水平的控制。

（四）心血管疾病（Cardiovascular Disease）

1. 临床症状

胸痛（Chest Pain）：可能是心绞痛或心肌梗死的症状，通常伴随劳动后或情绪激动。

呼吸急促（Shortness of Breath）：心脏功能受损可能导致液体在肺部积聚，引起呼吸急促。

疲劳（Fatigue）：心脏泵血效率降低可能导致身体组织无法得到足够的氧气，引起疲劳感。

水肿（Edema）：心脏衰竭可能导致液体在身体不同部位积聚，特别是在腿部和腹部。

2. 病程演变

早期阶段：可能无明显症状，或出现轻微的胸痛或呼吸急促。高血压、高胆固醇和其他危险因素可能存在。

中期阶段：症状逐渐加重，患者可能经历心绞痛发作、心律失常等。心肌梗死的风险增加。

晚期阶段：心衰竭可能发生，患者可能需要药物治疗、介入手术或心脏移植等治疗方式。并发症如心律失常、心包炎等可能增加。

（五）精神分裂症（Schizophrenia）

1. 临床症状

幻觉（Hallucinations）：患者可能感觉到并不存在的声音、图像或其他感觉。

妄想（Delusions）：患者可能持有与现实不符的坚定信念，如被迫害妄想或自大妄想。

社交退缩（Social Withdrawal）：患者可能逐渐远离社交活动，难以建立和维持人际关系。

认知功能障碍（Cognitive Impairment）：患者可能在注意力、记忆和执行功能等方面出现问题。

2. 病程演变

初发期：症状可能突然出现，患者可能经历情感低落、社交退缩等。

急性发作期：幻觉、妄想等正性症状可能在此阶段加重。患者可能需要紧急治疗，包括抗精神病药物和心理治疗。

稳定期：在治疗的帮助下，患者可能进入相对稳定的阶段，但负性症状和认知功能障碍可能仍存在。

复发期：在未得到有效治疗或药物不规律的情况下，患者可能经历症状的再次加重。

（六）类风湿性关节炎（Rheumatoid Arthritis）

1. 临床症状

关节疼痛和肿胀（Joint Pain and Swelling）：典型的症状，多发生在手、腕、膝等关节。

晨僵（Morning Stiffness）：患者可能在早晨起床时感到关节僵硬，需要较长时间的活动才能缓解。

疲劳感（Fatigue）：由于免疫系统的异常活动，患者可能感到长时间的疲劳。

食欲下降（Loss of Appetite）：可能伴随关节炎的全身性炎症反应。

2. 病程演变

早期阶段：关节疼痛和肿胀是主要症状，可能伴有疲劳感。患者可能不容易意识到疾病的存在。

中期阶段：症状逐渐加重，关节炎可能扩散到其他关节，晨僵的时间可能延长。关节畸形和功能受损可能开始显现。

晚期阶段：严重的关节畸形和功能受损可能影响到患者的日常生活活动，包括行走和握物。全身性炎症反应可能导致器官受损。不同疾病的临床症状和病程演变差异巨大，这反映了疾病的多样性和复杂性。在临床实践中，了解疾病的症状及其演变对于及早诊断、制定有效的治疗计划以及改善患者生活质量至关重要。

综合来看，疾病的症状和病程演变往往取决于多个因素，包括疾病的性质、患者的个体差异、遗传因素、环境因素以及治疗的及时性和有效性。在一些慢性疾病中，早期的症状可能相对较轻微，容易被忽略，而一些急性疾病可能在短时间内表现出剧烈的症状。因此，医生需要综合考虑患者的症状、病程演变以及其他相关因素，以便更全面地评估疾病的状态。

随着医学研究和技术的不断进步，对于一些疾病，特别是慢性病，我们逐渐能够通过生物标志物、影像学等手段更早地发现疾病的存在，甚至在患者没有明显症状时进行预测性的干预。这为实现个体化医疗和提高治疗效果提供了更多可能性。

在临床实践中，医生和患者的密切合作也至关重要。患者需及时向医生汇报症状的变化，而医生则需要通过详细的病史采集、体格检查和相关检查手段，全面了解患者的病情。此外，心理健康方面的评估和支持也同样重要，特别是对于患有慢性病的患者，以促进其身心健康的全面发展。

总体而言，对于临床症状和病程演变的深入理解是提高医疗质量、实现个体化医疗的基础。通过不断深入研究各种疾病的病理生理机制、遗传学特点以及治疗方法的创新，我们有望更好地理解和管理各类疾病，为患者提供更为精准和有效的医疗服务。

第三节　周围神经病变的鉴别诊断

一、周围神经病变的临床表现

周围神经病变是指累及神经系统中的周围神经的一类疾病，其临床表现多样，涉及感觉、运动和自主神经功能等方面。这些症状可能因病变的原因、部位和程度而异。本文将深入探讨周围神经病变的临床表现，包括主要症状、病变特征和可能的原因，以期为医学专业人士和患者提供更全面的介绍。

（一）周围神经病变的主要症状

1. 感觉障碍（Sensory Disturbances）

感觉障碍是周围神经病变的常见表现之一。患者可能经历以下感觉异常：

麻木和刺痛（Numbness and Tingling）：受累神经所支配的区域可能出现麻木感，同时可能伴有刺痛或刺针样感觉。

感觉减退或丧失（Decreased or Loss of Sensation）：患者可能感觉对触摸、温度或疼痛的感知减退或完全丧失。

过敏感（Hyperesthesia）：有时，神经病变可能导致感觉过于敏感，对轻微的触碰或刺激产生异常强烈的感觉。

2. 运动障碍（Motor Disturbances）

周围神经病变对运动系统的影响也常引起运动障碍：

肌无力（Muscle Weakness）：受累神经支配的肌肉可能出现无力感，导致患者在进行日常活动时感到困难。

肌肉萎缩（Muscle Atrophy）：长期的神经病变可能导致受累肌肉的萎缩，使肌肉体积减小。

肌肉痉挛（Muscle Spasms）：一些患者可能在运动或休息时经历不自主的肌肉痉挛，这可能与神经冲动传导异常有关。

3. 自主神经功能障碍（Autonomic Dysfunction）

周围神经病变还可能累及自主神经系统，表现为以下症状：

心血管系统受累：包括心率不规律、血压波动、直立性低血压等。

消化系统问题：包括恶心、呕吐、腹痛、便秘或腹泻。

泌尿系统问题：包括尿频、尿失禁或尿潴留等。

4. 疼痛（Pain）

患者可能经历各种类型的疼痛，其性质可能是钝痛、刺痛、电击样痛或灼热感。疼痛可能与神经纤维受损、炎症反应或异常的神经冲动传导有关。

5. 感觉异常（Sensory Abnormalities）

周围神经病变可能导致感觉异常，如畸形感觉、异常的触觉感知或对温度变化的过度敏感。

（二）周围神经病变的病变特征

1. 轴索损伤（Axonal Damage）

周围神经病变可能导致神经轴索损伤，影响神经冲动的传导。这种损伤通常表现为感觉和运动障碍，包括麻木、肌无力和感觉异常。

2. 髓鞘损伤（Demyelination）

髓鞘是神经轴索周围的绝缘层，有助于神经冲动的快速传导。周围神经病变中的髓鞘损伤可能导致冲动传导速度减慢，表现为感觉和运动的缓慢反应。

3. 局部炎症（Local Inflammation）

一些周围神经病变可能伴随局部炎症反应，这可能是由于感染、自身免疫反应或其他炎症性因素引起的。炎症反应可能导致周围神经组织的损伤，加重症状。

4. 血管供应不足 （Ischemia）

缺血是周围神经病变中的一种常见病变特征。血管供应不足可能导致神经组织缺氧，从而引起感觉和运动障碍。

5. 神经肿胀 （Nerve Swelling）

炎症或其他因素可能导致周围神经肿胀，增加了神经压力，从而引发疼痛、麻木和其他感觉异常。神经肿胀还可能加剧局部炎症反应。

（三）周围神经病变的可能原因

1. 糖尿病性神经病变 （Diabetic Neuropathy）

糖尿病是一种常见的原因，可导致周围神经病变。高血糖水平对神经造成损害，最常见的症状包括感觉异常、疼痛和运动障碍。

2. 酒精神经病变 （Alcoholic Neuropathy）

长期酗酒可能导致酒精神经病变，表现为感觉异常、肌无力和自主神经功能障碍。酒精对神经系统的毒性影响是这种病变的主要机制之一。

3. 遗传性神经病变 （Hereditary Neuropathy）

一些遗传性因素可能导致神经病变，如家族性遗传性多发性神经病变 （Charcot-Marie-Tooth 病）。这些疾病通常表现为进行性的感觉和运动障碍。

4. 感染性神经病变 （Infectious Neuropathy）

某些感染，如带状疱疹病毒、HIV、梅毒等，可以导致感染性神经病变。感染性神经病变的临床表现因感染的类型和程度而异。

5. 自身免疫性神经病变 （Autoimmune Neuropathy）

自身免疫性疾病可能导致免疫系统攻击神经组织，引起神经病变。关节炎性神经病变、盐酸性神经病变等属于这一类别。

6. 药物性神经病变 （Drug-Induced Neuropathy）

某些药物，尤其是化疗药物、抗逆转录病毒药物、抗生素等，可能导致药物性神经病变。这种病变通常在药物使用后出现。

7. 中毒性神经病变 （Toxic Neuropathy）

暴露于某些有毒物质，如重金属、工业化学品、某些溶剂等，可能导致中毒性神经病变。中毒性神经病变的表现取决于毒物种类和暴露程度。

8. 营养性神经病变 （Nutritional Neuropathy）

缺乏关键营养物质，如维生素 B_{12}、维生素 B_1（硫胺素）、维生素 B_6 等，可能导致营养性神经病变。这种病变通常与饮食缺乏或吸收不良有关。

（四）诊断和治疗

1. 诊断

对于周围神经病变的诊断，医生通常会进行详细的病史询问、体格检查和神经功能测试。神经电生理检查、神经成像学（如核磁共振）和实验室检查（如血液检查、神经脊髓液检查）也常用于确定神经病变的类型和程度。

2. 治疗

治疗周围神经病变的策略取决于病变的原因和症状的严重程度。一般而言，治疗的目标包括缓解症状、阻止病变的进展以及改善患者的生活质量。具体的治疗措施可能包括：

药物治疗：包括镇痛药、抗炎药、抗抑郁药等，以缓解疼痛和其他症状。

物理治疗：通过物理疗法和康复训练，促进受累肌肉的功能和康复。

营养支持：对于营养性神经病变，补充缺乏的营养物质可能有助于改善症状。

康复治疗：通过康复治疗师的指导，进行适当地运动和康复锻炼，以维持和改善运动功能。

手术干预：对于某些病变，如压迫性神经病变，手术可能是改善症状的有效手段。

治疗潜在疾病：如果神经病变的原因是潜在的基础疾病，例如糖尿病、自身免疫疾病等，治疗这些潜在疾病是关键的。控制潜在疾病有助于减缓神经病变的进展。

疼痛管理：对于神经病变引起的疼痛，疼痛管理是一个重要的治疗方面。包括药物疗法、物理疗法和心理支持等综合干预。

康复和支持性疗法：周围神经病变可能对患者的生活产生深远影响，因此康复和支持性疗法至关重要。这包括心理社会支持、职业治疗、康复护理等，以提高患者的生活质量。

自主神经功能障碍的管理：对于自主神经功能障碍，可能需要特定的治疗，例如用药物来控制心血管和消化系统的功能。

定期随访和监测：周围神经病变通常是慢性病变，需要定期随访和监测，以及根据病情调整治疗方案。

（五）预防措施

虽然某些周围神经病变是由于遗传或无法预防的原因引起的，但有一些预防措施可能有助于降低患病风险。

良好的糖尿病管理：对于糖尿病患者，保持良好的血糖控制是预防糖尿病性神经病变的关键。

限制酒精消耗：对于酗酒者，限制酒精的消耗可以降低酒精性神经病变的风险。

避免有毒物质：尽量避免接触有毒物质，包括化学品和重金属，以降低中毒性神经病变的风险。

良好的营养：保持均衡的饮食，特别是确保摄入足够的维生素和矿物质，有助于预防营养性神经病变。

及时治疗感染：及时治疗感染可以预防感染性神经病变的发生。

规避环境风险：在可能受到环境风险影响的工作场所或环境中采取预防措施，以降低神经病变的风险。周围神经病变是一组多样化且复杂的神经系统疾病，其临床表现涉及感觉、运动和自主神经功能。了解病变的主要症状、病变特征以及可能的原因对于及早诊断和有效治疗至关重要。在治疗方面，综合的、个体化的治疗计划，包括药物治疗、物理疗法、康复和支持性疗法等，有助于缓解症状和提高患者的生活质量。通过预防措施，尤其是在可能引发神经病变的潜在原因方面的干预，可以降低患病风险。医生和患者的合作是有效管理周围神经病变的关键，以实现最佳的治疗结果。

二、电生理学检查在鉴别诊断中的应用

电生理学检查是一种通过记录和分析生物电活动来评估神经系统功能的诊断工具。这项技术广泛应用于神经科学领域，对神经和肌肉的生物电活动进行测量，以帮助医生了解神经系统的状态、检测神经病变、进行鉴别诊断以及监测疾病的进展。本文将详细讨论电生理学检查在鉴别诊断中的应用，包括其基本原理、主要类型、临床价值和局限性等方面。

（一）电生理学检查的基本原理

1. 神经和肌肉生物电活动

电生理学检查主要涉及到神经和肌肉的生物电活动。神经和肌肉细胞之间的通信通过电生理信号进行。神经细胞通过神经冲动产生电信号，这些电信号沿着神经纤维传播，到达肌肉终板时触发肌肉收缩。这一系列的生物电活动可以通过电生理学检查来测量和记录。

2. 电极的应用

在电生理学检查中，电极通常被放置在皮肤表面或穿刺入神经和肌肉组织中，以记录生物电信号。表面电极主要用于记录神经传导速度、感觉神经动作电位等信息，而穿刺电极通常用于记录肌肉电活动，例如肌电图（EMG）。

3. 记录和分析

通过记录神经和肌肉的生物电活动，电生理学检查生成图形和波形，如神经传导速度图、感觉神经动作电位图和肌电图。这些图形提供了关于神经和肌肉功能的信息，医生可以根据这些信息进行鉴别诊断。

（二）主要类型的电生理学检查

1. 神经传导速度测定（Nerve Conduction Studies，NCS）

神经传导速度测定是一种评估神经纤维传导能力的电生理学检查。通过给定的神经区域施加电刺激，记录神经冲动的传导时间和速度。异常的传导速度可以指示神经病变，如神经炎或神经损伤。

2. 感觉神经动作电位检查（Sensory Nerve Action Potential，SNAP）

感觉神经动作电位检查测量感觉神经纤维的生物电活动。通过刺激感觉神经，记录感觉神经动作电位，以评估感觉神经的功能。异常的感觉神经动作电位可能与感觉神经病变有关。

3. 肌电图（Electromyography，EMG）

肌电图是一种记录肌肉电活动的电生理学检查。通过插入极细的电极到肌肉中，可以测量静息状态下和运动状态下的肌肉电活动。肌电图可用于评估肌肉的神经支配和检测神经肌肉传导障碍。

4. 脑电图（Electroencephalogram，EEG）

脑电图是一种记录大脑皮层电活动的电生理学检查。通过在头皮上放置电极，脑电图可以捕捉大脑的电信号，用于诊断癫痫、脑损伤和其他神经系统疾病。

5. 脊髓诱发电位（Somatosensory Evoked Potentials，SSEP）

脊髓诱发电位检查测量神经冲动通过脊髓时产生的电信号。通过在身体的某一部位施加刺激，记录相应区域脊髓的电位变化。SSEP可用于评估脊髓功能和检测潜在的脊髓病变。

（三）电生理学检查在鉴别诊断中的应用

1. 神经病变和神经炎

神经传导速度测定和感觉神经动作电位检查可用于评估神经病变和神经炎。异常的传导速度、感觉神经动作电位和肌电图可以帮助确定神经病变的类型和程度，有助于鉴别不同的神经系统疾病。

2. 肌肉病变和神经肌肉传导障碍

肌电图是评估肌肉病变和神经肌肉传导障碍的重要工具。通过观察静息状态和运动状态下的肌电图，医生可以确定肌肉是否受到神经的适当支配，检测肌无力和肌肉疾病变。这对于鉴别肌肉疾病（如肌萎缩症、肌肉炎症等）和神经肌肉传导障碍（如重症肌无力、神经肌肉连接障碍等）至关重要。

3. 癫痫和脑功能障碍

脑电图在癫痫的诊断和管理中起到关键作用。异常的脑电图图谱可以提供关于癫痫发作类型和脑功能障碍的信息。此外，脊髓诱发电位检查也可用于评估与中枢神经系统相关的疾病。

4. 感觉障碍和疼痛症状

感觉神经动作电位检查对于评估感觉神经的功能和鉴别感觉障碍具有重要价值。在患者报告感觉异常或疼痛症状时，这项检查可以帮助医生确定感觉神经是否受损，以及病变的具体位置和程度。

5. 运动障碍和运动疾病

肌电图对于评估运动障碍和运动疾病（如帕金森病、运动神经元疾病等）的神经和肌肉功能异常非常有用。记录肌电图可以提供有关肌肉收缩和运动控制的信息，有助于鉴别不同类型的运动障碍。

6. 外周神经损伤和压迫

神经传导速度测定常用于评估外周神经损伤和压迫性神经病变。通过刺激和记录神经冲动的传导速度，可以确定神经是否受到损伤、炎症或压迫，以及损伤的程度和位置。

（四）电生理学检查的临床价值

1. 早期诊断和鉴别

电生理学检查在早期诊断和鉴别诊断中具有显著的价值。它可以帮助医生确定神经和肌肉系统的异常，有助于区分神经系统疾病的不同类型，为患者提供更早的治疗和干预。

2. 疾病监测和进展评估

通过连续进行电生理学检查，医生可以监测神经系统疾病的进展和治疗效果。这对于制定个体化的治疗计划、调整治疗方案以及提供患者长期管理方案至关重要。

3. 手术前后评估

在一些外科手术前后，电生理学检查可以提供关于神经系统功能的详细信息。例如，在神经系统手术前，它可以用于评估手术前的基线状态，而在手术后，它可以用于监测手术的影响和患者的康复。

4. 研究和临床试验

电生理学检查在神经科学研究和临床试验中具有广泛的应用。通过对大量患者的数据进行分析，可以深入地了解神经系统疾病的病理生理学，为新的治疗方法提供支持。

（五）电生理学检查的局限性

虽然电生理学检查在神经系统疾病的诊断和管理中具有许多优势，但也存在一些局限性。

1. 依赖患者合作度

一些电生理学检查需要患者的主动合作，如肌电图。因此，对于无法合作的患者，可能难以获得准确的测量结果。

2. 不适用于所有病症

并非所有神经系统疾病都适用于电生理学检查。例如，某些疾病可能在早期阶段并不表现为电生理学上的异常。

3. 局部性限制

电生理学检查通常限于测量特定神经或肌肉区域的生物电活动。这可能导致在某些情况下错过全身性或全脑性的异常。

4. 无法提供完整的解剖学信息

虽然电生理学检查可以提供有关神经和肌肉功能的信息，但它不能提供有关解剖结构的详细信息。因此，在一些情况下，需要结合其他影像学检查来获得全面的诊断。

5. 费用和设备要求

一些电生理学检查需要专业设备和培训有素的医疗专业人员，这可能导致高昂的费用和限制性的可用性。

电生理学检查在神经系统疾病的鉴别诊断中发挥着不可替代的作用。通过测量神经和肌肉的生物电活动，电生理学检查提供了丰富的信息，帮助医生早期诊断、鉴别不同类型的神经系统疾病、监测疾病的进展和治疗效果。在临床实践中，它被广泛用于处理各种神经科学问题，涉及神经和肌肉系统的多个方面。

然而，需要注意的是，电生理学检查并非适用于所有疾病和所有患者。其局限性包括依赖患者合作度、不适用于所有病症、局部性限制、无法提供完整的解剖学信息以及费用和设备要求等。在选择是否进行电生理学检查时，医生需要综合考虑患者的临床症状、病史和其他影像学检查的结果。

未来，随着医学技术的不断发展，电生理学检查可能会进一步完善和创新。新的技术和方法可能提高其对神经系统疾病的敏感性和特异性，使其在更广泛的临床场景中发挥更大的作用。此外，更便携和经济实惠的设备开发可能有助于提高电生理学检查的普及度，使其更广泛地服务于患者。

总体而言，电生理学检查作为一种非侵入性、安全有效的神经系统诊断工具，为医生提供了丰富的神经和肌肉功能信息，有助于更全面、准确地理解和诊断神经系统疾病，为患者提供更好的医疗管理和个体化治疗。

三、激素治疗在特定神经病变中的效果

激素治疗是一种常见的神经病变治疗方法，特别是对于一些与免疫系统相关的神经病变。本文将探讨激素治疗在特定神经病变中的效果，包括其机制、适应证、治疗方案以及可能的副作用和局限性。

（一）概述

神经病变是一组影响神经系统结构和功能的疾病，可能涉及周围神经、中枢神经系统或二者同时受累。激素治疗是一种通过调节免疫系统功能来影响疾病进程的治疗方法，因其在一些特定神经病变中表现出的显著疗效而备受关注。

（二）激素治疗的基本原理

1. 免疫系统调节

激素治疗主要通过调节免疫系统的活动来发挥作用。在某些神经病变中，免疫系统可能异常激活，攻击和破坏正常的神经组织，导致病变的发生和进展。激素药物可以抑制免疫系统的过度活动，减轻炎症反应，降低自身免疫攻击，从而达到治疗的目的。

2. 抗炎作用

许多激素具有抗炎作用，可以减轻炎症反应。在神经病变中，炎症可能导致神经组织的损伤和功能障碍。通过抑制炎症过程，激素可以减缓或阻止神经病变的进展，以减轻患者的症状。

3. 免疫调节作用

激素对免疫系统的调节作用包括抑制自身免疫反应、调整免疫细胞的活性以及改变免疫因子的分泌。这些调节作用对于控制与自身免疫有关的神经病变尤为重要，例如多发性硬化（Multiple Sclerosis，MS）等疾病。

（三）激素治疗在特定神经病变中的应用

1. 多发性硬化（Multiple Sclerosis，MS）

疾病特点：MS 是一种自身免疫性疾病，主要涉及中枢神经系统，导致神经纤维的脱髓鞘，形成硬化斑块，最终导致传导障碍和多种神经症状。

激素治疗：针对 MS，激素治疗中的糖皮质激素（如甲泼尼龙和泼尼松龙）常被用于急性发作的缓解，可以通过减轻炎症反应和抑制免疫系统活动来减轻症状。对于长期治疗，干扰素 β 和其他免疫抑制剂也被广泛使用，以减缓疾病进展。

2. 格林 – 巴利综合征（Guillain–Barre Syndrome，GBS）

疾病特点：GBS 是一种急性、自身免疫性的周围神经系统疾病，通常表现为渐进性对称性的运动和感觉障碍。

激素治疗：在 GBS 的治疗中，有时使用糖皮质激素，但其疗效存在争议。有些研究显示激素治疗对缩短康复时间和减轻症状有一定帮助，但其他研究则未能证实其明显的益处。

3. 自身免疫性神经病变（CIDP）

疾病特点：慢性炎症性脱髓鞘性多发性神经病变（CIDP）是一种慢性、进展性的周围神经系统疾病，表现为对称性的运动和感觉障碍。

激素治疗：对于 CIDP 患者，激素治疗通常被认为是有效的。糖皮质激素（如泼尼松龙）是常用的治疗药物之一。它的机制主要包括抑制免疫系统的过度活动，减轻炎症反应，从而改善神经病变的症状。除了糖皮质激素，有时还使用免疫球蛋白治疗。

4. 肌无力重症（Myasthenia Gravis，MG）

疾病特点：MG 是一种慢性的自身免疫性疾病，主要影响神经肌肉连接，导致肌肉无力和疲劳。

激素治疗：糖皮质激素是 MG 治疗的关键组成部分之一。它可以通过减轻免疫系统对神经肌肉连接的攻击，改善神经肌肉传导，从而缓解症状。在一些病例中，还可以使用其他免疫抑制剂，如环孢素和硫唑嘌呤。

5. 自身免疫性甲状腺疾病相关的神经病变

疾病特点：自身免疫性甲状腺疾病（如甲状腺毒症或甲状腺功能减退症）可能与神经病变相关。

激素治疗：激素治疗在这些疾病的神经病变中可能有一定效果。例如，在甲状腺毒症引起的神经病变中，激素可以通过调节免疫系统和抑制炎症反应来改善症状。

6. 抗 N– 甲基 –D– 天冬氨酸受体抗体相关性脑炎

疾病特点：这是一种罕见但严重的免疫介导性脑炎，通常与抗 N– 甲基 –D– 天冬氨酸受体抗体相关。

激素治疗：激素治疗常常是抗 N– 甲基 –D– 天冬氨酸受体抗体相关性脑炎的首选治疗方法之一。高剂量的糖皮质激素和免疫球蛋白通常用于减轻免疫系统对大脑的攻击，从而改善患者的神经系统症状。

（四）激素治疗的副作用和风险

尽管激素治疗在某些神经病变中显示出显著的效果，但其使用也伴随着一些潜在的副作用和风险。

1. 免疫抑制性副作用

激素治疗通过抑制免疫系统活动来发挥作用，这可能导致免疫抑制性副作用，增加感染的风险。患者在接受激素治疗时需要受到更密切的监测，以确保他们的免疫系统仍能有效应对感染。

2. 骨密度减少

长期使用激素可能导致骨密度减少，增加骨折的风险。这对于需要长期激素治疗的患者尤为重要，医生可能会建议钙和维生素 D 的补充，以维持骨骼健康。

3. 糖尿病和代谢紊乱

激素治疗可能导致血糖水平升高，尤其是在使用高剂量激素或长期治疗的情况下，这可能引发或加重糖尿病。因此，患者可能需要更严格的血糖监测和管理。

4. 水肿和高血压

一些激素可能导致水肿和高血压，增加心血管风险。患者在接受激素治疗期间可能需要定期监测血压，并采取相应的管理措施。

5. 消化系统问题

激素治疗还可能引起胃肠道问题，如消化不良、胃溃疡等。在治疗过程中，患者可能需要遵循特定的饮食建议或接受胃药以减轻这些问题。

6. 神经系统问题

长期使用激素可能与一些神经系统问题，如情绪波动、失眠等有关。患者在治疗期间可能需要密切关注这些问题，并与医生协商如何有效处理。

7. 肌肉萎缩和皮肤问题

激素治疗可能导致肌肉萎缩和皮肤问题，如皮肤变薄、易受伤、紫纹等。这些问题可能在长期使用高剂量激素的患者中更为显著。

8. 眼科问题

某些激素治疗可能与眼科问题相关，如白内障、青光眼等。患者在接受激素治疗时可能需要定期眼科检查。

（五）激素治疗的局限性

激素治疗在特定神经病变中表现出效果，但也存在一些局限性。

1. 不适用于所有神经病变

激素治疗并非对所有神经病变都是有效的。其效果可能取决于疾病的特定类型、发病机制和个体差异。

2. 不同患者的反应差异

患者对激素治疗的反应可能存在差异。有些患者可能对激素产生显著的疗效，而另一些患者可能对治疗不敏感。

3. 长期使用的风险

长期使用激素可能增加一系列慢性疾病的风险，包括骨质疏松、高血压、糖尿病等。因此，在决定使用激素治疗时，医生通常会权衡其疗效和潜在的长期风险。

4. 治疗维持期限

激素治疗可能需要维持一段时间才能获得最佳效果。在某些情况下，一旦停止治疗，症状可能会再次出现。

5. 免疫抑制导致感染风险

由于激素治疗抑制免疫系统活动，患者可能更容易感染。这是一个需要密切监测的重要方面，特别是在使用较高剂量的情况下。

激素治疗在特定神经病变中表现出一定的疗效，对于一些自身免疫性疾病或免疫介导的神经病变具有重要的治疗意义。然而，患者在接受激素治疗时需要在医生的指导下进行，以确保最佳的治疗效果并最小化潜在的副作用和风险。

未来的研究和临床实践可能会进一步深化我们对激素治疗在神经病变中的作用和机制的理解，帮助制定更为个体化和精准的治疗方案。同时，新型治疗策略的发展也可能减少激素治疗的需求，提高治疗效果和患者的生活质量。

第四节　神经肌肉疾病的康复治疗

一、物理疗法在康复中的角色

物理疗法，又称物理治疗。是一种通过运动、按摩、热疗、冷疗等手段来改善身体功能和促进康复的治疗方法。它在康复过程中扮演着至关重要的角色，涉及多个医学领域，包括神经学、骨科、康复医学等。本文将探讨物理疗法在康复中的作用、应用范围、不同领域的具体应用及其益处。

（一）物理疗法的基本原理

物理疗法基于多种科学原理和技术手段，旨在通过运动、力量训练、疼痛管理、生理调节等手段来改善患者的生理功能、减轻疼痛、促进康复。其基本原理包括：

1. 运动和功能恢复

物理疗法通过设计和指导患者进行特定的运动和锻炼，以提高关节的灵活性、肌肉的力量和协调性，从而促进身体的功能恢复。

2. 疼痛管理

物理疗法可以通过各种手段，如按摩、热疗、冷疗等，来缓解患者的疼痛症状。这有助于提高患者的舒适度，减轻对药物的依赖。

3. 生理调节

物理疗法可以调节身体的生理功能，如改善血液循环、增加关节的稳定性、减少炎症反应等，有助于加速康复过程。

4. 姿势和身体力学的优化

通过教育患者正确的姿势和身体力学，物理疗法有助于预防和纠正由于不良姿势和错误运动引起的问题，减少进一步的损伤。

（二）物理疗法的应用范围

物理疗法在康复中的应用范围非常广泛，涵盖了多个医学领域和各种疾病症状。以下是物理疗法的主要应用领域：

1. 神经康复

物理疗法在中枢神经系统（大脑和脊髓）和周围神经系统疾病（如中风、脑损伤、脊髓损伤等）的康复中发挥着关键作用。通过运动训练、平衡训练、神经肌肉电刺激等手段，帮助患者恢复运动和功能。

2. 骨科康复

在骨折、关节置换手术、韧带损伤等骨科问题中，物理疗法可通过适当的康复运动和功能锻炼，促进患者的骨骼和肌肉康复，减少疼痛和僵硬感。

3. 运动系统康复

针对运动系统的疾病和损伤，如肌肉拉伤、腱鞘炎、滑囊炎等，物理疗法可以提供局部治疗，同时通过全身性的运动疗法促进整体康复。

4. 呼吸康复

在呼吸系统疾病（如慢性阻塞性肺病、支气管哮喘等）的康复中，物理疗法通过呼吸训练、胸廓锻炼等手段，帮助患者改善呼吸功能和增加肺活量。

5. 心血管康复

在心血管疾病康复中，物理疗法通过有氧运动训练、体力活动指导等，帮助患者提高心血管健康水平，以减少心血管疾病的风险。

6. 运动损伤康复

对于运动损伤，如扭伤、劳损等，物理疗法通过局部治疗、康复运动和康复训练，促使患者更快地康复。

7. 老年康复

在老年人康复中，物理疗法通过综合性的运动和功能锻炼，帮助老年人保持身体活动性、提高生活质量，预防和延缓老年疾病的发生。

（三）不同领域的物理疗法具体应用

1. 神经康复中的物理疗法

康复训练：包括平衡训练、步态训练、协调训练等，以提高患者的运动功能。

神经肌肉电刺激（NMES）：通过电刺激促进神经和肌肉的协同工作，有助于恢复肌肉功能和运动控制。

功能性电刺激（FES）：通过电刺激特定的肌肉群，以辅助患者完成特定的功能性动作，如握物、行走等。

运动学分析：使用运动学和动力学的技术手段来评估患者的运动模式，帮助制定个体化的康复计划。

2. 骨科康复中的物理疗法

康复运动：针对特定的骨科问题，设计和指导患者进行适当的康复运动，以提高关节的灵活性和稳定性。

手法治疗：物理治疗师通过手法技术，如按摩、关节牵引等，帮助患者缓解疼痛、改善关节活动度。

电疗：利用电疗手段，如电刺激和超声波等，有助于促进骨骼组织的修复和康复。

3. 呼吸康复中的物理疗法

呼吸训练：物理治疗师通过呼吸肌肉锻炼、深呼吸练习等手段，帮助患者改善肺功能和呼吸模式。

胸廓锻炼：通过指导患者进行胸廓活动性锻炼，有助于提高肺活量和改善呼吸机制。

姿势管理：教育患者正确的姿势和体位，以减轻呼吸负担和优化呼吸功能。

4. 心血管康复中的物理疗法

有氧运动训练：物理治疗师设计并监督患者进行适度的有氧运动，以提高心血管健康水平。

体力活动指导：给予患者个性化的体力活动建议，帮助其逐步增加活动水平。

心血管监测：监测患者的心血管参数，以确保康复训练的安全性和有效性。

5. 运动损伤康复中的物理疗法

局部治疗：通过冷疗、热疗、电疗等手段，缓解局部疼痛和炎症。

康复运动：针对损伤部位设计康复运动，帮助患者逐步恢复受损组织的功能。

生物反馈：使用生物反馈技术，帮助患者更好地感知和控制受损部位的运动。

6. 老年康复中的物理疗法

全身性运动：物理治疗师设计老年患者适应的全身性运动，以维持肌肉强度、平衡和柔韧性。

康复锻炼：针对老年患者的特殊情况，设计康复性的运动，帮助其维持日常功能。

步态和平衡训练：通过步态和平衡训练，减少老年患者的摔倒风险。

（四）物理疗法的益处

物理疗法在康复中具有多方面的益处，不仅有助于改善生理功能，还可以提升患者的心理健康和生活质量。一些主要的益处包括：

1. 疼痛缓解

物理疗法通过各种手段，如按摩、热疗、冷疗等，能够缓解患者的疼痛症状。这种非药物的疼痛管理方法有助于减少对镇痛药物的依赖。

2. 促进康复

通过康复运动、功能性训练等手段，物理疗法能够帮助患者迅速康复，提高生理功能水平。

3. 改善运动功能

物理疗法通过定制的运动计划，有助于改善患者的运动能力、肌肉力量和协调性。

4. 预防并减缓老年疾病

对于老年人，物理疗法能够通过全身性运动、平衡训练等手段，帮助预防和减缓老年疾病的发生。

5. 提高生活质量

物理疗法的综合性康复方法有助于提高患者的生活质量，使其能够更好地参与日常活动和社交生活。通过提升生活质量，患者可能更积极地应对康复过程中的挑战。

6. 增强心肺健康

在心血管和呼吸系统康复中，物理疗法通过有氧运动训练等手段，有助于提高心肺健康水平，增强身体的整体代谢能力。

7. 提高姿势和身体力学

物理疗法通过教育患者正确的姿势和身体力学，有助于改善患者的体态，预防和纠正不良姿势引起的问题。

8. 提升患者的自我管理能力

物理治疗师在治疗过程中通常会向患者提供一系列的自我管理技能，使其能够更好地理解和应对自身状况，促进康复的主动参与。

9. 促进神经可塑性

在神经康复中，物理疗法有助于促进神经可塑性，即神经系统适应和修复的能力。通过刺激神经系统，物理治疗有助于患者的神经功能重新组织和适应。

（五）物理疗法的实施和注意事项

在实施物理疗法时，有一些基本的实施原则和注意事项：

1. 个体化治疗计划

每位患者的状况不同，因此物理治疗计划应当是个体化的。治疗师需要综合考虑患者的病史、症状、生理状况等因素，制定适合患者的康复方案。

2.综合治疗方法

物理疗法通常采用综合性的治疗方法，结合不同的技术手段，如康复运动、手法治疗、电疗等，以达到更全面的效果。

3.逐步增加强度

康复过程应当是逐步的，特别是对于患有运动系统问题的患者。治疗师需要根据患者的状况调整运动强度和频率，以防止进一步损伤。

4.患者教育

患者教育是物理疗法中重要的组成部分。治疗师应向患者解释康复过程中的目标、方法和预期效果，帮助患者更好地理解和参与治疗。

5.长期康复计划

有些康复过程可能需要较长的时间才能见到显著的效果。治疗师应与患者共同制定长期的康复计划，并根据患者的进展调整治疗方案。

6.密切监测和调整

在康复过程中，治疗师需要密切监测患者的进展，并根据需要调整治疗计划。这有助于确保治疗的有效性和安全性。

7.遵循患者的舒适度

患者在康复过程中可能会遇到不适感，治疗师需要根据患者的反馈和舒适度调整治疗的强度和方式，以确保患者在安全、舒适的状态下进行康复。

物理疗法在康复中发挥着不可替代的作用，涵盖了多个医学领域，包括神经康复、骨科康复、运动系统康复、呼吸康复、心血管康复等。通过运动、康复训练、疼痛管理等手段，物理疗法不仅有助于改善患者的生理功能，还提高了患者的心理健康和生活质量。在实施物理疗法时，个体化治疗计划、综合治疗方法、逐步增加强度、患者教育等原则和注意事项都至关重要。随着医学科技的不断发展，物理疗法在康复领域的应用也将不断拓展，为患者提供更有效的康复服务。

二、康复护理的原则与方法

康复护理是一种综合性、多学科的护理方式，旨在帮助患者从疾病、手术或创伤中康复，以尽可能地恢复其生理、心理和社会功能。康复护理的原则和方法涵盖了广泛的领域，包括评估、制定个性化护理计划、实施治疗、监测进展以及促进患者与家庭的参与。本文将探讨康复护理的原则和方法，以及在不同领域中的具体应用。

（一）康复护理的基本原则

1. 个体化原则

康复护理的核心是以患者为中心，通过全面的评估了解患者的生理、心理、社会和环境因素，制定个性化的护理计划。个体化原则强调每个患者都是独特的，需要定制的康复护理方案以满足其独特的康复需求。

2. 综合性原则

康复护理是一种多学科的综合性护理，需要医生、护士、物理治疗师、职业治疗师、心理治疗师等专业人员协同工作。综合性原则强调不同专业的合作，以提供全面的康复服务。

3. 持续性原则

康复护理是一个长期的过程，需要持续的监测和调整护理计划。持续性原则强调康复护理的连续性，以确保患者在康复过程中得到持续的支持和关注。

4. 参与性原则

患者及其家属在康复护理中应当被视为团队的一部分，参与决策、制定目标以及评估进展。参与性原则强调患者和家属在康复过程中的积极参与，以增强其康复动力。

5. 预防性原则

康复护理不仅仅关注患者目前的状况，还应该注重预防并减少未来的健康风险。预防性原则强调康复护理的长远目标，以预防康复后的并发症和促进患者长期的生活质量。

（二）康复护理的方法

1. 评估与诊断

康复护理的第一步是进行全面的评估，了解患者的生理、心理和社会情况。评估包括临床检查、实验室检测、心理测评等多个方面，以确定患者的康复需求。在评估的基础上，制定详细的护理诊断，为制定个性化的康复护理计划奠定基础。

2. 制定个性化护理计划

根据评估结果，制定个性化的护理计划是康复护理的关键步骤。护理计划应包括康复目标、具体的护理措施、治疗计划以及关注点。制定个性化护理计划需要考虑患者的个体差异，充分尊重患者的意愿和需求。

3. 多学科合作

康复护理涉及多个专业领域，需要不同专业人员之间的密切合作。物理治疗师、职业治疗师、言语治疗师等专业人员应共同制定和实施护理计划，以达到综合性的治疗效果。

4. 康复治疗

康复治疗是康复护理的核心环节，包括物理治疗、职业治疗、言语治疗等不同形式。物理治疗通过运动和锻炼帮助患者增强肌肉力量、提高关节灵活性；职业治疗通过日常生活技能训练，帮助患者更好地适应社会生活；言语治疗主要应用于语言障碍、吞咽障碍等方面。

5. 心理支持

康复过程中，患者往往面临生理和心理的双重挑战。心理支持在康复护理中占有重要地位，包括心理治疗、心理咨询、支持性心理护理等。通过心理支持，患者能够更好地应对康复过程中的压力和情绪波动。

6. 进展监测与调整

康复护理是一个动态的过程，需要不断监测患者的康复进展，并根据实际情况调整护理计划。监测可以通过定期的评估、康复团队会诊、患者和家属的反馈等方式进行。根据监测结果，康复团队可以对治疗方案进行适时调整，以确保康复过程的有效性和患者的安全性。

7. 社会支持和康复环境

患者的社会环境对康复过程有着重要的影响。康复护理应该考虑患者在社会和家庭中的角色和支持系统。社会支持可以包括家庭支持、社区资源的利用以及康复团队与社会工作者的协同工作。此外，创造良好的康复环境，包括物理环境的适应性改造、设备的配备等，对患者的康复也具有积极的作用。

8. 康复教育

康复教育是康复护理中不可或缺的一部分，旨在向患者和家属提供关于疾病、治疗和康复的相关知识。通过康复教育，患者能够更好地理解自身状况，掌握康复技能，提高自我管理能力，以便更好地参与到康复过程中。

9. 预防并发症

康复护理不仅要关注当前症状的缓解，还要积极预防并发症的发生。这涉及到对患者的生理状况、功能状态的全面监测，及时发现和处理潜在的健康风险，以减少康复后的并发症，提高康复成功的概率。

10. 康复评估

在康复过程中，定期的康复评估是必不可少的。通过评估，可以了解患者的康复进展，评估治疗效果，并为调整护理计划提供依据。康复评估应包括生理功能、心理状态、社会适应能力等多个方面的综合评价。

（三）康复护理的具体应用领域

1. 康复护理在卒中康复中的应用

在卒中康复中，康复护理的原则和方法得到了广泛应用。个体化原则通过全面评估患者的中风类型、受累部位以及康复前状态，制定个性化的物理治疗、言语治疗和职业治疗计划。多学科合作原则体现在康复团队的形成，包括神经科医生、康复医生、物理治疗师等专业人员的紧密协作。持续性原则通过康复阶段的划分和定期的康复评估，确保患者得到持续的治疗和关怀。

2. 康复护理在骨折康复中的应用

骨折康复涉及到骨骼系统的生理和功能的修复，康复护理的综合性原则在这里得到了应用。物理治疗通过逐步增加负荷的锻炼，帮助患者恢复骨折部位的功能。个体化原则体现在康复计划的制定，考虑到患者骨折的位置、程度、年龄等因素，制定个性化的锻炼方案。社会支持和康复环境的原则通过家庭成员的支持和适应性环境的改造，促进患者更好地康复。

3. 康复护理在心脏康复中的应用

心脏康复是心血管疾病患者的一种综合性治疗，康复护理在这里注重预防性原则。通过生活方式的调整、心理支持和定期的康复评估，帮助患者预防心脏事件的再次发生，提高患者的生活质量。康复教育原则通过向患者提供关于饮食、运动、药物使用等方面的知识，增强患者的自我管理能力。

康复护理作为一种综合性、个体化的护理方式，在多个领域都得到了广泛的应用。通过个体化、综合性、持续性、参与性、预防性等原则的贯彻，康复护理旨在帮助患者全面恢复生理、心理和社会功能，提高生活质量。在不同的康复领域，康复护理的方法有所不同，但核心原则始终贯穿其中，以期达到最佳的康复效果。

三、康复中的心理支持与家庭治疗

康复中的心理支持与家庭治疗

康复是一个全面的过程，不仅涉及身体的功能和结构的修复，还包括心理和社会层面的恢复。在这个过程中，心理支持和家庭治疗是至关重要的组成部分。本文将深入探讨康复中心理支持和家庭治疗的重要性、原则以及具体方法。

（一）心理支持在康复中的重要性

1. 康复的生理与心理双重挑战

康复过程中，患者常常不仅仅面临生理上的挑战，还可能伴随着情绪波动、焦虑、抑郁等心理问题。失去某种功能或独立性可能对患者的心理状态产生深远的影响，因此，心理支持在帮助患者应对这一双重挑战中起到关键作用。

2. 增强治疗效果

心理支持不仅有助于缓解患者的心理痛苦，还可以提高患者对治疗的积极性。情绪稳定的患者更容易坚持治疗计划，更有可能取得更好的康复效果。因此，将心理支持纳入康复护理计划，有助于全面提升治疗效果。

3. 促进患者自我管理

通过心理支持，患者能够更好地理解自身状况，学会有效的应对策略，提高自我管理的能力。这种自我管理的能力不仅对康复过程中的挑战有帮助，同时对长期康复后的生活也具有积极的影响。

（二）心理支持的原则

1. 个体化原则

心理支持的效果往往取决于对患者个体差异的充分理解。每个人在面对疾病或伤害时有着独特的心理反应，因此，心理支持应该根据患者的个性、文化背景、信仰等因素进行个体化的设计。

2. 综合性原则

康复是一个多维度的过程，心理支持应该综合考虑患者的生理、心理、社会和环境因素。通过与其他专业人员（如康复医生、物理治疗师、职业治疗师等）的合作，实现康复过程的综合性治疗。

3. 持续性原则

心理支持并非一劳永逸，而是需要持续的关注和调整。随着康复过程的不断发展，患者的心理状态也会发生变化，因此，持续性的心理支持有助于及时应对患者在不同阶段的心理需求。

4. 参与性原则

患者应该被视为康复过程的主体，而非被动的接受者。心理支持的目标之一是激发患者的内在动力，让其更积极地参与到治疗中。因此，在心理支持中，强调患者的主动参与是非常重要的。

5. 教育性原则

心理支持不仅仅是情感上的陪伴，更包括对患者相关知识的传授。通过心理教育，患者能够更好地理解疾病的本质、康复的过程以及如何有效地应对心理问题，从而更好地适应康复生活。

（三）心理支持的具体方法

1. 心理咨询

心理咨询是一种通过专业心理医生或心理治疗师提供的服务，旨在帮助患者解决情绪、心理问题。通过倾听、引导和建议，心理咨询有助于患者理解并应对康复过程中的各种心理挑战。

2. 心理治疗

心理治疗是一种系统性的心理干预方法，通过定期的会谈，帮助患者认识并解决潜在的心理问题。常见的心理治疗包括认知行为疗法、解决问题疗法、心理动力学疗法等，具体的选择可以根据患者的情况进行调整。

3. 放松技巧和应激管理

放松技巧，如深呼吸、渐进性肌肉松弛等，可以帮助患者缓解紧张和焦虑感。应激管理则通过教授应对挑战的技能，使患者更好地面对生活中的压力和困难。

4. 社会支持

社会支持是指通过与他人的交往，获得情感、信息、物质等方面的帮助。在康复过程中，建立和加强社会支持系统对于患者的心理健康至关重要。这可以包括家庭成员、朋友、同事以及康复团队的支持。通过分享感受、得到理解和鼓励，患者能够更好地面对挑战，增强对康复的信心。

5. 康复教育

康复教育不仅有助于患者更好地了解自身疾病或创伤的情况，还可以提供应对挑战的相关知识和技能。通过教育，患者能够更主动地参与康复过程，理解康复的长期性和复杂性。

6. 生活质量评估

在心理支持的过程中，进行生活质量的评估是重要的一环。通过了解患者的生活满意度、社交关系、日常活动等方面的情况，可以更全面地了解患者的心理状态，并制定有针对性的心理支持计划。

（四）家庭治疗在康复中的作用

1. 家庭作为康复的支柱

家庭在康复过程中扮演着至关重要的角色。家庭成员的支持和理解可以为患者提供强大的精神支持，促进患者更好地应对康复挑战。因此，家庭治疗的目标之一是加强家庭内部的协作与支持。

2. 处理家庭中的心理问题

患者的疾病或创伤往往也对家庭成员的心理健康产生影响。家庭治疗可以帮助家庭成员理解患者的状况，借助专业辅导师或心理医生的引导，处理家庭中可能出现的紧张、焦虑、沟通问题等。

3. 促进家庭互动和沟通

家庭治疗注重改善家庭互动和沟通，以提升整个家庭系统的健康。通过指导家庭成员学会有效的沟通技巧、增进理解和尊重，家庭治疗有助于建立积极的家庭氛围，为患者提供更加良好的恢复环境。

4. 应对康复后的家庭挑战

康复过程结束后，患者和家庭可能面临新的挑战，如重新适应日常生活、重新建立职业和社会关系等。家庭治疗可以为家庭提供支持和指导，帮助他们共同应对新的现实，保持家庭稳定和患者的长期康复。

（五）家庭治疗与心理支持的综合应用

1. 全面评估家庭系统

在康复过程中，全面评估家庭系统是十分重要的一步。这涉及到了对家庭成员的心理健康、家庭关系、沟通模式等多个方面的评估。通过了解家庭的整体情况，可以更有针对性地制定心理支持和家庭治疗计划。

2. 制定个性化的治疗计划

根据全面评估的结果，制定个性化的治疗计划是综合应用心理支持和家庭治疗的关键。这不仅包括患者个体的心理支持需求，还包括整个家庭系统的治疗目标。制定计划时需要充分考虑家庭成员的个性差异和康复过程中可能遇到的各种挑战。

3. 家庭参与康复决策

家庭治疗与心理支持的综合应用还体现在家庭成员在康复决策中的积极参与。通过与家庭成员沟通，了解他们的期望、担忧和需求，将他们纳入康复决策的过程中，有助于建立起更加紧密的合作关系，提升整体康复效果。

4. 康复过程中的动态调整

康复过程是一个动态的、不断发展的过程。在综合应用心理支持和家庭治疗的过程中，需要定期对治疗计划进行评估和调整。这需要康复团队和家庭成员之间的密切合作，以确保治疗计划始终符合患者和家庭的实际需求。

在康复过程中，心理支持和家庭治疗的综合应用是提高患者整体康复水平的有效途径。通过个体化、综合性、持续性、参与性、教育性的原则，提供全面的心理支持，加强家庭系统的治疗，有助于患者更好地应对康复过程中的生理和心理挑战，提高其康复的整体质量。

第五节 放射科在神经肌肉疾病中的应用

一、放射学在神经肌肉疾病中的诊断意义

（一）概述

神经肌肉疾病是一类累及神经和肌肉系统的疾病，涉及的范围广泛，症状复杂多样。在神经肌肉疾病的诊断中，放射学成像技术发挥着越来越重要的作用。本文将探讨放射学在神经肌肉疾病中的诊断意义，包括神经影像学和肌肉影像学的应用。

（二）神经影像学的应用

1. 神经肌肉超声

神经肌肉超声是一种无创、实时、经济的成像技术，通过高频超声波探头对神经和肌肉进行检查。在神经肌肉疾病的诊断中，神经肌肉超声的应用有以下几个方面：

（1）神经压迫的检测。超声可以清晰地显示神经的解剖结构，帮助医生检测神经受到的压迫情况。对于神经根压迫、外周神经卡压等问题，超声能够提供实时的动态图像，有助于及早发现并进行评估。

（2）神经肌肉的结构评估。超声可以评估神经和肌肉的结构，包括直径、形态、回声等。在神经病变或肌肉疾病中，这些结构的改变常常是诊断的重要线索之一。

（3）神经囊肿和肿块的检测。神经肌肉超声对于检测神经囊肿、神经瘤等肿块有很高的敏感性。通过超声可以明确肿块的位置、大小、边缘特征，为临床提供重要的参考信息。

2. 磁共振成像（MRI）

（1）脊髓和神经根的影像学评估。MRI 在神经肌肉疾病中的诊断中起到了不可替代的作用。通过 MRI，医生能够清晰地看到脊髓和神经根的解剖结构，检测椎间盘突出、脊髓炎症等病变，为神经肌肉疾病的定位和诊断提供有力的支持。

（2）神经病理性疾病的诊断。对于神经系统的病理性疾病，如多发性硬化症（MS）、颅神经病变等，MRI 能够显示病变的范围、程度以及与周围结构的关系。这对于制定治疗方案和预测病程变化至关重要。

（3）肌肉结构和病变的评估。MRI 不仅可以评估神经系统，还可以清晰地显示肌肉的结构和病变。对于肌肉疾病，如肌肉萎缩、肌无力等，MRI 提供了直观的图像，有助于明确病变的范围和程度。

（三）肌肉影像学的应用

1. 电生理检查

电生理检查包括神经传导速度测定和肌电图（EMG）检查。这些检查可以评估神经和肌肉的功能状态，对于神经肌肉疾病的诊断有重要的参考价值。

（1）神经传导速度测定。神经传导速度测定是一种通过电刺激神经并记录动作电位来评估神经传导功能的方法。在神经肌肉疾病中，神经传导速度的异常可以提供神经病变的线索，帮助鉴别不同类型的神经病理性疾病。

（2）肌电图（EMG）。肌电图是通过检测肌肉电活动来评估肌肉功能的方法。在神经肌肉疾病中，肌电图可以用于检测肌肉萎缩、肌肉纤维的不规则放电等异常情况，有助于明确病变的类型和程度。

2. 放射学造影

（1）神经血管造影。对于一些神经肌肉疾病，特别是与血管有关的病变，神经血管造影可以提供详细的血管结构图像。对于脑血管疾病、颈动脉狭窄等，神经血管造影是一种常用的诊断手段。

（2）关节造影。对于关节疾病引起的神经肌肉症状，关节造影是一种有益的检查手段。例如，对于风湿性关节炎等引起的肌肉疼痛、炎症，关节造影可以帮助明确关节的病变情况，为治疗提供依据。

3. 核磁共振成像（MRI）

MRI 不仅在神经方面有广泛应用，也在肌肉影像学中发挥重要作用。

（1）肌肉结构的评估。MRI 提供了高分辨率的图像，能够清晰显示肌肉的解剖结构。这对于评估肌肉的形态、大小、位置以及与周围结构的关系非常重要，有助于确定是否存在肌肉病变。

（2）肌肉病变的检测。对于肌肉疾病，MRI 可以帮助医生检测肌肉的病变，如肌肉萎缩、炎症、肿胀等。不同类型的肌肉病变在 MRI 图像上有独特的表现，这有助于医生进行准确的诊断。

（3）肌肉代谢的评估。功能性 MRI 技术可以用于评估肌肉的代谢情况。通过观察 MRI 图像中的信号变化，可以了解肌肉组织中的代谢活动，对于一些代谢性疾病的诊断有帮助。

（四）综合分析与未来展望

1. 综合分析

放射学在神经肌肉疾病中的应用不仅仅是单一影像学技术的应用，而是一种综合的、多层次的影像学诊断策略。通过神经肌肉超声、MRI、电生理检查等多种放射学手段的综合应用，可以更全面地了解患者的神经和肌肉状态，从而提高诊断的准确性和全面性。

2. 未来展望

随着医学影像技术的不断发展，放射学在神经肌肉疾病中的应用将迎来更为广阔的发展空间。以下是未来可能的发展趋势：

（1）高分辨率技术的应用。随着医学影像设备技术的提升，将有望实现更高分辨率的成像，使医生能够更清晰地观察神经和肌肉结构，提高对微小病变的识别能力。

（2）功能性影像学的发展。未来的发展趋势还包括功能性影像学的进一步发展，通过观察神经和肌肉的代谢活动，更全面地了解其功能状态。这有助于在早期发现潜在的功能性异常，为个体化的治疗提供更多的信息。

（3）人工智能的应用

随着人工智能技术的快速发展，其在医学影像诊断中的应用也将逐渐成熟。人工智能可以辅助医生更快速、准确地分析大量的影像数据，提高诊断效率，对于神经肌肉疾病的早期诊断和治疗规划具有潜在的价值。

放射学在神经肌肉疾病中的诊断意义日益凸显，神经肌肉超声、MRI、电生理检查等技术的综合应用为医生提供了多层次、全面的影像学信息。这些技术在早期诊断、病变定位、治疗评估等方面发挥着重要作用。随着医学影像技术的不断创新和发展，放射学在神经肌肉疾病的诊断中将持续发挥着关键的作用，为患者提供更加精准、个体化的医疗服务。在未来，借助新技术的应用和不断深化对影像学特征的理解，相信将有助于更好地理解神经肌肉疾病的发病机制，推动治疗手段的不断创新和提高患者的生活质量。

二、放射介入治疗的安全性与效果

（一）概述

放射介入治疗是一种以影像引导为基础的介入性治疗方法，通过在体内植入器械、药物或放射性物质，用以治疗或缓解疾病症状。这一治疗方式已经在多个医学领域得到广泛应用，如心脑血管病、肿瘤治疗、神经介入等。本文将探讨放射介入治疗的安全性与效果，分析其在不同领域的应用，以及对患者的长期影响。

（二）放射介入治疗的基本原理

1. 影像引导技术

放射介入治疗的核心是借助影像引导技术，通过 X 线、CT（计算机断层扫描）或 MRI（磁共振成像）等实时影像，精确定位和引导治疗器械的操作。这种实时的三维图像引导使医生能够直观地观察治疗部位，提高治疗的准确性。

2. 治疗器械与介质

放射介入治疗涉及多种治疗器械和介质，具体选择取决于治疗的目的和患者的病情。常见的器械包括导管、支架、球囊、射频探头等，介质则可能是药物、放射性物质等。这些器械和介质通过影像引导精准地送达到患者的病变部位，以达到治疗的效果。

（三）放射介入治疗在不同领域的应用

1. 心脑血管介入治疗

（1）冠状动脉介入治疗。冠状动脉介入治疗是冠心病患者的重要治疗手段之一，通过导管在冠状动脉内植入支架，扩张狭窄的血管，恢复血流。这种治疗方式在急性心肌梗死、心绞痛等病症中取得了显著的效果，但需要注意支架内再狭窄和血栓形成的风险。

（2）血管瘤和动脉瘤的治疗。放射介入治疗也被广泛应用于血管瘤和动脉瘤的处理。通过导管向病变部位引入支架、螺旋类器械等，可以有效地防止动脉瘤破裂，减轻患者的症状，提高治疗成功率。

2. 肿瘤介入治疗

（1）射频消融和微波治疗。对于一些肝、肺、肾等器官的良性或恶性肿瘤，射频消融和微波治疗是常见的介入治疗方式。这些治疗手段通过导管将射频电极或微波探头送入肿瘤组织，产生高温以破坏肿瘤细胞，达到治疗的目的。这种治疗方式的优势在于创伤小、恢复快，但需要谨慎应用以避免对周围正常组织的损害。

（2）放射性粒子植入治疗。对于某些局部进展的肿瘤，放射性粒子植入治疗是一种有效的选择。通过导管将放射性粒子植入肿瘤组织，直接杀伤癌细胞，减轻患者的症状。这种治疗方式常用于胰腺癌、前列腺癌等疾病的治疗。

3. 神经介入治疗

（1）脑血管介入治疗。脑血管介入治疗主要应用于缺血性脑血管病变和脑动脉瘤的治疗。通过导管将支架或螺旋装置送入脑血管，修复血管狭窄，防止动脉瘤破裂。这一治疗方式对于急性脑卒中、脑动脉瘤等病症的救治有重要作用。

（2）脊柱介入治疗。在脊柱介入治疗中，经常应用于椎体骨折、脊柱肿瘤等病症。通过导管向椎体内注入骨水泥，加强椎体的稳定性，减轻疼痛。这种治疗方式对于改善患者的生活质量和功能有显著效果。

4. 泌尿系统介入治疗

（1）射频消融治疗前列腺增生。对于前列腺增生引起的症状，射频消融治疗是一种介入手段。通过导管将射频电极引入前列腺组织，产生热能以减小前列腺体积，缓解尿道梗阻，改善尿流。相较于传统的前列腺切除手术，射频消融治疗的创伤较小，康复速度较快。

（2）肾脏介入治疗。肾脏介入治疗主要应用于一些肾血管病变和囊性病变的处理。通过导管在肾脏血管内植入支架、螺旋装置等，可以恢复肾脏的正常血液供应，治疗肾动脉狭窄等疾病。

（四）放射介入治疗的安全性

1. 术前评估和精准导航

在进行放射介入治疗前，医生通常会进行详细的患者评估，包括患者的病史、影像学检查等。同时，精准的导航技术确保治疗器械和介质准确送达到病变部位，最大程度地减小对正常组织的损害。

2. 影像引导下的实时监控

影像引导技术可以在治疗过程中实时监控治疗器械的位置和患者的生理变化。这种实时监控有助于医生及时调整治疗计划，确保治疗的安全性。

3. 定制化治疗方案

放射介入治疗通常采用个体化的治疗方案，根据患者的具体情况制定治疗计划。这种定制化的治疗方案有助于最大程度地提高治疗效果，同时降低患者的风险。

4. 术后监测和随访

放射介入治疗后，患者通常需要接受术后监测和随访。这有助于医生及时发现并处理术后并发症，确保患者的安全。

（五）放射介入治疗的效果评估

1. 短期疗效

放射介入治疗在很多情况下能够在短期内显著改善患者的症状，减轻疼痛，提高生活质量。例如，冠状动脉介入治疗可以迅速扩张狭窄的血管，恢复心肌灌注，缓解心绞痛症状。

2. 长期疗效

对于一些慢性病变，放射介入治疗的长期疗效也备受关注。例如，肿瘤介入治疗可以在一定程度上控制肿瘤的生长，延长患者的生存期。对于脑血管介入治疗，及时干预可以预防脑卒中的发生，改善患者的长期生活质量。

3. 术后生活质量

放射介入治疗的另一重要评估指标是患者的术后生活质量。相比于传统手术，介入治疗通常伴随着较小的创伤、更短的康复期，有助于患者更快地恢复正常生活。

（六）挑战与展望

1. 术后并发症

放射介入治疗虽然在很多方面取得了显著的成就，但仍然存在一些术后并发症的风险，如感染、出血、器械脱落等。未来需要不断优化治疗方案，降低并发症的发生率。

2. 长期效果的评估

一些放射介入治疗的长期效果仍需要进一步深入研究。对于一些慢性疾病，需要更长时间的随访和观察，以全面评估治疗的长期效果。

3. 个体差异的考虑

患者的个体差异可能对放射介入治疗的效果产生影响。未来的研究需要更加关注个体化治疗的发展，根据患者的基因型、生理特征等因素制定更精准的治疗方案，以提高治疗的针对性和效果。

4. 技术的创新

随着医学技术的不断进步，放射介入治疗也面临更多技术挑战和发展机遇。新型的治疗器械、更精细的导航系统、更先进的影像技术等都有望为放射介入治疗带来更好的安全性和效果。

5. 患者教育与参与

放射介入治疗的成功不仅依赖于医生的技术水平，患者的积极参与也至关重要。因此，加强患者的健康教育，提高他们对治疗的理解和配合度，对于整个治疗过程的顺利进行具有重要意义。

放射介入治疗作为一种影像引导的介入性治疗手段，已经在多个医学领域取得显著的成果。通过实时影像引导、精准导航等技术手段，可以在体内实现非开放手术的治疗效果。在心脑血管病、肿瘤治疗、神经介入等领域，放射介入治疗为患者提供了更为个体化、精准的治疗选择。

放射介入治疗的安全性和效果受多方面因素影响，包括医生的技术水平、器械的选择、患者的个体差异等。在术前评估、实时监控、术后随访等方面采取科学有效的措施，有助于降低治疗风险，提高治疗效果。

然而，放射介入治疗仍面临一系列挑战，如术后并发症的控制、个体化治疗的深入研究等。未来的发展方向应当聚焦于技术的创新、长期效果的评估以及患者参与的加强，以进一步提升放射介入治疗的安全性和效果，为患者提供更好的医疗服务。通过持续的研究和实践，相信放射介入治疗将在未来取得更为卓越的成就，成为许多疾病治疗的重要手段之一。

三、放射科团队与神经肌肉疾病的协同工作

神经肌肉疾病是一类涉及神经系统和肌肉系统的疾病，病因复杂，症状多样。在神经肌肉疾病的诊断和治疗中，放射科团队扮演着关键的角色。放射科医生、技师和其他专业人员通过使用各种影像学技术，如 MRI、CT、超声等，为医生提供关键的诊断信息，协助制定合理的治疗方案。本文将探讨放射科团队与神经肌肉疾病的协同工作，深入探讨他们在诊断、治疗和患者护理中的作用。

（一）神经肌肉疾病的复杂性

神经肌肉疾病包括多种类型，如运动神经元疾病、周围神经疾病、肌肉疾病等。这些疾病可能是遗传性的，也可能是后天因素引起的。由于神经系统和肌肉系统的复杂性，这些疾病的诊断和治疗往往需要多学科的协同工作，而放射科团队则在这个过程中发挥着至关重要的作用。

（二）放射科团队的成员与职责

1. 放射科医生

放射科医生是放射科团队的核心成员之一。他们负责解读各种影像学检查结果，如 MRI、CT、超声等。在神经肌肉疾病的诊断中，放射科医生通过对图像的详细分析，可以发现神经和肌肉系统的结构异常，提供初步的诊断线索。

2. 放射科技师

放射科技师是负责执行影像学检查的专业人员。他们操作医学影像设备，如 MRI 扫描仪、CT 机等，确保获得高质量的影像。在神经肌肉疾病的检查中，放射科技师需要根据医生的请求，准确地定位和调整影像设备，以获取清晰、准确的影像。

3. 影像学专家

影像学专家通常是放射科医生的助手，他们有时也参与影像的解读。影像学专家在对影像进行初步分析后，可以为医生提供进一步的参考意见。他们可能对一些复杂病例进行深入研究，提供更专业的诊断建议。

4. 放射科护士

放射科护士在整个影像学检查过程中提供支持。他们负责患者的准备工作，解答患者的疑问，协助医生完成各种检查。在神经肌肉疾病的检查中，放射科护士的角色尤为重要，因为患者可能需要特殊的协助和关怀。

（三）影像学在神经肌肉疾病中的应用

1. MRI（磁共振成像）

（1）结构性信息。MRI 在神经肌肉疾病的诊断中提供了丰富的结构信息。它可以清晰显示神经系统和肌肉组织的解剖结构，帮助医生检测肌肉萎缩、神经损伤等。

（2）病变的定位 MRI 不仅提供结构性信息，还可以帮助医生准确定位神经肌肉系统的病变。通过对比正常组织和异常组织的差异，医生能够在影像中明确病变的位置、大小和范围，从而有助于制定精准的治疗计划。

2. CT（计算机断层扫描）

（1）骨骼结构。CT 影像对于显示骨骼结构具有优势，因此在一些神经肌肉疾病中，如脊柱疾病、骨折等方面，CT 可提供更为详细和清晰的信息。这对于确定是否存在骨髓病变、椎间盘突出等问题至关重要。

（2）血管成像。对于一些与神经肌肉疾病相关的血管问题，如动脉狭窄、血管畸形等，CT 血管成像可以提供血管系统的清晰图像。这有助于医生评估血液供应情况，为治疗方案的制定提供依据。

3. 超声检查

超声检查在神经肌肉疾病中的应用逐渐增多。它具有无辐射、实时性好、便捷等优势。在神经肌肉疾病中，超声可以用于评估神经与肌肉的结构，检测肌肉萎缩、神经瘤等病变。此外，超声还可以用于引导一些介入治疗，如神经阻滞、肌肉穿刺等。

4. 电生理检查

虽然电生理检查不属于放射影像学，但它在神经肌肉疾病的综合诊断中扮演着重要的角色。通过神经电图（EMG）和脑电图（EEG）等电生理检查，医生可以了解神经和肌肉的电活动情况，从而更全面地评估患者的神经肌肉功能。

（四）放射科团队与神经肌肉疾病的协同工作

1. 临床信息的获取与沟通

放射科团队与神经肌肉疾病的协同工作始于临床信息的获取与沟通。放射科医生需要了解患者的病史、症状、临床表现等信息，以便更有针对性地进行影像学检查。医生、护士和其他临床团队成员之间的有效沟通是确保患者得到最佳诊疗服务的关键。

2. 影像学检查的选择与解读

在临床信息的基础上，放射科医生选择适当的影像学检查方法，以获取更为全面的神经肌肉系统信息。随后，放射科医生负责解读影像学检查的结果，向临床团队提供诊断建议。在这一过程中，与其他医疗团队的密切合作尤为重要。

3. 影像学的引导与介入治疗

在一些神经肌肉疾病的治疗中，影像学的引导与介入治疗发挥着关键作用。例如，在脊柱疾病中，通过影像学引导下的穿刺治疗可以准确定位患者疼痛源，从而实现神经阻滞等治疗手段。放射科医生与其他临床医生协同工作，确保治疗器械的精准引导，提高治疗的成功率。

4. 术后监测与随访

在一些手术治疗完成后，放射科团队负责进行术后的监测与随访。通过影像学检查，医生可以观察手术部位的愈合情况，检测是否存在术后并发症。与其他医疗团队共同制定患者的术后护理计划，确保患者的康复过程顺利进行。

（五）挑战与展望

1. 患者隐私与信息安全

在放射科团队与其他医疗团队协同工作的过程中，患者的隐私和医疗信息安全是一个需要高度重视的问题。医疗团队需要建立严格的信息保护机制，确保患者的个人信息得到妥善保护。

2. 多学科协同工作的挑战

神经肌肉疾病的治疗通常需要多学科协同工作，包括神经科医生、康复医生、外科医生等。在多学科协同工作中，沟通和协调可能面临一些挑战。各个医疗团队成员可能来自不同的专业背景，拥有不同的专业术语和工作方式。因此，建立有效的沟通机制和协同工作流程是关键，以确保信息传递的准确性和团队合作的高效性。

3. 技术的更新与培训

医学影像技术不断发展，新的影像学设备和技术不断涌现。放射科团队需要不断学习和适应新技术，以提高对神经肌肉疾病的诊断能力。因此，持续的职业培训和更新是放射科医生和技师必不可少的一部分，以确保他们能够熟练使用最新的影像学技术。

4. 个体差异的考虑

神经肌肉疾病患者的个体差异较大，不同病例可能需要个性化的治疗方案。在与其他医疗团队成员协同工作时，放射科医生需要根据患者的具体情况提供个性化的影像学信息，以更好地支持治疗决策。

5. 进一步的研究与创新

尽管放射科在神经肌肉疾病的诊断和治疗中发挥着关键作用，但仍然有许多问题需要进一步的研究和创新。新的影像学技术、更灵敏的影像学标志物的发现，以及更准确的诊断方法的研究，都将为提高神经肌肉疾病的早期诊断和治疗效果提供更多可能性。

放射科团队与神经肌肉疾病的协同工作是提高疾病诊断和治疗水平的关键环节。通过合理选择影像学检查，提供准确的诊断信息，指导介入治疗，监测治疗效果，放射科团队为患者提供了更全面、精准的医疗服务。

然而，这种协同工作仍面临一些挑战，需要医疗团队的共同努力来解决。在未来，随着医学技术的不断进步和医疗团队协同工作机制的不断完善，相信放射科在神经肌肉疾病的诊断和治疗中将发挥更为重要的作用，为患者提供更优质的医疗服务。

第三章 神经感染与炎症性疾病

第一节 中枢神经系统感染的临床表现与治疗

一、中枢神经系统感染的病原体及其特点

中枢神经系统（CNS）是人体最为重要的系统之一，包括大脑和脊髓。由于其特殊的解剖和生理特点，中枢神经系统感染是一种严重而复杂的医学问题。感染通常由各种病原体引起，包括细菌、病毒、真菌和寄生虫。本文将深入探讨中枢神经系统感染的主要病原体及其特点，以增进对这一临床问题的了解。

（一）细菌感染

1. 革兰阳性细菌

（1）脑膜炎球菌（Neisseria Meningitidis）。脑膜炎球菌是导致脑膜炎和败血症的主要病原体之一。其特点包括强烈的侵袭性和迅速发展的病程。脑膜炎球菌感染可导致脑膜炎症状，如剧烈头痛、发热和颈部僵硬。

（2）金黄色葡萄球菌（Staphylococcus Aureus）。金黄色葡萄球菌是一种广泛分布的致病菌，可以引起脑膜炎、脑脓肿等感染。其耐药性较强，使得治疗变得更为复杂。

2. 革兰阴性细菌

（1）埃斯谷奇菌属（Escherichia Coli）。埃斯谷奇菌通常是大肠菌群的一部分，但某些菌株可以引起中枢神经系统感染，导致脑脓肿等疾病。在新生儿中，埃斯谷奇菌是一种常见的致病菌。

（2）厌氧菌。一些厌氧菌，如产气荚膜梭菌（Clostridium Perfringens）和毒性梭菌（Clostridium Difficile），在中枢神经系统感染中也可能发挥重要作用。这类感染通常与手术或外伤有关。

（二）病毒感染

1. 脑膜炎病毒

（1）脑膜炎病毒（Enteroviruses）。脑膜炎病毒是一类单股 RNA 病毒，包括科萨奇病毒、埃可病毒等。这些病毒是导致脑膜炎的主要原因，尤其在儿童中较为常见。感染的症状包括头痛、呕吐、发热和脑膜刺激症状。

（2）脊髓灰质炎病毒（Poliovirus）。脊髓灰质炎病毒是一种引起急性脊髓灰质炎的病毒。虽然全球脊髓灰质炎的发病率已显著下降，但仍然可能导致中枢神经系统感染。

2. 疱疹病毒家族

（1）带状疱疹病毒（Varicella-Zoster Virus）。带状疱疹病毒引起的疾病主要包括水痘和带状疱疹。在感染后，病毒可以潜伏在神经节中，随时引发再次感染，导致带状疱疹。带状疱疹病毒也可能引起脑炎或脊髓炎。

（2）华法林病毒（Herpes Simplex Virus）。华法林病毒分为类型一和类型二，可以引起生殖器疱疹、口唇疱疹等。在极少数情况下，该病毒也可导致中枢神经系统感染，引发脑炎或脑膜炎。

3. 流感病毒

（1）流感病毒（Influenza Virus）。流感病毒主要引起呼吸道感染，但在某些情况下，它也可能导致脑膜炎或脑炎。重症流感感染可引发中枢神经系统并发症。

（三）真菌感染

1. 念珠菌属（Candida）。念珠菌属是真菌的一类，通常存在于人体的口腔、胃道和阴道等部位。然而，在免疫系统受损的情况下，念珠菌可能引发全身性真菌感染，包括中枢神经系统感染。这种感染通常发生在免疫抑制的患者，如艾滋病患者或接受免疫抑制治疗的患者。

2. 曲霉属（Aspergillus）。曲霉属真菌广泛存在于环境中，常见于泥土、腐烂的植物物质等。在免疫系统受损的患者中，曲霉属可能引起肺部感染，并通过血液传播到中枢神经系统，导致脑膜炎或脑脓肿。

3. 隐球菌属（Cryptococcus）。隐球菌属真菌是一种由鸽子粪便等传播的真菌，通常通过呼吸道感染人体。在免疫系统受损的患者中，尤其是艾滋病患者，隐球菌感染可能涉及中枢神经系统，引起脑膜炎或脑脓肿。

（四）寄生虫感染

1. 弓形虫 （Toxoplasma）

弓形虫是一种单细胞寄生虫，可以通过摄食被感染的肉类或暴露于感染的动物排泄物而传播。在免疫系统受损的患者中，弓形虫可能引起弓形虫脑炎，导致中枢神经系统的感染。

2. 尖头螫虫 （Angiostrongylus cantonensis）

尖头螫虫是一种寄生虫，主要通过摄食感染的蜗牛或食用感染的蜗牛体内的寄生虫的食物而传播。它引起的病症被称为尖头螫虫病，可能涉及中枢神经系统，导致脑膜炎或脑脓肿。

（五）感染特点

1. 传播途径

中枢神经系统感染的病原体可以通过多种途径进入人体，包括血液循环、神经传导和直接蔓延。呼吸道、消化道、泌尿生殖系统等是外界病原体进入血液循环的主要通道。

2. 免疫系统状态

免疫系统的状态是影响中枢神经系统感染发生的关键因素。免疫抑制患者，如接受器官移植、白血病患者和艾滋病患者，更容易受到各类病原体的侵袭。

3. 病程表现

中枢神经系统感染的症状取决于感染的病原体类型、感染部位和免疫状态等因素。常见症状包括头痛、发热、恶心、呕吐、颈部僵硬、意识障碍等。病程可能迅速发展，严重者可导致昏迷和生命危险。

（六）诊断与治疗

1. 诊断方法

诊断中枢神经系统感染通常依赖于临床症状、影像学检查（如脑脊液检查、CT扫描、MRI 等）和实验室检查。脑脊液检查对于确定感染类型和选择治疗方案至关重要。

2. 治疗原则

治疗中枢神经系统感染的原则包括确定感染类型后使用特异性抗感染药物，控制症状，维护神经系统功能。在某些病原体感染中，如细菌性脑膜炎，紧急使用抗生素是关键的治疗手段。

3. 预防措施

预防中枢神经系统感染的关键在于加强个人卫生，避免暴露于可能的感染源。对于一些病原体，如脑膜炎球菌、水痘病毒等，疫苗接种是有效的预防手段。

中枢神经系统感染是一种危重病症，涉及多种病原体，包括细菌、病毒、真菌和寄生虫。免疫状态、传播途径和症状表现等因素影响着感染的发生和发展。及时的诊断和治疗是提高患者存活率和减少并发症的关键。随着医学科技的不断进步，对中枢神经系统感染的理解和治疗手段也在不断完善。

未来的研究和临床实践中，需要进一步深入了解不同病原体对中枢神经系统的影响机制，发展更为敏感和特异性的诊断方法，并寻找更有效的治疗手段。在预防方面，强调疫苗接种的重要性，并加强对高危人群的关注，有助于降低感染的风险。

此外，医疗体系应加强对中枢神经系统感染的监测与报告，以便及时采取应对措施。对医护人员的培训也至关重要，以提高对中枢神经系统感染的认识和处理水平。

总体而言，中枢神经系统感染是一项复杂而多变的医学难题，需要多学科的协同合作，包括神经学、感染病学、影像学等。通过不断深入研究，我们有望更好地理解该疾病的发病机制，提高早期诊断水平，优化治疗方案，为患者提供更好的医疗服务。

二、神经感染治疗中的并发症与风险

神经感染是一组临床上复杂而多样的疾病，涉及到中枢神经系统或周围神经系统的感染。治疗神经感染的过程中，虽然通过药物、手术和其他治疗手段可以有效控制感染，但同时也可能伴随着一些并发症和风险。本文将深入探讨神经感染治疗中可能发生的并发症和相关风险，以提高医护人员和患者对治疗过程的认识，更好地应对潜在的问题。

（一）药物治疗中的并发症与风险

1. 抗生素治疗

（1）耐药性。在长期或频繁使用抗生素的情况下，神经感染的致病菌可能产生耐药性，使得原本有效的药物失去疗效。耐药性的发展可能导致治疗失败，使感染难以控制，甚至加重病情。

（2）药物过敏反应。一些患者在使用抗生素时可能出现过敏反应，表现为皮疹、荨麻疹、呼吸急促等症状。在治疗过程中需要密切监测患者的过敏反应，必要时及时调整治疗方案。

2.抗病毒治疗

（1）药物毒性。抗病毒药物可能产生一些毒性反应，对肝脏、肾脏等器官产生不良影响。医护人员需要根据患者的身体状况和药物剂量，谨慎选择和调整治疗方案，以降低药物毒性的发生风险。

（2）药物耐受性。一些病毒可能对抗病毒药物产生耐受性，使得治疗效果逐渐减弱。在长期抗病毒治疗中，需要定期监测病毒载量，及时调整治疗方案，以维持药物的疗效。

（二）手术治疗中的并发症与风险

1.脑脊液引流术

（1）感染。脑脊液引流术是治疗脑积水等疾病的常见手术方法，然而手术过程中可能引入细菌，导致感染的风险增加。医护人员需要注意手术操作的无菌技巧，预防感染的发生。

（2）出血。手术过程中可能发生出血，特别是在高危患者中，如出血性疾病患者或抗凝治疗患者。术前评估患者的出血风险，采取必要的措施，减少手术引起的出血并发症。

2.脑脊液检查

（1）蛛网膜炎。脑脊液检查是诊断神经感染的重要手段，但在取样过程中可能引入细菌，导致蛛网膜炎的发生。医护人员需要在手术操作中严格遵循感染控制措施，减少感染的风险。

（2）神经损伤。脑脊液检查的手术过程可能导致神经组织的损伤，尤其是在脊髓穿刺的过程中。医护人员需要谨慎操作，选择合适的穿刺点和穿刺角度，以减少神经组织的损伤。

（三）康复治疗中的并发症与风险

1.生理康复

（1）运动系统问题。神经感染患者在生理康复过程中可能出现运动系统问题，如肌肉萎缩、关节僵硬等。康复团队需要根据患者的康复需求，设计个体化的康复方案，防止运动系统问题的发生。

（2）心理影响。长期的神经感染治疗可能对患者的心理产生负面影响，包括焦虑、抑郁等。康复团队应该在康复过程中关注患者的心理状态，提供心理支持和咨询服务。

2. 言语康复

（1）言语障碍。一些神经感染可能导致言语功能受损，如失语症、语言表达障碍等。在言语康复过程中，可能面临患者对康复的不适应、康复效果不佳等问题。康复团队需要定期评估患者的康复进展，根据实际情况调整康复计划，以提高康复效果。

（2）误吸与吞咽困难。神经感染对喉部神经的损害可能导致患者出现吞咽困难，增加误吸的风险。言语康复团队需要与营养师、呼吸治疗师等专业人员协同工作，制定合理的饮食计划，确保患者能够安全地吞咽食物和液体。

（四）放射治疗中的并发症与风险

1. 放射治疗的神经毒性

（1）脑放射治疗。脑放射治疗可能导致脑组织的损伤，引起脑功能障碍。特别是在治疗颅内肿瘤的过程中，患者可能出现认知功能下降、记忆力减退等神经毒性反应。

（2）脊髓放射治疗。脊髓放射治疗可能对脊髓造成损害，引起运动障碍、感觉异常等并发症。治疗前需要充分评估患者的神经状态，采用精准放疗技术以最大限度减少正常组织的受损。

2. 放射介入治疗

（1）放射介入风险。一些神经感染可能需要放射介入治疗，如脑动脉瘤栓塞术等。在介入治疗中，患者可能面临血管损伤、感染、出血等风险。医护团队需要在介入手术中保持高度警惕，及时处理并发症。

（2）放射介入后综合征。介入治疗后，患者可能出现头痛、晕厥、恶心等综合征状。医护人员需要告知患者可能的并发症，密切观察患者的病情变化，及时处理出现的不适症状。

（五）心理康复中的并发症与风险

1. 情绪障碍

神经感染的治疗过程中，患者可能面临疾病带来的心理压力、焦虑和抑郁等情绪障碍。心理康复团队需要与患者建立密切联系，进行心理评估，提供必要的心理支持和干预。

2. 康复进程不适应

一些患者可能对康复过程产生不适应，感到沮丧、失望，甚至出现康复放弃的情况。康复团队需要与患者建立积极的沟通渠道，了解患者的康复期望和困扰，帮助其建立积极的康复信念。

（六）多学科协同治疗中的并发症与风险

1. 沟通不畅

在多学科协同治疗中，沟通不畅可能导致信息传递不准确，治疗计划不协调等问题。医护人员需要建立良好的沟通机制，定期召开多学科会诊，确保各学科团队之间能够高效合作。

2. 信息过载

多学科协同治疗中，患者可能面临大量医学信息的涌入，导致信息过载。医护人员需要根据患者的接受能力和需求，提供清晰简明的医学信息，避免患者因信息过载而感到困扰。

（七）预防与管理策略

1. 个体化治疗计划

制定个体化的治疗计划是防范并发症和风险的关键。医护团队需要根据患者的病情、生理状态、心理特点等因素，制定针对性的治疗方案，以最大限度地减少患者的并发症风险。

2. 定期监测

定期监测患者的生理指标、影像学检查结果、心理状态等对于及时发现潜在问题至关重要。通过定期监测，医护人员能够在早期发现并处理并发症，提高治疗的安全性和有效性。

3. 多学科团队协同工作

在治疗神经感染过程中，多学科协同工作是确保治疗全面而有效的关键。神经感染的治疗往往需要神经学、感染病学、康复医学、心理学等多个学科的专业知识。建立一个紧密协作的多学科团队，能够更好地应对并发症和风险。

4. 患者教育与参与

患者教育是预防并发症和风险的重要手段。医护人员需要向患者提供关于治疗过程、可能的并发症、康复计划等方面的详细信息，并鼓励患者积极参与治疗决策。患者参与不仅可以提高治疗的依从性，还能使患者更好地理解和应对潜在问题。

5. 预防措施

在治疗过程中，采取预防性措施对于降低并发症的风险至关重要。包括但不限于：

保持患者环境的清洁和无菌，减少感染的发生；

在手术前充分评估患者的身体状态，制定合理的手术计划；

定期进行药物疗效和安全性的监测，避免药物过量使用和产生耐药性；

制定个体化的康复计划，根据患者的康复需求和进展进行调整；

在放射治疗中采用精准放疗技术，最大限度减少对正常组织的损伤。

神经感染的治疗是一项复杂而长期的过程，其中可能伴随着各种并发症和风险。了解并预防这些潜在问题，需要医护人员在治疗过程中保持高度警惕，密切关注患者的生理和心理状态。多学科协同工作、个体化治疗计划、患者教育与参与等措施能够有效降低并发症的风险，提高治疗的成功率。在未来，通过不断深入的研究和实践经验的积累，我们有望更好地理解并预防神经感染治疗中的并发症，为患者提供更安全、有效的医疗服务。

三、新兴抗感染药物的应用前景

感染症一直是全球范围内的重要公共卫生问题，而抗感染药物的研发与应用一直处于医学领域的前沿。近年来，随着科技的发展和对抗生素耐药性的关注，新兴抗感染药物的研究逐渐成为研究者们的焦点。本文将探讨新兴抗感染药物的研究现状、主要类别以及未来的应用前景。

（一）新兴抗感染药物的研究现状

1. 抗生素耐药性的挑战

长期以来，抗生素一直是治疗细菌感染的主要手段。然而，由于滥用、过度使用以及抗生素的不合理应用，抗生素耐药性问题逐渐凸显。越来越多的细菌对传统抗生素产生耐药性，使得原本有效的药物在治疗中逐渐失去效果，威胁到全球范围内的公共卫生。

2. 新技术的崛起

随着分子生物学、基因工程和计算机技术的发展，研究者有了更多工具来深入了解病原体的生物学特性，加速了新型抗感染药物的研发。基因工程技术的应用使得设计和合成新型抗感染药物的速度大大提高，有望突破传统抗生素的限制。

3. 抗病毒药物的突破

除了抗细菌药物外，对抗病毒药物的研究也取得了一系列的突破。例如，针对HIV的抗病毒药物的不断研发，使得HIV感染不再是绝症。此外，一些广谱抗病毒药物的研究也表现出潜在的前景，对未来抗病毒治疗提供了新的可能性。

（二）主要新兴抗感染药物类别

1.抗生素的改良

（1）修饰化抗生素。为了应对抗生素耐药性的挑战，研究者们通过分子修饰等手段对已有的抗生素进行改良。这种方法可以提高药物的稳定性、抗菌活性，同时减轻对人体的毒副作用。

（2）新型细胞壁合成抑制剂。细菌细胞壁的合成是许多抗生素发挥作用的靶点。近年来，新型细胞壁合成抑制剂的研究不断涌现，具有更强的抗菌活性，且对已有耐药性的细菌产生更大的抑制效果。

2.抗真菌药物

（1）靶向真菌细胞膜。真菌感染的治疗一直是一个具有挑战性的领域。新一代抗真菌药物通过靶向真菌细胞膜的合成和功能，展现出更高的疗效和更低的毒副作用，为临床治疗提供了新的选择。

（2）激活宿主免疫系统。除了直接抑制真菌生长外，一些新型抗真菌药物的研究侧重于激活宿主免疫系统，增强机体对真菌的自身防御能力。

3.抗病毒药物

（1）靶向病毒蛋白。新一代抗病毒药物通过靶向病毒蛋白，阻断病毒的复制和传播。这些药物不仅对特定病毒有效，而且能够减缓病毒变异带来的耐药性问题。

（2）免疫调节药物。一些新型抗病毒药物的设计理念是通过调节宿主免疫系统，增强机体对病毒的抵抗能力。这种药物不仅对单一病毒有效，而且可能对多种病毒产生抗性。

（三）新兴抗感染药物的应用前景

1.解决抗生素耐药性问题

新兴抗感染药物的应用将有望解决抗生素耐药性的问题。通过对已有抗生素的改良和设计新型抗生素，可以更有效地应对细菌的变异和产生的耐药性。这对于临床上治疗耐药性细菌感染的疾病，如肺炎、尿路感染等，提供了新的可能性。此外，通过采用更为精准的治疗策略，可以减少抗生素对正常微生物群的不良影响，降低患者的毒副作用。

2.拓展抗真菌治疗领域

新一代抗真菌药物的出现有望拓展抗真菌治疗的领域。对于由于免疫系统受损、器官移植等原因引起的真菌感染，新型药物可能提供更为有效的治疗手段。而且，通过创新的治疗理念，如激活宿主免疫系统，也可以在真菌感染的防治中发挥积极作用。

3. 提高抗病毒治疗效果

在抗病毒领域，新兴抗病毒药物的研发有望提高治疗效果。通过更有针对性地靶向病毒蛋白或调节宿主免疫系统，新型抗病毒药物可以减缓病毒的复制速度，降低耐药性的风险。这对于病毒性感染如流感、HIV 等具有重要的意义。

4. 促进个性化治疗

随着分子医学和基因组学的发展，新兴抗感染药物的应用将更加个性化。通过对患者个体基因信息的分析，可以设计更为精准的治疗方案，提高药物的疗效并减少不良反应。这有望为患者提供更符合其生理特征和病原体特异性的治疗策略。

5. 减少全球传染病的流行

新兴抗感染药物的广泛应用有望在全球范围内减少传染病的流行。特别是在全球化背景下，新型传染病的出现频率增加，因此新兴抗感染药物的研发和应用显得尤为重要。对于一些可能引发大流行的病原体，新型药物的及时研发和应用可以有效地控制疫情的蔓延。

（四）面临的挑战与应对策略

1. 药物安全性和毒副作用

尽管新兴抗感染药物带来了治疗的新思路，但其安全性和毒副作用仍然是需要关注的问题。在新药研发阶段，需要进行严格的临床试验，确保药物的安全性。同时，加强对患者的监测和管理，及时发现并处理药物引起的不良反应。

2. 耐药性的形成

尽管新兴抗感染药物可以一定程度上减缓耐药性的形成，但耐药性仍然是一个长期存在的问题。在使用新药的同时，需要采取科学合理的用药策略，防止耐药菌株的产生。此外，加强监测和警示系统，及时发现耐药性的新变化，对防控具有重要意义。

3. 经济可及性和全球公平

新兴抗感染药物的研发和应用涉及到经济可及性和全球公平的问题。一些新型药物可能在研发成本高昂的情况下上市，导致其在一些发展中国家难以普及。为了解决这一问题，需要通过国际合作，推动新药的合理定价，以及建立药物的国际供应链，确保新兴抗感染药物在全球范围内得以公平分配和应用。

4. 技术创新和跨学科合作

新兴抗感染药物的研究需要不断进行技术创新，包括分子生物学、生物化学、计算机科学等多个领域的交叉应用。跨学科合作将有助于深入理解病原体的生物学机制，推动新药物的研发。建立跨学科的研究团队，推动不同领域的专业人才共同参与新药的研发。

新兴抗感染药物的研究和应用具有重要的意义，既是对传统抗生素的补充，也是应对抗生素耐药性、新兴传染病等挑战的重要手段。通过不断的科研努力和临床实践，我们有望在未来看到更多创新的抗感染药物问世，为全球的公共卫生事业提供更为有效的解决方案。在未来，新兴抗感染药物将成为维护人类健康的重要工具，为医学领域带来新的突破和进步。

第二节 神经系统炎症性疾病的诊断与治疗

一、神经系统炎症性脑病的临床谱系

神经系统炎症性脑病是一组病因复杂、表现多样的神经系统疾病，其特点是神经系统受到炎症性损害，引起一系列临床症状。这一类疾病涉及中枢神经系统的各个层面，包括大脑、小脑、脑干等部位。本文将对神经系统炎症性脑病的临床谱系进行深入探讨，包括病因、症状、诊断与治疗等方面的内容。

（一）疾病分类

神经系统炎症性脑病是一个广泛的概念，包含多种不同类型的疾病。根据其病因和临床表现，可以将神经系统炎症性脑病分为以下主要类型：

1. 自身免疫性脑炎

自身免疫性脑炎是由机体免疫系统错误地攻击自身神经组织而引起的炎症性疾病。其中包括抗 NMDA 受体脑炎、抗 VGKC 复合物抗体相关性脑炎等。这类疾病通常表现为急性或亚急性起病的精神症状、抽搐、运动失调等。

2. 病毒性脑炎

病毒性脑炎是由各种病毒感染引起的脑部炎症，其中包括乙型脑炎病毒、单纯疱疹病毒、流行性脑脊髓膜炎病毒等。这些病毒感染可导致严重的神经系统损伤，表现为高热、昏迷、抽搐等症状。

3. 细菌性脑膜炎

细菌性脑膜炎是由细菌感染引起的脑膜炎症，常见的致病菌包括脑膜炎双球菌、肺炎球菌等。患者常表现为头痛、发热、恶心呕吐等症状，严重者可导致昏迷和神经系统功能障碍。

4. 其他类型

除了上述主要类型外，还有一些罕见但重要的类型，如原发性中枢神经系统血管炎、脑干脑炎、脊髓炎等。这些疾病的发病机制和临床表现各异，但均涉及神经系统的炎症性损害。

（二）病因与发病机制

1. 自身免疫性脑炎的病因

自身免疫性脑炎的发病机制主要涉及到机体免疫系统对神经元或神经元相关蛋白的异常免疫反应。例如，抗 NMDA 受体脑炎中，患者体内产生的抗体攻击 NMDA 受体，导致神经元功能异常。这类疾病可能与感染、肿瘤、免疫调节失衡等因素有关。

2. 病毒性脑炎的病因

病毒性脑炎的发病机制与感染病毒有关。病毒通过血液或神经系统传播到脑组织，引起神经元直接的炎症反应。病毒还可能激活宿主免疫系统，导致过度的免疫反应，进而损害神经组织。不同病毒对神经系统的损害机制有所不同。

3. 细菌性脑膜炎的病因

细菌性脑膜炎主要由致病性细菌感染引起。这些细菌通过血液侵入脑脊髓膜，引起局部的炎症反应。脑膜炎双球菌是导致细菌性脑膜炎最常见的致病菌之一。感染后，细菌释放的毒素和引起的炎症反应损伤脑膜和脑组织。

4. 其他类型的病因

其他类型的神经系统炎症性脑病的病因复杂多样。原发性中枢神经系统血管炎可能涉及免疫系统对血管壁的攻击，导致血管炎症，影响神经血液供应。脑干脑炎可能与感染、自身免疫反应或其他不明原因有关，导致脑干功能受损。脊髓炎则可能由感染、自身免疫、药物或其他因素引起，导致脊髓神经元损害。

（三）诊断与评估

神经系统炎症性脑病的诊断需要结合临床症状、体格检查、实验室检查和影像学检查。具体诊断流程可能包括：

1. 详细的病史采集

包括疾病的发病过程、症状的演变、家族史、曾经的感染史等，有助于确定疾病的病因。

2. 神经系统检查

通过神经系统的详细检查，包括神经系统的感觉、运动、脑神经和脑脊液的检查，可以评估病变的部位和程度。

3. 实验室检查

包括血液检查、脑脊液分析、自身免疫抗体检测等，以确定炎症性脑病的具体类型和病因。

4. 影像学检查

包括头颅 MRI、CT 扫描等，可以显示脑部结构的异常，排除其他引起相似症状的病因。

5. 生物标志物检测

某些炎症性脑病可能伴随特定的生物标志物的变化，如脑脊液中的蛋白质浓度、白细胞计数、自身免疫抗体等。

（四）治疗与康复

神经系统炎症性脑病的治疗应该根据具体病因和病程来制定。常见的治疗措施包括：

1. 药物治疗

抗炎药物：对于炎症性脑病，抗炎药物如皮质激素可能是治疗的首选。

免疫抑制剂：在自身免疫性脑炎中，免疫抑制剂如环磷酰胺、甲氨蝶呤等可用于抑制过度的免疫反应。

抗病毒药物：对于病毒性脑炎，抗病毒药物如抗病毒素可能有助于抑制病毒复制。

抗生素：在细菌性脑膜炎中，抗生素是治疗的关键。

2. 对症治疗

抗抽搐药物：对于出现抽搐的患者，抗抽搐药物如苯妥英、丙戊酸钠等可用于控制抽搐。

支持性治疗：包括保持水电解质平衡、营养支持、呼吸支持等，以维持患者的基本生理功能。

3. 物理治疗

对于出现运动障碍和康复需要的患者，物理治疗可帮助康复，改善肌肉力量和协调性。

4. 康复和心理支持

神经系统炎症性脑病患者在治疗过程中，除了药物和物理治疗外，还需要全面的康复和心理支持。这包括：

康复治疗：物理治疗、职业治疗和言语治疗等康复手段，可以帮助患者恢复日常生活能力。特别是在肌肉协调、言语表达、认知功能等方面，康复治疗起到积极的作用。

心理支持：由于神经系统炎症性脑病可能伴随着精神症状，如抑郁、焦虑等，因此心理支持显得尤为重要。心理治疗、心理咨询、支持小组等形式可以帮助患者应对情绪困扰，提高生活质量。

家庭支持：对于患有神经系统炎症性脑病的患者，家庭的支持是不可或缺的。家庭成员的理解和支持可以促进患者更好地应对疾病，参与康复活动，提高康复效果。

社会支持：在社会层面，建立起对患者的良好支持网络也是至关重要的。社区服务、志愿者组织、相关慈善机构等的支持，有助于患者更好地融入社会。

（五）疾病预防

虽然神经系统炎症性脑病的病因复杂，但一些常见感染和免疫相关的因素仍然是诱发疾病的主要原因。因此，一些预防措施可以有助于减少疾病的发生：

疫苗接种：针对一些可以通过疫苗预防的感染性脑炎，如乙型脑炎、脊髓灰质炎等，接种相应的疫苗是预防的有效手段。

个人卫生：加强个人卫生习惯，勤洗手、避免接触感染源，有助于减少感染性脑炎的发生。

免疫调节：对于存在自身免疫性倾向的患者，通过合理的免疫调节手段，可能有助于减缓自身免疫性脑炎的发展。

（六）未来展望

随着医学研究的不断深入，神经系统炎症性脑病的认识将会更为全面，治疗手段也将更加精准。基因治疗、免疫疗法等新兴技术的应用，为神经系统炎症性脑病的治疗带来了新的希望。同时，加强对患者的全方位支持，包括医学、康复和心理等层面，有望提高患者的生活质量。神经系统炎症性脑病是一组病因复杂、症状多样的神经系统疾病，对患者的生活质量和家庭带来严重影响。了解其临床谱系、病因、症状和治疗是提高患者及其家庭生活质量的重要一步。未来，科学家和医生将继续努力深入研究神经系统炎症性脑病的机制，以便更好地理解这一类疾病。

综合而言，神经系统炎症性脑病的临床谱系涵盖了多个类型的疾病，涉及病毒感染、自身免疫反应、细菌感染等多种病因。其表现形式多样，包括精神症状、运动障碍、颅神经受累等。诊断和治疗需要多学科的协同合作，综合运用病史、临床表现、实验室检查和影像学检查等手段。

在治疗方面，药物治疗、康复治疗和心理支持是综合干预的关键。在未来，基于先进的生物技术和疾病机制的深入理解，有望提供更为精准和个性化的治疗方案。预防方面，疫苗接种、个人卫生等措施仍然是降低感染性脑炎发生的有效手段。

在全球范围内，对神经系统炎症性脑病的关注与研究仍在不断加深，国际合作将在推动新的治疗方法和手段方面发挥关键作用。通过全球范围内的协同努力，我们有望更好地理解这一类疾病，提高患者的治疗水平和生活质量。

二、免疫调节治疗的效果与风险

免疫调节治疗是一种以调整机体免疫系统功能为主要手段的治疗方法，广泛应用于多种疾病的治疗，包括自身免疫性疾病、某些癌症和器官移植等。免疫调节治疗的核心理念是通过改变免疫系统的活性，达到治疗疾病、抑制炎症反应或防止免疫系统攻击自身组织的目的。然而，与其他治疗方法一样，免疫调节治疗也伴随着一系列的效果和风险。本文将深入探讨免疫调节治疗的效果与风险，以期更好地了解这一治疗模式的应用范围和潜在问题。

（一）免疫调节治疗的基本原理

1. 免疫系统的调控

免疫系统是机体防御外来病原体侵害、维持内环境稳定的重要系统。然而，在某些情况下，免疫系统会出现异常，导致过度激活或自身攻击。免疫调节治疗的基本原理之一就是通过调节免疫系统的活性，使其在适当的时候对抗病原体，而在不必要的时候不攻击自身组织。

2. 免疫调节的手段

免疫调节治疗可以通过多种手段实现，包括药物、细胞治疗、免疫疫苗等。常见的免疫调节药物包括免疫抑制剂（如环磷酰胺、甲氨蝶呤）、生物制剂（如抗 TNF 药物）、免疫调节剂等。这些药物的作用机制涉及抑制免疫细胞的活性、减少炎症反应、调整免疫细胞的数量和功能等。

（二）免疫调节治疗在自身免疫性疾病中的应用

1. 类风湿性关节炎

免疫调节治疗在类风湿性关节炎（RA）的治疗中取得了显著成果。抗风湿药物，如甲氨蝶呤、氨基氮等，可以抑制免疫系统对关节的攻击，减缓关节炎症，改善患者的生活质量。

2. 狼疮性肾炎

对于系统性红斑狼疮（SLE）合并肾脏受累的患者，免疫抑制剂的使用已成为一线治疗手段。环磷酰胺等药物可以有效抑制免疫系统攻击肾脏的过程，减缓疾病进展。

3. 乙型肝炎

免疫调节治疗在乙型肝炎的治疗中也发挥着积极作用。通过使用抗病毒药物和免疫调节剂，可以有效调节机体的免疫应答，降低病毒复制，防止疾病的进展。

（三）免疫调节治疗的效果

1. 疾病症状的改善

免疫调节治疗可以显著改善许多免疫介导的疾病的症状。例如，在类风湿性关节炎患者中，使用抗风湿药物可以减轻关节疼痛、肿胀，提高关节功能。在狼疮性肾炎患者中，免疫抑制剂的使用可以减缓肾功能损伤，改善尿蛋白等指标。

2. 炎症反应的抑制

免疫调节治疗通过抑制炎症反应，降低免疫系统的过度激活，有助于减轻相关疾病的病理过程。在一些自身免疫性疾病中，过度的炎症反应是病变的主要驱动力，通过调控免疫系统，可以有效抑制这些炎症反应。

3. 生活质量的提高

免疫调节治疗的效果还体现在提高患者生活质量方面。通过控制疾病的活动性，减少疼痛、疲劳等症状，患者的日常生活质量得以改善。患者在疾病稳定的情况下能够更好地参与工作、学习和社交活动，增强社会融入感，提高生活满意度。

（四）免疫调节治疗的风险

虽然免疫调节治疗在许多疾病中取得了显著的效果，但其并非没有风险。不同的免疫调节药物和治疗手段可能伴随着各自的不良反应和风险。

1. 免疫抑制引起感染风险

许多免疫调节药物的作用机制是通过抑制免疫系统的活性来达到治疗效果。然而，这也会增加患者感染的风险。由于免疫系统受到抑制，机体对细菌、病毒等病原体的防御能力减弱，容易引发感染。因此，在接受免疫抑制治疗的患者中，感染的监测和预防尤为关键。

2. 免疫过度激活引起自身免疫风险

与免疫抑制相反，某些免疫调节治疗可能导致免疫系统的过度激活，引起自身免疫性反应。这可能导致自身免疫性疾病的恶化或新的自身免疫性疾病的发生。对于这类风险，医生需要在治疗过程中仔细监测患者的免疫状态，及时调整治疗方案。

3. 药物相关的不良反应

免疫调节药物本身可能引发一系列不良反应，包括但不限于：

胃肠道反应：如恶心、呕吐、腹泻等。

皮肤反应：包括皮疹、瘙痒等。

造血系统反应：如白细胞减少、贫血等。

肝脏功能异常：部分药物可能导致肝功能受损。

神经系统反应：包括头痛、头晕等。

4. 长期使用的潜在风险

一些免疫调节治疗需要长期使用，而长期使用可能伴随着一些潜在的风险，如骨密度下降、免疫衰弱导致的肿瘤风险增加等。在应用这些药物时，医生需要综合考虑治疗效果和潜在的长期风险。

（五）风险管理与监测

为了最大限度地降低免疫调节治疗的风险，医生需要采取一系列的风险管理措施和监测手段：

1. 临床监测

患者在接受免疫调节治疗期间需要接受定期的临床监测，包括血常规、生化指标、免疫指标等。这有助于及时发现并处理潜在的不良反应。

2. 感染预防

采取措施预防感染是关键。患者在接受免疫抑制治疗期间需要注意个人卫生，避免接触可能引发感染的环境。此外，定期的疫苗接种也是预防感染的有效手段。

3. 定期随访

医生需要定期随访患者，了解其治疗效果和潜在的不良反应。患者在治疗期间应该配合医生的建议，及时报告任何异常症状。

4. 个体化治疗方案

由于不同患者对免疫调节治疗的反应差异较大，因此需要制定个体化的治疗方案。医生应根据患者的病情、免疫状态、药物耐受性等因素制定个性化的治疗计划。这可能涉及调整药物剂量、选择不同的治疗方案或采用联合治疗的策略，以最大限度地提高治疗效果并降低潜在的风险。

5. 定期检查特定器官功能

针对免疫调节治疗可能影响的特定器官，例如肝脏、肾脏等，需要进行定期的功能检查。这有助于及早发现和处理因治疗引起的器官功能异常。

6. 信息共享与教育

医生需要与患者建立良好的沟通渠道，分享治疗过程中的重要信息。患者也需要了解治疗的原理、可能的不良反应以及何时寻求医疗帮助。通过充分的信息共享和教育，可以提高患者的治疗依从性和自我管理能力。

（六）展望与结论

免疫调节治疗作为一种针对免疫系统的治疗手段，在多个疾病领域取得了显著的成果。然而，随着对免疫系统及其调控机制认识的不断深入，我们对于免疫调节治疗的理解和应用也将不断进步。

未来的发展方向包括：

1. 精准医学的应用

随着基因组学和生物信息学的迅猛发展，精准医学将在免疫调节治疗中扮演重要角色。通过分析个体基因信息，制定更为精准的治疗方案，以提高治疗效果并降低不良反应。

2. 创新治疗策略的开发

不断有新的免疫调节治疗策略和药物涌现，如免疫检查点抑制剂、基因治疗等。这些创新策略有望进一步拓展免疫调节治疗的适用范围，并提供更为有效的治疗手段。

3. 多学科合作的强化

免疫调节治疗的复杂性要求多学科之间的密切合作，包括免疫学、生物学、临床医学等领域的专业知识。未来，更多的研究和治疗团队将联手，共同推动免疫调节治疗领域的进步。

综合而言，免疫调节治疗作为一种前沿的治疗手段，在一些难治性疾病的治疗中展现出独特的优势。然而，在应用过程中需要谨慎权衡治疗效果与潜在的风险，通过严密的监测、个体化的治疗方案和患者教育，最大限度地实现治疗的益处。随着科学技术的不断发展，我们有信心在这一领域取得更多的突破，为患者提供更为安全、有效的治疗选择。

第三节　神经感染与炎症性疾病的影像学表现

一、MRI 与 CT 在感染性脑病中的特异性

感染性脑病是一组由各种病原体引起的脑组织炎症性疾病，其包括病毒、细菌、真菌等多种感染性因素。这些疾病的早期诊断和治疗对患者的生存和生活质量至关重要。在感染性脑病的影像学检查中，磁共振成像（MRI）和计算机断层扫描（CT）是两种常用的检查手段。本文将深入探讨 MRI 与 CT 在感染性脑病中的特异性，包括其原理、优势、局限性以及在具体感染性脑病中的应用。

（一）MRI 与 CT 的原理和优势

1. MRI 的原理

MRI 利用核磁共振的原理，通过检测人体组织中氢原子的信号来生成图像。不同组织中的氢原子含量和运动状态不同，因此它们在 MRI 图像上表现出不同的信号强度，从而呈现出组织的结构和病变情况。

2. CT 的原理

CT 是一种利用 X 线的成像技术，它通过测量 X 线通过组织的吸收程度来生成图像。X 线通过不同密度的组织时会发生不同程度的吸收，形成对比鲜明的影像。

3. MRI 与 CT 的优势

MRI 的优势：

提供更为详细的软组织对比，特别适用于脑部结构的分辨率高。

不需要使用放射线，相对辐射剂量较低。

可以获取多平面图像，有助于更全面地评估病变。

CT 的优势：

扫描速度快，适用于紧急情况下的快速筛查。

对于骨组织的显示效果好，有利于评估颅骨的病变。

相对较便宜，更易于广泛应用。

（二）MRI 与 CT 在感染性脑病中的应用

1. 病毒性脑炎

MRI 应用：

T2 加权成像（T2WI）：在病毒性脑炎中，T2WI 对于显示脑部水肿和病灶的形成具有很高的敏感性。典型的表现是受累脑区呈现高信号，反映了炎症和水肿。

增强扫描：针对脑炎灶进行增强扫描，有助于显示病灶的边缘清晰度和周围的炎症反应。

CT 应用：

低密度灶：在 CT 图像上，病毒性脑炎通常表现为局部脑组织的低密度灶，反映了水肿和炎症的存在。

脑室扩张：在病毒性脑炎引起的脑积水情况下，CT 图像上可以观察到脑室的扩张。

2. 细菌性脑膜炎

MRI 应用：

脑膜增厚：MRI 可显示脑膜的增厚，是脑膜炎的典型表现。

脑室扩张：细菌性脑膜炎引起的脑积水可在 MRI 上表现为脑室扩张。

CT 应用：

脑膜钙化：在慢性细菌性脑膜炎中，CT 图像上可能观察到脑膜下的钙化灶。

3. 真菌性脑膜炎

MRI 应用：

脑膜增厚和强化：MRI 对于显示脑膜的增厚和强化有良好的敏感性，有助于真菌性脑膜炎的诊断。

CT 应用：

脑膜增厚：CT 图像上可以显示脑膜的增厚，但对于脑膜的强化显示不如 MRI 明显。

（三）MRI 与 CT 的局限性和互补性

1. MRI 的局限性

金属植入物影响：MRI 对于患有金属植入物的患者存在一定的局限性，因为金属可能导致成像伪影。

费用较高：相对于 CT，MRI 的设备成本和扫描费用较高，不适用于快速筛查和大规模应用。

2. CT 的局限性

辐射剂量：CT 使用 X 线，相对较高的辐射剂量是其一个潜在的局限性，特别是对于需要多次重复检查的患者，应谨慎使用。

软组织对比度：相较于 MRI，CT 在软组织对比度方面较差，对于显示脑部的结构、病变和炎症的细节不如 MRI 清晰。

（四）MRI 与 CT 的结合应用

在实际临床中，MRI 与 CT 往往是互补的，结合使用可以更全面地评估感染性脑病。以下是一些具体应用场景：

1. 急性脑卒中合并感染

对于急性脑卒中合并感染的患者，CT 可用于快速排除出血等紧急情况，而 MRI 可以更准确地显示脑卒中灶及其与周围组织的关系，帮助制定更精准的治疗方案。

2. 外伤后感染

在外伤后感染的评估中，CT 可以迅速显示颅骨骨折、脑出血等外伤性病变，而 MRI 则更有助于观察软组织结构的详细情况，包括潜在的感染性病变。

3. 神经系统肿瘤合并感染

对于神经系统肿瘤患者合并感染的情况，MRI 是首选的成像方法，因为它可以更好地显示肿瘤的特征和感染性病变的关系，有助于指导治疗。

4. 脑脊液检查不确定的病例

当脑脊液检查结果不确定时，结合 MRI 和 CT 的信息可以更全面地评估患者的脑脊液动力学，帮助明确感染性脑病的诊断。

MRI 与 CT 在感染性脑病的成像学评估中各有优势和局限性。MRI 以其高对比度和多平面成像的能力，在显示软组织结构、脑膜增厚、病变的性质等方面有明显优势。然而，MRI 不适用于一些特殊情况，例如有金属植入物的患者。

相较之下，CT 具有扫描速度快、成本低等优势，特别适用于紧急情况下的初步筛查。然而，CT 的辐射剂量较高，对软组织的分辨率相对较差。

综合而言，MRI 与 CT 在感染性脑病的评估中常常是相互补充的。在实际应用中，医生需要根据患者的具体情况和临床需求综合考虑，选择合适的成像方法。未来，随着医学成像技术的不断发展，新的技术和方法的引入，有望进一步提高感染性脑病的准确诊断和治疗效果。

二、炎症性神经病变的动态监测

炎症性神经病变是一类涉及神经系统的炎症性疾病，其特点是免疫系统异常激活，导致神经组织的炎症和损伤。这类疾病包括多发性硬化症（Multiple Sclerosis，MS）、格林–巴利综合征（Guillain–Barre Syndrome，GBS）、自身免疫性神经病等。炎症性神经病变的动态监测对于了解疾病的进展、制定个性化治疗方案以及评估治疗效果至关重要。本文将深入探讨炎症性神经病变的动态监测，包括监测方法、关键指标、技术进展以及未来发展方向。

（一）监测方法

1. 临床评估

临床评估是最常见、最直接的监测方法之一。通过对患者的症状、体征和功能状态进行定期的临床检查，医生可以初步判断炎症性神经病变的活动性和病程进展。然而，临床评估受主观因素和操作者经验的影响，对病变的早期变化不够敏感。

2. 影像学监测

磁共振成像（MRI）：MRI 是炎症性神经病变监测的主要手段之一。通过 MRI，可以直观地显示神经组织的结构和病变，包括病灶的形状、大小、位置等。特别是在多发性硬化症等疾病中，MRI 对于早期诊断和疾病活动的监测至关重要。

核磁共振波谱学（MRS）：MRS 可以提供神经组织内代谢物的信息，有助于了解神经细胞的代谢状态。在炎症性神经病变中，MRS 可用于评估病灶周围的代谢变化，为疾病的动态监测提供更多信息。

3. 生物标志物

蛋白质标志物：患者的血清和脑脊液中的特定蛋白质标志物，如神经元特异性蛋白、炎症标志物等，可用于评估神经损伤和炎症程度。这些生物标志物的变化可以反映疾病的活动性和预后。

免疫细胞分析：对脑脊液中免疫细胞（如淋巴细胞、单核细胞）的定量和表型分析，有助于了解神经系统的炎症程度。这在某些炎症性神经病变中具有重要的诊断和监测价值。

（二）关键指标

1. 病灶活动性

在 MRI 监测中，病灶的活动性是一个关键指标。活动性病灶往往表现为对比剂的强化，反映了炎症的进行和血脑屏障的破坏。通过监测病灶的活动性，可以及早发现疾病的进展。

2. 神经组织的结构和体积变化

MRI 不仅可以显示病灶的存在，还可以定量评估神经组织的结构和体积变化。在炎症性神经病变中，组织的炎症和损伤往往导致神经组织的萎缩和体积减小。因此，监测神经组织的结构和体积变化是评估疾病进展的重要手段。

3. 炎症标志物的变化

生物标志物中的炎症标志物，如 C-反应蛋白（CRP）、肿瘤坏死因子（TNF）等，在炎症性神经病变的监测中具有重要价值。这些标志物的水平变化可以反映炎症的活跃程度和治疗效果。

4. 免疫细胞的变化

免疫细胞分析也是一个重要的指标，特别是在脑脊液分析中。炎症性神经病变通常伴随着免疫细胞的浸润，通过监测淋巴细胞、单核细胞等的数量和表型变化，可以更全面地了解炎症的特征和程度。

（三）技术进展

1. 高分辨率 MRI 技术

随着 MRI 技术的不断发展，高分辨率 MRI 成像技术的应用逐渐成为炎症性神经病变监测的重要手段。高分辨率 MRI 可以更清晰地显示小的病灶和微小的结构变化，提高了对疾病活动性和进展的敏感性。

2. 智能化分析方法

人工智能和机器学习的应用为炎症性神经病变的动态监测带来了新的可能性。通过对大量影像和临床数据的分析，智能化算法可以辅助医生更准确地评估疾病的活动性、预测疾病进展和制定个性化治疗方案。

3. 分子影像学

分子影像学技术，如正电子发射断层扫描（PET）和单光子发射计算机断层扫描（SPECT），可以通过标记特定的分子来直接反映炎症的程度和位置。这为更准确、更直观地监测炎症性神经病变提供了新途径。

（四）未来发展方向

1. 多模态融合

未来的炎症性神经病变监测很可能采用多模态融合的策略，结合临床评估、高分辨率 MRI、生物标志物和分子影像学等多种信息源，全面、精准地评估疾病的动态变化。

2. 个体化监测

随着医学向个体化发展，未来的炎症性神经病变监测将更加注重个体差异。基于患者的遗传信息、生物学特征和治疗反应，制定个体化的监测方案，实现精准医学的目标。

3. 新型生物标志物的发现

通过深入研究炎症性神经病变的发病机制，可能发现新的生物标志物，这些标志物能够更早、更敏感地反映疾病的活动性和进展。

4. 患者参与和远程监测

未来可能会推动患者更直接地参与监测过程，通过便携式设备、远程监测技术等实现对疾病的动态监测，提高监测的连续性和全面性。炎症性神经病变的动态监测是神经免疫学和临床神经学领域的研究热点之一。各种监测方法的不断进步和技术的创新为更好地理解疾病的发展、制定个性化治疗方案提供了强有力的支持。随着科学技术的不断发展，我们有信心在炎症性神经病变的监测和治疗中取得更多的突破，为患者提供更为精准、有效的医疗服务。

第四节　脊髓炎与脊髓灰质炎的康复护理

一、急性期康复护理的关键环节

急性期康复护理是指在患者经历急性疾病、手术或创伤后，通过系统性的康复干预，旨在最大程度地提高患者的功能能力、降低并发症风险、促进康复进程，以便更好地融入社会和恢复正常生活。在急性期康复护理中，关键环节的有效实施对于患者的康复成效至关重要。本文将深入探讨急性期康复护理的关键环节，包括评估与制定个性化计划、早期活动和运动疗法、营养管理、药物管理、心理支持以及康复团队协作等方面。

（一）评估与制定个性化计划

1. 临床评估

在急性期康复护理的初期，进行全面的临床评估是至关重要的。这包括对患者的生理、心理和社会方面的评估。生理方面，要评估患者的基本生命体征、功能状态、疼痛程度等；心理方面，要了解患者的心理健康状况和对康复的期望；社会方面，要考虑患者的社会支持系统、居住环境等。通过全面的评估，制定个性化的康复计划，更有针对性地应对患者的需求。

2. 制定个性化康复计划

基于临床评估的结果，制定个性化康复计划是急性期康复护理的核心环节。个性化计划应包括康复的目标、康复方案、康复过程中可能遇到的问题及相应的解决方案。计划应该具有可量化的目标，以便评估康复的进展，并在必要时进行调整。康复计划的制定应该是一个多学科团队的合作过程，包括康复医师、护理人员、物理治疗师、职业治疗师、营养师等。

（二）早期活动和运动疗法

1. 早期活动

早期活动是急性期康复护理中的重要环节之一。对于许多患者来说，尽早开始适度地活动有助于预防并发症，如深静脉血栓形成、压疮等。床边操、被动关节活动、直立训练等早期活动可维持患者肌肉质量、关节活动度，减少术后并发症的风险。

2. 运动疗法

运动疗法在急性期康复中发挥着积极的作用。根据患者的具体情况，设计合适的运动计划，包括肌肉力量训练、平衡训练、柔韧性训练等。运动疗法不仅可以提高患者的身体功能，还有助于改善心理状态，增强自信心，促进患者更好地投入到康复过程中。

（三）营养管理

1. 营养评估

在急性期康复护理中，营养管理是至关重要的。通过对患者的营养状态进行评估，包括体重、身高、血液生化指标等，可以了解患者的营养状况，并及时采取相应的干预措施。对于存在营养不良的患者，要制定个性化的营养补充计划，确保患者摄入足够的营养物质。

2. 营养支持

对于需要营养支持的患者，可以通过口服、鼻饲或静脉途径提供额外的营养补充。根据患者的情况，选择合适的营养支持方式，并定期评估患者的营养状态，调整营养方案。

（四）药物管理

1.疼痛管理

在急性期康复中，很多患者可能面临疼痛问题，特别是手术后。疼痛的存在要及时得到管理，以提高患者的生活质量和促进康复。药物疼痛管理是急性期康复护理的一个关键环节。通过使用镇痛药物，如非甾体抗炎药（NSAIDs）、阿片类药物等，可以有效地缓解患者的疼痛感。

2.抗感染药物

在某些情况下，患者可能需要抗感染治疗，特别是在手术后或存在感染风险的情况下。抗感染药物的选择应该根据具体的病原体和患者的个体情况进行，以防止感染的扩散和进一步并发症的发生。

3.其他药物治疗

根据患者的具体病情，可能还需要进行其他药物治疗，如抗凝药物、抗高血压药物等。药物的选择和使用需要在医生的指导下进行，以确保患者的药物治疗方案是安全和有效的。

（五）心理支持

1.心理评估

在急性期康复护理中，患者往往面临来自疾病、手术、康复过程等多方面的心理压力。因此，进行心理评估是十分重要的。通过了解患者的心理状态、情绪反应和心理需求，护理团队可以有针对性地为患者提供心理支持。

2.心理治疗

心理治疗包括心理咨询、认知行为疗法、支持性心理治疗等多种形式。通过与心理专业人员合作，帮助患者理解和应对康复过程中的挑战，提高其对康复的信心，减轻焦虑和抑郁情绪。

3.康复教育

为患者和其家属提供相关的康复教育也是心理支持的一部分。通过教育，患者可以更好地理解康复过程，学习自我管理技能，提高对康复计划的积极性和合作性。

（六）康复团队协作

1.多学科合作

急性期康复护理需要多学科的协同合作。康复团队通常包括康复医师、护理人员、物理治疗师、职业治疗师、言语治疗师、营养师等多个专业角色。通过团队的协同工作，可以更全面地满足患者的康复需求，提高康复效果。

2. 定期团队会诊

在急性期康复中，定期召开康复团队会诊是非常重要的环节。在会诊中，各专业成员可以分享患者的康复进展、讨论存在的问题、协调康复计划的调整等。这有助于及时解决患者康复过程中的各种挑战，提高康复效果。急性期康复护理是患者康复过程中的关键时期，关乎患者的康复质量和生活质量。在实施急性期康复护理时，全面而个性化的评估与制定计划、早期活动和运动疗法、营养管理、药物管理、心理支持以及康复团队协作是不可或缺的关键环节。通过有序的实施这些环节，可以更好地促进患者的生理和心理康复，提高患者的自理能力，最终达到更好的康复效果。在未来，随着医疗技术和康复理念的不断更新，急性期康复护理将更加科学、个性化，更好地服务于患者的康复需求。

二、长期护理中的功能训练与社会支持

长期护理是一项涉及到长期慢性疾病、残疾或老年人护理的综合性服务。在长期护理中，功能训练和社会支持是两个至关重要的方面。功能训练旨在提高患者的生活自理能力和功能水平，帮助他们更好地适应生活。而社会支持则包括心理、社交、经济等多方面的支持，旨在改善患者的生活质量。本文将深入探讨长期护理中功能训练与社会支持的关键环节，以期为提高患者的生活质量和促进康复做出贡献。

（一）功能训练

1. 功能评估

长期护理的第一步是进行全面的功能评估。这包括生活自理能力、运动能力、认知能力等方面的评估。通过评估，护理团队可以了解患者的具体情况，制定个性化的功能训练计划，明确康复的目标和方向。

2. 日常生活技能训练

针对患者的具体情况，进行日常生活技能训练是功能训练的核心环节。这包括如何进行自我卫生、如何独立进食、如何穿着梳妆等方面的技能训练。通过系统性的训练，患者可以逐步提高对这些基本生活技能的掌握，减少对他人的依赖。

3. 运动康复训练

对于患有运动障碍或肌肉骨骼问题的患者，运动康复训练是至关重要的。这包括针对肌肉力量、关节柔韧性、平衡能力等方面的康复训练。物理治疗师和康复医师可以制定个性化的康复方案，通过定期的运动训练，帮助患者提高运动能力和身体功能。

4. 认知训练

对于患有认知障碍的患者，认知训练是至关重要的一环。这包括通过记忆游戏、认知训练软件等方式，锻炼患者的认知功能。通过认知训练，可以延缓认知功能的下降，提高患者的自理能力。

5. 康复工具的使用培训

有些患者可能需要借助辅助工具来提高生活质量。这可能包括轮椅、助行器、假肢等康复工具。护理团队需要对患者进行相关康复工具的使用培训，确保患者能够熟练、安全地使用这些工具。

（二）社会支持

1. 心理支持

长期护理中，患者往往需要面对各种心理压力，包括对疾病、残疾或老年状态的适应，以及对未来的担忧。心理支持的提供对于缓解患者的心理压力，增强其应对疾病的信心至关重要。心理支持可以通过心理咨询、心理治疗、支持小组等形式来实现。

2. 社交支持

社交支持包括患者在家庭和社区中的社交网络。护理团队可以通过与患者家庭的沟通，了解患者的社交关系，帮助患者建立和维护社交网络。社交支持有助于患者更好地融入社会，减少因长期护理而带来的孤独感。

3. 经济支持

长期护理可能伴随着较高的经济成本，包括医疗费用、康复设备费用等。经济支持是社会支持的一个重要方面。护理团队可以协助患者了解社会福利、医疗保险等政策，帮助他们获取相应的经济支持。此外，护理团队还可以协调社区资源，寻找患者可能有资格获得的财政援助或慈善机构的帮助，以减轻患者和家庭的经济负担。

4. 教育支持

对患者及其家庭进行相关护理和康复知识的教育，使其能够更好地理解和应对疾病、合理利用康复资源，是社会支持的一项重要工作。通过教育，可以提高患者和家庭的康复自理能力，增强他们对抗疾病的信心。

5. 职业康复

对于一些患有残疾或慢性疾病的患者，职业康复是一项关键的社会支持。职业康复旨在帮助患者重新适应工作环境，通过技能培训、工作适应性调整等方式，促进患者重新融入职场。这不仅有助于提高患者的经济独立性，也有助于提升其自尊心和生活质量。

（三）整合功能训练与社会支持

1. 制定个性化护理计划

在长期护理中，个性化护理计划是整合功能训练与社会支持的关键。通过全面的评估，护理团队可以了解患者的生理、心理、社会需求，并制定相应的个性化护理计划。该计划应综合考虑患者的功能训练目标和社会支持需求，使得康复过程更加有针对性和全面。

2. 持续监测和调整

在长期护理中，患者的状况可能随时间发生变化，因此持续的监测和调整是非常重要的。护理团队需要定期评估患者的功能训练进展、社会支持状况，根据评估结果调整护理计划，以确保康复目标的实现和患者的全面关怀。

3. 康复团队协作

在整合功能训练与社会支持的过程中，多学科康复团队的协作是不可或缺的。医生、护士、物理治疗师、社会工作者、心理医生等各个专业成员需要密切合作，共同制定、实施和调整护理计划。团队协作有助于充分发挥每个专业的优势，为患者提供全面而个性化的服务。

（四）挑战与对策

1. 资源匮乏

在一些地区，长期护理资源可能相对匮乏，这包括康复设施、社会服务机构等。在面临资源匮乏的情况下，护理团队需要更加巧妙地利用现有资源，积极寻求社区支持，争取更多的康复资源。

2. 患者和家庭的抵触情绪

一些患者和家庭可能对康复过程产生抵触情绪，担心康复训练会增加负担或觉得康复效果不佳。在这种情况下，护理团队需要通过耐心的沟通，解释康复的重要性，建立患者和家庭的信任，帮助他们理解并积极参与康复过程。

长期护理中的功能训练与社会支持是一项综合性的工作，需要多学科的协同合作，以全面提高患者的生活质量。通过合理的功能训练，患者可以提高自身的自理能力和康复水平；而通过有效的社会支持，患者可以更好地适应疾病，融入社会。整合这两方面的服务，有助于实现患者的全面康复，提高其生活质量。在未来，随着医疗技术和社会服务理念的不断发展，长期护理中功能训练与社会支持的质量和效果将得到进一步提升，为患者提供更为全面、个性化的康复服务。

三、康复护理中的病人家庭教育

在康复护理中，病人家庭教育是一个至关重要的环节。家庭教育不仅关乎病人本人的康复效果，更涉及到家庭成员对患者的支持和理解程度。通过有效的家庭教育，可以提高病人及其家庭对康复的合作程度，促进患者更好地适应康复过程，实现更好的康复效果。本文将深入探讨康复护理中病人家庭教育的重要性、内容、实施方法以及面临的挑战与解决方案。

（一）病人家庭教育的重要性

1. 促进病人的康复

家庭教育是康复护理的重要组成部分，对促进病人的康复起到了关键性的作用。通过向家庭传授相关的康复知识和技能，使家庭成员能够更好地支持和协助患者进行康复训练，提高患者在家庭环境中的生活质量。

2. 提高康复效果的可持续性

康复护理的目标是实现患者的可持续性康复，而这需要在医疗机构外的家庭环境中延续康复措施。通过家庭教育，患者及其家庭成员能够学到与康复相关的长期管理技能，使得康复效果能够更好地延续，而不仅仅局限于医疗机构内。

3. 建立家庭支持体系

康复过程中，家庭支持对患者的精神和情感康复同样重要。通过家庭教育，可以加强家庭成员对患者的理解和支持，形成一个更为积极、有利于康复的家庭支持体系，为患者提供更好的康复环境。

（二）病人家庭教育的内容

1. 疾病和康复知识

首先，家庭教育的内容应该包括疾病和康复的基本知识。这方面的内容可以涵盖疾病的病因、病程、治疗方案，以及康复的意义、目标和计划等。通过对基本知识的了解，家庭成员能够更好地理解病人的情况，为康复提供更为有效的支持。

2. 康复技能培训

家庭成员需要学习一些基本的康复技能，以协助患者进行日常生活和康复训练。这包括如何进行被动关节活动、床上操、基础护理技能等。康复专业人员可以通过演示和实践引导，使家庭成员熟练掌握这些技能。

3. 家庭康复环境的改善

为了更好地支持患者的康复，需要对家庭环境进行相应的改善。这可能包括房屋结构的调整，使其更适合患者的行动能力；购买一些辅助性设备，如扶手、坐便椅等，以提高患者的生活自理能力。

4. 心理健康和情感支持

除了生理层面的康复，家庭教育还需要关注患者的心理健康和情感需求。家庭成员需要了解疾病和康复可能带来的心理压力，学习如何与患者进行有效的沟通，提供积极的情感支持，帮助患者更好地应对康复过程中的挑战。

（三）病人家庭教育的实施方法

1. 面对面教育

面对面的教育是最直接和常见的方式。通过面对面的交流，康复专业人员可以更直观地了解家庭的情况，根据实际情况进行个性化的教育。这种方式也更容易引起家庭成员的重视和参与。

2. 书面资料和宣传册

提供书面资料和宣传册是一种有效的补充方式。这些资料可以是疾病和康复的简明手册、日常康复训练指南、康复设备的使用说明等。通过阅读这些资料，家庭成员可以在日常生活中更方便地查阅相关信息。

3. 多媒体教育

利用多媒体技术进行教育也是一种现代化的方式。通过制作康复教育视频、在线课程等，可以使教育内容更生动形象，便于家庭成员随时获取。多媒体教育可以灵活运用图文、声音和视频等多种形式，更好地传递信息，提高家庭成员对康复知识的理解。

4. 康复工作坊和培训班

组织康复工作坊和培训班是一种集中式的家庭教育方式。在这些场合，康复专业人员可以面对一群家庭成员，深入讲解康复知识，演示康复技能，回答他们的疑虑和问题。通过互动式的培训，家庭成员可以更深入地参与到康复教育中。

（四）病人家庭教育面临的挑战与解决方案

1. 语言和文化差异

在进行家庭教育时，可能会遇到语言和文化差异的挑战。家庭成员的语言水平和文化背景不同，可能导致信息传递不畅。解决方案包括提供多语言的教育材料，借助翻译工具或提供专业的翻译服务，以确保信息准确传达。

2.家庭成员的认知水平和学习能力差异

家庭成员的认知水平和学习能力可能存在差异，有些人可能更容易理解和接受康复知识，而有些人可能需要更多的时间和耐心。在面对这种情况时，康复专业人员需要采用差异化的教育策略，通过个性化的教育方式满足不同家庭成员的学习需求。

3.家庭中其他的紧急事务

有时，家庭成员可能同时面对其他的紧急事务，导致他们对康复教育的关注度不高。在这种情况下，康复专业人员可以灵活安排教育时间，选择适当的时机，确保家庭成员能够专注于接受康复知识。

4.家庭成员对康复的态度和信仰

不同的家庭成员可能对康复持有不同的态度和信仰，这可能影响他们对康复教育的接受程度。在这种情况下，康复专业人员需要尊重家庭成员的观点，通过耐心的交流和沟通，逐渐改变他们对康复的态度，使其更加支持患者的康复过程。

病人家庭教育在康复护理中扮演着不可替代的角色。通过提供全面而个性化的康复知识、技能和支持，可以极大地促进患者在家庭环境中的康复过程。家庭成员的积极参与和理解，是实现病人可持续康复的重要保障。在未来，随着医疗技术和康复理念的不断发展，家庭教育的方式和方法也将更为多样和智能化，为病人和家庭提供更为优质的康复服务。通过共同努力，可以建立更加紧密的康复支持网络，为病人的康复之路提供更大的支持和帮助。

第五节　放射介入治疗在炎症性神经病变中的实际应用

一、放射介入治疗的基本原理

放射介入治疗是一种通过导管等介入手段将放射性物质或药物直接送达病变部位，以达到治疗目的的方法。这种治疗方式以其微创、准确、高效的特点，在许多疾病的治疗中发挥着重要作用。本文将深入探讨放射介入治疗的基本原理，包括其定义、适应证、操作步骤、应用领域以及存在的挑战和发展趋势。

（一）放射介入治疗的定义

放射介入治疗，又称介入放射学治疗，是一种通过导管等介入手段将放射性物质、药物或其他治疗性物质直接送达病变部位，以达到治疗目的的医学方法。这种治疗方式利用 X 线、CT 等影像引导，通过微创的方式实施治疗，减少对患者的创伤，提高治疗的准确性和有效性。

（二）放射介入治疗的基本原理

1. 影像引导

放射介入治疗的基本原理之一是影像引导。医生通过实时的 X 线、CT、MRI 等影像引导设备，可以清晰地看到患者体内的血管、组织结构等情况，帮助准确定位病变部位。这种实时的影像引导使得医生能够在治疗过程中随时调整治疗计划，提高治疗的精准度。

2. 微创手段

放射介入治疗的另一基本原理是微创手段。在治疗过程中，医生通过皮肤小切口或血管穿刺口，将导管、导丝等介入器械引入患者体内，达到病变部位。相比传统的手术方式，这种微创手段减少了手术创伤，缩短了康复时间，使患者更容易接受治疗。

3. 靶向治疗

放射介入治疗还依赖于靶向治疗的原理。通过在导管或导丝上附着药物、放射性粒子等，可以直接将治疗物质送达到病变部位，减少对正常组织的影响。这种靶向治疗可以提高治疗的局部疗效，减轻全身不适，降低治疗相关的不良反应。

（三）放射介入治疗的适应证

放射介入治疗适用于多种疾病，主要包括但不限于以下几类：

1. 血管疾病

放射介入治疗在治疗冠心病、动脉狭窄、动脉瘤等血管疾病中有着广泛的应用。通过在血管内放置支架、球囊等器械，可以扩张狭窄的血管，恢复血液的正常流通。

2. 肿瘤治疗

放射介入治疗在肿瘤治疗中也起到关键作用。介入治疗可以通过向肿瘤内部注射化疗药物、放射性微粒等，实现对肿瘤的直接治疗。此外，放射介入还可以在肿瘤血管内放置栓塞物质，阻断肿瘤的血液供应，达到治疗的效果。

3. 肝胆胰疾病

在治疗肝脏、胆道和胰腺等器官的疾病中，放射介入治疗也表现出显著的优势。例如，通过经皮经肝穿刺，可以进行肝癌的射频消融、经胆管镜介入治疗等。

4. 神经血管疾病

对于一些神经血管疾病，如脑动脉瘤、脑血管狭窄等，放射介入治疗可以通过导管进入血管系统，进行血管修复、栓塞或者支架植入，有效缓解病症。

5. 骨科疾病

在一些骨科疾病的治疗中，放射介入也有其独特的应用。例如，经皮经骨穿刺技术可以用于骨折的治疗，椎体成形术可用于治疗椎体压缩骨折等。

（四）放射介入治疗的操作步骤

术前评估放射介入治疗的操作步骤包括术前评估、术中操作、术后管理等多个阶段。

1. 术前评估

在进行放射介入治疗之前，医生需要进行详细的术前评估。这一阶段的关键任务包括：

患者评估：对患者的全面评估，包括病史、体格检查、实验室检查等，以确保患者适合接受介入治疗。

影像学评估：通过影像学检查（如 CT、MRI、DSA 等）获取详细的病变信息，为术中准确定位提供依据。

治疗计划制定：基于患者的病情和影像学结果，医生制定详细的治疗计划，包括治疗的方法、器械的选择等。

2. 术中操作

在术中操作阶段，医生根据术前制定的治疗计划进行实际的治疗操作。主要步骤包括：

局部麻醉：首先对治疗部位进行局部麻醉，以减轻患者的疼痛感。

穿刺：通过经皮、经静脉、经动脉等途径，将导管或导丝引入患者体内，准确定位到病变部位。

影像引导：在 X 线、CT 或其他影像引导下，医生实时监控导管位置，确保准确无误地到达目标部位。

治疗介入：根据病变类型，医生进行相应的治疗介入，如支架植入、栓塞、射频消融、药物注射等。

3. 术后管理

术后管理是放射介入治疗的重要环节，其目的是确保患者安全、减轻并发症，促进康复。主要包括：

监测观察：对患者进行术后观察，监测生命体征、局部情况，及时发现并处理术后并发症。

药物管理：根据患者的具体情况，合理使用药物，如抗凝药物、抗生素等，预防感染和血栓形成。

康复护理：提供患者必要的康复护理，包括休息、饮食、生活方式等方面的指导，促进患者迅速康复。

（五）放射介入治疗的应用领域

放射介入治疗的应用领域非常广泛，涵盖了多个医学专科，主要包括：

1. 血管学

在血管学领域，放射介入治疗可用于治疗冠心病、动脉瘤、动脉狭窄等疾病。常见的介入手段包括冠状动脉支架植入、血管成形术等。

2. 肿瘤学

放射介入治疗在肿瘤学中的应用非常广泛，可用于肿瘤的栓塞治疗、射频消融、经导管化疗等，以实现对肿瘤的局部治疗。

3. 肝脏病学

在肝脏病学中，放射介入治疗可用于肝癌的治疗，包括经皮经肝穿刺的射频消融、经动脉化疗栓塞等。

4. 神经介入学

在神经介入学领域，放射介入治疗可以用于脑动脉瘤的栓塞治疗、脑血管狭窄的扩张治疗等。

5. 泌尿学

在泌尿学中，放射介入治疗可用于尿路结石的取石、尿路梗阻的扩张治疗等。

6. 骨科

在骨科领域，放射介入治疗可用于骨折的经皮经骨穿刺治疗、椎体成形术等。

（六）放射介入治疗的挑战和发展趋势

1. 挑战

技术要求高：放射介入治疗需要医生具备高超的技术水平，熟练掌握影像学和微创介入技术。

辐射风险：医护人员在进行放射介入治疗时会受到一定的辐射暴露，需要采取有效的防护措施。

并发症风险：放射介入治疗可能引起一些并发症，如出血、感染、血管损伤等。这需要医生在治疗过程中保持高度警惕，及时处理并发症。

设备和材料成本：部分放射介入治疗所需的设备和材料相对昂贵，这可能增加医疗机构的投入成本。

2. 发展趋势

技术创新：随着医学技术的不断创新，放射介入治疗的技术将更加精细化、个体化。新技术的引入有望提高治疗的准确性和安全性。

智能化辅助：人工智能在医学领域的应用不断发展，放射介入治疗也有望通过智能化辅助系统，提高手术的操作效率和精准度。

新型治疗物质：针对不同疾病，新型的治疗物质和药物将进一步丰富放射介入治疗的选择，提高治疗的疗效。

精准医学：随着精准医学理念的深入推进，放射介入治疗将更加个体化，根据患者的基因型、表型等因素，制定更精准的治疗方案。

培训与规范：针对放射介入治疗的专业培训和规范将更加完善，以确保医生具备足够的专业知识和技能，提高治疗水平。

放射介入治疗作为一种微创、准确、高效的治疗手段，在多个医学领域得到广泛应用。其基本原理包括影像引导、微创手段和靶向治疗，通过这些原理可以实现对血管、肿瘤、器官等多种疾病的治疗。在未来，随着技术的不断创新和医学理念的发展，放射介入治疗有望取得更大的突破，为患者提供更为个体化、精准的治疗方案。然而，放射介入治疗仍面临一些挑战，包括技术要求高、辐射风险等问题，需要医学界共同努力，不断优化治疗流程，提高治疗安全性和效果。通过不断的技术创新和规范管理，放射介入治疗有望在未来发展中发挥更为重要的作用，为患者带来更好的治疗体验和康复效果。

二、不同介入技术在炎症性神经病变治疗中的选择与优势

炎症性神经病变是一组由炎症引起的神经系统疾病，涉及的范围广泛，包括神经根、周围神经、中枢神经系统等。传统的治疗方法如药物治疗在一些情况下可能效果有限，而介入治疗技术的发展为炎症性神经病变的治疗提供了新的选择。本文将探讨不同介入技术在炎症性神经病变治疗中的选择与优势，包括神经阻滞、放射频消融、神经调制和免疫介入等方面。

（一）神经阻滞治疗

1. 神经阻滞的基本原理

神经阻滞是通过注射药物或其他介质到神经周围，以达到阻断神经传导的治疗方法。在炎症性神经病变中，神经阻滞的基本原理包括：

局部麻醉效应：通过注射局部麻醉药物，可以抑制神经传导，降低疼痛信号的传递。

抗炎作用：一些药物具有抗炎和抗生物膜作用，可以减轻炎症引起的神经病变。

2. 适应证与优势

神经阻滞治疗在炎症性神经病变中的适应证主要包括：

疼痛症状：对于神经痛、神经炎等疼痛症状，神经阻滞可以迅速缓解患者的疼痛。

关节炎：对于炎症性关节炎引起的神经病变，神经阻滞可以通过抑制炎症过程减轻相关症状。

神经病变的诊断与治疗：神经阻滞不仅可以缓解疼痛，还可以用于一些神经病变的诊断和治疗。

神经阻滞治疗的优势包括：

快速缓解疼痛：神经阻滞可以迅速在局部产生麻醉效应，显著缓解患者的疼痛。

微创：神经阻滞通常是微创操作，减少了手术创伤，有助于患者迅速康复。

可重复应用：在一些情况下，神经阻滞可以作为长期治疗的一部分，通过重复应用来维持疼痛缓解效果。

（二）放射频消融治疗

1. 放射频消融的基本原理

放射频消融是一种利用高频电流产生的热能破坏神经组织的方法。在炎症性神经病变中，放射频消融的基本原理包括：

高频电流产生热能：放射频电极通过导管引导到病变部位，高频电流产生的热能可以破坏神经组织，达到止痛效果。

神经传导阻断：热能的作用可以阻断神经的传导，减轻疼痛信号的传递。

2. 适应证与优势

放射频消融治疗在炎症性神经病变中的适应证主要包括：

椎间盘源性疼痛：对于椎间盘源性的神经病变，放射频消融可以通过破坏椎间盘神经支配区域的神经组织来缓解疼痛。

关节源性疼痛：针对关节源性的神经病变，放射频消融可以破坏关节周围的神经末梢，降低疼痛感。

神经阻滞无效病例：对于一些神经阻滞治疗无效的病例，放射频消融可以提供另一种选择。

放射频消融治疗的优势包括：

长效疼痛缓解：放射频消融可以实现较长时间内的疼痛缓解，减少了患者的频繁治疗需求。

定点准确：放射频消融可以精确地定位到神经病变部位，因此具有高度的准确性。

微创性：放射频消融是一种微创性的治疗方法，通过导管引导，减少了手术创伤和康复时间。

适用范围广泛：放射频消融不仅适用于椎间盘源性疼痛，还可以用于关节源性疼痛等多种神经病变，扩大了治疗的适用范围。

（三）神经调制治疗

1. 神经调制的基本原理

神经调制治疗是通过植入神经调制装置，通过电刺激或药物释放等方式，调控神经活动，以达到治疗效果。在炎症性神经病变中，神经调制的基本原理包括：

电刺激：通过电极植入神经周围，提供电刺激，干扰或阻断疼痛信号传递。

药物释放：通过植入的泵系统，定期释放药物，如镇痛药物、抗炎药物，以减轻疼痛和炎症。

2. 适应证与优势

神经调制治疗在炎症性神经病变中的适应证主要包括：

椎间盘源性疼痛：对于椎间盘源性的神经病变，神经调制可以通过电刺激或药物释放来缓解疼痛。

神经根痛：对于神经根痛，尤其是因椎间盘突出引起的，神经调制治疗可以提供有效的缓解。

复杂性部位疼痛综合征：对于复杂性部位疼痛综合征，神经调制治疗可以通过多途径的调控，达到治疗效果。

神经调制治疗的优势包括：

长效疼痛缓解：神经调制治疗可以提供相对长期的疼痛缓解，减少患者的疼痛感受。

个体化治疗：通过调整电刺激参数或药物释放速率，可以实现个体化的治疗方案，满足患者不同的需求。

减少药物副作用：相较于口服药物，神经调制治疗可以减少药物在全身产生的副作用，降低了治疗的风险。

（四）免疫介入治疗

1. 免疫介入的基本原理

免疫介入治疗是通过调节免疫系统的活性，改变炎症反应的过程，以达到治疗效果。在炎症性神经病变中，免疫介入的基本原理包括：

免疫抑制：使用免疫抑制剂，如皮质激素、免疫调节药物，抑制免疫系统的过度激活，减轻炎症反应。

生物制剂：应用生物制剂，如抗肿瘤坏死因子（TNF）药物，调控炎症反应的信号通路，改善神经病变症状。

2. 适应证与优势

免疫介入治疗在炎症性神经病变中的适应证主要包括：

自身免疫性神经病变：免疫介入治疗对于一些自身免疫性神经病变，如格林 – 巴利综合征等，显示出一定的疗效。

关节炎相关的神经病变：对于关节炎引起的神经病变，免疫介入治疗可以通过调节免疫系统，减轻相关症状。

神经病变的炎症阶段：在神经病变的炎症阶段，通过干预免疫反应，有望减缓或阻断疾病的进展。

免疫介入治疗的优势包括：

根本治疗：免疫介入治疗可以直接干预炎症的发生过程，具有一定的根本治疗作用。

系统性效果：免疫介入治疗可以影响全身免疫系统，对多个器官系统的神经病变产生系统性的治疗效果。

个体化治疗：鉴于患者的免疫系统状态可能存在差异，免疫介入治疗可以根据个体的免疫特征进行调整，实现个体化治疗。

长效疗效：免疫介入治疗一旦发挥作用，通常可以实现相对较长期的疗效，减少了患者的治疗频率。

（五）治疗选择的因素及综合考虑

在选择不同介入技术治疗炎症性神经病变时，需要综合考虑多个因素：

1. 病变性质和位置

不同的介入技术对于不同性质和位置的神经病变有不同的适应性。例如，神经阻滞更适用于表浅位置的神经病变，而放射频消融则更适用于深层的神经病变。

2. 症状严重程度

症状的严重程度是选择治疗方法的重要考虑因素。对于症状较轻的患者，可以首先尝试保守治疗或较为简单的介入治疗；而对于症状较重且难以控制的患者，可能需要更为侵入性或持久的治疗方法。

3. 患者个体差异

患者的个体差异也是选择治疗方法时需要考虑的因素。例如，一些患者可能对某些药物过敏或不能耐受，而对于这类患者，神经阻滞或其他非药物介入治疗可能是更合适的选择。

4. 患者偏好和期望

患者的偏好和期望也应该纳入考虑。一些患者可能更愿意接受非侵入性或微创的治疗方法，而另一些患者可能更愿意尝试更为侵入性但效果更持久的治疗。

5. 治疗的成本和可及性

不同治疗方法的成本和可及性也是一个重要考虑因素。一些介入治疗可能需要较高的设备和技术投入，同时也可能导致较高的费用。患者的经济状况和医疗资源的可及性是在制定治疗计划时需要综合考虑的因素。

针对炎症性神经病变的治疗，不同的介入技术都具有独特的优势和适应证。神经阻滞通过局部麻醉和抗炎作用缓解疼痛，放射频消融以破坏神经组织达到止痛效果，神经调制通过电刺激或药物释放调控神经活动，免疫介入治疗则通过调节免疫系统来影响炎症反应。在实际应用中，医生需要根据患者的具体情况、病变的性质和位置等多方面因素进行综合评估，选择最合适的治疗方法。

综合考虑不同介入技术的适应证、优势以及患者的个体差异，可以制定个体化、精准的治疗方案，最大程度地提高治疗的效果。未来随着医学技术的不断进步和治疗理念的不断拓展，炎症性神经病变的介入治疗将更加精细化、个体化，为患者提供更为有效和安全的治疗选择。

三、放射介入治疗的并发症与预防

放射介入治疗是一种广泛应用于多种疾病的治疗手段，例如肿瘤、心血管疾病等。尽管这一治疗方法在提高患者生存率和改善生活质量方面取得了显著成果，但仍然存在一些潜在的并发症。理解这些并发症及其预防对于提高治疗效果、降低患者风险至关重要。本文将深入探讨放射介入治疗的常见并发症及其预防措施。

（一）放射介入治疗的常见并发症

1. 血管通路并发症

在放射介入治疗中，经皮血管通路是常见的操作手段。然而，血管通路的建立可能引发一系列并发症，包括：

（1）出血。血管通路建立后，患者可能出现局部或全身性的出血。这可能是由于血管穿刺点未正确闭合、血管壁受损或抗凝药物的使用不当等原因引起的。

（2）血肿。血肿是在血管通路附近形成的局部血液积聚。这可能导致局部组织压迫和炎症反应，增加患者的不适感。

（3）血栓形成。血管通路建立的过程中，血液凝块的形成是一个潜在的问题。血栓可以阻塞血管，增加心血管事件的风险。

2. 放射性损伤

放射介入治疗本质上是一种辐射治疗方法，因此可能引起放射性损伤。这包括：

（1）皮肤损伤。辐射对皮肤的损伤是常见的并发症，表现为红斑、脱屑和疼痛。在一些情况下，甚至可能导致皮肤溃疡。

（2）组织坏死。辐射引起的血管损伤和缺氧可能导致治疗部位的组织坏死。这可能对患者的功能和生活质量产生重大影响。

（3）遗传性风险。对于年轻女性患者，放射介入治疗可能带来遗传性风险，特别是在妊娠期间。辐射对胚胎和胎儿的影响需要特别关注。

（4）其他系统性并发症。放射介入治疗可能引起一系列其他系统性并发症，如恶心、呕吐、疲劳等。这些症状通常是由于全身性的辐射影响引起的。

（二）预防放射介入治疗的并发症

1. 减少血管通路并发症的预防

（1）规范操作。确保血管通路的建立过程在规范的操作下进行，包括选择合适的穿刺点、使用适当的导管和监测装置等。

（2）紧急措施培训。医护人员应接受紧急情况处理的培训，以及血管通路并发症的处理技能培训，提高应对紧急情况的能力。

2. 降低放射性损伤的预防

（1）个体化辐射治疗方案。制定个体化的辐射治疗方案，最大限度地减少对正常组织的辐射损伤。

（2）辐射防护装备。医护人员和患者在治疗过程中应使用适当的辐射防护装备，包括护目镜、护甲等。

（3）遗传性风险的预防。对于可能怀孕的女性患者，在进行放射介入治疗前应接受咨询，评估治疗对胚胎的潜在影响。

（4）全面评估患者风险。在进行放射介入治疗前，医护人员应进行全面评估患者的身体状况、病史以及其他可能影响治疗效果的因素，以制定最合适的治疗方案。放射介入治疗是一项有效的治疗手段，但患者和医护人员需要充分了解可能的并发症并采取相应的预防措施。通过规范的操作、个体化的治疗方案和全面的患者评估，可以降低并发症的发生率，提高治疗的安全性和效果。在放射介入治疗中，患者和医护人员的密切合作以及对潜在风险的认识是确保治疗成功的关键。

第四章　神经变性疾病

第一节　帕金森病的早期诊断与治疗

一、早期帕金森病的临床表现

早期帕金森病（Parkinson's Disease，PD）是一种慢性进行性神经系统疾病，通常在 50 岁以上的中老年人中发病。该病以运动障碍、震颤、肌肉僵硬和姿势不稳为特征，其早期症状可能渐进出现，对患者的日常生活和生活质量产生重要影响。本文将深入探讨早期帕金森病的临床表现，以便更好地认识该疾病、提早干预及治疗。

（一）运动障碍

1. 震颤

帕金森病的最典型症状之一是静止性震颤（resting tremor）。震颤通常发生在患者安静时，特别是在休息状态下，而在运动时减轻或消失。最常见的是手部的震颤，通常表现为一种规律性的"摆动"或"颤抖"动作，可波及手指、手掌和整个手臂。

2. 肌肉僵硬

帕金森病患者在运动时经常感到肌肉僵硬，这主要是由于肌肉过度紧张。这种僵硬通常在四肢、颈部或其他部位出现，使得患者在日常生活中的动作变得迟缓、笨拙。肌肉僵硬还可能导致关节疼痛和不适。

3. 运动缓慢

帕金森病患者的运动速度明显减慢，这表现为步态缓慢、动作不灵活，常伴有步态困难。患者可能需要更多的时间来完成日常任务，如穿衣、刷牙或洗脸。

4. 姿势不稳

帕金森病会影响患者的平衡感，使得其姿势变得不稳定。这可能导致频繁的摔倒和跌倒，增加了骨折等意外伤害的风险。

（二）非运动性症状

1. 自主神经系统症状

早期帕金森病还常伴随一系列自主神经系统症状，如低血压、便秘、尿频或尿急。这些症状可能在运动症状出现之前，因此具有一定的预警意义。

2. 精神和认知方面的症状

帕金森病患者可能出现抑郁、焦虑、失眠等精神方面的症状。认知功能的改变，如记忆力减退、注意力不集中，也可能在早期就表现出来。

3. 气味丧失

一些研究发现，帕金森病患者在早期可能出现嗅觉减退或气味丧失。这一症状可能在其他症状出现之前数年就存在，因此被认为是一种潜在的早期诊断指标。

4. 手部微震

在一些病例中，患者可能在手部经常感到微震，这种微震通常不易察觉，但在临床检查中可以被发现。手部微震可能是帕金森病早期症状的一个特征。

（三）其他相关症状

1. 睡眠障碍

帕金森病患者可能在早期就经历睡眠障碍，包括入睡困难、多梦、频繁醒来等问题。这些问题可能对患者的白天注意力和精力产生负面影响。

2. 面部表情减少

帕金森病患者的面部表情可能变得呆板，表情减少，被称为"面具样表情"（masked face）。这一症状使患者看上去缺乏情感表达，可能被他人误解为冷漠或淡漠。

（四）早期帕金森病的诊断和治疗

早期帕金森病的诊断通常依赖于临床症状的观察和医生的专业判断。神经学检查、运动功能评估和一些特殊的影像学检查（如脑部核磁共振成像）可能有助于明确诊断。

一旦确诊，早期帕金森病的治疗旨在缓解症状、改善生活质量，以及延缓病情进展。药物治疗是常见的干预手段，其中包括多巴胺替代药物、抗胆碱药物等。物理疗法、言语疗法和职业疗法也常被纳入治疗计划，以帮助患者维持或提高其日常生活功能。

（五）预防早期帕金森病的发展

虽然帕金森病目前仍然无法治愈，但一些研究表明，一些生活方式和环境因素可能与疾病的发展有关。因此，采取一些预防措施可能有助于降低患病风险。

1. 锻炼

有研究表明，适度的锻炼可能对降低帕金森病的风险有益。规律的有氧运动，如步行、骑自行车或游泳，有助于维持身体健康，提高运动能力，可能对预防帕金森病的发展起到积极作用。

2. 营养均衡

一些研究表明，饮食中一些特定的物质，如抗氧化剂、维生素 E 和维生素 C，可能对降低帕金森病的风险有一定的帮助。因此，保持饮食的多样性、均衡，并摄取足够的维生素和矿物质，可能有助于维持神经系统的健康。

3. 睡眠充足

维持良好的睡眠习惯对预防神经系统疾病的发展也是重要的。规律的作息时间、舒适的睡眠环境以及适当的睡眠时间都有助于维持神经系统的正常功能。

4. 避免毒素和有害物质

一些环境暴露，如接触农药和其他有毒物质，被认为与帕金森病的风险增加有关。因此，尽可能避免接触有害物质，保持环境的清洁和健康，可能对降低患病风险有益。早期帕金森病的临床表现复杂多样，包括运动障碍、非运动性症状以及其他相关症状。由于帕金森病的治疗主要依赖于症状的缓解和功能的维持，早期诊断对于采取及时的治疗和干预措施至关重要。因此，对潜在症状的认识和了解，以及及时的医学评估，对提高早期帕金森病的诊断水平和患者的生活质量都具有重要意义。在治疗过程中，多学科团队的协作，包括神经学医生、康复医生、营养师等，将有助于综合性地管理患者的症状，提高治疗效果。

二、影像学在早期诊断中的角色

影像学在早期疾病诊断中的角色日益重要，特别是对于一些神经系统疾病，如癌症、神经退行性疾病等。本文将深入探讨影像学在早期诊断中的作用，重点关注其在神经系统疾病早期诊断中的应用，包括脑部疾病、神经系统感染和神经退行性疾病等方面。

（一）影像学技术的发展

近年来，随着医学影像技术的不断发展，影像学在早期疾病诊断中的应用变得越来越广泛。主要的医学影像学技术包括：

1. 核磁共振成像（MRI）

MRI 是一种无辐射的高分辨率影像学技术，通过磁场和无损耗的无线电波来生成详细的身体组织图像。对于脑部结构和病变的检测，MRI 是一种非常有效的工具。在早期疾病诊断中，MRI 可以提供高分辨率的图像，帮助医生检测和评估病变。

2. 计算机断层扫描（CT）

CT 通过使用 X 线和计算机技术来生成横截面的身体图像。它在检测和定位病变方面具有很高的分辨率。在一些急性情况下，如脑卒中或颅内出血的早期诊断中，CT 扮演着关键的角色。

3. 正电子发射断层扫描（PET）

PET 通过追踪放射性同位素的分布来提供有关器官和组织功能的信息。在早期疾病诊断中，PET 对于检测异常代谢或功能性异常的病变非常有价值，尤其是对于一些癌症的早期筛查。

4. 单光子发射计算机断层扫描（SPECT）

SPECT 类似于 PET，也是一种核医学影像学技术，但它使用不同的放射性同位素。SPECT 主要用于评估血流、代谢和神经系统功能。

（二）神经系统疾病的早期诊断

1. 脑卒中

脑卒中是一种急性神经系统疾病，及时的诊断对于采取紧急的治疗措施至关重要。影像学在脑卒中的早期诊断中发挥着重要的作用。CT 扫描通常用于检测颅内出血，而 MRI 则更适用于检测脑卒中的梗死性病变。这两种技术可以在急诊情况下快速提供准确的诊断信息，帮助医生决定最合适的治疗方案。

2. 癫痫

影像学在癫痫的早期诊断中也发挥着关键的作用。MRI 可以检测大脑结构的异常，如脑肿瘤、脑膜瘤或海马硬化等，这些异常可能是癫痫的原因。此外，功能性神经影像学技术，如 PET 和 SPECT，有助于评估癫痫发作期间的脑代谢和血流变化，进一步帮助医生确定病因。

3. 神经退行性疾病

神经退行性疾病，如阿尔茨海默病和帕金森病，通常在早期阶段症状不明显，但影像学技术有助于揭示病变。MRI 可以用于检测阿尔茨海默病的脑结构改变，如颞叶萎缩。对于帕金森病，SPECT 和 PET 可以显示与多巴胺系统有关的代谢异常。这有助于早期发现疾病迹象，采取干预措施，推迟疾病的进展。

4. 脑部肿瘤

脑部肿瘤的早期诊断对于及时治疗和提高患者生存率至关重要。MRI 是检测脑部肿瘤最常用的工具之一。它能够提供高分辨率的图像，清晰显示肿瘤的位置、大小和周围组织的关系。此外，对于一些具有特殊代谢特征的肿瘤，如胶质瘤，PET 扫描也可能提供额外的信息。

（三）影像学在感染性疾病中的应用

1. 脑脊液检查

在神经系统感染的早期诊断中，脑脊液检查是一种常用的方法，通过脑脊液中的细胞、蛋白质和病原体的检测，医生能够初步判断是否存在感染。然而，影像学在感染性疾病的诊断中也发挥着重要作用。

2. 神经系统感染

在神经系统感染的早期诊断中，MRI 和 CT 扫描通常用于检测脑部结构的异常。病毒性脑炎、脑膜炎和脑脊髓膜炎等感染性疾病可能导致脑组织的水肿、炎症和其他结构改变。这些变化在影像学图像中是可见的，有助于医生迅速进行诊断。

3. 脑脓肿

脑脓肿是由细菌感染引起的脑组织局部脓液积聚，是一种严重的感染性疾病。CT 和 MRI 可用于检测脓肿的位置、大小和形状，以指导及时的手术干预。早期的影像学诊断可以有效降低脑脓肿的并发症和死亡率。

4. 脊髓炎

脊髓炎是脊髓的炎症性疾病，常见原因包括感染、自身免疫性疾病等。影像学技术可以显示脊髓结构的异常，如水肿、炎症和损伤。MRI 对于评估脊髓炎的程度和定位病变的位置非常有帮助。

（四）挑战和未来展望

1. 早期诊断的挑战

尽管影像学在早期诊断中发挥着关键的作用，但仍然存在一些挑战。一些早期疾病可能在影像学上不明显，或者症状可能过于轻微，难以被检测到。此外，有些影像学特征并非特异性，可能与多种疾病有关，需要综合考虑临床病史、症状和其他实验室检查结果。

2. 新技术的应用

随着医学技术的不断创新，新的影像学技术不断涌现，为早期疾病的诊断提供了新的可能性。例如，功能性磁共振成像（fMRI）可以提供有关脑活动和连接性的信息，有助于更全面地了解神经系统疾病的发展。另外，分子影像学技术的发展使得医生能够直接观察和评估分子水平的变化，为早期疾病的诊断提供更为精准的信息。

3. 人工智能的应用

人工智能（AI）在医学影像学领域的应用也在快速发展。深度学习算法和神经网络技术使得计算机能够更快速、准确地分析复杂的影像学数据。这不仅有助于提高早期疾病的诊断准确性，还可以加速医学影像学的工作流程，提高医生的工作效率。

医学影像学在早期疾病诊断中扮演着不可替代的角色，尤其在神经系统疾病的诊断中。各种影像学技术，如 MRI、CT、PET 等，提供了对身体结构和功能进行全面、非侵入性评估的手段。这些技术为医生提供了更多的信息，帮助他们更早地发现和诊断疾病，制定更有效的治疗方案。

然而，在使用影像学进行早期诊断时，医生仍需结合患者的病史、症状和其他实验室检查结果进行综合分析。同时，随着新技术的不断涌现和人工智能的应用，医学影像学将在未来取得更大的突破，为早期疾病的准确诊断和更有效的治疗提供更多可能性。

三、新型药物与非药物治疗策略

新型药物和非药物治疗策略在现代医学中扮演着日益重要的角色，对于多种疾病的治疗提供了新的希望和可能性。本文将就新型药物和非药物治疗策略的发展与应用进行综合性的讨论。

（一）新型药物治疗

1. 基因治疗

基因治疗是一种通过修复、替代或调控患者体内的基因来治疗疾病的方法。近年来，随着基因工程和分子生物学的发展，基因治疗已经成为治疗一些遗传性疾病的前沿技术。通过引入正常的基因或修复异常的基因，基因治疗有望治愈一些目前难以治疗的遗传性疾病，如囊性纤维化、遗传性视网膜病变等。

2. 免疫治疗

免疫治疗是一种利用患者自身免疫系统来攻击和摧毁异常细胞的治疗方法。这种治疗策略在癌症领域取得了显著的突破。例如，免疫检查点抑制剂能够阻止肿瘤细胞逃脱免疫系统的攻击，从而增强免疫系统对肿瘤的识别和清除能力。免疫治疗不仅在肿瘤治疗中取得了成功，在自身免疫性疾病的治疗中也显示出了潜在的疗效。

3. 抗体药物

抗体药物是一类通过人工合成的抗体对靶分子进行特异性干预的药物。这些药物在癌症、自身免疫性疾病和感染性疾病等方面取得了显著的成果。例如，单克隆抗体可以针对肿瘤细胞表面的特定抗原，实现对肿瘤的定向治疗。抗体药物的研究和开发为个体化治疗提供了新的途径。

4. RNA 干扰技术

RNA 干扰技术是一种通过引入外源 RNA 分子来沉默或抑制患者体内基因表达的方法。这种技术在治疗一些遗传性疾病和病毒感染中显示出潜在的应用价值。例如，小干扰 RNA（siRNA）可以靶向特定基因的 mRNA，从而抑制该基因的表达，对一些遗传性疾病的治疗具有潜力。

（二）非药物治疗策略

1. 基因编辑技术

基因编辑技术是一种通过直接修改患者体内基因序列来治疗疾病的方法。CRISPR-Cas9 系统是目前应用最广泛的基因编辑技术之一。它可以精确地切割基因组中的 DNA，进而实现对基因的删除、修复或替代。基因编辑技术为一些遗传性疾病的治疗提供了前所未有的可能性。

2. 干细胞治疗

干细胞治疗是利用干细胞的多能性和分化潜能，通过置入患者体内进行组织修复和再生的治疗方法。干细胞可以分化成各种细胞类型，包括神经细胞、心脏细胞等，因此被广泛研究用于治疗心脑血管疾病、神经系统疾病等。

3. 物理疗法

物理疗法是一种通过物理手段来促进身体康复和治疗的方法。在许多慢性疾病和康复过程中，物理疗法被广泛应用。例如，在骨折康复中，物理疗法可以通过运动和康复训练帮助患者恢复受伤部位的功能。

4. 心理治疗

心理治疗在心理健康领域发挥着重要作用。通过与专业心理医生的交流和指导，患者可以更好地理解和处理心理问题，学会应对压力、焦虑和抑郁等情绪障碍。心理治疗对于心理健康的维护和改善具有显著的效果。

5. 康复治疗

康复治疗是一种通过生理和心理的康复训练，帮助患者恢复或提高生活功能的治疗方法。康复治疗在中风康复、创伤康复、运动损伤康复等方面具有重要意义。通过定制个性化的康复计划，包括运动治疗、职业治疗和言语治疗等，患者可以在专业医护人员的指导下逐步实现功能的恢复。

6. 营养和生活方式干预

营养和生活方式的干预对于一些慢性疾病的治疗和预防起着至关重要的作用。通过合理的饮食、规律的锻炼和健康的生活方式，患者能够降低心血管疾病、糖尿病、肥胖等慢性疾病的风险，并提高生活质量。

7. 物理疗法

物理疗法是一种通过物理手段来促进身体康复和治疗的方法。在许多慢性疾病和康复过程中，物理疗法被广泛应用。例如，在骨折康复中，物理疗法可以通过运动和康复训练帮助患者恢复受伤部位的功能。

（三）新型治疗方法的挑战与展望

1. 安全性和副作用

新型药物和治疗方法的引入通常需要经过严格的临床试验，以确保其安全性和有效性。然而，在推广和长期使用过程中，一些潜在的副作用和安全性问题可能会浮现。因此，对新型治疗方法的安全性进行持续的监测和评估至关重要。

2. 成本和可及性

一些新型治疗方法可能具有较高的研发和生产成本，这可能使其在一些地区或人群中的可及性受到限制。解决这一问题涉及到政府、制药公司和医疗保健系统的协同努力，以确保新型治疗方法能够更广泛地造福患者。

3. 个体差异性

由于个体差异性，新型治疗方法的效果在患者之间可能存在差异。因此，个体化治疗策略和精准医学的发展将成为未来的研究方向。通过深入了解患者的遗传背景、生活方式和环境等因素，更精准地制定治疗方案，以提高治疗效果。

4. 伦理和法规问题

在开发和应用新型治疗方法的过程中，伦理和法规问题也需要得到重视。例如，在基因治疗领域，如何确保治疗的安全性、患者的知情同意和隐私保护等问题都是需要仔细考虑的。

5. 技术和科学的进展

新型治疗方法的发展需要基础科学和技术的支持。随着科学和技术的不断进步，新的治疗方法和策略将不断涌现。同时，也需要医学专业人才的培养和跨学科合作，以更好地应对新兴的医学挑战。

新型药物和非药物治疗策略的不断涌现为医学领域带来了新的希望和可能性。基因治疗、免疫治疗、抗体药物、基因编辑技术等新型药物治疗方法为一些传统治疗难以解决的疾病提供了新的解决途径。同时，非药物治疗策略如基因编辑技术、干细胞治疗、物理疗法、心理治疗等在康复、心理健康和慢性疾病管理方面发挥着积极的作用。

然而，随着新型治疗方法的广泛应用，一系列挑战也应运而生。安全性和副作用、成本和可及性、个体差异性、伦理和法规问题等都需要认真对待。解决这些挑战需要医学、科学、政府、产业界等多方面的共同努力。

未来，随着科技的不断发展和医学知识的深入，我们有望看到更多创新性的治疗方法的涌现，为更多疾病的治疗提供更多选择。个体化治疗和精准医学的发展将使治疗更加针对性，提高治疗的有效性。同时，全球合作将推动新型治疗方法的全球普及，确保更多患者能够受益于这些先进的医学技术。

总体而言，新型药物和非药物治疗策略的发展标志着医学领域进入了一个新的时代，给患者带来了更多治疗选择，也为医学研究提出了更多挑战。在未来的发展中，全球医学界需要共同努力，推动创新、解决问题，以更好地服务人类健康。

第二节　肌萎缩侧索硬化症的诊断与治疗

一、ALS 的病因研究进展

肌萎缩侧索硬化症（Amyotrophic Lateral Sclerosis，ALS）是一种神经系统退行性疾病，其病因至今仍然没有完全阐明。ALS 主要表现为运动神经元的损害，导致患者逐渐失去对肌肉的控制，最终导致肌肉萎缩和功能丧失。在过去的几十年里，对 ALS 病因的研究一直在不断深入，涉及基因、蛋白质异常、细胞免疫等多个层面。本文将从遗传、生物化学、细胞生物学等多个方面综合讨论 ALS 病因研究的进展。

（一）遗传因素

1. SOD1 基因突变

ALS 中大约有 10% 的患者与超氧化物歧化酶 1（SOD1）基因突变有关。SOD1 是一个抗氧化酶，其突变可能导致蛋白质失去正常功能，形成有毒的蛋白质聚集，从而引发神经元的损害。SOD1 基因突变是 ALS 中最早被发现的遗传因素之一，也是导致家族性 ALS 的主要原因之一。

2. C9orf72 基因重复

近年来，研究人员发现 C9orf72 基因的异常重复是 ALS 和前颞叶失调症（Frontotemporal Dementia，FTD）的重要遗传原因之一。C9orf72 基因突变导致 DNA 中 G4C2 核苷酸的异常重复，形成毒性的 RNA 和蛋白质聚集，对神经元产生不良影响。C9orf72 基因的异常重复被认为是 ALS 患者中最常见的遗传突变。

3. TDP-43 蛋白质异常

TDP-43 是一种 RNA 结合蛋白，它在 ALS 患者的神经元中出现异常聚集。TDP-43 的突变或异常可导致其在细胞中的定位发生改变，从而引发神经元的损伤。大量研究证实，TDP-43 蛋白质异常在 ALS 的发病机制中起到了关键的作用。

（二）生物化学因素

1. 谷氨酸毒性

过度激活谷氨酸受体导致神经元对谷氨酸的毒性反应，是 ALS 病理生理学的一个重要方面。谷氨酸是一种兴奋性氨基酸，其在过量的情况下会导致神经元细胞的死亡。这一过程涉及到神经元细胞内钙离子平衡的紊乱，以及激活一系列导致细胞死亡的信号通路。

2. 氧化应激

氧化应激是指细胞内活性氧自由基的产生超过了清除的能力，导致细胞结构和功能的损害。在 ALS 中，由于神经元对氧化应激的敏感性增加，细胞内活性氧自由基的过量产生可能对神经元的损害起到促进作用。

3. 蛋白质聚集

多种蛋白质在 ALS 患者的神经元中出现异常聚集，形成蛋白质包涵体。这些蛋白质包括 TDP-43、SOD1 等。蛋白质聚集被认为是导致神经元损害和死亡的关键因素之一。研究人员正在努力阐明这些蛋白质聚集与 ALS 发病机制之间的具体关系。

（三）细胞生物学因素

1. 神经元的氧化损伤

神经元对氧化应激的敏感性较高，特别容易受到氧化损伤。过度的氧化应激可以导致神经元细胞膜、线粒体等结构的损害，最终导致神经元的死亡。

2. 神经元免疫反应

免疫系统在 ALS 的发病过程中也扮演着重要角色。神经元损伤后，免疫细胞会受到激活，释放炎性因子，导致神经元的进一步损害。这一免疫反应可能是 ALS 发病和发展的重要机制之一。

3. 神经元突触的损失

ALS 患者往往伴随有神经元突触的损失，这是神经元通信的关键结构。突触的丧失可能导致神经元网络的功能紊乱，最终引发运动神经元的退行性变化。

（四）未来展望

1. 精准医学和个体化治疗

随着对 ALS 病因的深入研究，精准医学和个体化治疗将成为未来的研究和治疗方向。通过深入了解患者的遗传背景、基因表达、蛋白质水平等个体差异，医生可以更准确地制定个性化的治疗方案，提高治疗的效果。

2. 新的治疗靶点和药物

研究人员在不断寻找新的治疗靶点和药物，以干预 ALS 的发病机制。一些药物试图影响谷氨酸代谢、抑制氧化应激、调控蛋白质聚集等，以期在细胞水平上干预 ALS 的病理过程。

3. 基因编辑技术的应用

随着基因编辑技术的不断发展，研究人员开始探索利用 CRISPR 等技术直接修复 ALS 患者体内存在的基因突变，或者调整与 ALS 相关的基因表达水平。这一方向的研究虽然仍处于早期阶段，但为未来治疗提供了崭新的可能性。

4. 神经保护与康复治疗

除了病因研究外，神经保护和康复治疗也是 ALS 研究的重要方向。通过研究神经元的保护机制，探索如何延缓神经元的退行性变化，以及如何帮助患者在疾病进展过程中保持最佳的生活质量。

5. 跨学科合作

面对 ALS 这样复杂多样的疾病，跨学科的合作将变得更为重要。生物学、医学、生物化学、工程学等领域的专家需要共同努力，整合各种研究成果，以全面理解 ALS 的病因和发病机制。

6. 大数据和人工智能的应用

随着大数据和人工智能技术的不断发展，将大量的遗传信息、临床数据和分子水平的信息进行整合和分析，有望为发现 ALS 的新病因、预测疾病进展以及制定更有效的治疗策略提供支持。

7. 临床试验的持续推进

在研究取得进展的基础上，将新的治疗策略快速转化为临床实践是关键的一步。

持续推进临床试验，评估新治疗方法的安全性和有效性，对于 ALS 患者来说具有重要意义。

ALS 的病因研究正经历着迅猛的发展，尽管目前尚未找到根治的方法，但对于揭示其发病机制和寻找新的治疗途径取得了一系列重要的突破。精准医学、基因编辑技术、神经保护、康复治疗等方向的研究为未来治疗 ALS 提供了新的思路和可能性。

随着科学技术的不断进步，相信未来对 ALS 病因研究的深入和治疗方法的创新将取得更加显著的成果，为患者提供更有效的治疗手段，最终改善患者的生活质量。在这一过程中，全球范围内的科研团队、医疗专业人士和患者团体的共同努力将是不可或缺的。

二、肌萎缩侧索硬化症个体化治疗方案的设计

肌萎缩侧索硬化症（Amyotrophic Lateral Sclerosis，ALS）是一种进展性神经系统退行性疾病，其病因目前尚未完全明确，治疗手段也相对有限。然而，个体化治疗方案的设计对于提高患者的生活质量、延缓病情进展和应对症状的发展至关重要。本文将从不同层面探讨个体化治疗方案的设计，包括药物治疗、康复治疗、心理支持以及生活方式管理等方面。

（一）个体化治疗的重要性

1. 病因多样性

ALS 患者之间存在明显的病因多样性，包括不同基因突变、疾病发展速度、临床表现等方面的差异。因此，制定适用于所有患者的通用治疗方案并不现实，而个体化治疗方案更有可能针对患者的具体情况进行优化。

2. 症状差异性

ALS 患者在症状表现上存在显著的差异。有的患者可能主要表现为肌肉萎缩和运动障碍，而有的患者则可能经历与前颞叶失调症（FTD）相关的认知和行为变化。个体化治疗方案能够更好地满足患者特定症状的治疗需求。

3. 治疗反应差异性

患者对于相同治疗手段的反应可能存在差异。有的患者可能对某种药物有较好的耐受性和疗效，而有的患者可能对同一治疗手段产生较差的反应。因此，根据患者的个体差异调整治疗方案，能够提高治疗的效果。

（二）药物治疗的个体化方案

1. 遗传基础的个体化治疗

考虑到 ALS 与多个基因的突变相关，遗传基础的个体化治疗显得尤为重要。通过基因测序技术，可以检测患者是否携带与 ALS 相关的遗传突变，从而选择更加精准的治疗方案。例如，针对 SOD1 基因突变的患者，可以探索利用基因编辑技术进行基因修复的治疗途径。

2. 药物反应监测

在药物治疗中，监测患者对药物的反应和耐受性是个体化治疗的重要步骤。通过监测血清药物浓度、药物代谢物以及相关生物标志物的变化，可以更好地了解患者对药物的反应，有助于调整用药剂量和频次，以达到更好的治疗效果。

3. 症状缓解的药物管理

ALS 患者在疾病发展过程中可能经历肌肉痉挛、疼痛、抑郁、焦虑等多种症状。根据患者具体症状的不同，选择合适的药物进行管理。例如，对于肌肉痉挛，可以考虑使用肌松药物；对于情绪问题，可以考虑使用抗抑郁药或心理治疗等。

（三）康复治疗的个体化方案

1. 运动康复

根据患者的运动能力、肌肉状况以及康复目标的不同，制定个体化的运动康复方案。这可能包括特定的肌肉锻炼、关节活动、平衡训练等，以帮助患者维持最佳的运动功能。

2. 语言和言语康复

对于 ALS 患者中可能存在的语言和言语障碍，制定个体化的康复计划，包括语言治疗、辅助性沟通设备的使用培训等，以提高患者与外界的沟通能力。

3. 吞咽康复

由于 ALS 可能导致吞咽功能受损，个体化的吞咽康复方案至关重要。这可能包括各种吞咽训练、食物质地的调整、使用吞咽辅助器具等，以确保患者的饮食安全。

（四）心理支持和社会支持的个体化方案

1. 心理治疗

针对 ALS 患者可能面临的情绪问题，如抑郁、焦虑，设计个体化的心理治疗方案。心理治疗可以帮助患者理解和应对疾病带来的心理压力，提高心理抗压能力。

2. 家庭和社会支持

个体化治疗方案还需要考虑患者的家庭和社会支持系统。在制定这一方案时，医疗团队需要了解患者的家庭结构、社会支持网络以及患者个人的社会和经济状况。这有助于确保患者在康复和治疗过程中获得全面的支持。

3. 职业治疗

考虑到 ALS 可能对患者的职业和生活方式造成重大影响，个体化的职业治疗方案可以帮助患者适应工作和日常活动的变化。这可能包括工作环境的调整、使用辅助技术、制定适应性工作计划等。

4. 社会参与和康复社群

促进患者的社会参与对于提高生活质量至关重要。制定个体化的康复社群计划，鼓励患者参与社交活动、支持团体、志愿者工作等，有助于缓解患者可能面临的孤独和抑郁感。

（五）生活方式管理的个体化方案

1. 营养和饮食管理

制定符合患者口味、能够满足营养需求的饮食方案，根据吞咽困难的程度调整食物的质地，确保患者获得充分的营养。在饮食管理中，还应考虑患者可能面临的代谢变化和体重控制。

2. 体重管理和运动

根据患者的具体情况，制定合适的体重管理方案。ALS 患者可能由于运动受限而容易出现体重下降，因此需要合理的体重管理和适度的运动计划，以维持肌肉质量和骨密度。

3. 睡眠管理

个体化的睡眠管理方案有助于缓解患者可能存在的睡眠问题。这可能包括建立规律的睡眠时间、改善睡眠环境、避免咖啡因和刺激性食物的摄入等，以提高患者的睡眠质量。

4. 应对呼吸困难的策略

由于 ALS 可能影响呼吸肌肉，因此制定个体化的呼吸管理方案至关重要。这包括呼吸训练、呼吸辅助设备的使用，以及在呼吸功能下降时考虑使用机械通气。

（六）个体化治疗方案的挑战和展望

1. 多学科协同合作的挑战

制定个体化治疗方案需要多学科的协同合作，包括神经科医生、康复医生、营养师、心理医生等。不同专业领域的专家需要共同制定整体治疗方案，这需要团队之间的良好沟通和密切合作。

2. 治疗效果评估的困难

ALS 是一种进展性疾病，治疗效果的评估相对困难。因为疾病的自然进展可能掩盖治疗效果，同时患者个体差异性也增加了效果评估的复杂性。研究人员需要寻找更为灵敏的评估指标，以更准确地判断治疗效果。

3. 医疗资源的不均衡

个体化治疗方案可能需要更多的医疗资源，包括先进的技术设备、专业的医疗团队等。在一些地区，医疗资源可能不均衡，这可能影响患者获得个体化治疗方案的机会。

4. 患者和家属的参与

个体化治疗方案的成功也需要患者及其家属的积极参与。患者需要深入了解自己的病情和治疗方案，并积极配合康复计划，这需要医疗团队与患者之间建立起良好的沟通和信任。

5. 新技术的应用

随着医学技术的不断进步，新技术的应用有望为个体化治疗方案的设计提供更多可能性。例如，基因编辑技术、生物传感器等新技术的应用有望为治疗方案的设计提供更为准确的依据。

个体化治疗方案对于肌萎缩侧索硬化症患者而言是一项至关重要的举措。从药物治疗、康复治疗、心理支持到生活方式管理，个体化治疗方案应该全面考虑患者的病因、症状、生活背景和偏好。随着医学科技的不断进步和我们对 ALS 病理生理学的深入理解，制定更为精准和个性化的治疗方案将成为未来的发展趋势。

三、现有药物治疗肌萎缩侧索硬化症的疗效评估

肌萎缩侧索硬化症（Amyotrophic Lateral Sclerosis，ALS）是一种进展性、神经系统退行性疾病，主要累及运动神经元，导致肌肉萎缩和进行性运动障碍。目前，ALS 的治疗仍然是一个巨大的挑战，因为其病因复杂且尚未完全理解。虽然尚无治愈 ALS 的药物，但已经有一些药物被用于减缓疾病进展和改善患者的生活质量。本文将探讨当前用于治疗 ALS 的药物，并对它们的疗效进行评估。

（一）拉丁词干药物

利舍韦林（Riluzole）：利舍韦林是目前唯一被 FDA 批准用于 ALS 治疗的药物。

它的机制涉及抑制谷氨酸的释放，从而减缓神经元的损害。研究表明，利舍韦林可以轻微延缓 ALS 患者的生存期，但其疗效并不明显。患者可能会在治疗过程中经历一些副作用，如头晕、恶心和肝功能异常。

美沙拉丁（Edaravone）：美沙拉丁是一种抗氧化剂，通过清除自由基减缓神经元的损伤。虽然其机制尚未完全阐明，但一些研究表明，美沙拉丁对于部分 ALS 患者可能有一定疗效，尤其是早期病情较轻的患者。然而，其长期疗效仍然需要更多的研究来验证。

（二）新兴治疗策略

基因治疗：近年来，基因治疗在治疗 ALS 方面取得了一些进展。例如，一些研究尝试通过基因编辑技术来修复 ALS 相关基因的突变。然而，目前这些治疗策略仍处于实验阶段，需要更多的研究来验证其安全性和有效性。

干细胞治疗：干细胞治疗被认为是一种有潜力的治疗方法，可以替代受损的神经元并提供支持。尽管干细胞治疗在实验室和动物模型中显示出一定的效果，但其在临床应用中仍面临许多挑战，如避免免疫排斥和确保细胞的安全性。

（三）疗效评估

ALS 的疗效评估涉及到多个方面，包括生存期延长、生活质量改善、症状缓解等。然而，由于 ALS 的病程快速且症状复杂，疗效评估变得相对困难。目前，临床试验通常采用生存期、功能评分和生活质量等指标来评估治疗效果。对于新兴治疗策略，还需要更多的长期研究来评估其长期疗效和安全性。

在评估疗效时，还需考虑个体差异和患者的整体状况。由于 ALS 表现为高度个体化的疾病，治疗效果可能因人而异。因此，定制化的治疗方案和精准的疗效评估对于提高治疗效果至关重要。

综合而言，目前用于治疗 ALS 的药物仍然有限，对于大多数患者而言，治疗的主要目标是减缓病情进展、提高生活质量。随着科学研究的不断进展，我们有望发现更多有效的治疗策略，为 ALS 患者带来更多希望。在未来，随着基因治疗和干细胞治疗等新兴领域的深入研究，我们有望看到更多创新的治疗方案在 ALS 患者中得到应用。

第三节　亨廷顿病的遗传学与治疗进展

一、亨廷顿基因突变的分子机制

亨廷顿病（Huntington's Disease，HD）是一种遗传性神经系统变性疾病，其发病机制主要涉及亨廷顿基因中的 CAG 三核苷酸重复扩增。在正常情况下，亨廷顿基因中的 CAG 三核苷酸重复数通常在 10~35 之间，但患有亨廷顿病的个体往往有较长的 CAG 重复序列，导致异常蛋白质——亨廷顿蛋白（Huntingtin，HTT）的产生，从而触发疾病的发展。本文将深入探讨亨廷顿基因突变的分子机制，包括 HTT 的异常产生、神经元损伤和疾病的发展过程。

1. 亨廷顿基因和 CAG 三核苷酸重复

亨廷顿病的病因与 HTT 基因上的 CAG 三核苷酸重复的扩增相关。正常情况下，HTT 基因编码的 HTT 蛋白含有适当数量的 CAG 三核苷酸重复，而在患有亨廷顿病的个体中，这个重复数目过多。一般而言，重复数目的增加与发病的年龄早晚和症状的严重程度呈正相关。

2.HTT 蛋白的异常结构和功能

由于 CAG 重复序列的扩增，HTT 蛋白的结构发生变化，产生了异常的多聚体。这些多聚体对神经细胞产生毒性效应，导致神经元的损害和死亡。HTT 蛋白的异常结构还影响了其正常功能，包括对细胞运输、细胞信号传导、能量代谢等方面的影响。这些异常会触发一系列的细胞信号通路，最终导致神经系统的变性。

3. 神经元损伤的分子机制

亨廷顿病主要影响大脑中的皮层和纹状体，导致神经元的损害和死亡。HTT 蛋白的异常产生导致细胞内异常蛋白质沉积，形成包涵体，这是亨廷顿病的一个典型特征。包涵体的形成阻碍了细胞的正常功能，导致神经元发生代谢和功能上的改变。此外，HTT 蛋白的异常结构还可能引发线粒体功能障碍、氧化应激和细胞凋亡等细胞损伤过程。

4. 炎症和免疫反应

近期的研究发现，亨廷顿病患者的大脑组织中存在炎症反应和免疫反应的迹象。这些反应可能与 HTT 蛋白的异常产生和神经元损伤有关。炎症过程可能通过激活巨噬细胞和其他免疫细胞，释放炎性因子，导致神经元的损伤。免疫反应的异常可能进一步加速疾病的发展，形成了一种恶性循环。

5. 神经元连接的受损

亨廷顿病还影响神经元之间的连接。HTT 蛋白的异常积累和包涵体的形成导致细胞骨架的不稳定和突触的受损，影响神经元之间的正常通信。这可能是亨廷顿病患者出现运动障碍等症状的一个原因。

6. 治疗进展和未来方向

目前，亨廷顿病的治疗仍然是一个具有挑战性的领域。虽然没有根治性的治疗方法，但一些研究正在探索改变 HTT 基因表达的策略，包括基因编辑技术、RNA 干扰等。另外，一些药物试图减缓神经元的损伤和改善症状，但目前尚无明确的疗效。随着对亨廷顿病分子机制的深入了解，我们有望找到更有效的治疗方法。

亨廷顿病的分子机制涉及到 HTT 基因 CAG 三核苷酸重复的扩增，导致 HTT 蛋白的异常产生，进而引发一系列细胞损伤和神经元死亡的过程。神经元的受损和炎症反应等因素相互作用，形成了亨廷顿病的病理过程。当前的治疗方法主要是对症治疗，但随着对分子机制的深入了解，新的治疗策略可能会朝着更为根本的方向发展。

二、基因治疗与精准医学在亨廷顿病中的应用

亨廷顿病（Huntington's disease，HD）是一种遗传性神经系统变性疾病，其病因与 HTT 基因中的 CAG 三核苷酸重复扩增密切相关。近年来，基因治疗和精准医学等新兴领域的发展为亨廷顿病的治疗提供了新的希望。本文将深入探讨基因治疗和精准医学在亨廷顿病中的应用，包括治疗原理、目前的研究进展以及未来的发展方向。

（一）基因治疗在亨廷顿病中的原理与方法

1. 基因编辑技术

基因编辑技术，尤其是 CRISPR-Cas9，为直接修复 HTT 基因中的 CAG 三核苷酸重复提供了可能。通过这一技术，研究人员可以精确地定位并编辑 HTT 基因中的异常重复序列，使其返回到正常范围内。这种方法的优势在于其高度的精确性和可控性，然而，仍需解决一系列技术难题和安全性问题。

2. RNA 干扰技术

RNA 干扰技术是另一种基因治疗方法，通过介导小干扰 RNA（siRNA）或小型 RNA（miRNA）来降低 HTT 基因的表达水平。这种方法的优势在于其相对较简单和可控，可以在不直接修改基因组的情况下实现对 HTT 蛋白的调控。然而，需要克服

递送 RNA 的难题和确保对正常 HTT 的最小影响。

3. 基因修复策略

除了直接修改 CAG 重复序列外，一些基因修复策略试图通过引入修复片段来纠正 HTT 基因中的突变。这包括引入正常的 CAG 重复序列或其他修复性 DNA 片段，以修复基因的正常功能。这种方法面临着递送效率和安全性的挑战，但在基因治疗领域仍有许多潜在机会。

（二）精准医学在亨廷顿病中的应用

1. 分子诊断

精准医学的核心是个体化的医疗策略，而在亨廷顿病中，分子诊断是个体化治疗的基础。通过分析患者的基因组，特别是 HTT 基因中的 CAG 重复序列，可以准确确定患者的病因，预测疾病的发展速度和症状的严重程度。这有助于制定更为精准的治疗计划和预测疾病的进展。

2. 遗传咨询与基因检测

精准医学强调遗传因素在疾病发病和治疗中的重要性。对于有家族史的个体，遗传咨询和基因检测可以提前发现携带 HTT 基因异常的风险，从而帮助个体更好地了解自己的健康状况，采取更为有效的预防和干预措施。这也有助于家庭规划和心理健康支持。

3. 分子标志物的发现与应用

精准医学注重通过分析分子标志物来预测疾病的进展和患者的治疗反应。在亨廷顿病中，一些研究致力于寻找血液、脑脊液或图像学等方面的生物标志物，以提供早期诊断和监测疾病进展的手段。这有助于制定更为个体化的治疗计划，并在治疗过程中调整策略。

4. 个体化治疗策略

精准医学的目标是为每个患者提供最为个体化的治疗策略。在亨廷顿病中，通过综合考虑基因信息、生物标志物和患者的生活方式等因素，可以制定更为精准的治疗计划。这包括药物治疗的选择、治疗剂量的调整以及康复和支持性治疗的个体化方案。

（三）研究进展与未来方向

1. 研究进展

目前，基因治疗和精准医学在亨廷顿病领域的研究取得了一些进展，但仍面临许多挑战。基因编辑技术的精确性和安全性需要进一步提高，RNA 干扰技术需要解决递送效率的问题，而精准医学中生物标志物的发现和验证仍然是一个复杂的过程。然而，这些挑战并没有妨碍科学家们在亨廷顿病治疗中的前沿进行探索。

2. 未来方向

技术创新与改进：随着基因编辑技术的不断发展，科学家们正在努力提高编辑的准确性和安全性。新的技术和方法的涌现，如基因修复策略的创新和 RNA 递送技术的改进，将进一步推动基因治疗领域的发展。

靶向治疗策略：精准医学强调个体差异，未来的治疗方向可能更加注重患者个体基因组的特异性，制定更为精准的治疗计划。针对不同亨廷顿病患者的特定基因型，可能需要定制化的治疗策略，以更好地满足个体的需求。

联合治疗：由于亨廷顿病病理过程的复杂性，未来的治疗可能会采用联合治疗策略。结合基因治疗、药物治疗和支持性疗法，以多角度干预亨廷顿病的发展，提高治疗效果。这可能包括治疗特定症状的药物、改善生活方式和康复治疗等综合手段。

临床试验与转化医学：许多基因治疗和精准医学的方法目前仍处于实验室研究阶段。未来需要加强临床试验，验证这些方法在临床实践中的安全性和有效性。同时，推动转化医学研究，将实验室的科研成果迅速转化为实际应用，使患者能够更早地受益于新兴治疗策略。

关注患者需求与心理健康：除了治疗方法的创新，未来的研究还应更关注患者的生活质量和心理健康。发展更为个体化的康复计划、提供心理支持和关注患者及其家庭的需求，将是亨廷顿病治疗的一个重要方向。

基因治疗和精准医学的不断发展为亨廷顿病的治疗带来了新的希望。尽管挑战依然存在，但科学家们通过技术创新、联合治疗策略和临床实践，正在努力克服这些障碍。精准医学的理念使治疗更加个体化，基因治疗的突破有望为亨廷顿病患者提供更为有效的治疗选择。未来，随着研究的深入和技术的成熟，我们有望看到更多创新性的治疗策略在亨廷顿病的管理中取得实质性进展，为患者提供更好的生活质量和长期疾病管理方案。

第四节　脊髓小角细胞疾病的康复护理

一、脊髓小角细胞疾病的康复评估

脊髓小角细胞疾病是一组罕见但严重的神经系统疾病，主要影响脊髓中的运动神经元，导致肌肉萎缩和运动功能受损。康复评估在脊髓小角细胞疾病患者的治疗和康复过程中起着关键作用。本文将深入探讨脊髓小角细胞疾病的康复评估，包括评估的内容、方法、康复干预以及未来发展方向。

（一）脊髓小角细胞疾病概述

1. 疾病特点

脊髓小角细胞疾病是一类影响运动神经元的神经系统疾病，其中最常见的类型是脊髓性肌肉萎缩症（Spinal Muscular Atrophy，SMA）。这一疾病群的特点是运动神经元的损害，导致肌肉功能的丧失和进行性的运动障碍。

2. 分类和病程

脊髓小角细胞疾病可分为不同类型，根据发病年龄和临床表现进行分类。其中，SMA 分为不同类型（SMA I 至 SMA IV），疾病的严重程度和病程特点各异。早发型 SMA 通常在婴儿期出现症状，而晚发型 SMA 的症状可能在成年后才显现。

（二）康复评估的重要性

1. 评估目的

康复评估在脊髓小角细胞疾病的管理中具有重要作用。其主要目的包括全面了解患者的身体功能、康复潜力和康复需求，为康复团队制定个体化的康复计划提供科学依据。通过评估，可以确定患者在日常生活中的独立性、肌肉功能、生活质量等方面存在的问题，以及潜在的康复干预机会。

2. 康复评估内容

康复评估的内容应该涵盖多个方面，包括但不限于：

运动功能评估：评估患者的肌肉力量、肌耐力、关节活动度等，了解运动功能受损的程度。

活动能力评估：关注患者在日常生活中的活动能力，如自我照顾、移动、社交等。

日常生活技能评估：评估患者的生活技能水平，包括进食、穿衣、洗漱等方面的自理能力。

心理社会评估：考虑患者的心理健康、社会支持系统以及对康复过程的接受程度。

疼痛和不适评估：注意患者可能存在的疼痛、不适或其他相关症状。

（三）康复评估方法

1. 运动功能测量

运动功能测量是康复评估的核心内容之一。这包括使用标准化的评估工具，如运动功能测定、康复测验等，来评估患者的肌肉力量、关节活动度、平衡和步态等方面的功能。这些测量提供了客观的数据，帮助康复专业人员了解患者的康复潜力和制定合适的康复目标。

2. 生活质量问卷

生活质量问卷是了解患者康复过程中心理社会状态的重要工具。这些问卷包括患者自评或家属/护理人员反馈，涵盖心理健康、社交关系、家庭支持等方面，有助于评估康复过程中患者的整体生活质量。

3. 技术辅助评估

随着科技的发展，一些技术辅助工具也被应用于脊髓小角细胞疾病的康复评估中。例如，使用运动捕捉系统评估患者的步态和动作，利用智能辅助器具监测患者的日常活动能力等，都可以提供更为精准的康复评估数据。

（四）康复干预策略

1. 运动康复

基于康复评估的结果，设计个体化的运动康复方案是非常关键的。这包括针对患者的肌肉强化、关节活动度维持、平衡训练等方面的康复练习。物理治疗师和康复医生的专业指导和监督对于确保康复过程的有效性和安全性至关重要。

2. 日常生活技能训练

对于脊髓小角细胞疾病患者，由于运动功能的受损，日常生活技能的训练变得尤为重要。康复团队可以通过模拟日常活动、提供特殊技能培训等方式，帮助患者提高自理能力，维持或改善他们的独立性。

3. 心理社会支持

脊髓小角细胞疾病对患者的心理社会状态产生显著影响。康复过程中，心理治疗和社会支持是至关重要的组成部分。通过心理咨询、支持小组、家庭治疗等方式，患者和其家庭成员可以更好地应对疾病带来的心理压力，增强应对能力，提高生活质量。

4. 辅助器具和技术支持

在康复过程中，使用辅助器具和科技支持可以显著提高患者的生活质量。例如，轮椅、助行器、电动辅助器具等可以帮助患者更好地移动和保持独立。科技支持，如语音识别技术、智能家居系统等，也可以为患者提供更为便利的生活方式。

（五）康复评估的挑战与未来发展

1. 个体差异与康复计划

由于脊髓小角细胞疾病表现多样，个体之间存在显著的差异，包括发病类型、严重程度等。因此，制定符合个体差异的康复计划是一个挑战。未来的康复评估工具和方法需要更加个体化，以更好地满足患者的需求。

2. 康复效果的长期监测

康复评估不仅需要关注康复过程中的短期效果，还需要进行长期监测，以了解康复干预对患者生活的长期影响。这需要建立完善的追踪系统，通过定期的评估和反馈，不断调整康复计划，确保其长期的有效性。

3. 科技的更广泛应用

随着科技的不断进步，未来的康复评估可能更多地借助先进的技术，如虚拟现实、远程监测系统等。这些技术可以提供更丰富的康复数据，同时也使康复过程更为便捷和灵活。

4. 康复评估的社会经济影响

康复评估和干预的实施涉及到医疗资源的投入，而这可能受到社会经济因素的制约。在未来的发展中，需要平衡提供高质量康复服务和医疗资源的合理分配，以确保患者能够获得可持续的康复支持。

脊髓小角细胞疾病是一组严重的神经系统疾病，对患者的生活产生深远影响。康复评估在患者康复过程中具有不可替代的作用，通过全面的功能评估、个体化的康复计划和多专业团队的协同合作，为患者提供最佳的康复支持。未来，随着科技的发展和康复理念的不断深入，我们有望看到更加先进、个体化的康复评估方法的应用，从而提升脊髓小角细胞疾病患者的生活质量。同时，社会和医疗体系需要共同努力，以确保患者能够获得全面、可持续的康复支持，实现更好的生活和社会参与。

二、脊髓小角细胞疾病康复治疗的阶段性目标

对于脊髓小角细胞疾病的康复治疗，制定阶段性目标是非常重要的，这有助于患者和康复团队在治疗过程中明确方向、监测进展，并提供有效的康复策略。在整个治疗过程中，阶段性目标可以根据患者的状况和治疗阶段的不同而进行调整。以下是脊髓小角细胞疾病康复治疗的阶段性目标的详细讨论：

（一）第一阶段：初期康复（1～3个月）

1.疾病稳定和患者适应

目标1：稳定患者的病情。

通过药物治疗或手术等方式，尽量减缓疾病的进展，确保患者的基本生理状况相对稳定。

目标2：患者适应疾病和康复过程。

提供心理支持和教育，帮助患者理解疾病的性质、康复的可能性，以及他们在治疗中的角色。

目标3：预防并处理并发症。

通过康复护理、药物和其他手段，预防和处理可能出现的并发症，如压疮、肺炎等。

（二）第二阶段：康复介入和功能训练（3～6个月）

1.恢复运动功能

目标1：改善肌肉力量。

制定个性化的康复计划，包括物理治疗和康复锻炼，以提高患者的肌肉力量，特别是受影响的肢体。

目标2：促进关节灵活性。

通过物理治疗、康复运动和按摩等手段，提高患者受影响关节的灵活性。

2.改善感觉功能

目标1：提高感觉的觉知和辨别能力。

运用感觉刺激和康复技术，帮助患者提高感觉的觉知水平，增强对触觉、温度和疼痛的辨别能力。

目标2：促进感觉运动整合。

通过康复训练，鼓励患者在感觉和运动方面实现更好的整合，促进神经再生和

连接。

（三）第三阶段：功能维持和日常生活技能培训（6 ～ 12 个月）

1. 提高日常生活自理能力

目标 1：培养日常生活技能。

通过康复训练，帮助患者学习和恢复日常生活技能，如自我照顾、进食、洗漱等。

目标 2：促进社会参与。

鼓励患者积极参与社会活动，提高他们的社会适应能力，减少康复后可能出现的社会隔离感。

2. 确保长期康复效果

目标 1：建立长期康复计划。

制定个性化的长期康复计划，包括定期康复评估、持续的康复训练和生活方式管理，以确保患者的长期康复效果。

目标 2：提高生活质量。

通过康复干预，帮助患者逐渐适应患病状态，提高生活质量，促进心理健康。

在整个康复过程中，患者的阶段性目标应该与康复团队密切合作，根据患者的反馈和生理状况进行调整。此外，康复过程中家庭成员的支持和教育也是非常重要的，他们的参与可以促进患者更好地融入社会和提高生活质量。最终，通过全面的康复管理，帮助患者实现尽可能多的功能恢复和社会参与，提高他们的生活质量。

三、脊髓小角细胞疾病家庭支持与康复过程的融合

脊髓小角细胞疾病（Spinal Muscular Atrophy，SMA）是一种罕见但影响深远的神经系统疾病，对患者及其家庭带来了巨大的身体和心理负担。在 SMA 的康复过程中，家庭支持被认为是至关重要的一环。本文将深入探讨脊髓小角细胞疾病康复过程中家庭支持的作用，并探讨如何实现家庭支持与康复过程的有效融合。

（一）家庭支持在脊髓小角细胞疾病康复中的重要性

1. 情感支持的作用

脊髓小角细胞疾病患者常伴随着生理和心理的双重挑战。家庭成员的情感支持对患者的心理健康至关重要，可以帮助患者建立积极的心态，增强抗压能力，更好地应对康复过程中的困难和挫折。

2. 日常护理和康复训练的协同

在 SMA 的康复过程中，日常护理和康复训练是不可分割的一部分。家庭成员参与其中，能够更好地理解患者的康复需求，有助于有效协同康复团队，提高治疗效果。

3. 家庭环境对康复的影响

一个支持性的家庭环境可以为患者创造更有利于康复的条件。通过调整家庭环境，如改善居住设施、购置辅助设备等，可以提高患者的生活质量，促进康复进程。

（二）实现家庭支持与康复过程的融合

1. 家庭成员的康复教育

家庭成员需要接受相关的康复教育，了解脊髓小角细胞疾病的特点、治疗方法以及康复过程中的家庭支持的作用。这样可以增强家庭成员的康复意识，使其更好地融入康复团队。

2. 制定个性化的康复计划

根据患者的具体状况和康复阶段，制定个性化的康复计划，明确家庭成员在康复过程中的角色和任务。这包括日常护理、康复训练的实施，以及在康复过程中可能面临的问题的处理策略。

3. 心理支持和家庭心理治疗

为家庭成员提供心理支持，帮助他们更好地应对康复过程中的心理压力和情感波动。家庭心理治疗也是一种有效的方式，通过专业心理医生的引导，帮助家庭成员理解和应对康复过程中可能出现的心理障碍。

4. 制定家庭友好型康复策略

考虑到康复过程中家庭成员的角色，制定家庭友好型的康复策略。这包括时间的合理安排，康复任务的分工，以及在康复过程中家庭成员之间的协作机制。通过合理规划，可以减轻家庭成员的负担，更好地支持患者的康复。

脊髓小角细胞疾病的康复过程需要家庭支持的全面融合。通过家庭成员的积极参与、康复教育、心理支持等手段，可以实现家庭支持与康复过程的有机结合，更好地促进患者的康复。家庭支持不仅对患者的身体康复有积极影响，更有助于提高患者的心理健康水平，实现全面的康复效果。在康复过程中，家庭应被视为康复的重要支持，通过合作、支持和理解，共同推动患者走向康复之路。

第五节　神经内科康复科在神经变性疾病中的作用

一、康复科在多学科团队中的地位

康复科作为医学领域中的一个重要分支，专注于协助患者康复，改善生活质量，使其尽可能地回归正常生活。在当今医学体系中，多学科团队已经成为提供全面、个性化医疗服务的基本模式。康复科在多学科团队中扮演着至关重要的角色，通过协同合作，为患者提供全面的康复服务。本文将深入探讨康复科在多学科团队中的地位，强调其在协同工作中的重要性。

（一）康复科的定义与职责

1.康复科的定义

康复科是专门致力于康复医学的科室，旨在通过多种康复方法，帮助患者尽快康复，最大限度地恢复生活功能。康复科涵盖康复医学的各个方面，包括物理康复、职业康复、言语康复等。

2.康复科的职责

制定个性化的康复计划，根据患者的病情和康复需求制定相应的康复方案。

进行康复评估，监测患者康复进展，并根据需要调整康复计划。

提供各种康复治疗，包括物理治疗、职业治疗、言语治疗等，以促进患者的功能恢复。

与其他医疗专业人员紧密合作，共同制定全面的治疗方案。

（二）多学科团队的概念与优势

1.多学科团队的概念

多学科团队是由不同专业领域的医疗专业人员组成的工作团队，旨在通过协同合作，提供更全面、综合的医疗服务。多学科团队通常包括医生、护士、康复师、社会工作者、心理医生等多个专业领域的专业人员。

2.多学科团队的优势

全面性治疗：多学科团队能够综合运用各个专业领域的知识和技能，提供更全面、个性化的治疗方案，满足患者多层次的康复需求。

协同工作：不同专业人员在多学科团队中能够实现良好的协同工作，共同制定治疗计划，交流经验，确保患者得到最佳的医疗服务。

综合评估：多学科团队能够进行全面的患者评估，从不同角度分析患者的问题，确保康复计划的科学性和全面性。

提高效率：多学科团队的协同工作能够加快决策和执行过程，提高医疗服务的效率，缩短患者的康复时间。

（三）康复科在多学科团队中的地位

1.康复科的专业性

康复科具有丰富的康复专业知识和技能，擅长制定康复计划、康复评估和各类康复治疗。在多学科团队中，康复科能够为患者提供专业的康复服务，确保康复计划的科学性和有效性。

2.康复科的协调作用

康复科在多学科团队中扮演协调的重要角色，负责与其他专业人员进行有效的沟通和协作。通过协调各方资源，康复科能够确保患者得到全面的康复服务，避免治疗上的断裂和信息的缺失。

3.康复科的康复计划制定

康复科负责制定个性化的康复计划，根据患者的具体病情和康复需求，明确康复的目标和方法。康复计划是多学科团队工作的基础，它需要与其他专业人员的工作相互配合，形成一个整体性的治疗方案。

4.康复科的康复评估与监测

康复科负责进行康复评估，监测患者的康复进展。通过定期的康复评估，康复科能够了解患者的康复状态，及时调整康复计划，确保康复过程的科学性和针对性。

5.康复科的知识分享

康复科通过与其他专业人员的合作，分享康复领域的专业知识。这有助于提高整个多学科团队的康复水平，促进各专业之间的交流和学习。

（四）康复科与其他专业的协同工作

1.与物理治疗师的协同工作

共同制定运动康复计划：康复科与物理治疗师共同制定运动康复计划，以提高患者的肌肉力量、关节灵活性和平衡能力。

监测康复进展：康复科负责康复评估，而物理治疗师负责具体的运动治疗。通过协同工作，可以更全面地监测患者的康复进展。

2. 与职业治疗师的协同工作

共同设计康复环境：康复科和职业治疗师共同设计适合患者的康复环境，包括居家和工作场所的适应性改造。

制定日常生活技能训练：康复科提供整体康复计划，职业治疗师负责制定日常生活技能训练，如自我照顾、进食、穿衣等。

3. 与言语治疗师的协同工作

共同制定言语康复计划：康复科与言语治疗师协同工作，制定适合患者的言语康复计划，提高患者的交流和沟通能力。

监测言语功能的改善：康复科通过康复评估监测整体康复进展，言语治疗师则关注言语功能的具体改善，二者相辅相成。

4. 与心理医生的协同工作

提供心理支持：康复科与心理医生协同为患者提供心理支持，帮助他们应对康复过程中的心理压力和情绪波动。

共同解决心理障碍：康复科通过康复计划综合考虑患者的身体和心理需求，与心理医生协同解决可能出现的心理障碍。

（五）康复科在患者康复中的价值

1. 个性化康复计划的制定

康复科能够根据患者的具体病情、康复需求和生活背景制定个性化的康复计划。这有助于更好地满足患者的个体差异，提高康复效果。

2. 康复过程的全程监测

康复科通过康复评估和监测，可以全程了解患者的康复进展。及时发现问题并调整康复计划，确保治疗的针对性和科学性。

3. 多维度康复服务的提供

康复科能够提供多种康复服务，包括物理康复、职业康复、言语康复等，以全方位满足患者的康复需求，提高患者在多个方面的生活质量。

4. 协同合作的团队精神

康复科在多学科团队中的角色，强调协同合作和团队精神。通过与其他专业人员的紧密协作，实现康复治疗的无缝衔接，提高整个团队的综合素质。

康复科在多学科团队中的地位至关重要，其作用不仅仅是提供康复服务，更是在整个康复过程中扮演协调、监测和评估的关键角色。通过与其他专业人员的协同工作，康复科能够为患者提供更全面、个性化的康复服务，帮助患者更好地恢复功能，提高生活质量。多学科团队的协同合作和康复科的专业性相辅相成，共同为患者的康复之路奠定坚实的基础。

二、康复护理在疾病进展期的调整

康复护理在疾病进展期的调整是康复医学中一个关键的环节。患者在不同疾病阶段可能面临不同的康复需求，而康复护理的调整需要根据患者的病情、生理状况和心理状态进行个体化设计。本文将深入探讨康复护理在疾病进展期的调整，包括调整的原则、方法以及对患者全面康复的促进作用。

（一）康复护理的定义与原则

1. 康复护理的定义

康复护理是在医学治疗的基础上，通过全面的护理手段，协助患者恢复或改善生理、心理和社会功能，提高生活质量的一种护理模式。康复护理不仅关注患者的疾病治疗，更注重在康复过程中患者的全面护理，包括生活方式的调整、康复训练和心理支持等。

2. 康复护理的原则

个性化：康复护理应根据患者的个体差异，制定个性化的康复计划，考虑患者的年龄、性别、生活习惯等因素。

综合性：康复护理要全面考虑患者的身体、心理和社会层面，制定多层次的康复方案，以达到全面康复的目标。

阶段性：康复护理应根据疾病的进展阶段进行调整，及时更新康复计划，以适应患者的康复需求。

协同合作：康复护理需要与医生、康复治疗师、社会工作者等多学科专业人员协同工作，形成一个整体性的康复团队。

（二）疾病进展期康复护理的调整原则

1. 康复目标的调整

稳定期：在疾病稳定期，康复护理的重点可以放在维持和巩固患者已有功能的基础上，强化生活自理能力，提高生活质量。

恢复期：如果患者在疾病进展过程中经历了康复，那么在恢复期，康复护理的目标可以更加注重功能的恢复，包括物理、认知和社交功能的提升。

进展期：在疾病进展期，康复护理的目标可能更侧重于减缓疾病的进展，预防和处理可能出现的并发症，同时提供更多的心理支持。

2. 康复方案的调整

物理康复：根据患者的身体状况调整物理康复方案，可能需要更加注重保守治疗，避免剧烈运动，但仍要保持适度的运动，以促进肌肉功能的保持。

职业康复：针对患者在不同疾病阶段可能面临的职业调整，提供相应的职业康复方案，培养患者适应新的职业环境。

言语康复：在神经系统疾病中，可能影响到言语能力。康复护理需要提供相应的言语康复计划，通过言语治疗帮助患者维持或提高沟通能力。

3. 心理支持的强化

随着疾病的进展，患者和家属可能面临更多的心理压力。康复护理需要加强心理支持，提供心理治疗、心理教育等服务，帮助患者和家庭应对情绪变化，维持心理健康。

4. 家庭支持的加强

在疾病进展期，患者通常需要更多的家庭支持。康复护理可以通过康复教育、家庭访视等方式，加强家庭支持的力度。这包括提供护理技能培训，教育家庭成员如何更好地照顾患者，以及提供家庭心理支持，帮助家庭应对可能的变化和挑战。

5. 康复环境的调整

康复环境的设计和调整是康复护理中一个重要的方面。在疾病进展期，康复环境的调整可能包括：

无障碍设施：针对患者可能出现的运动功能障碍，需要考虑住宅和康复场所的无障碍设计，以方便患者的日常生活。

辅助设备：根据患者的功能状态，可能需要引入更多的辅助设备，如轮椅、助行器等，以提高患者的独立性。

安全措施：针对患者可能出现的认知和运动功能障碍，需要加强康复环境的安全措施，减少患者的意外伤害。

（三）康复护理在特定疾病进展期的调整策略

1. 神经系统疾病

运动康复：针对运动受限的患者，调整康复方案，强化康复训练，包括适度的物理锻炼、功能性训练等。

言语康复：针对可能出现的言语障碍，加强言语康复训练，帮助患者维持或提高沟通能力。

2. 心血管疾病

有氧运动：在心血管康复中，有氧运动对于心肺功能的恢复至关重要。根据患者的身体状况，调整运动方案，确保康复的安全性和有效性。

生活方式调整：针对心血管疾病的风险因素，包括饮食、吸烟和饮酒等，进行更加详细的生活方式调整，以降低疾病的进展风险。

3. 骨关节疾病

关节康复：针对骨关节疾病，加强关节康复训练，包括关节活动度的恢复、肌力训练等，以减缓疾病的进展。

辅助器具使用：根据患者的关节功能状况，引入适当的辅助器具，如拐杖、支具等，提高患者的行动能力。

4. 慢性呼吸系统疾病

呼吸锻炼：针对慢性呼吸系统疾病，进行呼吸康复训练，包括深呼吸、肺活量锻炼等，以提高呼吸功能。

心理支持：针对可能出现的焦虑和抑郁，加强心理支持，通过心理治疗等手段帮助患者更好地应对疾病。

（四）康复护理在不同疾病进展期的实施方法

1. 制定个性化康复计划

根据患者的具体病情和康复需求，制定个性化的康复计划。该计划应综合考虑患者的身体、心理、社会等方面的因素，确保康复目标的个体化和科学性。

2. 应用康复技术和方法

根据患者的康复阶段，合理选择和应用康复技术和方法。这包括物理治疗、职业治疗、言语治疗等多种康复手段，以全面提高患者的生活质量。

3. 加强生活方式干预

在康复护理中，要加强对患者生活方式的干预。这包括饮食、运动、休息等方面的调整，以降低患者的疾病进展风险。康复护理团队可以与营养师、运动专家等专业人员协同合作，制定符合患者实际情况的生活方式干预计划。

4. 定期康复评估和监测

在康复护理过程中，定期进行康复评估和监测是至关重要的。通过评估患者的康复状况，可以及时调整康复计划，确保康复护理的针对性和有效性。监测患者的生理指标、功能状态以及心理健康状况，有助于及时发现问题，采取相应的康复干预措施。

5. 提供心理支持和教育

在不同疾病进展期，患者和家庭可能面临各种心理压力和困惑。康复护理团队要重视心理健康，在康复过程中为患者提供积极的心理支持。此外，通过康复教育，向患者和家庭传递有关疾病、康复过程和生活方式管理的知识，增强他们对康复的信心和理解，提高康复的积极性。

6. 家庭支持和社会融入

在康复护理中，要注重家庭支持和社会融入的角度。建立和加强与患者家庭的沟通，了解他们的康复需求和困扰，协助家庭提供更好的支持。同时，鼓励患者积极参与社会活动，促进社会融入，减少因疾病而带来的社会孤立感。

7. 应对并发症和突发情况

在疾病进展期，患者可能面临并发症和突发情况。康复护理团队需要具备及时处理这些问题的能力，制定相应的紧急处理计划，提高康复护理的安全性和应急响应能力。

（五）康复护理在疾病进展期的促进作用

1. 提高患者康复的效果

通过针对疾病不同进展期的调整，康复护理可以更好地满足患者的康复需求，提高康复的个体化和针对性。这有助于提高康复的效果，促使患者更好地适应疾病进展的不同阶段。

2. 缓解患者症状

针对患者在不同疾病进展期可能出现的症状，康复护理的调整可以帮助缓解这些症状，提高患者的生活质量。例如，在疾病稳定期，通过生活方式调整和康复训练，减轻患者的疼痛和不适感。

3. 改善患者心理状态

通过加强心理支持和心理治疗，康复护理可以更好地帮助患者面对疾病进展可能带来的焦虑、抑郁等心理问题。积极的心理状态有助于患者更好地应对康复挑战，提高对治疗的依从性。

4. 促进社会融入

通过家庭支持和社会融入的策略，康复护理有助于患者更好地融入社会，减少因疾病而带来的社会隔离感。这有助于改善患者的生活质量，促进康复的全面实施。康复护理在疾病进展期的调整是康复医学中一个至关重要的环节。通过根据患者的病情、生理状况和心理状态制定个性化的康复计划，康复护理能够更好地满足患者在不同疾病阶段的康复需求。在康复护理的实施中，加强生活方式调整、康复技术和方法的应用，以及提供全方位的心理支持和教育，都是关键的策略。通过康复护理在疾病进展期的调整，可以更好地提高患者的康复效果，改善其生活质量，促进社会融入，实现全面康复的目标。

三、康复科技在神经变性疾病中的新应用

神经变性疾病是一类以神经元损伤和死亡为主要特征的疾病，如阿尔茨海默病、帕金森病、亨廷顿病等。这类疾病通常导致患者逐渐失去正常的生理功能和生活能力，给患者及其家庭带来沉重的负担。近年来，随着科技的不断发展，康复科技在神经变性疾病的管理和治疗中发挥着越来越重要的作用。本文将深入探讨康复科技在神经变性疾病中的新应用，包括虚拟现实（VR）、智能康复设备、脑机接口等方面的创新技术。

（一）虚拟现实（VR）在神经变性疾病中的应用

1. VR 康复训练

虚拟现实技术通过模拟真实场景，为神经变性疾病患者提供沉浸式的康复训练环境。患者可以通过虚拟现实设备参与各种康复活动，如平衡训练、运动协调训练等。这种康复方式旨在通过模拟真实情境，激发患者的主动参与，提高训练效果。

2. 虚拟现实认知训练

在阿尔茨海默病等认知功能受损的神经变性疾病中，虚拟现实技术可用于认知训练。通过虚拟场景中的认知任务，如记忆游戏、注意力训练等，患者可以在更具趣味性和挑战性的环境中进行认知锻炼，促进脑功能的激活和改善。

3. VR 社交互动

对于一些因神经变性疾病而导致社交隔离的患者，虚拟现实提供了一种新的社交互动方式。患者可以通过虚拟平台与他人进行沟通、参与虚拟社交活动，缓解因疾病导致的孤独感，提高生活质量。

（二）智能康复设备在神经变性疾病中的应用

1. 智能运动康复设备

针对帕金森病等影响运动功能的神经变性疾病，智能运动康复设备如智能步态辅助器、智能康复机器人等应运而生。这些设备通过传感器、智能控制系统等技术，可实现个性化的运动康复训练，辅助患者进行步态调整、肌肉力量锻炼等。

2. 智能语音辅助设备

在认知功能受损的神经变性疾病中，智能语音辅助设备为患者提供了更便捷的生活方式。这些设备可以通过语音识别技术，帮助患者进行语音交流、语音记事等，提高患者的自主生活能力。

3. 智能床铺和生活辅助设备

对于行动不便的患者，智能床铺和生活辅助设备成为改善生活质量的重要工具。这类设备配备有智能感应器和远程控制系统，能够帮助患者完成床位调整、生活用品获取等操作。通过这些智能设备，患者能够更加方便地进行日常活动，减轻照护者的负担。

4. 智能穿戴设备

智能穿戴设备如智能手环、智能眼镜等也逐渐应用于神经变性疾病的康复。这些设备可以监测患者的运动状态、生理参数等信息，为医护人员提供实时数据，帮助制定更加个性化和科学的康复计划。

（三）脑机接口在神经变性疾病中的应用

1. 脑机接口康复训练

脑机接口技术通过直接读取大脑信号，将人脑与计算机或外部设备连接起来，为神经变性疾病患者提供了全新的康复途径。在运动功能受损的疾病中，脑机接口可用于进行脑控制的康复训练。患者通过想象运动，脑机接口能够实时解读其大脑信号，将其转化为机器人手臂或其他外部设备的运动，从而实现虚拟的运动康复训练。

2. 脑机接口辅助生活

对于患有运动障碍或完全瘫痪的患者，脑机接口技术可以用于辅助日常生活。通过脑机接口，患者可以通过意念控制轮椅、电动器械等设备，实现更加独立的生活。这种技术的应用不仅提高了患者的生活质量，也增强了其社会融入感。

3. 脑机接口神经调控

一些神经变性疾病可能伴随有神经元兴奋性失调，脑机接口可以通过神经调控的方式对这些问题进行干预。例如，脑机接口可以实时监测患者的脑电波，通过调整脑电波的频率，对神经元的兴奋性进行调节，从而改善一些症状。

（四）康复科技的优势与挑战

1. 优势

个性化康复：康复科技允许根据患者的具体情况制定个性化的康复方案，提高康复效果。

实时监测：智能康复设备和脑机接口技术能够实时监测患者的生理状态，为医护人员提供及时的数据支持。

社交互动：虚拟现实技术为患者提供社交互动的平台，缓解因疾病导致的社交隔离。

增强独立性：智能辅助设备和脑机接口技术能够提高患者的自主生活能力，增强其独立性。

2. 挑战

技术成本：一些先进的康复科技技术成本较高，限制了其在广泛应用中的推广。

技术复杂性：部分康复科技需要患者具备一定的技术操作能力，对于一些年长或认知功能受损的患者可能存在使用难度。

数据隐私和安全：康复科技涉及大量的个人健康数据，数据隐私和安全问题需要得到有效的解决。

社会接受度：一些新型康复科技可能面临社会接受度的问题，需要通过科普和宣传来提高大众的认知和接受度。

（五）未来展望与发展方向

随着科技的不断发展，康复科技在神经变性疾病中的应用将迎来更广阔的发展空间。未来的发展方向可能包括：

1. 多模态融合技术

将虚拟现实、智能康复设备和脑机接口等多种康复科技进行融合，形成更为综合、高效的康复方案。通过多模态的数据采集和处理，实现更全面、个性化的康复服务。

2. 人工智能应用

利用人工智能技术分析大量的康复数据，帮助医护人员更好地制定康复计划、预测患者康复进程，并提供更为智能化的康复建议。

3. 脑－机－人一体化

未来的康复科技可能朝着更为融合的方向发展，实现脑－机－人一体化。通过更先进的脑机接口技术，将人的大脑与外部设备更为紧密地连接，实现直观的脑控制。这将使患者能够更自然、更灵活地进行康复训练和生活活动。

4. 生物传感技术应用

生物传感技术的进步可以使康复科技更好地感知患者的生理状态。例如，通过集成生物传感器，实时监测患者的生理指标，从而更精准地调整康复方案。

5. 在家庭环境中的应用

未来的康复科技将更加注重在患者家庭中的应用。通过将智能康复设备和虚拟现实技术引入家庭环境，使患者能够在舒适的环境中进行康复训练，提高康复的可持续性。

6. 社会支持与互动

康复科技未来可能更加注重社会支持与互动的方向。通过连接患者、医护人员、康复专家和社区资源，形成一个康复支持的网络，提供更为全面的康复服务。

7. 智能康复游戏

结合虚拟现实技术，开发更为有趣、刺激的智能康复游戏，激发患者参与康复训练的积极性。这种方式可以通过娱乐性的体验，达到更好的治疗效果。康复科技在神经变性疾病中的新应用呈现出日益多样化和创新化的趋势。虚拟现实、智能康复设备、脑机接口等技术的不断发展，为患者提供了更为个性化、全面化的康复服务。这些技术的应用不仅提高了康复的效果，也改善了患者的生活质量，减轻了照护者的负担。然而，康复科技的发展仍面临一系列挑战，包括技术成本、数据隐私和安全等问题。未来，随着科技水平的进一步提升和社会对康复科技的认知加深，相信康复科技将在神经变性疾病的管理和治疗中发挥越来越重要的作用，为患者带来更多的福祉。

第五章　癫痫与癫痫综合征

第一节　癫痫的分类与发作机制

一、癫痫的病因分类

癫痫是一种常见的神经系统疾病，其发病机制涉及复杂的神经元网络的异常放电。癫痫的病因是多种因素相互作用的结果，涉及遗传、神经系统结构和功能异常、代谢异常等多个方面。本文将对癫痫的病因进行分类，以便更全面地了解这一疾病的发病机制。

（一）遗传因素

1. 遗传易感性

遗传因素是癫痫发病的重要因素之一。有多项研究表明，癫痫在家族中有聚集性，即患者的亲属发病风险较高。遗传易感性可能通过基因突变、多态性等机制引起。

2. 基因突变

一些特定的基因突变与癫痫的发生密切相关。例如，某些离子通道基因的突变，如钠通道基因、钙通道基因等，可能导致神经元兴奋性和抑制性平衡的破坏，从而促使癫痫的发生。

3. 遗传综合征

一些遗传综合征也与癫痫有关。典型的例子包括良性家族性颞叶癫痫、良性儿童家族性癫痫等。这些综合征通常表现为发作较轻、预后良好的特点。

（二）神经系统结构和功能异常

1. 脑部结构异常

脑结构异常是癫痫的常见病因之一。包括脑先天畸形、脑外伤、脑肿瘤等。这些异常会破坏正常的神经元网络结构和功能，引发异常放电。

2. 脑部炎症

脑部感染或炎症也是导致癫痫的一个病因。例如，脑炎、脑膜炎等感染性疾病可以引起神经元兴奋性增高，诱发癫痫发作。

3. 血管异常

脑血管异常，如脑血管畸形、动静脉畸形等，也被认为是导致癫痫的一种病因。血管异常可能导致局部脑组织的血液供应不足，进而引发异常放电。

（三）代谢异常

1. 代谢性疾病

一些代谢性疾病，如糖尿病、代谢综合征等，与癫痫的发生有关。这些疾病导致体内代谢紊乱，可能通过改变神经元对葡萄糖和其他代谢产物的利用方式，诱发癫痫。

2. 电解质紊乱

电解质紊乱，特别是钠、钾等离子的异常浓度，可能对神经元的兴奋性产生影响，引发癫痫。例如，低钠血症是一种常见的导致癫痫的电解质异常。

（四）外部因素

1. 药物和物质滥用

长期滥用一些药物和物质，如可卡因、安非他命等，可能导致神经元功能的紊乱，诱发癫痫。

2. 酒精

长期大量饮酒会损害中枢神经系统，特别是海马和皮层等脑区，增加癫痫的发生风险。

（五）感觉刺激

1. 光刺激

光感性癫痫是一种与感光细胞过度兴奋有关的特殊类型的癫痫。明亮的光刺激可能引发癫痫发作，这种情况通常与遗传因素有关。

2.声音刺激

强烈的声音刺激也可能引发某些癫痫类型的发作，尤其是与听觉系统异常有关的病例。

（六）特发性因素

有一部分癫痫患者，其发病原因无法明确定义，被归为特发性癫痫。这可能涉及到一些未知的遗传、环境和个体因素。

（七）癫痫综合征

一些特定的癫痫综合征，如良性癫痫样放电、幼年性失神症等，其病因较为清晰，主要与遗传因素相关。

（八）其他因素

1.生殖激素

一些研究指出，生殖激素的变化也可能与癫痫的发生有关。例如，女性在月经周期的不同阶段可能经历癫痫发作的变化，这暗示生殖激素可能在一定程度上调节神经元的兴奋性。

2.儿童期发病

在某些情况下，癫痫可能在儿童期发病，可能与大脑发育的异常、遗传因素等有关。一些儿童癫痫患者随着年龄的增长，症状可能有所改善或消失。

3.精神因素

精神因素，如强烈的情绪波动、精神紧张等，也可能触发癫痫的发作。精神因素对神经元的调控可能通过神经内分泌系统等途径影响癫痫的发生。癫痫是一种复杂多因素导致的神经系统疾病，其病因的分类涵盖了遗传、神经系统结构和功能异常、代谢异常、外部因素、感觉刺激、特发性因素等多个方面。这些因素之间相互交织、相互影响，导致神经元网络的异常兴奋，最终导致癫痫的发生。

研究癫痫的病因对于深入理解该疾病的发生机制、制定更有效的治疗策略具有重要意义。在癫痫的治疗过程中，不仅需要控制癫痫发作，还需要关注潜在的病因，从而更好地管理患者的病情。未来随着科学技术的不断进步，对癫痫病因的深入研究将有助于发现新的治疗靶点，为癫痫的防治提供更为精准的手段。

二、癫痫发作的电生理学特点

癫痫是一种由大脑神经元异常放电引起的慢性疾病，其电生理学特点是癫痫研究领域的关键方面之一。电生理学研究通过记录大脑电活动，揭示了癫痫发作的机制，有助于深入了解该病的病理生理过程。本文将对癫痫发作的电生理学特点进行详细探讨。

（一）正常脑电活动与癫痫发作

1. 正常脑电活动

正常情况下，脑细胞之间通过离子通道的开关调控，产生电流，形成脑电图（EEG）。脑电图通常包括 α 波、β 波、θ 波和 δ 波等不同频率的电活动，这些波形代表了不同状态下的脑电活动。

α 波：在放松状态下的闭眼时出现，频率为 8～13Hz，通常与休息、放松有关。

β 波：频率为 13～30Hz，通常在警觉和认知活动中出现，尤其在眼睛睁开时。

θ 波：频率为 4～8Hz，常在儿童和部分成年人的放松状态下出现，也与睡眠中的浅眠期有关。

δ 波：频率低于 4Hz，通常在深度睡眠中出现，是正常的深度睡眠波。

2. 癫痫发作的电生理学改变

与正常的脑电活动相比，癫痫发作时脑电图呈现出一系列的异常电活动。这些异常电活动主要包括：

癫痫发作前的改变（Interictal Changes）：在癫痫发作之前，患者的脑电图可能呈现出间歇性的异常放电，这被称为癫痫发作前兆。这些发现可能有助于预测癫痫发作的可能性。

癫痫发作时的改变（Ictal Changes）：癫痫发作时，脑电图常常显示出典型的异常放电。这包括快速的、高振幅的尖锐慢波（Sharp and Slow Waves）和高频的尖波（Spike Waves）等。

癫痫后的改变（Postictal Changes）：癫痫发作后，脑电图可能表现出一段时间内的异常放电或电活动减弱。这被称为癫痫后反应，通常是暂时的。

（二）癫痫的典型电生理学图谱

1. 尖锐慢波

尖锐慢波是癫痫患者脑电图中常见的异常波形之一。这种波形表现为一个尖峰，后面跟随一个较为缓慢的波谷。尖锐慢波通常是癫痫发作前或发作期间的典型特征，尤其是在患有癫痫综合征的患者中。

2. 尖波

尖波是一种高频、短暂的电活动，表现为尖峰形的波形。尖波在癫痫发作期间经常出现，特别是在复杂部分性癫痫和失神发作中。尖波往往伴随着神经元的异常放电，是癫痫发作的一种电生理学标志。

3. 慢波

慢波是一种频率较低、振幅较高的电活动，通常表现为波谷比波峰更为陡峭。慢波在睡眠时是正常的，但在癫痫患者中，慢波的出现可能与发作前或发作期间的异常放电有关。

4. 连发尖慢波

连发尖慢波是一种连续出现的尖锐慢波，通常在失神发作和癫痫性失语症等癫痫类型中较为常见。这种波形可能反映了特定类型的癫痫发作的电生理学特征。

（三）癫痫发作的电生理学机制

1. 神经元兴奋性和抑制性失衡

癫痫发作的电生理学机制涉及神经元兴奋性和抑制性的失衡。在癫痫患者中，神经元兴奋性增高，抑制性降低，导致神经元过度放电。这种失衡可能是由离子通道的异常、神经递质水平的改变等多种因素引起的。

2. 神经网络的异常同步放电

在癫痫发作时，通常会出现大范围神经元的同步放电，形成异常的电活动网络。这种同步放电可能导致局部或全脑区域的异常放电，形成尖锐慢波、尖波等癫痫发作的典型电生理学图谱。神经网络的异常同步放电是癫痫发作机制中的关键环节之一。

3. 神经元突触可塑性的改变

癫痫的发生可能涉及到神经元突触可塑性的改变。长期的癫痫发作可能导致突触的结构和功能的变化，增加神经元的兴奋性，形成持久性的异常电活动。

4. 电生理学变化的区域差异

不同类型的癫痫可能表现出不同的电生理学特点。例如，部分性癫痫的发作可能与特定脑区域的异常电活动有关，而全面性癫痫的发作可能涉及大脑的广泛区域。

5. 异常放电的传播

癫痫发作通常表现为异常放电在大脑中的传播。这种传播可能涉及神经元突触传递、神经递质释放等机制，导致异常电活动在大脑各区域之间扩散。

（四）癫痫发作类型的电生理学特点

1. 部分性癫痫发作

简单部分性发作：通常表现为一侧脑区域的异常电活动，可能伴随着患者的局部运动、感觉异常。电生理学上可能出现局部的尖波或慢波。

复杂部分性发作：电生理学上可能表现为更为复杂的异常电活动，包括连发尖慢波、尖波等，可能伴随患者的意识障碍。

2. 失神发作

失神发作通常表现为意识的短暂丧失，电生理学上可能出现节律性的尖波、慢波或尖锐慢波。

3. 全面性发作

全面性发作涉及大脑的广泛区域，电生理学上可能表现为弥漫性的尖波、尖锐慢波等异常电活动，常伴随全身肌肉的抽搐。

4. 癫痫综合征

一些特定的癫痫综合征，如良性癫痫样放电、幼年性失神症等，其电生理学特点可能较为特异，可通过脑电图的观察进行诊断。

（五）癫痫发作的脑电图图谱

1. 间歇性尖慢波

间歇性尖慢波是癫痫患者脑电图中常见的图谱之一。这种图谱表现为间歇性出现的尖锐慢波，通常伴随着癫痫发作前的状态。

2. 连发尖慢波

连发尖慢波图谱通常出现在失神发作和某些特定类型的部分性癫痫中。这种图谱反映了神经元网络在特定区域的异常同步放电。

3. 尖波－尖锐慢波图谱

尖波－尖锐慢波图谱是一种典型的癫痫图谱，常见于某些复杂部分性癫痫和全面性发作。这种图谱表现为频繁出现的尖波和尖锐慢波。

4. 慢波图谱

慢波图谱通常出现在癫痫患者的深度睡眠阶段，但在癫痫发作时可能呈现出异常的慢波。这种图谱可能反映了癫痫患者在不同睡眠阶段的电生理学变化。

（六）癫痫发作的记录和监测

1. 脑电图监测

脑电图监测是诊断和监测癫痫的重要手段。通过 24 小时脑电图监测，医生可以记录到患者癫痫发作前、发作期间和发作后的电生理学变化，为病情的诊断和治疗提供重要信息。

2. 长时程脑电图

长时程脑电图是指在较长时间内对患者进行脑电图监测，以发现癫痫发作的频率、类型、时长等详细信息。这种监测方式对于癫痫患者的病情管理和治疗调整非常有帮助。癫痫发作的电生理学特点是揭示该疾病发病机制的关键。癫痫患者脑电图记录显示的异常电活动为癫痫的诊断提供了重要的依据，同时也为制定个体化的治疗方案提供了有益的信息。通过对不同类型癫痫患者的电生理学特点进行详细了解，可以更好地指导医生进行诊断和治疗决策。

电生理学研究不仅限于静息状态下的脑电图，还包括功能性磁共振成像（fMRI）、脑磁图（MEG）等高级神经影像学技术。这些技术可以提供更为详细和全面的脑电生理学信息，有助于揭示癫痫的发生机制。

随着技术的不断发展，越来越多的电生理学研究方法被应用于癫痫的研究。例如，脑电图的时频分析、空间分析、事件相关电位（ERP）等研究方法，有助于更全面地理解癫痫发作的电生理学特点。此外，脑电生理学在癫痫手术前的局部化和功能性定位中也发挥着重要的作用。

然而，值得注意的是，癫痫的电生理学研究仍面临一些挑战。癫痫的发病机制极其复杂，不同类型的癫痫可能呈现出不同的电生理学特点，而且同一患者在不同时期可能表现出不同的脑电图图谱。此外，对于一些特殊类型的癫痫，如光敏感性癫痫，其电生理学特点可能更为独特。

总体而言，通过对癫痫患者的脑电图进行综合分析，医生可以更准确地了解患者的发病机制、发作类型和发作的频率等信息，为个体化的治疗提供科学依据。电生理学的进一步研究将有助于深化对癫痫的理解，推动相关治疗方法的发展，提高患者的生活质量。随着科学技术的不断进步，电生理学在癫痫领域的应用将更加深入和精确。

第二节　抗癫痫药物的选择与用药监测

一、常用抗癫痫药物的作用机制

癫痫是一种由大脑神经元异常放电引起的慢性疾病，其治疗的核心是通过抗癫痫药物来控制神经元的过度放电。不同的抗癫痫药物作用于神经元的不同靶点，调控神经元的兴奋性和抑制性平衡，从而达到控制癫痫发作的目的。本文将探讨常用抗癫痫药物的作用机制，以便更好地理解这些药物的临床应用。

（一）苯妥英类药物

1. 苯妥英

苯妥英是一种广泛应用于癫痫治疗的药物，其作用机制主要涉及增强 γ- 氨基丁酸（GABA）的作用。GABA 是中枢神经系统的主要抑制性神经递质，可以通过结合到神经元的 GABA-A 受体，增加 GABA 的抑制性效应。苯妥英通过增加 GABA 的效应，促使 Cl⁻ 离子通道的开放，增加 Cl⁻ 离子内流，导致神经元的抑制性效应增强，从而减少神经元的兴奋性。

2. 异丙嗪

异丙嗪也属于苯妥英类药物，其作用机制与苯妥英类似，主要通过增强 GABA 的抑制性效应来减少神经元的兴奋性。异丙嗪还具有一定的钠通道阻滞作用，减少神经元的兴奋性。

（二）钠通道拮抗剂

1. 氟马西尼

氟马西尼是一种广泛用于癫痫治疗的药物，属于钠通道拮抗剂。其主要作用机制是通过阻滞神经元的钠通道，减缓钠离子的内流，阻止神经元的快速兴奋。这对于一些过度兴奋性的神经元，如在癫痫发作时，能够有效抑制异常的兴奋性。

2. 卡马西平

卡马西平也是一种钠通道拮抗剂，其作用机制与氟马西尼相似。卡马西平对于部分性癫痫的治疗效果显著，通过阻滞神经元的钠通道，调节神经元的兴奋性，从而达到抗癫痫的效果。

（三）钙通道拮抗剂

丙戊酸：

丙戊酸是一种作用于钙通道的药物，其主要作用机制是通过阻滞神经元的高压力依赖性钙通道，减缓钙离子的内流，降低神经元的兴奋性。丙戊酸特别适用于对其他药物反应较差的癫痫患者，其治疗机制与其他抗癫痫药物有一定的差异。

（四）谷氨酸拮抗剂

左乙拉西坦：

左乙拉西坦是一种谷氨酸拮抗剂，其作用机制主要通过增强神经元中的 GABA 的抑制性效应。左乙拉西坦还通过负调节谷氨酸递质的 N– 甲基 –D– 天冬氨酸（NMDA）受体，抑制谷氨酸的兴奋性，从而减少异常放电。

（五）多重机制药物

氨己烷酸：

氨己烷酸是一种多重机制药物，其作用机制包括增强 GABA 的抑制性效应、抑制 NMDA 受体、阻滞钠通道等。这种多重机制的药物使其能够在不同层面调节神经元的兴奋性和抑制性平衡。

（六）其他药物

1. 乙酰唑胺

乙酰唑胺是一种对多个通道具有作用的抗癫痫药物。其作用机制包括增强 GABA 的抑制性效应、阻滞钠通道、抑制谷氨酸的释放等。乙酰唑胺的多重作用机制使其在癫痫的治疗中具有一定的优势。

2. 利拉嗪

利拉嗪是一种作用于 γ– 氨基丁酸转氨酶的药物，其作用是通过增加 GABA 的水平，增强 GABA 的抑制性效应。这对于癫痫患者来说，有助于维持神经元的抑制性平衡，减少异常放电的发生。

以上介绍的抗癫痫药物涉及多种作用机制，主要包括增强 GABA 的抑制性效应、阻滞钠通道、阻滞钙通道、抑制谷氨酸递质等。这些药物通过调节神经元的兴奋性和抑制性平衡，从而减少异常放电，达到抗癫痫的效果。

不同类型的癫痫可能涉及到不同的神经元网络和放电机制，因此，选择合适的抗癫痫药物需要考虑患者的具体病情。在治疗中，医生通常会根据患者的癫痫类型、发作频率、症状严重程度等因素，制定个体化的治疗方案，包括选择合适的药物、确定适当的剂量和治疗方案。

尽管抗癫痫药物在控制癫痫发作方面取得了显著的进展，但仍然存在一些问题。例如，部分患者对药物治疗的反应不佳，药物副作用可能影响患者的生活质量。此外，一些癫痫患者可能需要多种药物的联合治疗，以达到更好的疗效。

未来，随着对癫痫病理生理学的深入了解和技术的不断发展，可能会有新的抗癫痫药物涌现。同时，个体化治疗和精准医学的理念将在癫痫治疗中得到更广泛的应用，以提高治疗效果和患者的生活质量。

总体而言，抗癫痫药物的作用机制的深入研究为癫痫的治疗提供了科学基础，也为临床医生制定更有效的治疗方案提供了指导。在癫痫治疗中，患者应根据医生的建议进行药物治疗，并在治疗过程中定期进行随访和调整，以达到最佳的治疗效果。

二、抗癫痫药物血浆浓度监测的临床意义

癫痫是一种慢性神经系统疾病，对患者的生活质量和心理健康产生深远影响。抗癫痫药物是控制癫痫发作的主要手段之一，然而，患者对药物的个体差异和药物的药代动力学差异导致治疗效果的不确定性。抗癫痫药物血浆浓度监测作为一种个体化治疗的手段，对于调整药物剂量、预防药物中毒和提高治疗效果具有重要的临床意义。

（一）抗癫痫药物的药代动力学差异

抗癫痫药物包括苯妥英、氟马西尼、卡马西平等，它们在患者体内的代谢、吸收和排泄等过程存在个体差异。这些药物的有效治疗范围和毒性范围之间的差异较大，而个体的生理状态、遗传因素、并用药物等因素都可能影响药物的药代动力学。因此，通过监测抗癫痫药物在患者血浆中的浓度，可以更好地了解药物在患者体内的代谢过程，为合理调整药物剂量提供依据。

（二）血浆浓度监测的临床价值

1. 个体化药物调整

抗癫痫药物血浆浓度监测为个体化药物调整提供了直观的指导。通过定期监测药物浓度，医生可以了解患者对药物的代谢情况，及时调整剂量以维持在治疗窗口内的有效浓度。这有助于避免患者因药物浓度不足而导致癫痫发作的再次发生，同时又能

避免因药物过量而引起的不良反应。

2. 预防药物中毒

在药物治疗中，由于个体差异、合并疾病、药物相互作用等因素，患者容易出现药物中毒的情况。抗癫痫药物血浆浓度监测可以帮助医生及时发现患者体内药物过量的情况，从而采取相应的措施，减少或调整药物剂量，防止不良反应的发生。

3. 优化治疗效果

抗癫痫药物的治疗效果与药物在体内的浓度密切相关。通过监测血浆浓度，医生可以更加准确地了解药物的药效学特点，确保患者在治疗窗口内维持有效的药物浓度，从而最大限度地发挥药物的治疗作用，提高治疗的成功率。

（三）适应证与常见药物的监测

1. 适应证

抗癫痫药物血浆浓度监测适用于以下情况：

疗效不佳的患者：对于无法达到预期疗效的患者，通过监测药物浓度可以判断是否存在药物浓度不足的问题。

出现药物毒性反应的患者：对于出现药物中毒症状的患者，监测药物浓度可以判断是否存在药物过量的情况。

儿童、老年患者：由于儿童和老年患者的药代动力学差异较大，因此血浆浓度监测对于这两个特殊群体更具意义。

2. 常见药物的监测

苯妥英：苯妥英的治疗窗口为 $10 \sim 20\,\mu g/mL$，监测其浓度有助于避免药物不足和过量引起的癫痫发作或毒性反应。

卡马西平：卡马西平的治疗窗口为 $4 \sim 12\,\mu g/mL$，监测有助于确保在有效治疗浓度范围内。

氟马西尼：氟马西尼的治疗窗口为 $20 \sim 40\,\mu g/mL$，监测有助于预防癫痫发作的再次发生。

（四）影响监测结果的因素

1. 药物相互作用

一些药物相互作用可能影响抗癫痫药物在体内的浓度。患者在使用其他药物时，医生需要考虑这些相互作用对监测结果的影响。例如，某些药物可能影响抗癫痫药物的代谢或排泄，导致药物浓度升高或降低，从而影响治疗效果。

2. 肝肾功能

肝肾功能是影响抗癫痫药物代谢和排泄的重要因素。肝肾功能减退可能导致药物在体内蓄积，增加药物的危险性。因此，患者的肝肾功能状况需要纳入考虑，有时可能需要调整药物剂量，以适应患者的生理状态。

3. 年龄和体重

年龄和体重是影响药物代谢和分布的关键因素。儿童和老年患者由于药代动力学差异，可能需要更加个体化的药物剂量。因此，在进行抗癫痫药物监测时，需要考虑患者的年龄和体重等因素。

4. 饮食因素

饮食因素也可能对药物浓度产生影响。例如，一些药物在餐后吸收更好，而另一些药物则需要空腹服用。患者在用药期间的饮食情况可能对药物浓度监测结果产生一定影响。

（五）抗癫痫药物血浆浓度监测的应用

1. 个体化调整药物剂量

通过监测抗癫痫药物在患者血浆中的浓度，医生可以更加准确地了解患者对药物的代谢情况，从而个体化地调整药物剂量。这有助于确保患者在治疗窗口内维持有效的药物浓度，提高治疗效果。

2. 预防药物中毒

抗癫痫药物有一定的毒性，过量使用可能导致不良反应。通过监测药物浓度，可以及时发现患者体内药物过量的情况，从而采取相应的措施，防止药物中毒的发生。

3. 指导手术前后药物管理

对于需要进行癫痫手术的患者，抗癫痫药物血浆浓度监测可以指导手术前后的药物管理。在手术前，通过监测药物浓度，可以确定是否需要调整药物剂量，以确保手术期间患者的癫痫控制。在手术后，监测药物浓度有助于调整药物剂量，以适应术后的生理状态。

4. 儿童和老年患者的个体化治疗

由于儿童和老年患者的生理状态存在较大差异，抗癫痫药物血浆浓度监测在这两个群体中尤为重要。儿童患者可能需要更频繁的监测，以确保药物在治疗窗口内维持有效浓度。老年患者可能需要更小的剂量，以减少不良反应的风险。抗癫痫药物血浆浓度监测作为个体化治疗的手段，在优化药物治疗效果、预防药物中毒和调整药物剂量等方面具有重要的临床意义。然而，监测仍面临着一系列的挑战，包括监测方法的局限性、费用和技术限制、个体差异和环境因素的干扰等。未来的发展方向应包括更精准的基因检测、移动健康技术的应用、多模态监测的整合以及临床指南的制定。通过不断创新和研究，抗癫痫药物浓度监测有望在癫痫患者的个体化治疗中发挥更为重要的作用。

第三节　癫痫的手术治疗与神经调控技术

一、癫痫手术的适应证与禁忌

癫痫是一种由于大脑神经元异常放电引起的慢性疾病，给患者的生活和健康带来了极大的困扰。虽然抗癫痫药物在很多病例中能够有效控制癫痫发作，但仍有一部分患者对药物治疗不理想，或者出现药物不耐受、不良反应等情况。在这些情况下，癫痫手术成为一种可行的治疗选择。本文将探讨癫痫手术的适应证与禁忌，以及手术前后的评估和注意事项。

（一）癫痫手术的基本原理

癫痫手术是通过切除、调整或刺激大脑特定区域，以减少或阻断异常的神经冲动，从而达到减轻或控制癫痫发作的治疗方法。癫痫手术主要分为以下几类：

1. 癫痫性灶切除术

这是最常见的一种手术，通过定位并切除大脑中产生癫痫发作的灶（病灶）来达到治疗的目的。病灶的确定通常需要借助神经影像学技术如磁共振成像（MRI）和电生理学技术。

2. 脑叶切除术

对于部分性癫痫，如果癫痫灶局限在脑叶的特定区域，医生可能会选择切除整个脑叶，以达到控制癫痫发作的目的。

3. 神经调制术

包括深部脑刺激术（Deep Brain Stimulation，DBS）和迷走神经刺激术（Vagus Nerve Stimulation，VNS）。这些手术通过植入电极或刺激装置，调整神经元的兴奋性，减轻癫痫发作的频率。

（二）癫痫手术的适应证

1. 药物难治性癫痫

药物难治性癫痫是最主要的手术适应证之一。患者在经过充分合理的抗癫痫药物治疗后，仍然无法控制癫痫发作，或者因药物不耐受而无法继续用药的情况下，癫痫手术成为一种可行的治疗选择。

2. 局部性癫痫发作

如果癫痫发作的起源局限在大脑的特定区域，而不是广泛分布，那么手术的成功率可能较高。通过手术切除或调整这些局限区域，可以达到控制癫痫发作的效果。

3. 临床可疑的病灶

在一些病例中，即使未能明确定位到癫痫灶，但通过临床观察、神经影像学等手段有理由怀疑某个脑区可能是癫痫的来源，也可能考虑手术。

4. 伴发症状的药物治疗效果不佳

对于一些患有癫痫的患者，药物治疗可能并不能很好地控制不仅仅是癫痫发作的症状。例如，癫痫患者可能伴随着认知功能障碍、情绪问题、行为异常等，这些症状可能无法通过药物达到理想的控制。在这种情况下，癫痫手术可以被考虑为一种综合治疗的手段，有望改善患者的整体病情。

（三）癫痫手术的禁忌

1. 未找到清晰的癫痫灶

如果在神经影像学和电生理学检查中无法明确定位到明确的癫痫灶，手术的效果可能会受到影响。因此，在确定手术适应证时，确保能够准确定位癫痫灶是至关重要的。

2. 泛发性癫痫

对于泛发性癫痫，即癫痫发作波及整个大脑而不是局限在特定区域的情况，手术效果通常较差。因为在泛发性癫痫中，异常神经冲动波及大片脑组织，手术无法准确切除所有异常区域。

3. 其他健康状况不稳定

患者如果有其他的严重健康问题，如心血管疾病、呼吸系统疾病等，可能不适合进行大规模的癫痫手术。手术本身可能对患者的整体健康状况产生额外的风险。

4. 心理和认知状况不适宜手术

癫痫手术后，患者可能经历一定的心理和认知变化。因此，如果患者原本就存在严重的心理障碍、认知功能障碍或精神疾病，这可能会影响手术后的康复和生活质量，需要慎重考虑手术的适宜性。

5. 年龄因素

对于老年患者和幼儿，由于手术的风险较大，手术的适应证和效果都需要谨慎评估。年龄过大或过小可能会增加手术的风险，且手术对生活的影响可能较为显著。

（四）手术前的评估与准备

1. 临床评估

在确定手术适应证前，需要进行全面的临床评估。这包括癫痫的发作类型、频率、持续时间，以及与癫痫相关的其他症状，如认知功能障碍、行为问题等。

2. 神经影像学检查

神经影像学检查是癫痫手术前不可或缺的一步。主要采用磁共振成像（MRI）来寻找可能的病灶，确定癫痫的发源地。有时还可能需要进行正电子发射计算机断层映像（PET）或单光子发射计算机断层映像（SPECT）等功能性影像学检查。

3. 电生理学检查

电生理学检查，如脑电图（EEG）和癫痫监护功能（Epilepsy Monitoring Unit, EMU）的记录，对于明确癫痫灶的性质、部位以及在发作时的脑电图特征至关重要。这些检查有助于确定手术的可行性以及手术方案的制定。

4. 心理和认知评估

在考虑癫痫手术时，对患者的心理和认知状况进行评估也是必不可少的。手术可能对患者的心理健康和认知功能产生一定的影响，因此需要确保患者有足够的心理适应能力和认知稳定性，以更好地应对手术后可能的变化。

5. 手术团队的评估

癫痫手术是一个多学科合作的过程，需要神经外科医生、神经内科医生、神经放射学医生、神经生理学家等多个专业领域的专家协作。手术团队的专业水平和协同能力对于手术的成功至关重要。在手术前，需要评估手术团队的构成和协作方式，确保整个团队具备足够的经验和专业知识。

6. 患者教育与共识

在决定进行癫痫手术之前，需要与患者进行详细的沟通和教育。患者需要了解手术的可能效果、风险、术后康复等方面的信息。与患者达成共识，确保患者理解手术的重要性和可能的变化，有助于提高手术的接受度和患者的配合度。

（五）手术后的康复与管理

1. 术后监测

癫痫手术后，患者需要进行密切的监测，包括脑电图监测和神经影像学检查，以评估手术的效果和患者的康复情况。这有助于及时发现术后的并发症或癫痫发作的再次发生。

2. 药物管理

即使在进行了癫痫手术后，患者可能仍需要继续一定时间的抗癫痫药物治疗。医生会根据患者的具体情况，逐渐减少药物剂量，或者在术后的一段时间内保持药物治疗，以确保癫痫的有效控制。

3. 心理康复

癫痫手术可能对患者的心理状态产生影响，尤其是在面临手术前后的期间。心理康复包括心理支持、认知行为疗法等，有助于患者更好地适应手术后的生活和处理可能的变化。

4. 生活方式管理

在癫痫手术后，患者需要注意避免一些可能触发癫痫发作的危险因素，如过度疲劳、失眠、酒精等。医生会向患者提供相应的生活方式管理建议，以减少癫痫发作的风险。癫痫手术作为一种治疗药物难治性癫痫的有效手段，在合适的适应证下能够显著改善患者的生活质量。然而，在决定进行手术之前，需要进行全面的评估，包括患者的癫痫病史、神经影像学检查、电生理学检查、心理状态等多个方面。同时，手术后的康复与管理同样重要，需要患者、家属和医疗团队的共同努力，以确保手术的效果和患者的生活质量。在整个过程中，患者需与医生保持密切的沟通，共同制定治疗方案，提高手术的成功率和患者的满意度。

二、深脑刺激与癫痫的关系

癫痫是一种常见的神经系统疾病，其特征是反复发作的癫痫发作，可能对患者的生活和工作产生严重的影响。尽管抗癫痫药物是癫痫治疗的主要手段，但对于部分患者，药物治疗效果并不理想，或者由于药物不良反应等原因无法持续使用。在这些情况下，深脑刺激（Deep Brain Stimulation，DBS）作为一种神经调制的手段，成为了一种可行的治疗选择。本文将探讨深脑刺激与癫痫的关系，深入了解其原理、适应证、效果及潜在的机制。

（一）深脑刺激的基本原理

1. 深脑刺激的概念

深脑刺激是一种通过在大脑深部特定区域植入电极，并通过外部脉冲发生器（IPG）进行电刺激，以调节神经元活动的治疗手段。深脑刺激最初是作为帕金森病的治疗方法，后来逐渐在其他神经系统疾病中得到应用，包括癫痫。

2. 深脑刺激的工作机制

深脑刺激的确切机制尚未完全理解，但其作用主要通过以下几个方面：

电激励抑制异常神经活动：深脑刺激通过产生高频、低电流的电刺激，有可能抑制癫痫发作时异常神经元的过度放电。

调节神经网络：深脑刺激可能通过调整大脑神经网络的活动，改善神经元之间的平衡，从而减轻癫痫的发作。

影响神经递质：深脑刺激可能影响神经递质的释放，包括增加抑制性神经递质的释放，降低兴奋性神经递质的水平，从而对抗癫痫发作。

（二）深脑刺激在癫痫治疗中的适应证

1. 药物难治性癫痫

深脑刺激主要适用于药物难治性癫痫，即对抗癫痫药物治疗效果不佳或无法忍受药物不良反应的患者。对于这类患者，深脑刺激提供了一种可选的治疗手段，有望改善其癫痫控制。

2. 癫痫病因的多样性

深脑刺激对于不同原因引起的癫痫可能都具有一定的效果。无论是由脑外伤、脑血管病变、先天性脑发育异常还是其他疾病引起的癫痫，深脑刺激均可被考虑为一种治疗选择。

3. 部分性癫痫

深脑刺激在部分性癫痫患者中的应用较为广泛。部分性癫痫是癫痫的一种类型，发作起源于大脑的特定区域，深脑刺激可以通过调节这些特定区域的神经活动来实现治疗效果。

（三）深脑刺激治疗癫痫的效果

1. 临床研究的证据

目前的研究数据表明，深脑刺激在治疗药物难治性癫痫方面取得了一定的成效。多项研究报道了患者在接受深脑刺激后癫痫发作频率的显著减少，甚至有部分患者完全停止发作的情况。

2. 生活质量的改善

深脑刺激治疗癫痫不仅可以减轻患者的癫痫发作，还有助于改善患者的生活质量。患者在癫痫控制较好的情况下，通常能够更好地参与社交活动、工作和日常生活，从而提高整体生活质量。

3. 不良反应的注意

尽管深脑刺激在治疗癫痫中表现出一定的有效性，但仍需注意潜在的不良反应。手术过程可能伴随有一定的风险，例如感染、出血等手术相关的并发症。此外，深脑刺激系统的植入和调试过程也可能引起一些不适和风险。因此，在考虑深脑刺激治疗时，患者和医生需要充分讨论潜在的风险和收益。

（四）深脑刺激治疗癫痫的潜在机制

1. 网络调控

深脑刺激可能通过调节大脑中的神经网络活动，改变神经元之间的相互作用。这种调控作用有助于平衡兴奋性和抑制性信号，从而减少癫痫发作的概率。

2. 抑制异常神经放电

深脑刺激可能通过对大脑中异常放电的抑制作用，减轻癫痫发作时神经元的过度活动。这种抑制作用有助于阻断癫痫发作的传播。

3. 调节神经递质水平

深脑刺激可能对神经递质的释放产生影响，其中抑制性神经递质的增加可能有助于减轻癫痫的发作。这一机制可能涉及多种神经递质系统，包括 γ- 氨基丁酸（GABA）等。

4. 神经可塑性的影响

深脑刺激可能通过影响大脑的神经可塑性，改变神经元的连接和功能。这种神经可塑性的调节作用有助于调整神经网络的稳定性，从而减少癫痫的发作。

（五）深脑刺激治疗癫痫的注意事项

1. 临床评估与团队合作

在决定进行深脑刺激治疗之前，患者需要经过详细的临床评估，确保其适合这种治疗方式。此外，深脑刺激治疗通常需要一个多学科的团队协作，包括神经外科医生、神经内科医生、神经放射学医生等，以确保手术的安全性和有效性。

2. 术前详细的评估

在手术前，患者需要进行详细的术前评估，包括神经影像学检查、电生理学检查、心理评估等。这有助于确定患者的癫痫类型、病因，以及判断是否适合深脑刺激治疗。

3. 手术的风险和并发症

深脑刺激手术是一种有创性的治疗方法，患者需要充分了解手术的风险和可能的并发症。这包括手术过程中的感染、出血，以及植入电极后可能出现的感觉异常、运动障碍等。

4. 术后的调试和管理

深脑刺激系统植入后，需要通过调试来确定最佳的刺激参数。这通常需要在术后的一定时间内进行，以确保患者获得最佳的治疗效果。此外，深脑刺激系统需要定期维护和管理，患者需要定期复诊并接受专业的调试和管理。深脑刺激作为一种神经调制的手段，在药物难治性癫痫的治疗中显示出一定的潜力。其通过调节神经网络、抑制异常神经放电、影响神经递质水平等多种机制可能有助于减轻癫痫发作的频率。然而，深脑刺激治疗也面临着一些挑战，包括手术的风险和并发症、术后的调试与管理等问题。在决定进行深脑刺激治疗时，需要患者与医生充分沟通，共同权衡治疗的风险和收益，以确保患者获得最佳的治疗效果。未来随着深脑刺激技术的不断发展和临床研究的深入，其在癫痫治疗中的地位和应用前景值得关注。

三、神经调控技术在难治性癫痫中的进展

难治性癫痫是一种对传统抗癫痫药物难以控制的癫痫形式，给患者的生活和健康带来了严重的困扰。随着神经科学和医学技术的不断进步，神经调控技术作为一种新型治疗手段逐渐引起了广泛关注。本文将探讨神经调控技术在难治性癫痫治疗中的进展，包括深脑刺激、经颅磁刺激和神经调制器等，深入了解其原理、适应证、效果及未来发展趋势。

（一）深脑刺激（DBS）在难治性癫痫治疗中的应用

1. 深脑刺激的基本原理

深脑刺激是一种通过在大脑深部植入电极，并通过外部脉冲发生器（IPG）进行电刺激，以调节神经元活动的治疗手段。在难治性癫痫中，深脑刺激通常针对大脑中的特定核团，通过调节神经元的兴奋性和抑制性，达到减轻癫痫发作的目的。

2. 临床研究和应用

近年来的临床研究表明，深脑刺激在难治性癫痫治疗中取得了一些积极的成果。一些研究报道了患者在接受深脑刺激后，癫痫发作的频率显著减少，甚至有部分患者

完全停止发作。然而，深脑刺激治疗的长期效果和安全性仍需更多大规模、长期的临床研究来证实。

3. 适应证与注意事项

深脑刺激治疗通常适用于药物难治性癫痫，即对抗癫痫药物治疗效果不佳或无法忍受药物不良反应的患者。患者在进行深脑刺激治疗前需要进行详细的评估，包括神经影像学检查、电生理学检查等，以确保其适合这种治疗方式。此外，手术过程中可能伴随一些风险和并发症，患者和医生需要充分讨论潜在的风险和收益。

（二）经颅磁刺激（TMS）在难治性癫痫治疗中的探索

1. 经颅磁刺激的基本原理

经颅磁刺激是一种利用变化磁场诱发大脑中电流的非侵入性技术。在难治性癫痫中，经颅磁刺激主要应用于大脑皮层的调控，通过改变神经元的兴奋性和抑制性，调整神经网络的活动，达到减轻癫痫发作的效果。

2. 临床研究和应用

目前的研究显示，经颅磁刺激在难治性癫痫治疗中具有一定的潜力。一些小样本的研究表明，经颅磁刺激可能对癫痫发作频率和临床症状产生一定的改善效果。然而，与深脑刺激相比，经颅磁刺激的疗效在癫痫治疗中尚处于早期阶段，需要更多的大规模、随机对照的临床试验来验证其有效性。

3. 适应证与注意事项

经颅磁刺激作为一种非侵入性的神经调控技术，通常适用于部分性癫痫，即发作起源于大脑的特定区域。患者在接受经颅磁刺激前需要进行详细的评估，包括癫痫发作类型、发作频率等，以明确其是否适合这种治疗方式。与深脑刺激相比，经颅磁刺激的安全性较高，但仍可能伴随一些轻微的不适感，如头痛、面部肌肉收缩等。

（三）神经调制器在难治性癫痫治疗中的创新

1. 神经调制器的基本原理

神经调制器是一类通过电或磁场对神经系统进行调节的设备。在难治性癫痫治疗中，神经调制器通常包括脑神经调制器（Vagus Nerve Stimulation，VNS）和可植入式神经调制器。

VNS：脑神经调制器通过植入在颈部的电极，通过迷走神经传递电刺激到大脑，以达到减轻癫痫发作的效果。

可植入式神经调制器：这类设备通过植入在颅内或颅外区域，通过电刺激或其他调制手段对神经系统进行调节，达到减缓或阻断癫痫发作的目的。

2. 临床研究和应用

神经调制器在难治性癫痫治疗中的临床研究表明，这类设备对于一些患者具有一定的疗效。特别是在药物治疗难以控制的情况下，神经调制器可以作为一种替代或辅助的治疗手段。患者通常需要在手术前接受详细的评估，以确定是否适合植入神经调制器。

3. 适应证与注意事项

神经调制器作为一种相对安全、可逆的治疗手段，适用于多种癫痫类型。患者在接受植入神经调制器前需要考虑其对手术的接受度、对潜在并发症的了解以及对术后管理的配合度。术后的调试和管理同样重要，包括调节电刺激参数、监测设备状态等。

（四）未来发展趋势与挑战

1. 个体化治疗

未来随着医疗技术的发展，神经调控技术在难治性癫痫治疗中将更加注重个体化。通过基因测序、脑影像学技术等手段，可以更准确地确定患者的癫痫发作机制和病因，从而实现更为个体化的治疗方案。个体化治疗有望提高治疗效果，减少不良反应，更好地满足患者的需求。

2. 新技术的应用

随着神经科学和工程学的不断进步，新的神经调控技术可能会不断涌现。例如，光遗传学技术的应用，通过光敏感蛋白质对神经元进行精确控制，为癫痫治疗提供了新的可能性。这些新技术的应用可能带来更精准、更有效的治疗手段。

3. 多模式治疗的整合

未来的神经调控治疗可能会越来越趋向于多模式治疗的整合。即通过结合不同的神经调控技术，如深脑刺激、经颅磁刺激、神经调制器等，以更全面、多层次地影响神经系统，达到更好的治疗效果。多模式治疗的整合需要更深入的研究，以确定不同技术之间的相互作用和优势互补性。

4. 数据科学与人工智能的应用

随着大数据和人工智能的快速发展，这些技术在神经调控治疗中的应用也将日益增多。通过对大量患者的临床数据进行分析，可以更好地理解不同治疗方案的效果，帮助医生制定更科学的治疗策略。同时，人工智能技术还有望实现实时监测和调整治疗参数，提高治疗的精准性和个性化水平。

5. 挑战与问题

尽管神经调控技术在难治性癫痫治疗中表现出巨大的潜力，但仍然面临一些挑战和问题。其中包括：

长期疗效和安全性：长期使用神经调控技术的疗效和安全性仍需更多的长期随访和研究来验证。特别是对于一些新兴技术，其长期影响还不为人们所充分了解。

个体差异：患者之间存在较大的个体差异，不同病因、发作类型的患者对神经调控技术的反应可能存在差异。因此，需要更多的个体化研究，以确定最适合不同患者的治疗方案。

技术复杂性：一些神经调控技术的操作需要专业的医疗团队和设备，技术复杂性较高，这对医疗资源的需求和医疗水平提出了一定要求。神经调控技术在难治性癫痫治疗中展现了巨大的应用前景。深脑刺激、经颅磁刺激和神经调制器等技术的应用为那些药物治疗无效或难以忍受副作用的患者提供了新的治疗选择。随着科技的不断进步，神经调控技术有望在未来取得更大的突破，成为癫痫治疗的重要手段之一。个体化治疗、新技术的应用、多模式治疗的整合以及数据科学与人工智能的支持将进一步提升神经调控技术的治疗效果和适应性。

第四节　癫痫综合征的儿童临床特点

一、儿童癫痫综合征的临床表现

癫痫是一种常见的神经系统疾病，而儿童癫痫综合征作为癫痫的一种特殊类型，在儿童群体中占有一定比例。儿童癫痫综合征的临床表现不仅对于早期诊断和治疗具有重要意义，而且影响着患儿及其家庭的生活质量。本文将深入探讨儿童癫痫综合征的临床表现，包括其发作类型、伴随症状、认知功能等方面，以期为医生、家长及相关从业者提供更深入的了解和参考。

（一）儿童癫痫综合征概述

1.癫痫的定义与分类

癫痫是一组由于异常神经元放电引起的短暂脑功能障碍的疾病。根据发作特点和临床症状，癫痫可分为多种类型，而儿童癫痫综合征是其中一种以多种类型癫痫发作为主要特征的综合征候群。

2. 儿童癫痫综合征的定义

儿童癫痫综合征是指在儿童期发作的、具有一定的特异性临床表现、通常伴随认知功能异常的一组癫痫综合征。这一综合征通常表现为多种类型的癫痫发作，可能伴随着认知、行为和发育方面的问题。

（二）儿童癫痫综合征的发作类型

儿童癫痫综合征的发作类型多种多样，常见的包括但不限于：

1. 小发作（简单部分性发作）

小发作是一种部分性发作，主要涉及大脑的一小部分区域。在儿童癫痫综合征中，小发作可能表现为短暂的意识丧失、目光呆滞、面部抽动等症状。患儿在发作期间通常对周围环境不太清楚，发作结束后可能没有明显的记忆丧失。

2. 大发作（复杂部分性发作）

大发作也是部分性发作的一种，涉及大脑的更广泛区域。儿童癫痫综合征中的大发作可能表现为奇异行为、情感波动、自动症状（如咀嚼、吞咽、手的复杂动作）等。患儿在发作期间可能丧失对周围环境的意识，对发作后的情况可能不记得。

3. 抽搐发作

抽搐发作是儿童癫痫综合征中比较常见的一种发作类型。这种发作表现为全身或局部肌肉的迅速收缩和放松，患儿可能失去意识，呼吸急促，发作后可能出现疲劳和混乱。

4. 失神发作

失神发作是一种非常短暂的发作，患儿在发作期间可能停止活动，神情呆滞，但通常在几秒钟内就能恢复正常。这种发作在儿童期较为常见，但可能被忽视，因为患儿在发作期间不一定表现出明显的症状。

（三）儿童癫痫综合征的伴随症状

1. 认知功能障碍

儿童癫痫综合征常伴随着认知功能的障碍，表现为学习困难、记忆力减退、注意力不集中等问题。这可能与癫痫发作时脑部短暂缺血或电活动异常引起的脑功能紊乱有关。

2. 情绪和行为问题

一些患有儿童癫痫综合征的儿童可能表现出情绪和行为问题，如焦虑、抑郁、情绪波动大等。这可能部分归因于癫痫本身对患儿生活的不良影响，也可能与脑部电活动异常对情绪中枢的影响有关。

3. 发育迟缓

癫痫综合征有时还伴随着患儿的发育迟缓，包括语言发育、运动发育等方面。这可能与癫痫发作对大脑正常发育的干扰以及相关治疗药物的影响有关。发育迟缓的程度和领域可能因患儿的具体病情而有所不同。

4. 睡眠问题

儿童癫痫综合征可能对患儿的睡眠产生负面影响。癫痫发作本身可能在夜间发生，导致患儿频繁醒来，睡眠质量下降。此外，部分抗癫痫药物可能对睡眠产生影响，导致儿童出现入睡困难、多梦等问题。

5. 面部和体部特殊感觉

在癫痫发作期间，有些儿童可能会出现面部或体部的特殊感觉，如刺痛、麻木等，这被称为感觉性癫痫。这种感觉可能在发作前数秒或数分钟内出现，给患儿带来不适和困扰。

（四）儿童癫痫综合征的诊断与治疗

1. 诊断

儿童癫痫综合征的诊断通常基于患儿详细的病史、临床表现以及相关的神经电生理学检查，如脑电图（EEG）。对于一些不典型的病例，可能需要进行磁共振成像（MRI）等影像学检查，以排除其他脑部病变。

2. 治疗

儿童癫痫综合征的治疗主要包括药物治疗和非药物治疗两个方面。

药物治疗：抗癫痫药物是主要的治疗手段，选择合适的药物需要考虑到患儿的具体病情、发作类型以及可能的副作用。治疗过程中需密切监测药物疗效和患儿的生长发育情况。

非药物治疗：对于一些难治性的病例，或者对药物治疗不耐受的患儿，可考虑其他治疗手段，如癫痫手术、神经调制器植入、生酮饮食等。这些治疗方法的选择需要在多学科团队的协同下进行。

（五）儿童癫痫综合征的预后与护理

1. 预后

儿童癫痫综合征的预后因患儿个体差异及治疗的及时性和有效性而异。大多数儿童在治疗下能够取得较好的病情控制，部分患儿在青少年时期甚至能够停药而不再复发。然而，对于一些病情复杂、难以控制的病例，预后可能较为不确定。

2. 护理

儿童癫痫综合征的护理需综合考虑药物治疗、患儿的发育和学习需求、心理健康等方面。重要的护理措施包括：

定期随访：定期随访有助于监测患儿的病情变化、药物疗效以及副作用，同时及时调整治疗方案。

药物管理：对于正在接受药物治疗的患儿，护理人员需要确保药物按时、规范地服用，监测可能的不良反应。

发育和学习支持：针对患儿的发育和学习问题，提供相应的支持和辅助，可能包括康复训练、特殊教育等。

心理支持：针对患儿可能存在的心理问题，如焦虑、抑郁，提供专业的心理支持和咨询服务。儿童癫痫综合征是一种常见的儿童神经系统疾病，其临床表现涉及多个方面，包括不同类型的癫痫发作、认知功能障碍、情绪行为问题等。早期的准确诊断和综合治疗对患儿的生活质量和长期预后具有重要意义。因此，对于可能患有儿童癫痫综合征的儿童，家长和医疗团队应密切关注其行为和症状，及时就医，并制定科学合理的治疗方案，以提供全面的医疗护理支持。

二、家庭教育与儿童癫痫患者的心理健康

儿童期癫痫是一种常见的神经系统疾病，其发病不仅对患儿本人的身体健康产生影响，同时也会对家庭产生一系列的心理、社会和经济压力。在儿童癫痫的治疗过程中，合理的家庭教育扮演着重要的角色。本文将探讨家庭教育对儿童癫痫患者心理健康的影响，并提出相关的建议。

（一）儿童癫痫的心理健康问题

1. 癫痫与心理健康关系

儿童期癫痫患者由于长期面临癫痫发作的困扰，容易出现一系列心理健康问题。这些问题包括焦虑、抑郁、自尊心低下、学业问题等。癫痫发作可能不仅导致患儿对自身病情的认知产生负面影响，还可能影响其社交能力和生活质量。

2. 家庭环境对心理健康的影响

家庭环境是儿童心理健康的重要因素。对于癫痫患者而言，家庭的理解、支持和关爱对于患儿的康复和心理健康至关重要。相反，如果家庭缺乏理解、存在负面情绪或者对患儿过分保护，可能会加重患儿的心理负担。

（二）家庭教育的重要性

1. 促进患儿对病情的认知

家庭教育可以帮助患儿更好地了解自己的病情，明白癫痫是一种可以控制的疾病，而不是一种不可逆转的缺陷。通过教育，患儿能够更理性地面对疾病，减轻对自身的焦虑和恐惧。

2. 促进家庭对癫痫的正确认知

除了患儿本人，家庭成员也需要正确理解癫痫。家庭教育可以向家人传递科学的医学知识，帮助他们正确看待癫痫，避免不必要的恐慌和过度保护。

3. 提供治疗的支持

癫痫的治疗是一个长期的过程，需要家庭的长期支持。通过家庭教育，家庭成员可以更好地了解治疗的过程、药物的作用和副作用，提高治疗的依从性，确保患儿获得及时、科学的治疗。

4. 建立积极的家庭氛围

家庭教育不仅仅是传递知识，更是建立一种积极向上的家庭氛围。通过理解、关爱和支持，家庭成员能够给予患儿更多的鼓励和自信，培养其积极乐观的心态，有助于缓解患儿的心理压力。

（三）家庭教育的方法和建议

1. 与专业医生沟通

家庭成员首先应该与专业医生进行充分的沟通，了解患儿的病情、治疗方案以及可能的预后。医生可以为家庭提供科学、准确的医学信息，解答他们可能存在的疑虑和问题。

2. 参加患者教育课程

患者教育课程是一种系统的、针对患者和家庭的培训课程，旨在提高他们对癫痫的认知水平、应对策略和康复技能。通过参加这类课程，家庭成员可以更全面地了解癫痫，学习正确的护理方法，培养科学的治疗观念，从而更好地支持患儿。

3. 培养积极的沟通方式

家庭成员之间的沟通是家庭教育的重要组成部分。建议家庭成员之间要保持积极的沟通方式，包括倾听患儿的感受、分享彼此的情感、共同探讨治疗方案等。通过有效的沟通，可以更好地理解患儿的需求，减轻其心理负担。

4. 制定合理的家庭规则

在癫痫患者的家庭中，建议制定一些合理的家庭规则，以保障患儿的安全和健康。这可能包括合理的作息时间、饮食规律、癫痫发作时的应对措施等。制定清晰的规则有助于家庭成员更好地应对癫痫的特殊情况。

5. 定期复诊和随访

定期复诊和随访是癫痫治疗过程中的重要环节。建议家庭成员积极参与患儿的定期随访，了解其治疗效果、调整药物剂量等情况。医生也可以通过随访及时发现并解决患儿及其家庭可能存在的问题。

（四）家庭教育与儿童癫痫患者心理健康的关系

1. 积极的家庭教育有助于患儿心理健康

通过积极的家庭教育，患儿能够更好地理解和接受自己的病情，建立对治疗的信心，减轻焦虑和抑郁的情绪。合理的家庭教育有助于营造支持性的家庭氛围，提高患儿的生活质量。

2. 家庭支持有助于患儿的社交能力

良好的家庭支持对于患儿的社交能力和人际关系的建立具有重要作用。家庭成员的理解和关爱可以帮助患儿更好地融入社会，减少因癫痫而引起的孤独感和自卑感。

3. 避免负面家庭氛围对患儿的不良影响

相反，负面的家庭氛围可能对患儿产生不良影响。过度保护、过度焦虑的家庭环境可能导致患儿对自身状况的过分担忧，增加心理压力。因此，通过良好的家庭教育，避免家庭成员对患儿的过度关切和担忧是至关重要的。

儿童期癫痫的治疗不仅仅是医学上的问题，更涉及到患儿和家庭成员的心理健康。合理而积极的家庭教育对于患儿的康复和心理健康具有重要意义。通过家庭教育，患儿能够更好地理解自己的病情，家庭成员也能更好地支持患儿的治疗和生活。

在进行家庭教育时，应强调个体化的需求，因为每个患儿的状况各异。关键是建立一个沟通开放、理解互信的家庭氛围，使每个家庭成员都能够有效地应对癫痫带来的挑战。

综合来看，良好的家庭教育既有助于提高患儿和家庭成员对癫痫的认知水平，也有助于缓解患儿的心理压力，促进其心理健康的发展。通过科学、全面的家庭教育，我们可以为儿童期癫痫患者创造一个支持性、理解的家庭环境，帮助他们更好地融入社会，提高生活质量。

第五节　神经内科护理在癫痫患者中的应用

一、护理过程中的癫痫监测与处理

癫痫是一种常见的神经系统疾病，患者在发作期间可能出现短暂的脑功能障碍，影响其生活质量。在护理过程中，癫痫的监测与处理是至关重要的一环。本文将深入探讨护理过程中癫痫的监测与处理策略，包括监测方法、危机干预、护理措施等方面，以提供给护理人员更全面的护理指导。

（一）癫痫的基本概念

1. 癫痫的定义

癫痫是一种由于大脑神经元异常放电导致的短暂脑功能障碍，表现为突发性、周期性的癫痫发作。这种异常放电可能导致多样化的临床表现，包括瞬时的意识丧失、肢体抽搐、感觉异常等。

2. 癫痫的分类

癫痫可根据发作特点和临床表现分为部分性癫痫和全身性癫痫。部分性癫痫发作起源于大脑的某一部分，而全身性癫痫发作则涉及整个大脑。

（二）癫痫监测方法

1. 临床观察

最直观的癫痫监测方法是通过仔细的临床观察。护理人员应随时关注患者的行为、言语、姿势等变化，尤其是患者是否突然失去意识、出现抽搐等症状。

2. 脑电图（EEG）

脑电图是一种通过电极记录脑电活动的方法。对于癫痫患者，脑电图可以显示异常的放电活动，帮助医护人员明确癫痫的类型和定位发作的部位。

3. 24 h 视频脑电图监测

对于一些难以确定癫痫类型的患者，或者需要详细记录癫痫发作过程的情况，可以进行 24 h 视频脑电图监测。这种监测方式结合了视频记录和脑电图，可以更全面地了解患者的癫痫发作特点。

4. 神经影像学检查

神经影像学检查，如磁共振成像（MRI）、计算机断层扫描（CT）等，有助于发现患者脑部结构异常或病变，进一步确定癫痫的病因。

（三）癫痫发作的护理处理

1. 护理前的准备工作

在癫痫发作护理过程中，护理人员需要提前进行充分的准备。这包括：

确保患者的安全：将患者置于安全的环境中，移走可能伤害患者的物品，如尖锐物、易燃物等。

保护患者的头部：使用软垫或护具保护患者的头部，减少因抽搐引起的头部损伤。

确保通风：保持通风良好，防止患者在发作期间因缺氧导致的不适。

2. 癫痫发作期的护理

在癫痫发作期间，护理人员应采取以下措施：

保持冷静：护理人员需要保持冷静，不要惊慌，将患者的家属也安抚好，避免造成不必要的混乱。

观察发作类型：注意观察癫痫发作的类型，包括部分性发作、全身性发作等。这有助于后续的医学评估和治疗。

避免强制干预：在患者正在抽搐时，护理人员不应强行控制患者的肢体，而应尽量确保患者的安全。

记录发作时间：记录癫痫发作的时间长短，以及发作后的恢复情况。这有助于医生评估癫痫的病程和效果。

3. 癫痫发作后的护理

癫痫发作后，护理人员需要进行适当的护理工作，包括：

维持呼吸道通畅：如果患者在发作期间出现呼吸困难，护理人员应及时采取措施维持患者的呼吸道通畅。

观察患者恢复：注意观察患者发作后的恢复过程，包括意识状态、呼吸情况等。在患者苏醒后，尽量保持一个安静、舒适的环境，以避免过度刺激。

提供心理支持：癫痫发作对患者的心理健康可能产生负面影响，护理人员应向患者提供积极的心理支持，鼓励其面对疾病，减轻焦虑和恐惧。

评估可能的伤害：因癫痫发作可能导致患者摔倒或撞伤，护理人员需要仔细评估患者是否有受伤，对可能的伤害进行处理。

（四）癫痫的长期护理

1. 癫痫药物管理

长期管理癫痫的关键是药物治疗。护理人员需要协助患者按时服药，监测药物的副作用，定期评估患者的病情，确保药物的疗效。

2. 定期随访和检测

癫痫患者需要定期随访，通过脑电图监测等手段评估病情的变化。定期的检测可以帮助医生及时调整治疗方案，提高治疗效果。

3. 康复训练

对于一些受到癫痫发作影响的患者，康复训练是重要的一环。护理人员需要协助患者进行康复训练，包括生活技能的训练、社交技能的提升等，以提高患者的生活质量。

4. 定期心理评估

癫痫不仅仅是一种身体疾病，还涉及到患者的心理健康。护理人员需要定期进行心理评估，了解患者的心理状态，及时发现和干预可能存在的心理问题。

（五）癫痫患者及家属教育

1. 疾病知识宣教

护理人员需要向癫痫患者及其家属传递相关的疾病知识，包括癫痫的病因、发病机制、治疗方法等。通过科学的宣教，有助于提高患者和家属对癫痫的认知水平，增强他们的疾病管理能力。

2. 康复指导

护理人员还需要提供康复指导，包括生活方式的调整、饮食营养的合理安排等。指导患者和家属建立科学的生活习惯，有助于减轻疾病对患者的影响。

3. 心理支持

癫痫患者及其家属可能面临一系列的心理问题，包括焦虑、抑郁等。护理人员需要提供及时的心理支持，鼓励患者积极面对疾病，引导家属正确对待患者，减轻心理负担。

（六）护理中的注意事项

1. 记录详细的护理记录

护理人员需要详细记录患者的癫痫发作情况，包括发作时间、持续时间、症状表现等。这有助于医生更好地了解患者的病情，制定更合理的治疗方案。

2. 护理团队的协同合作

在癫痫患者的护理中，护理人员需要与医生、神经科专业人员等协同合作。及时汇报患者的病情，互相交流意见，确保患者能够得到全面、科学的护理。

3. 关注患者的心理需求

除了生理方面的护理，护理人员还需要关注患者的心理需求。与患者建立良好的沟通关系，了解他们的情绪变化，提供及时的心理支持，有助于提高患者的生活质量。

癫痫患者在护理过程中需要综合考虑生理、心理和社会因素，制定全面的护理方案。护理人员在监测和处理癫痫发作时要保持冷静，采取合理的护理措施，并注重长期的康复指导和心理支持。通过专业的护理，可以提高患者的生活质量，降低病情对其生活的不良影响。

二、患者家属的神经内科护理技能培训

神经内科疾病涉及到中枢神经系统的多种疾患，对患者及其家属提出了更高的护理要求。为了更好地应对神经内科患者的护理需求，患者家属作为护理团队中不可或缺的一部分，需要接受专业的培训，提高其神经内科护理技能。本文将探讨患者家属神经内科护理技能培训的重要性，内容涵盖基础护理技能、疾病知识学习、心理支持等方面。

（一）培训目的及意义

1. 培训目的

患者家属神经内科护理技能培训的目的是使他们能够熟练掌握基础的神经内科护理技能，提高应对神经内科疾病的能力。培训内容旨在使家属能够在日常生活中更好地照顾患者，有效配合医护人员，提供综合的护理支持。

2. 培训意义

提高患者生活质量：家属通过培训可以更好地了解患者的疾病特点，提高护理技能，有助于提高患者的生活质量。

降低医疗成本：家属在护理过程中的熟练程度直接影响到患者的医疗成本。合格的护理可以减轻医护人员的负担，降低医疗费用。

增强患者家庭支持系统：家属培训有助于建立起完善的患者家庭支持系统，患者在家庭中能够得到更全面的关爱和支持。

（二）基础护理技能培训

1. 日常生活护理

（1）患者的生活起居：

协助患者日常起床、洗漱、进食等：家属需要学会如何正确地协助患者完成日常生活中的基本动作，确保患者的舒适和安全。

床上翻身与床垫护理：对于卧床的患者，家属需学习正确的翻身技巧，避免压疮的发生。

（2）基础护理技能：

口腔护理：学习正确的口腔护理方法，保持口腔卫生，预防口腔感染。

皮肤护理：掌握皮肤清洁、保湿、防止压疮的护理技能，减少患者的不适感。

2. 护理用具的正确使用

（1）使用轮椅和助行器：

正确使用轮椅：学会帮助患者正确坐入和离开轮椅，确保轮椅的安全使用。

助行器的正确使用：学习助行器的选择和正确使用方法，协助患者行走。

（2）使用生命体征监测仪器：

血压计的正确使用：学习使用血压计监测患者的血压，了解正常范围和异常情况的处理。

体温计的正确使用：学习使用体温计监测患者的体温，了解不同体温的含义和应对措施。

3. 饮食护理

饮食调配：

了解患者的饮食禁忌：学习患者神经内科疾病的特殊饮食要求，合理搭配食物。

饮食的营养均衡：学会制定患者的营养饮食计划，确保患者获得充足的营养。

（三）疾病知识学习

1. 疾病的基本知识

了解患者的疾病类型：

疾病的基本概念：学习了解患者所患疾病的基本概念、发病机制等。

不同类型的神经内科疾病：了解不同神经内科疾病的特点、症状、治疗方法等。

2. 药物管理

学习药物的基本知识：

药物的正确使用：掌握患者所使用药物的名称、剂量、用法以及可能的副作用，以确保患者在家中按医嘱正确使用药物。

注意药物相互作用：了解患者可能同时使用的药物，避免不同药物之间产生相互作用，导致不良反应。

3.康复训练知识

生活方式调整：

合理安排患者的生活：学习如何合理规划患者的日常生活，包括作息时间、休息和活动的安排等。

协助患者进行康复锻炼：学会协助患者进行医生建议的康复锻炼，促进患者康复。

4.应急处理知识

急救技能：学会紧急情况下的基本急救技能，包括心肺复苏（CPR）、骨折固定等。

紧急情况的呼叫流程：熟悉医疗急救电话，了解紧急情况下的呼叫流程。

（四）心理支持和沟通技能培训

1.了解患者心理需求

学会倾听：学习倾听患者的心声，了解他们的需求和感受。

了解神经内科患者的心理特点：了解神经内科患者可能面临的心理问题，包括焦虑、抑郁等。

2.提供积极的心理支持

积极的沟通技巧：学习积极的沟通技巧，使患者感受到温暖和关爱。

鼓励患者参与康复：鼓励患者积极参与康复过程，树立战胜疾病的信心。

3.应对家庭压力

学习家庭压力的缓解方法：了解神经内科患者的家庭可能面临的压力，学会缓解家庭紧张氛围的方法。

建立家庭支持系统：培养家庭成员间的理解和支持，共同面对患者的疾病。

（五）实践培训

1.实际操作训练

模拟患者护理：进行实际操作训练，模拟日常生活护理、药物管理等场景，提高实际操作技能。

模拟紧急情况处理：进行急救技能的模拟训练，提高应对紧急情况的能力。

2. 病房实习

在医疗机构进行实际实习：安排患者家属在神经内科病房进行实际实习，由专业的护理人员进行指导。

参与患者护理计划：让家属参与制定患者的护理计划，提高护理计划的贴合度。

患者家属的神经内科护理技能培训对于提高患者的生活质量、促进康复，减轻医护负担具有重要的意义。通过系统的培训，家属能够掌握基础的护理技能、了解患者的疾病知识、提供有效的心理支持，从而更好地配合医护人员，全面提升患者的护理水平。

第六章　神经肿瘤

第一节　脑肿瘤的分类与影像学特征

一、脑肿瘤的组织学分类

脑肿瘤是指在颅内生长的异常组织，它可以来源于脑组织本身，也可以是其他器官的恶性肿瘤通过血液或淋巴途径转移到脑内。脑肿瘤的组织学分类对于临床诊断、治疗和预后评估具有重要意义。根据世界卫生组织（WHO）的分类系统，脑肿瘤主要分为神经胶质瘤、脑膜瘤、胶质母细胞瘤、脑胶质细胞瘤等多个亚型。下面将详细介绍这些脑肿瘤的组织学分类。

1. 神经胶质瘤（Gliomas）

神经胶质瘤是最常见的脑肿瘤类型之一，它起源于脑组织的胶质细胞。根据WHO的分类，神经胶质瘤分为四个级别，级别越高，肿瘤越恶性。这四个级别分别是：

Ⅰ级：良性胶质瘤，生长缓慢，通常可以完全切除。

Ⅱ级：低度恶性胶质瘤，生长较慢，但在切除后可能会复发。

Ⅲ级：中度恶性胶质瘤，细胞异型性增加，生长更为迅速，切除后容易复发。

Ⅳ级：高度恶性胶质瘤，细胞异型性显著，生长迅速，难以完全切除，预后较差。典型的Ⅳ级神经胶质瘤是恶性胶质母细胞瘤。

2. 脑膜瘤（Meningiomas）

脑膜瘤起源于脑膜细胞，通常为良性肿瘤。它们常常与颅骨表面相连，可以通过手术切除。脑膜瘤的分级依据组织学特征和细胞密度，分为三个级别：

Ⅰ级：良性，生长缓慢，切除后通常不会复发。

Ⅱ级：至高度可疑恶性，细胞密度增加，切除后可能会有复发。

Ⅲ级：恶性，细胞异型性显著，生长较快，复发率较高。

3. 胶质母细胞瘤（Medulloblastomas）

胶质母细胞瘤是一种儿童和青少年中常见的恶性脑肿瘤，主要发生在小脑。根据分子生物学和组织学特征，胶质母细胞瘤可分为多个亚型，这些亚型对于治疗和预后的评估都具有重要意义。

4. 脑胶质细胞瘤（Astrocytomas）

脑胶质细胞瘤是一类源于星形胶质细胞的肿瘤，它们可以发生在大脑、小脑和脑干等部位。根据 WHO 的分类，脑胶质细胞瘤分为不同的级别，包括：

神经胶质瘤中的Ⅱ级和Ⅲ级胶质细胞瘤。

Ⅲ级：结合Ⅲ级以上的神经胶质瘤和其他较恶性的胶质细胞瘤。

5. 垂体瘤（Pituitary Tumors）

垂体瘤源于垂体细胞，通常是良性的。根据垂体瘤的分泌功能，它们可以分为分泌型和非分泌型。分泌型垂体瘤根据其产生的激素类型进行分类，如生长激素瘤、泌乳激素瘤等。

脑肿瘤的组织学分类对于制定治疗方案、评估预后和指导临床决策具有重要的临床价值。随着分子生物学和遗传学的发展，对于一些特定类型的脑肿瘤，分子生物学的特征也逐渐成为了分类的依据。对于不同类型的脑肿瘤，治疗方案和预后也有所不同，因此深入了解脑肿瘤的组织学分类对于提高患者的治疗效果至关重要。

二、MRI 与 CT 在脑肿瘤鉴别诊断中的应用

脑肿瘤是指在颅内生长的异常组织，由于其在脑内的位置和对周围组织的影响，对其准确诊断至关重要。在脑肿瘤的鉴别诊断中，磁共振成像（MRI）和计算机断层扫描（CT）是两种主要的影像学检查手段。这两种技术在诊断过程中各自具有独特的优势和局限性，它们的结合应用有助于提高脑肿瘤的准确性和精确性。

1. CT 在脑肿瘤鉴别诊断中的应用

计算机断层扫描是一种通过 X 线成像获得断层图像的技术。在脑肿瘤的诊断中，CT 常常被用于快速筛查和初步评估。以下是 CT 在脑肿瘤鉴别诊断中的应用：

结构分辨率：CT 对于骨组织的成像效果非常好，因此对于颅骨病变和骨质改变的显示较为敏感。这使得 CT 在评估颅骨是否受侵蚀、骨折或其他结构变化方面具有优势。

快速成像：CT 扫描的速度相对较快，适用于紧急情况下的患者筛查，尤其是需要快速排除颅内出血等急性情况的病例。

钙化和出血：CT 可以较好地显示肿瘤内的钙化和出血，这对于一些特定类型的

肿瘤的鉴别诊断具有帮助。

对比剂增强：静脉注射造影剂可以使血管和一些肿瘤更为清晰地显示在图像上，有助于鉴别肿瘤的类型和范围。

然而，CT 也存在一些局限性，如对软组织的分辨率较低，不适合详细观察脑实质和区分不同类型的肿瘤。

2. MRI 在脑肿瘤鉴别诊断中的应用

磁共振成像是通过检测原子核在强磁场中的共振信号来获得图像的一种成像技术。在脑肿瘤的鉴别诊断中，MRI 因其对软组织有较高的分辨率和多种成像序列的灵活性而成为首选。以下是 MRI 在脑肿瘤鉴别诊断中的应用：

软组织对比：MRI 对于脑组织、神经元、脑膜等软组织的成像效果较好，可以清晰地显示肿瘤的位置、形态和边缘。

多模态成像：MRI 可以采用 T1 加权、T2 加权、弥散加权等不同的成像序列，有助于综合评估肿瘤的性质。例如，T1 加权图像可以显示钙化和出血，而 T2 加权图像对于囊性变化和水肿的显示更为敏感。

功能性成像：功能性 MRI 技术，如磁共振波谱成像（MRS）和功能性磁共振成像（fMRI），可以提供肿瘤的生物学信息，例如代谢物的浓度和患者的神经功能状态。

对比剂增强：MRI 对于造影剂的使用更为安全，可以提供更为详细的对比增强成像，有助于显示肿瘤的血管结构和灌注情况。

尽管 MRI 在脑肿瘤诊断中有很多优势，但它也存在一些不足之处，如对于骨组织的成像不如 CT，而且相对于 CT 而言，MRI 的成像时间较长。

综合应用：

在实际临床应用中，CT 和 MRI 往往会结合使用，以充分发挥它们各自的优势。在初步筛查和紧急情况下，可以首选 CT 进行快速成像，快速排除颅内出血等急性情况。随后，对于肿瘤的详细分析和定位，以及对周围组织的影响，可以通过 MRI 来进行更为全面的评估。

最后，根据 CT 和 MRI 的综合信息，结合患者的临床症状、实验室检查和其他辅助检查结果，可以更准确地进行脑肿瘤的鉴别诊断，并为患者提供个体化的治疗方案。

第二节　神经内科手术在脑肿瘤治疗中的应用

一、神经内科手术的手术适应证

神经内科手术是一门通过手术治疗神经系统疾病的专业领域，它涉及到对大脑、脊髓、神经根和周围神经系统的手术干预。神经内科手术的手术适应证因病情而异，需要根据患者的具体情况来确定。下面将详细探讨神经内科手术的手术适应证，包括颅内和脊柱相关的疾病，以及手术治疗的一些常见病例。

（一）颅内疾病的手术适应证

1. 脑肿瘤

脑肿瘤是一种在颅内生长的异常组织，可以分为良性和恶性。手术适应证主要包括以下几点：

（1）症状加重。当脑肿瘤增大压迫周围神经组织或阻塞脑脊液循环时，患者可能出现头痛、呕吐、视力障碍等症状，此时手术可能是必要的。

（2）恶性程度高。对于高度恶性的脑肿瘤，手术通常是治疗的一部分，通过切除尽可能多的肿瘤组织，以减轻症状和延长生存期。

2. 脑血管病变

（1）脑动脉瘤。脑动脉瘤是脑血管系统的一种结构异常，可能导致血管破裂引发蛛网膜下腔出血。手术适应证包括动脉瘤直径较大、症状严重或有破裂风险时。

（2）脑血管畸形。脑血管畸形是先天性血管异常，有时可能引起癫痫、神经功能障碍等。手术适应证包括症状严重或危及患者生命的情况。

3. 颅内感染

（1）脑脓肿。脑脓肿是由细菌感染引起的脑组织局部化脓性病变，手术适应证包括脓肿较大、有脑实质破坏或合并其他并发症。

（2）脑膜炎。脑膜炎是脑膜的炎症性疾病，当脑膜炎引起颅内压升高、脑积水等情况时，可能需要手术治疗。

（二）脊柱疾病的手术适应证

1. 椎间盘突出

（1）明显的神经压迫症状。当椎间盘突出导致神经根受压，出现明显的神经根症状，如坐骨神经痛、手臂痛等，无缓解或保守治疗效果差时，可能需要手术干预。

（2）进展性的运动神经症状。如果椎间盘突出导致脊柱运动神经功能受损，出现进行性的肌力减退、拇指无法对掌、手指无法屈曲等症状，手术可能是必要的。

2. 脊柱畸形

（1）脊柱侧弯。当脊柱侧弯达到一定角度，伴随呼吸功能受限、心肺功能不全等情况时，可能需要手术矫正。

（2）脊柱骨折。脊柱骨折可导致脊柱不稳定，当骨折片移位引起神经损伤、脊髓压迫等情况时，可能需要手术复位固定。

3. 脊髓肿瘤

恶性程度高：

对于脊髓肿瘤，特别是高度恶性肿瘤，手术切除通常是治疗的一部分，以减轻症状并提高患者的生存率。

（三）其他神经内科手术适应证

1. 癫痫手术

对于一些难治性癫痫病例，如果药物治疗无效，可能考虑手术治疗，如癫痫灶切除术。

2. 神经刺激与脑起搏

对于一些慢性疼痛症状，神经刺激和脑起搏等神经调控技术也是神经内科手术的一种选择。这些技术通过植入电极或脑起搏器来调控神经信号，从而缓解患者的疼痛症状。

3. 运动障碍手术

对于一些运动障碍疾病，如帕金森病，深部脑刺激手术是一种可行的治疗方法。该手术通过植入电极并传递电流，以调控异常的神经信号，从而缓解运动障碍症状。

4. 颅神经疾病手术

颅神经疾病涉及到颅内的神经，包括三叉神经、面神经等。手术适应证可能包括颅内肿瘤、颅神经损伤等，需要根据具体病情来决定是否进行手术治疗。

（四）手术适应证的评估与决策

1. 影像学评估

通过磁共振成像（MRI）和计算机断层扫描（CT）等影像学检查，可以明确病变的位置、大小、性质等信息，为手术决策提供重要依据。

2. 症状与临床表现

患者的症状和临床表现是判断手术适应证的关键因素。严重的神经功能障碍、进行性运动障碍、持续性疼痛等症状可能需要手术干预。

3. 保守治疗效果

在考虑手术前，通常会尝试保守治疗，如药物治疗、物理疗法等。如果保守治疗效果不佳或病情持续恶化，可能需要考虑手术治疗。

4. 患者整体健康状况

患者整体健康状况也是手术决策的重要考虑因素。手术风险与患者的身体状况密切相关，需要评估患者是否适合手术。

（五）手术的风险与注意事项

1. 手术风险

神经内科手术存在一定的风险，包括感染、出血、神经损伤等。在手术前，医生会充分告知患者手术的风险，并根据患者的情况进行风险评估。

2. 术后康复

手术后的康复过程同样重要，患者需要积极配合康复计划，包括物理治疗、药物治疗等，以提高手术效果并减少并发症的发生。

3. 长期随访

患者在手术后需要进行定期的长期随访，以监测病情的变化，及时发现并处理可能出现的问题，确保患者的整体健康。

神经内科手术的手术适应证是一个复杂而多样的领域，需要综合考虑患者的临床症状、影像学表现、保守治疗效果等多个因素。决定进行手术的过程需要由专业的神经外科医生与患者共同参与，并在患者的充分知情同意下进行。随着医学技术的不断进步，神经内科手术在治疗一些神经系统疾病中发挥着越来越重要的作用。

二、手术前的神经功能评估

神经功能评估是神经内科手术前至关重要的一步，它旨在全面了解患者的神经系统状况，包括感觉、运动、自主神经系统等方面的功能。这一评估过程不仅有助于确定手术的适应证，还为手术方案的制定和手术后的康复提供了基础。本文将深入探讨神经功能评估的内容、方法以及在神经内科手术前的重要性。

（一）神经功能评估的目的

神经功能评估的主要目的在于全面、系统地了解患者神经系统的状态，包括但不限于：

1. 定位病变

通过神经功能评估，可以初步确定患者神经系统是否存在异常，以及异常的位置。这对于定位可能手术干预的具体部位至关重要。

2. 评估病变的程度

不同的神经系统疾病会导致不同程度的功能障碍。评估病变的程度有助于医生判断患者的病情严重程度，为手术的紧急性和手术方式的选择提供参考。

3. 判断患者的手术耐受性

神经功能评估还可以帮助医生判断患者是否具备接受手术的条件。这包括患者的全身状况、心血管系统、呼吸系统等方面的评估。

4. 制定康复计划

通过对患者神经功能的详细评估，医生可以为手术后的康复制定个体化的计划，以最大程度地减少术后神经功能损伤并促进康复。

（二）神经功能评估的内容

1. 感觉功能评估

（1）皮肤感觉。通过检查患者对轻触、痛觉、温度等的感知能力，评估皮肤感觉是否存在异常。

（2）位置感觉。通过对患者闭眼时进行身体部位的觉察，检查患者是否能准确感知身体的位置。

2. 运动功能评估

（1）肌力评估。通过检查患者各个肌群的力量，评估是否存在肌肉无力、肌肉萎缩等症状。

（2）运动协调性评估。通过要求患者进行一系列协调性动作，评估运动协调性是否受损。

3. 深感觉与本体感觉评估

（1）深感觉。通过检查患者对关节位置、振动等深感觉的感知能力，评估神经系统对这些信息的传导是否正常。

（2）本体感觉。通过检查患者对身体位置的知觉，包括闭眼时的身体定位，评估是否存在本体感觉障碍。

4. 自主神经系统评估

（1）心血管系统。通过检查患者的心率、血压、心律等参数，评估自主神经系统对心血管系统的调控情况。

（2）呼吸系统。通过观察患者的呼吸深度、频率等，评估自主神经系统对呼吸系统的控制状况。

5. 神经系统检查

（1）神经系统检查。包括对脑神经、脊髓神经、腰髓神经等的详细检查，以评估是否存在异常体征，如肌张力异常、腱反射亢进等。

（2）意识水平评估。对于需要手术干预的颅内疾病，评估患者的意识水平是至关重要的，以确定手术的紧急性和手术方式的选择。

（三）神经功能评估的方法

1. 临床检查

（1）神经系统检查。由神经内科医生或神经外科医生进行的详细神经系统检查，包括对神经系统病征的检查和神经影像学的解读。

（2）体格检查。全面的体格检查，包括心血管系统、呼吸系统、肌肉骨骼系统等方面的检查，以全面评估患者的身体状况。

2. 神经电生理检查

（1）脑电图（EEG）。通过记录大脑电活动，评估大脑功能状态，尤其适用于癫痫等疾病的诊断。

（2）脊髓诱发电位（SSEP）。通过电刺激诱发感觉神经通路的电位，评估脊髓和脑干的功能状态。SSEP 对于评估脊髓手术前后的功能状态以及神经损伤的程度具有重要价值。

（3）肌电图（EMG）。通过记录肌肉电活动，评估周围神经和肌肉的功能状态。EMG 对于检测神经根受压、神经损伤以及肌肉疾病有较高的敏感性。

3. 影像学检查

（1）磁共振成像（MRI）。MRI 是一种非侵入性的高分辨率成像技术，可用于详细观察大脑、脊髓和颅内结构，对于检测肿瘤、血管病变、脊柱结构等方面有很高的准确性。

（2）计算机断层扫描（CT）。CT 扫描通过 X 线成像获取组织结构的详细信息，尤其适用于检测颅骨、颅内出血、脊柱骨折等病变。

（3）核磁共振造影（MRA、MRS等）。这些影像学技术可以提供更详细的血管结构和代谢信息，对于脑血管病变和神经代谢状态的评估具有重要意义。

4. 实验室检查

（1）血液检查。通过血液检查，可以评估患者的全身状况，检测炎症指标、电解质平衡等，为手术前的全身状况评估提供参考。

（2）脑脊液检查。脑脊液检查可以通过脑脊液的化学和细胞学分析，了解患者是否存在感染、出血等病变。

（四）神经功能评估在手术前的重要性

1. 确定手术适应证

神经功能评估的结果直接影响到是否需要进行手术以及手术的紧急性。对于一些神经系统疾病，如脊柱肿瘤、颅内肿瘤等，神经功能评估有助于确定手术的适应证。

2. 制定手术计划

神经功能评估的详细结果有助于医生制定更精准的手术计划。例如，在手术中需要保护的神经结构、手术切除的范围等方面，神经功能评估为手术的精确性提供了指导。

3. 预测手术后的康复

通过神经功能评估，医生可以更好地预测患者手术后的康复情况。这有助于为患者制定更为个体化、有效的康复计划，最大程度地减少术后神经功能损伤。

4. 风险评估

神经功能评估还有助于评估患者接受手术的风险。患者如果在神经功能方面存在明显的异常，可能会增加手术的风险，需要在手术前进行更为谨慎的评估。

5. 术前教育患者

通过神经功能评估的结果，医生可以向患者详细解释手术的必要性、可能的风险以及术后的康复过程。这有助于患者在手术前形成合理的期望，并更好地配合治疗。

（五）神经功能评估的挑战与限制

1. 受限于患者的主观反馈

部分神经功能评估依赖于患者的主观反馈，而患者可能因为不同的原因，如疼痛、焦虑等，提供不准确的信息。

2. 检查结果的主观解释

一些神经电生理检查和影像学检查的结果需要医生进行主观解释，而不同医生可能有不同的解释，增加了一定的主观性和不确定性。

3. 部分神经功能不易评估

有些神经功能，特别是一些高级的认知功能，如记忆、语言等，不易通过常规的神经功能评估方法全面准确地评估。

4. 部分检查需要专业设备

一些高级的神经电生理检查和影像学检查需要专业设备和专业技术支持，这在一些医疗条件较差的地区可能受到限制。

神经功能评估是神经内科手术前不可或缺的一环，通过对感觉、运动、自主神经系统等方面的评估，医生能够更全面地了解患者的神经系统状况。这种全面的评估有助于确定手术适应证、制定手术计划、预测康复情况以及评估手术风险。然而，神经功能评估也面临一些挑战和限制，需要医生在实践中综合考虑患者的临床情况和不同评估方法的优势与劣势。

随着医学技术的不断进步，神经功能评估的方法也在不断完善。新的技术和工具的引入，如功能性磁共振成像（fMRI）、脑电图源空间分析等，为更精确地评估神经功能提供了可能性。此外，智能化医疗和远程医疗技术的发展也有望改善神经功能评估的便捷性和准确性。

在实践中，医生需要根据患者的具体情况，综合运用各种评估方法，并在多学科团队的协作下做出综合性的决策。同时，与患者进行有效的沟通和教育，使其充分了解手术前神经功能评估的重要性，有助于患者积极配合治疗并更好地应对手术后的康复过程。

总体而言，神经功能评估在神经内科手术前扮演着不可或缺的角色。通过科学、全面、系统的评估，医生能够更好地把握患者的病情，为手术的成功进行提供基础。未来，随着医学研究和技术的不断发展，相信神经功能评估会在神经内科领域发挥越来越重要的作用。

第三节　放射治疗在神经肿瘤中的作用

一、放疗的基本原理与适应证

放疗，即放射治疗，是一种利用高能辐射照射患者体内的恶性或良性病变组织的治疗方法。放疗的基本原理涉及辐射对细胞的直接杀伤和间接杀伤，以及辐射的生物学效应。本文将详细探讨放疗的基本原理，包括辐射的生物学效应、辐射照射的机制，以及放疗的适应证和临床应用。

（一）放疗的基本原理

1. 辐射的生物学效应

辐射对生物体的作用主要包括直接杀伤和间接杀伤两种效应。

（1）直接杀伤。直接杀伤是指辐射直接作用于细胞的核和细胞器，引起细胞的DNA损伤。DNA的直接破坏会导致细胞死亡或失去生殖能力。这种效应主要发生在辐射能量较高的光子和粒子辐射中。

（2）间接杀伤。间接杀伤是指辐射作用于水分子等周围物质，产生活性氧自由基，间接引起DNA的损伤。活性氧自由基对DNA、脂质和蛋白质都具有破坏作用，导致细胞损伤和死亡。这种效应主要发生在辐射能量较低的光子辐射中。

2. 辐射照射的机制

（1）照射剂量与分数。辐射照射的剂量和分数是放疗治疗中的两个关键参数。剂量指的是单位质量组织所接受的辐射量，通常以格雷（Gray，Gy）为单位。分数是指将总的放疗剂量分为若干次进行，每次称为一个分数，这有助于减少正常组织对辐射的损伤，提高肿瘤组织的灵敏性。

（2）靶区和正常组织保护。在放疗中，确定肿瘤组织和周围正常组织的相对位置是至关重要的。通过精确的定位技术和照射计划，可以最大限度地将辐射引导到肿瘤组织，同时最小化对周围正常组织的损伤。

（3）照射方向和角度。照射的方向和角度也是放疗计划的重要组成部分。通过调整辐射束的方向和角度，可以更好地覆盖肿瘤组织，减少对正常组织的损伤。

3. 放射照射的种类

（1）外部放疗。外部放疗是指从患者体外用线性加速器等设备产生的高能辐射照射到患者体内的放疗方法。这种方式广泛用于肿瘤治疗，能够精确照射到肿瘤组织，同时最小化对周围正常组织的损伤。

（2）内照射（或称为内源性放射源治疗）。内照射是指将放射性物质直接放置在或注入到肿瘤组织中，以产生局部的辐射效应。这种方式主要用于治疗一些特定的肿瘤，如甲状腺癌。

（二）放疗的适应证

1. 恶性肿瘤

（1）头颈部肿瘤，包括口腔癌、喉癌、鼻咽癌等。

（2）乳腺癌。放疗常作为乳腺癌综合治疗的一部分，用于术后局部控制、预防复发。

（3）肺癌。放疗可以用于治疗局部晚期肺癌，也可用于手术前的预处理。

（4）前列腺癌。对于前列腺癌，放疗可以是一种独立的治疗手段，也可与手术、药物治疗相结合。

（5）胃肠道肿瘤，包括胃癌、食管癌、直肠癌等。

2. 良性病变

（1）肥大性瘢痕。放疗可以用于治疗一些严重的肥大性瘢痕，如乳腺癌手术后出现的放射性瘢痕。

（2）良性脑瘤。对于一些压迫周围组织或有潜在危险的良性脑瘤，放疗也可以作为一种有效的治疗手段。

3. 预防性放疗

（1）术后预防性放疗。在某些恶性肿瘤的手术后，为了预防局部复发，放疗可以被用于照射手术切缘或可能残留的肿瘤细胞。

（2）乳腺癌保乳手术后。对于乳腺癌保乳手术后，放疗可以减少乳腺癌的局部复发风险。

4. 放疗的联合治疗

（1）放疗与化疗的联合。放疗常常与化疗联合使用，以增强治疗效果。这种联合治疗在多种恶性肿瘤的综合治疗中都有着重要的地位。

（2）放疗与手术的联合。对于一些需要手术治疗的肿瘤，放疗可以在手术前或手术后作为辅助治疗手段，以提高治疗的整体效果。

（3）放疗与免疫疗法的联合。近年来，免疫疗法作为一种新兴的癌症治疗手段，与放疗的联合应用也逐渐成为研究的热点之一。

（三）放疗的治疗计划与技术

1. 放疗的计划

（1）放疗的个体化。放疗计划需要根据患者的具体情况进行个体化的制定，包括肿瘤的类型、位置、大小，以及患者的身体状况等。

（2）放疗的分数。分数是指将总的放疗剂量分为若干次进行，每次称为一个分数。分数的制定需要综合考虑肿瘤的生物学特性、患者的生理状况等因素。

2. 放疗的技术

（1）三维适形放疗。三维适形放疗是一种基于三维图像重建的放疗技术，可以更精确地定位和照射肿瘤，减少对正常组织的损伤。

（2）强调学派调制放疗（IMRT）。IMRT 是一种通过调整辐射束的强度和方向，以更精确地照射到肿瘤组织而最小化对周围正常组织的损伤的放疗技术。

（3）体素模型调制强度调制放疗（VMAT）。VMAT 是一种将辐射束的强度、速度和照射角度动态调整的放疗技术，可以在更短的时间内完成治疗。

（4）质子治疗。质子治疗是一种利用质子粒子进行放疗的技术，由于其精确的照射能力，可以减少对正常组织的损伤。

（四）放疗的副作用与并发症

1. 急性副作用

（1）皮肤反应。在接受头颈部、乳腺等部位的放疗时，患者可能出现皮肤红斑、脱屑等反应。

（2）恶心、呕吐。部分患者在放疗期间可能会出现轻度至中度的恶心和呕吐。

（3）疲劳感。放疗过程中，患者可能感到疲劳，需要充分休息。

2. 晚期副作用

（1）放射性纤维化。长期放疗可能导致组织纤维化，影响正常器官的功能。

（2）放射性肺炎。胸部放疗可能引起放射性肺炎，导致呼吸困难等症状。

（3）放射性膀胱炎。盆腔放疗可能导致膀胱受损，引起尿频、尿急等症状。放疗作为肿瘤治疗的重要手段，在过去几十年取得了显著的进展。其基本原理涉及辐射对细胞的直接和间接杀伤效应，治疗过程中需要精确制定个体化的治疗计划，并使用各种先进的放疗技术。放疗的适应证涵盖了各种良性和恶性疾病，其联合应用与其他治疗手段的协同作用有助于提高治疗效果。

二、放疗的不良反应与剂量调整

放疗是一种重要的癌症治疗手段，但与其潜在的治疗效果相伴随的是一系列的不良反应。这些不良反应可能影响患者的生活质量，因此在放疗过程中需要仔细监测患者的反应，并根据需要进行剂量调整。本文将详细探讨放疗的不良反应以及如何进行剂量调整来平衡治疗效果和患者的生活质量。

（一）放疗的常见不良反应

1. 皮肤反应

（1）红斑和脱屑。放疗过程中，皮肤是最常见的受损器官之一。照射后，患者可能出现局部红斑和脱屑，尤其在头颈部、乳腺和盆腔等部位。

（2）皮肤干燥和瘙痒。辐射对皮肤的刺激可能导致皮肤的干燥和瘙痒感，影响患者的日常生活。

（3）疼痛和灼烧感。一些患者可能在受照射部位感到疼痛或灼烧感，这可能影响他们的饮食和睡眠。

2. 恶心和呕吐

（1）急性恶心和呕吐。在放疗初期，患者可能会经历急性恶心和呕吐，特别是在头颈部和胸腔等区域的放疗中。

（2）延迟性恶心和呕吐。一些患者在放疗后的几小时或几天内可能经历延迟性恶心和呕吐。

3. 疲劳感

（1）急性疲劳。放疗过程中，患者可能感到急性的疲劳感，导致精神状态的下降和日常活动能力的减弱。

（2）持续性疲劳。一些患者在放疗结束后可能经历持续性的疲劳感，影响其生活质量和康复进程。

4. 食欲丧失和体重下降

（1）口腔黏膜炎。头颈部放疗可能导致口腔黏膜炎，引起口腔疼痛、食欲丧失和体重下降。

（2）食管炎。胸腔放疗可能引起食管炎，导致吞咽困难、食欲丧失和体重下降。

5. 血液系统不良反应

（1）白细胞减少。放疗可能导致白细胞减少，增加患者感染的风险。

（2）血小板减少。放疗还可能引起血小板减少，增加患者出血的风险。

6. 呼吸系统不良反应

（1）放射性肺炎。胸腔放疗可能导致放射性肺炎，引起呼吸困难、咳嗽和胸痛。

（2）肺纤维化。长期的胸腔放疗可能导致肺纤维化，进一步影响呼吸功能。

（二）剂量调整的原则

在面对不良反应时，医生可能需要考虑剂量调整来平衡治疗效果和患者的生活质量。剂量调整的原则包括：

1. 个体差异

（1）个体耐受性。患者对辐射的耐受性存在差异，因此需要根据个体差异进行剂量调整。

（2）基础疾病。患者的基础疾病状态也会影响其对辐射的耐受性，需要在治疗计划中考虑这些因素。

2. 治疗目的

（1）治疗目标。不同类型的肿瘤和治疗目标可能需要不同的剂量。根据肿瘤的类型、分期和位置等因素进行个体化的治疗计划。

（2）预期疗效。在评估不良反应时，需要权衡预期的治疗效果和患者的生活质量，从而决定是否进行剂量调整。

3. 治疗进展

（1）治疗效果。治疗进展是剂量调整的另一个重要考虑因素。随着治疗的进行，医生需要监测肿瘤的反应，了解是否需要调整辐射剂量以更好地控制肿瘤的生长。

（2）不良反应。随着放疗的进行，患者可能出现不同程度的不良反应。及时监测和评估这些不良反应，根据患者的具体情况决定是否进行剂量调整，是确保治疗效果和患者生活质量平衡的重要步骤。

（三）常见不良反应的剂量调整策略

1. 皮肤反应的处理

（1）保湿和护理。对于轻度的皮肤反应，可以采用保湿和护理措施，如使用温和的洗液、避免暴露于强阳光下，以减轻不适感。

（2）休息期的调整。对于中度到重度的皮肤反应，可能需要调整辐射治疗的休息期，延缓治疗次数，以给予患者皮肤恢复的时间。

2. 恶心和呕吐的处理

（1）抗恶心药物。对于放疗引起的急性和延迟性恶心和呕吐，可以考虑使用抗恶心药物，如 5- 羟色胺受体拮抗剂，以缓解患者的不适感。

（2）调整进食时间。调整放疗前的进食时间，避免在放疗后出现胃部不适，有助于减轻恶心和呕吐的发生。

3. 疲劳感的处理

（1）合理安排休息时间。为患者合理安排休息时间，充分保证睡眠，可以帮助缓解疲劳感。

（2）调整治疗计划。对于持续性的疲劳感，可能需要考虑调整治疗计划，延缓治疗次数，以减轻患者的身体负担。

4. 食欲丧失和体重下降的处理

（1）营养支持。对于因口腔黏膜炎或食管炎导致的食欲丧失和体重下降，可以考虑提供营养支持，包括口服或静脉注射的高营养食物。

（2）调整剂量。在保证治疗效果的前提下，可能需要调整放疗剂量，减少对消化道的损伤，以维持患者的营养状态。

5. 血液系统不良反应的处理

（1）定期监测血常规。对于放疗导致的白细胞和血小板减少，需要定期监测患者的血常规，确保患者的血液指标在可接受的范围内。

（2）调整剂量。在发现明显的血液系统不良反应时，可能需要考虑调整辐射剂量，以降低对造血系统的损伤。

6. 呼吸系统不良反应的处理

（1）肺炎的预防。对于胸腔放疗可能引起的放射性肺炎，可以考虑使用预防性的抗生素，降低感染的风险。

（2）调整剂量。在出现呼吸系统不良反应时，可能需要调整辐射剂量，以减缓病变的进展。

（四）剂量调整的综合考虑

在进行剂量调整时，医生需要进行综合考虑，根据患者的具体情况、治疗目的和不良反应的严重程度来制定个体化的调整方案。以下是一些建议：

1. 个体化治疗计划

（1）个体耐受性。根据患者的个体耐受性，调整辐射剂量和治疗计划，以确保患者能够完成整个治疗过程。

（2）基础疾病。考虑患者的基础疾病状态，避免剂量调整导致治疗效果不佳。

2. 治疗目标

（1）治疗反应。定期评估患者的治疗反应，根据肿瘤的缩小情况和不良反应症状进行评估。

（2）不良反应评估。持续监测和评估患者的不良反应，特别是对于影响生活质量的症状，如皮肤反应、恶心和呕吐、疲劳感等。

3. 患者需求和意愿

（1）治疗目标的沟通。与患者进行充分的沟通，了解他们对治疗目标的期望和意愿，根据患者的需求调整治疗方案。

（2）生活质量的平衡。在不同的治疗阶段，平衡治疗效果和患者的生活质量，根据患者的意愿进行适当的剂量调整。

4. 治疗进展

（1）反馈调整。根据治疗进展的反馈，及时进行调整。对于出现不良反应的患者，可能需要在治疗中途进行剂量调整。

（2）阶段性评估。在治疗的不同阶段进行阶段性评估，根据肿瘤的生物学特征和治疗反应情况，灵活调整治疗计划。

5. 多专业团队合作

（1）医疗团队沟通。多专业医疗团队之间的紧密沟通是成功调整剂量的关键。包括放射肿瘤科医生、放射治疗师、营养师、心理医生等专业人员。

（2）个体化支持。通过多专业团队合作，可以为患者提供更个体化、全面的支持，以应对不同的不良反应。

（五）剂量调整的注意事项

1. 合理风险评估

（1）不良反应的严重性评估。在进行剂量调整之前，需要对患者出现的不良反应进行合理的评估，了解其严重性和可能的持续时间。

（2）风险与收益权衡。权衡剂量调整的风险和可能的治疗收益，确保在提高治疗效果的同时最大程度地减轻患者的不适感。

2. 定期监测患者反应

（1）临床评估。进行定期的临床评估，包括患者的症状、体征、生活质量等方面，及时发现不良反应。

（2）影像学评估。结合影像学检查，如 CT 扫描、核磁共振等，全面了解肿瘤的治疗反应，为剂量调整提供客观依据。

3. 个体化的剂量调整

（1）个体差异。根据患者的个体差异，制定个体化的剂量调整方案，避免一刀切的处理方式。

（2）患者参与。鼓励患者参与治疗决策，听取他们的意见和需求，共同制定适合的治疗计划。

4. 营养和心理支持

（1）营养支持。对于因不良反应导致的饮食问题，包括口腔黏膜炎、食管炎等，提供专业的营养支持，确保患者的充分营养。

（2）心理支持。在剂量调整过程中，给予患者充分的心理支持，帮助他们应对治疗的生理和心理挑战。

放疗作为一种常用的癌症治疗手段，虽然在提高患者生存率和改善生活质量方面取得了显著成就，但潜在的不良反应也是不可忽视的。剂量调整是在确保治疗效果的前提下，最大程度地减轻患者不良反应的一种有效策略。在进行剂量调整时，需要综合考虑患者的个体差异、治疗目标、治疗进展以及多专业团队的协同合作。通过合理风险评估、定期监测患者反应、个体化的剂量调整和全面的支持，可以更好地平衡治疗效果和患者的生活质量，提高治疗的整体效果。在未来，随着医学科技的不断发展，我们有望进一步精准化和个体化地进行放疗剂量调整，以更好地服务于癌症患者的治疗需求。

三、个体化放射治疗的前沿技术

放射治疗作为癌症治疗的关键手段之一，近年来取得了显著的进展。随着科技的不断创新和医学研究的深入，个体化放射治疗已经成为一个备受关注的前沿领域。本文将探讨个体化放射治疗的前沿技术，包括分子影像学、靶向治疗、精准剂量调整、质子治疗以及人工智能等方面的创新。

（一）分子影像学在个体化放射治疗中的应用

1. 肿瘤分子标志物

分子影像学通过检测肿瘤的分子标志物，为放射治疗提供了更为准确的信息。基于分子标志物的分析可以揭示肿瘤的特异性，帮助医生更好地了解肿瘤的生物学行为，从而制定更为个体化的治疗方案。

2. PET-CT 联合成像

正电子发射断层扫描（PET）结合计算机断层扫描（CT）成像技术，能够提供高分辨率的三维图像，同时观察肿瘤的代谢活性和结构信息。这种联合成像技术使医生能够更准确地定位肿瘤灶，确保放疗的精准性，减少对周边正常组织的损伤。

3. 动态增强磁共振成像（DCE-MRI）

DCE-MRI 通过监测血流动力学参数，如血管灌注和毛细血管通透性，提供了肿瘤微环境的详细信息。这有助于评估肿瘤对放射治疗的敏感性，为制定个体化的治疗计划提供依据。

4. 基因组学分析

通过对肿瘤基因组学的深入研究，可以发现不同患者之间的遗传变异。这些遗传变异可能影响肿瘤对放射治疗的反应，因此基因组学分析有望成为个体化放射治疗的重要工具，为患者提供更为精准的治疗。

（二）靶向治疗在个体化放射治疗中的角色

1. 靶向药物与放射治疗的联合应用

靶向药物能够干扰肿瘤生长和扩散的特定信号通路，与放射治疗的联合应用有望提高治疗效果。例如，针对恶性黑色素瘤的 BRAF 抑制剂与放射治疗的联合应用已经在临床试验中显示出潜在的疗效。

2. 检测靶向治疗的标志物

通过检测患者肿瘤组织中的靶向治疗标志物，医生可以更好地预测患者对特定靶向治疗的反应。这有助于选择适合患者的靶向药物，提高治疗的个体化水平。

3. 靶向放射性核素治疗

靶向放射性核素治疗是一种将放射性核素直接引导到肿瘤细胞的方法。这种治疗方式可通过结合靶向药物与放射性核素，实现对肿瘤的高度精准杀伤，最大程度地减少对周围正常组织的影响。

（三）精准剂量调整技术的创新

1. 强度调控放射治疗（IMRT）

IMRT 利用计算机算法调整放疗束的强度和方向，实现对肿瘤的高度精准照射。与传统的放疗方式相比，IMRT 能够更好地保护周围正常组织，减轻患者的不良反应。

2. 体素模型化放射治疗（VMAT）

VMAT 是一种结合了 IMRT 和旋转治疗技术的创新放射治疗方式。它通过旋转治疗器和调整治疗束的形状，实现对肿瘤的更加精准的照射，减少治疗时间，提高患者的治疗舒适度。

3. 放射外科

放射外科利用精确的影像引导和高剂量的辐射，直接破坏肿瘤组织，类似手术的效果。这种治疗方式通常用于无法手术的肿瘤或患者不适合手术的情况，是个体化治疗的一种创新手段。

4. 永久植入放射源治疗

永久植入放射源治疗，也称为高剂量率永久种植术（HDR），是一种将放射性种子植入肿瘤组织或其周围的技术。这种治疗方式通过提供高剂量的辐射，直接破坏肿瘤细胞，减少对正常组织的损伤，实现更为个体化的放疗。

5. 三维打印技术在剂量调整中的应用

三维打印技术可以为放疗治疗提供精确的解剖模型。医生可以使用这些模型来模拟肿瘤的形状、大小和位置，以便更好地制定个体化的治疗计划。此外，三维打印还可以制作个性化的治疗辅助器具，确保治疗的准确性。

（四）质子治疗的个体化应用

1. 质子治疗的基本原理

质子治疗利用质子在穿过组织时的特殊物理学特性，将辐射剂量集中释放在肿瘤组织内，最小化对周围正常组织的伤害。相比传统的 X 线治疗，质子治疗更加精准，适用于一些位于敏感部位的肿瘤。

2. 质子治疗的个体化优势

（1）更精准的剂量释放。质子治疗能够提供更为精准的剂量释放，尤其适用于治疗那些周围有重要器官或组织的肿瘤。这种精准性可以降低对正常组织的辐射损伤，减少不良反应。

（2）适用于儿童和青少年。由于儿童和青少年的生长发育尚未完成，他们对辐射的敏感性较高。质子治疗的个体化优势使其成为儿科肿瘤治疗的重要选择，有助于最大程度地保护正在发育的正常组织。

（3）适用于复杂肿瘤。对于一些复杂的肿瘤，如头颈部、脊柱或眼部肿瘤，质子治疗的个体化应用能够更好地满足不同肿瘤的治疗需求。

3. 质子治疗的挑战和未来发展

（1）成本问题。质子治疗设备的建设和运营成本较高，这限制了其在全球范围内的推广。随着技术的进步和治疗效果的验证，相信未来质子治疗的成本问题将逐渐缓解。

（2）临床研究的深入。质子治疗的临床研究仍在不断深入，特别是对于其在特定肿瘤类型中的优势和局限性的研究。未来的发展需要更多大规模的随机对照研究，以明确其在不同情境下的价值。

（五）人工智能在个体化放射治疗中的应用

1. 影像分析与诊断

人工智能可以通过对影像的自动分析，帮助医生更快速、准确地诊断和定位肿瘤。这有助于制定更为个体化的治疗计划，提高治疗的精准性。

2. 剂量计划优化

人工智能可以应用于剂量计划的优化。通过分析患者的影像数据、生理参数和剂量限制，人工智能系统可以生成更为个体化的剂量分布，确保肿瘤得到充分的照射，同时最小化对正常组织的损伤。

3. 治疗响应预测

利用机器学习和深度学习技术，人工智能能够分析大量患者的临床数据，预测患者对放射治疗的治疗响应。这有助于医生调整治疗方案，提高治疗的个体化水平。

4. 患者风险评估

人工智能还可以通过整合患者的临床数据，对患者的风险进行评估。例如，预测患者可能出现的不良反应，帮助医生在制定治疗计划时更好地平衡风险和收益。

个体化放射治疗的前沿技术涉及分子影像学、靶向治疗、精准剂量调整、质子治疗和人工智能等多个领域。这些技术的不断创新和应用使得放射治疗能够更好地满足患者个体化的治疗需求，提高治疗效果，减轻患者不良反应。

第四节　脊髓肿瘤的手术与康复护理

一、脊髓肿瘤手术的手术风险与考量

脊髓肿瘤手术是一种复杂而高风险的神经外科手术，涉及到对脊髓和周围神经结构的精准操作。手术风险的评估和全面的考量对于制定合理的治疗计划至关重要。本文将深入探讨脊髓肿瘤手术的手术风险和考量因素，包括手术前的评估、手术中的技术挑战、手术后的并发症以及患者特定的因素。通过对这些方面的综合分析，我们旨在为医生、患者及其家属提供更全面的了解，以更好地应对脊髓肿瘤手术所带来的挑战。

（一）概述

脊髓肿瘤是一种常见的神经系统疾病，它可以发生在脊髓或脊髓周围的组织中。手术治疗是脊髓肿瘤的主要疗法之一，尤其是对于那些可切除的肿瘤。然而，脊髓肿瘤手术涉及到高风险的神经外科操作，可能对患者的神经功能和生活质量产生深远的影响。因此，在决定进行脊髓肿瘤手术时，必须仔细权衡手术的利弊，全面评估手术的风险与效益。

（二）手术前的评估

1. 患者选择

患者的整体健康状况和手术适应性是进行脊髓肿瘤手术前最重要的考虑因素之

一。老年患者或有其他严重基础疾病的患者可能更难以承受手术的风险。医生需要综合考虑患者的全身状况、心血管健康、肺功能、免疫状态等因素，确保患者有足够的生理储备来应对手术的挑战。

2. 肿瘤特征

在手术前对肿瘤进行全面的评估也至关重要。肿瘤的类型、大小、位置以及与周围组织的关系都将影响手术的难度和风险。例如，脊髓肿瘤如果位于神经元密集的区域，手术难度将明显增加，且可能导致更多的神经功能损伤。

3. 神经功能评估

在手术前，对患者的神经功能进行全面评估是至关重要的。这包括感觉、运动、反射等方面的功能评估。通过了解患者手术前的神经状态，医生可以更好地预测手术后的康复情况，为手术过程中的神经保护提供更为精准的指导。

（三）手术中的技术挑战

1. 定位和导航

脊髓手术需要极高的精确性，因为手术区域涉及到极小的神经结构。现代手术中常用的导航系统和影像引导技术能够提供实时的高分辨率图像，帮助医生准确定位手术区域，最大程度地减小手术对周围正常组织的干扰。

2. 神经监测

神经监测技术在脊髓手术中起到至关重要的作用。这种技术通过在手术中监测神经的电活动，帮助医生实时评估神经功能的状态。一旦发现神经功能受损的迹象，医生可以迅速调整手术策略，最小化神经损伤的发生。

3. 血管保护

由于脊髓区域丰富的血管供应，手术中需要特别注意血管的保护。对于靠近脊髓的血管，医生需要小心操作，以防止血管损伤导致脊髓供血不足，进而引发更严重的后果。

4. 肿瘤切除

肿瘤切除是脊髓手术的关键步骤之一。手术中的挑战包括如何充分切除肿瘤的同时最小化对周围正常组织的损伤。这需要医生具备高超的外科技能和对脊髓解剖结构的深刻理解。

（四）手术后的并发症

1. 神经功能障碍

神经功能障碍是脊髓肿瘤手术后最常见的并发症之一。这可能包括感觉异常、运动障碍、尿控制问题等。尽管现代神经监测技术可以在手术中实时监测神经功能，但手术仍然可能导致神经组织的损伤。患者在手术后可能需要康复治疗，以最大程度地恢复神经功能。

2. 感染

手术后的感染是任何外科手术都面临的风险，脊髓手术也不例外。术后感染可能涉及手术切口或脊髓周围的软组织，严重时可能导致脑脊液感染。术后患者需要接受抗生素治疗，以防止或治疗感染的发生。

3. 血管并发症

脊髓手术涉及到对血管的操作，因此术后可能发生出血或血栓形成等血管并发症。严重的情况可能导致脊髓缺血或梗死，进而影响神经功能。定期的影像学检查和密切监测患者的症状变化对于早期发现并处理血管并发症至关重要。

4. 脊髓漏

手术中可能导致脊髓膜的破裂，造成脊髓脑脊液漏。脊髓漏可能导致头痛、脑膜炎等并发症。医生通常需要采取措施来修补漏洞，有时可能需要额外的手术。

5. 骨折和脊柱不稳

脊髓手术可能涉及到脊柱的重建或固定，但手术本身和术后的康复过程中，患者仍然可能面临椎体骨折或脊柱不稳的风险。这可能需要额外的手术干预或长期的康复治疗。

6. 植入物相关的并发症

在一些情况下，脊髓手术可能涉及到植入物的使用，如椎间融合装置或螺钉。植入物可能导致感染、融合失败、植入物松动等问题。植入物相关的并发症可能需要重新手术来解决。

（五）患者特定的因素

1. 年龄

患者的年龄是影响手术风险的一个重要因素。老年患者通常有更多的基础疾病和生理上的限制，手术风险相对较高。同时，年轻患者可能更能够适应手术并更快地康复。

2. 健康状况

患者的整体健康状况直接关系到手术的可行性和成功率。合并疾病如心血管疾病、糖尿病、免疫系统疾病等可能增加手术的复杂性和风险。

3. 其他治疗史

患者是否接受过放疗、化疗等其他治疗也会影响手术的风险。这些治疗可能对患者的组织结构和免疫系统产生影响，增加手术的复杂性。

4. 心理因素

患者的心理健康状况同样需要被考虑。焦虑、抑郁等心理因素可能影响手术后的康复和患者对治疗的接受度。在手术前对患者进行心理评估，提供相应的支持和辅导是重要的。

（六）未来的发展趋势

随着医学科技的不断进步，脊髓肿瘤手术的风险和并发症的管理将迎来更多的创新。一些可能的未来发展趋势包括：

1. 神经监测技术的改进

随着神经监测技术的不断发展，更先进、更精确的监测方法将进一步提高手术的安全性。可能会出现更智能化的神经监测系统，能够更及时地发现并预防神经损伤。

2. 机器人辅助手术

机器人辅助手术技术有望在脊髓肿瘤手术中发挥更大的作用。机器人手术系统可以提供更精准的操作，同时减小对患者的创伤。这种技术的进一步发展可能改变手术的方式和结果。

3. 先进的影像引导和导航技术

先进的影像引导和导航技术将在手术中提供更为清晰和准确的图像，使医生能够更精确地定位和操作肿瘤。这包括高分辨率的实时成像，三维重建技术以及虚拟现实的应用，为手术提供更好的可视化。

4. 个体化的治疗计划

基于患者的遗传、分子学和影像学特征，未来可能出现更个体化的治疗计划。通过精准的分子诊断和治疗，医生可以更好地预测患者对手术的反应，并采取更有针对性的治疗策略。

5. 生物材料和植入物的创新

生物材料和植入物的创新将进一步改善手术的结果。生物材料的应用可能提高植入物与周围组织的融合，减少植入物相关的并发症。3D 打印技术的应用也有望制造更符合患者个体需要的植入物。

6. 术后康复和支持

未来的发展将更加关注手术后的康复和支持。包括物理疗法、康复护理、心理支持等多方位的康复计划将有助于患者更快地恢复神经功能和生活能力。

脊髓肿瘤手术的风险与考量是一个复杂的问题，需要医生在决策中综合考虑多个因素。手术前的全面评估、手术中的技术挑战、手术后的并发症以及患者特定的因素都是决定手术结果的重要因素。随着医学科技的不断发展，我们可以期待未来脊髓肿瘤手术的风险将得到更好的管理，手术的精准度和安全性将进一步提高。

患者及其家属在面对脊髓肿瘤手术时，应积极与医生沟通，了解手术的风险和利益，并参与制定治疗计划。同时，持续的康复和支持对于手术后的患者也至关重要，有助于最大限度地提高患者的生活质量。

总体而言，虽然脊髓肿瘤手术的风险较高，但通过全面的评估、精湛的技术和不断创新的医学科技，医学界正朝着提高手术安全性和治疗效果的方向不断努力。

二、物理疗法与康复护理在脊髓肿瘤中的应用

脊髓肿瘤是一种复杂的神经系统疾病，其治疗涉及到手术、放疗和药物治疗等多个方面。然而，在治疗过程中，患者常常会面临神经功能损伤、运动障碍以及其他康复挑战。物理疗法与康复护理作为脊髓肿瘤患者全面康复的重要组成部分，发挥着至关重要的作用。本文将深入探讨物理疗法与康复护理在脊髓肿瘤治疗中的应用，包括其在不同治疗阶段的作用、常见的康复技术以及未来的发展趋势。

（一）概述

脊髓肿瘤是指发生在脊髓或脊髓周围的肿瘤，它可能对神经组织和功能产生严重影响。脊髓肿瘤的治疗通常涉及手术、放疗、化疗等多种手段，这些治疗方法旨在控制或切除肿瘤。然而，即便在成功治疗了肿瘤的情况下，患者仍然可能面临神经功能损伤、运动障碍、疼痛和生活质量下降等问题。

物理疗法与康复护理是一种全面的治疗方法，通过运动、锻炼、康复技术和支持性护理，帮助患者最大程度地恢复生活功能，提高生活质量。在脊髓肿瘤的治疗过程中，物理疗法与康复护理发挥着不可或缺的作用。

（二）物理疗法与康复护理在手术前的应用

1. 评估患者的功能状态

在进行脊髓肿瘤手术前，物理治疗师通常会进行全面的功能评估，包括神经功能、运动能力、平衡和康复潜力的评估。这有助于制定个体化的康复计划，并为手术后的康复提供基线数据。

2. 预防术后并发症

物理治疗师通过运动训练和康复技术，帮助患者维持肌肉力量、关节灵活性和身体平衡。这有助于预防术后并发症，如床上活动不足导致的肌肉萎缩、关节僵硬等

问题。

3. 教育患者及家属

物理治疗师在手术前还会向患者及其家属提供相关的康复教育。这包括手术后的注意事项、康复目标、家庭支持的重要性等方面。通过教育，患者更能够主动参与康复过程，提高康复的效果。

（三）手术后的物理疗法与康复护理

1. 早期康复

脊髓肿瘤手术后，早期的康复非常关键。物理治疗师会在医生的指导下制定早期的运动计划，帮助患者进行适度的运动，促进血液循环、减轻肌肉僵硬，预防床上活动不足导致的并发症。

2. 神经功能康复

对于脊髓肿瘤手术导致的神经功能障碍，物理治疗师将制定有针对性的神经功能康复计划。这包括感觉和运动的训练，以及利用辅助器具帮助患者进行功能性活动。

3. 疼痛管理

术后疼痛是脊髓肿瘤患者常面临的问题。物理治疗师通过疼痛管理技术，如热敷、冷敷、按摩和伸展，帮助患者缓解疼痛，提高舒适度。

4. 功能性训练

物理治疗师将根据患者的具体情况设计功能性训练计划，包括步态训练、平衡训练、日常生活技能训练等。通过逐步恢复患者的运动功能，提高其生活自理能力。

（四）放疗和化疗中的物理疗法与康复护理

1. 对放疗引起的副作用的处理

放疗是脊髓肿瘤治疗中常用的方法之一，然而，它可能引起一系列副作用。物理治疗与康复护理在放疗过程中的应用主要包括：

（1）皮肤护理。放疗可能导致皮肤炎症、干燥、脱屑等问题。物理治疗师通过提供温和的皮肤护理、湿敷、保湿等方法，帮助患者缓解皮肤不适。

（2）运动和体力恢复。放疗过程中，患者可能感到疲劳、虚弱。物理治疗师会制定适度的运动计划，以维持患者的体力水平，促进血液循环，减轻疲劳感。

（3）康复锻炼。对于因治疗引起的运动障碍，物理治疗师将提供相应的康复锻炼，帮助患者逐步恢复肌肉力量和关节灵活性。

（4）疼痛管理。放疗可能引起疼痛，物理治疗师将采用各种疼痛管理技术，包括按摩、温热疗法等，减轻患者的疼痛感。

2. 化疗后的康复护理

（1）贫血管理。化疗可能导致贫血，影响患者的体力和生活质量。物理治疗师通过适度的锻炼和康复技术，帮助患者应对贫血带来的体力下降。

（2）免疫支持。化疗可能影响患者的免疫系统，增加感染的风险。物理治疗师通过适度的运动和锻炼，帮助提高患者的免疫水平，减少感染的发生。

（3）心理健康支持。化疗过程中，患者可能面临情绪波动、焦虑和抑郁等问题。物理治疗师通过提供心理健康支持，包括放松技巧、呼吸训练等，帮助患者缓解情绪压力。

（五）物理疗法与康复护理的未来发展趋势

1. 智能康复技术的应用

随着科技的不断发展，智能康复技术将在物理疗法中扮演越来越重要的角色。虚拟现实（VR）和增强现实（AR）等技术将被应用于康复训练，提供更丰富、更个性化的治疗体验。

2. 运动医学的发展

运动医学是一个新兴的领域，将生物力学、运动科学和医学相结合。未来，运动医学的发展将为脊髓肿瘤患者提供更为精准的运动评估和康复方案。

3. 个性化康复计划

基于患者的遗传特征、分子水平信息和康复反应，未来的康复计划将更加个性化。这意味着物理治疗师将能够为每位患者制定更为精准、有针对性的康复方案。

4. 在家康复的促进

随着远程医疗技术的不断完善，物理治疗与康复护理的服务将更容易推广到患者的家庭。通过在线平台、智能设备，患者可以在家中进行定制化的康复训练，加速康复过程。

物理疗法与康复护理在脊髓肿瘤治疗中具有重要作用。通过在手术前、手术后以及放疗、化疗过程中的应用，物理治疗师能够帮助患者最大限度地恢复功能，减轻症状，提高生活质量。未来，随着医学科技的不断发展，物理疗法与康复护理将更加个性化、智能化，为脊髓肿瘤患者提供更为全面的康复支持。患者及其家属应该积极配合物理治疗与康复护理，主动参与治疗过程，以实现更好的康复效果。

第五节　放射科在神经肿瘤治疗中的实践

一、放射科医师在多学科团队中的协作

放射科医师在医疗团队中扮演着关键的角色，其专业知识和技能在癌症治疗、影像诊断、介入治疗等方面发挥着重要作用。随着医学的不断进步和医疗模式的转变，多学科团队成为处理复杂疾病和提高患者治疗效果的重要手段。本文将深入探讨放射科医师在多学科团队中的协作，包括其在不同领域的参与、与其他专业人员的沟通与合作，以及对患者综合治疗的贡献。

（一）概述

在现代医疗环境中，越来越多的疾病需要跨学科的综合治疗。多学科团队由各种医疗专业人员组成，包括外科医生、内科医生、放射科医师、护士、物理治疗师等。放射科医师作为医学影像和肿瘤治疗的专业人士，在多学科团队中发挥着重要的作用。本文将探讨放射科医师在多学科协作中的角色、挑战以及协同工作的优势。

（二）放射科医师在癌症治疗中的协作

1. 诊断与治疗规划

放射科医师通过医学影像技术，如 CT、MRI、PET 等，为癌症患者提供准确的诊断信息。在多学科团队中，放射科医师与肿瘤学家、外科医生等专业人员紧密合作，共同制定最佳的治疗方案。放射科医师通过评估肿瘤的大小、位置、浸润情况等，为手术、放疗、化疗等治疗方式的选择提供重要参考。

2. 放疗计划与执行

在癌症治疗中，放射科医师主要负责放疗的规划和执行。放射科医师与医学物理师、放射治疗师等专业人员协同工作，确保患者接受到精准而有效的放疗。他们使用计算机辅助设计（CAD）和三维放射治疗规划系统，确保放疗剂量准确投放到肿瘤组织，同时最大限度地保护正常组织。

3. 术后随访与评估

在手术治疗后，放射科医师仍然发挥着重要作用。通过定期的随访和影像学检

查，他们评估患者的康复情况，监测是否有复发或转移的迹象。与外科医生、肿瘤学家共同参与术后的治疗决策，确保患者获得全面的医疗关怀。

（三）影像学诊断中的团队协作

1. 与放射技师的协同

放射科医师与放射技师密切合作，确保影像检查的质量。在进行 CT、MRI 等检查时，放射科医师指导放射技师获取清晰、准确的影像。他们共同确保患者在接受检查时的舒适度，并在需要时进行紧急情况的处理。

2. 与医学物理师的合作

医学物理师在医疗影像中发挥着关键的作用。放射科医师与医学物理师共同负责确保放射治疗的计划和执行符合安全和质量标准。他们共同研究和引入新的影像技术，提高影像学诊断的准确性和敏感性。

（四）介入治疗与放射科医师的协同

1. 血管介入治疗

在血管介入治疗中，放射科医师与血管外科医生、介入放射医师共同协作。放射科医师通过影像引导，准确定位血管病变，为血管外科医生提供精准的手术路径，确保介入治疗的成功。

2. 肿瘤消融治疗

放射科医师在肿瘤消融治疗中扮演着重要角色。与介入放射医师、肿瘤学家协同工作，他们通过引导针头或导管，使用放射频、微波等能量源直接作用于肿瘤组织，实现肿瘤的局部消融。这种治疗方式常用于一些较小的、难以手术切除的肿瘤，如肝脏、肺部等器官的肿瘤。放射科医师在消融治疗中的专业知识和影像引导技术确保了治疗的精准性和安全性。

（五）与其他专业人员的沟通与合作

1. 与外科医生的沟通

在多学科团队中，放射科医师需要与外科医生保持紧密的沟通与合作。在手术治疗的规划中，他们共同确定手术的范围、切割边缘，确保手术的精准性。术前影像学的评估和共享，使外科医生更好地了解患者的病情，提前做好手术准备。

2. 与肿瘤学家的协作

肿瘤学家与放射科医师的合作是癌症治疗中的关键环节。放射科医师提供肿瘤的准确诊断和定位信息，为肿瘤学家制定合理的治疗方案提供依据。两者需要密切协作，确保患者在放射治疗、化疗等方面得到最佳的综合治疗效果。

3. 与护理团队的合作

在患者的全程治疗中，与护理团队的合作至关重要。放射科医师需要与护士共同关注患者的病情变化，制定个性化的康复计划，确保患者在治疗过程中得到全面的关怀。

4. 与医学工程师的交流

放射科医师与医学工程师的交流也至关重要。医学工程师负责维护和升级医学影像设备，而放射科医师需要不断了解和适应新技术，以提高影像学诊断的水平。双方的密切合作可以确保医学设备的正常运行，提高医学影像的质量。

（六）挑战与未来展望

1. 挑战

尽管放射科医师在多学科团队中发挥着不可替代的作用，但也面临一些挑战。首先，不同专业领域的专业术语和工作方式的不同可能导致沟通障碍。其次，多学科团队需要更多的时间来协商和制定治疗方案，这可能会对患者的治疗进程产生一定影响。

2. 未来展望

随着医学科技的不断进步，放射科医师在多学科团队中的协作将更加紧密。未来，更先进的医学影像技术将为放射科医师提供更为详细和精准的信息，从而更好地指导治疗方案的制定。同时，信息技术的发展也将促进不同专业人员之间的实时沟通和协同工作。

在现代医疗体系中，多学科团队协作已成为处理复杂疾病的基本模式。放射科医师作为其中的关键成员，通过其在诊断、治疗规划、放射治疗等方面的专业知识，为患者提供全面而个体化的医疗服务。面对挑战，放射科医师需要不断提升自身的协作能力，加强与其他专业人员的沟通，共同为患者的健康提供更好的服务。在未来，随着医学科技和团队协作模式的不断发展，放射科医师在多学科团队中的协作将发挥越来越重要的作用。

二、放射治疗后的远期监测与护理

放射治疗作为癌症治疗的一种重要手段，在取得初步疗效的同时，也可能对患者的健康产生一定的影响。因此，放射治疗后的远期监测与护理显得尤为重要。本文将深入探讨放射治疗后患者可能面临的远期并发症，制定相应的监测方案，并讨论在远期护理中的护理措施与方法，以期为患者提供更全面、个性化的医疗服务。

（一）概述

放射治疗是一种广泛应用于癌症治疗的手段，通过高能射线照射肿瘤组织，达到控制或消灭癌细胞的目的。尽管放射治疗在治疗癌症方面取得了显著的成就，但与之伴随的可能出现的远期并发症和副作用也需要引起足够的重视。在放射治疗结束后，患者需要接受定期的远期监测与护理，以及时发现并处理潜在的并发症，提高患者的生活质量。

（二）放射治疗后可能的远期并发症

1. 放射性肺炎

对于接受胸部放射治疗的患者，放射性肺炎是一种常见的远期并发症。它可能导致咳嗽、呼吸急促、乏力等症状。定期的胸部影像学检查和肺功能测试对于早期发现和干预放射性肺炎至关重要。

2. 放射性食管炎

放射治疗可能对食管产生负面影响，导致食管炎的发生。患者可能出现吞咽困难、食管疼痛等症状。内镜检查和食管功能测试有助于监测食管的健康状况。

3. 放射性膀胱炎

腹部或盆腔放射治疗可能引起放射性膀胱炎，表现为尿频、尿急、膀胱疼痛等症状。定期的膀胱镜检查和尿液分析可帮助评估膀胱的状况。

4. 放射性皮肤损伤

皮肤是放射治疗作用的直接部位，患者可能出现皮肤红斑、脱屑、瘙痒等症状。皮肤定期检查和局部护理对于减轻放射性皮肤损伤具有重要意义。

5. 放射性骨损伤

接受骨部放射治疗的患者可能出现骨髓抑制、骨质疏松等问题。骨密度测量和骨髓检查有助于监测患者的骨骼健康状况，及时发现并干预可能的放射性骨损伤。

6. 放射性纤维化

放射治疗可能导致组织纤维化，特别是在接受高剂量或长时间放射治疗的患者中。这可能影响肌肉、皮肤和器官的正常功能。影像学检查、生物组织学检查以及功能性评估可用于监测组织的纤维化状况。

7. 二次肿瘤的风险

长期的放射暴露可能增加患者患上二次肿瘤的风险。因此，放射治疗后的患者需要定期进行肿瘤标志物检测、影像学检查以及全身体检，以便及早发现可能的二次肿瘤。

（三）放射治疗后的远期监测方案

为了有效监测患者在放射治疗后的远期状况，制定科学合理的监测方案至关重要。以下是一个可能的监测方案：

1. 影像学检查

定期 CT 扫描：针对接受胸部、腹部、盆腔等部位放射治疗的患者，定期进行 CT 扫描，评估器官的结构和组织的变化。

骨密度测量：针对可能影响骨骼健康的患者，进行定期的骨密度测量，监测骨质疏松的发展。

MRI 检查：对于需要详细观察软组织变化的患者，如脑部、脊柱等，进行定期的 MRI 检查。

2. 生物学检查

肿瘤标志物检测：对于患有肿瘤的患者，定期检测肿瘤标志物，及时发现可能的肿瘤复发。

血液检查：包括血常规、肝肾功能等，用于评估患者的整体健康状况。

3. 功能性评估

肺功能测试：针对接受胸部放射治疗的患者，进行定期的肺功能测试，评估患者的呼吸功能。

膀胱功能测试：针对可能受到影响的患者，进行定期的膀胱功能测试。

心功能评估：对于心脏受到辐射影响的患者，进行定期的心功能评估。

4. 专科评估

放射科医师定期随访：由放射科医师进行定期的随访，评估患者的放射治疗后的影响，并及时处理可能的问题。

其他专科评估：根据患者的具体情况，可能还需要其他专科的评估，如心脏科医生、肾脏科医生等。

（四）放射治疗后的远期护理措施

1. 药物治疗

镇痛药物：针对可能的疼痛症状，可以给予适当的镇痛药物，缓解患者的疼痛。

抗炎药物：对于可能出现炎症反应的患者，可以考虑使用抗炎药物，减轻炎症症状。

维持治疗：对于可能出现贫血、骨质疏松等问题的患者，可以考虑给予相应的维持治疗，维持患者的整体健康。

2. 物理治疗与康复

物理治疗：针对可能出现的肌肉、关节功能障碍，进行定期的物理治疗，促进患者康复。

康复锻炼：制定个性化的康复锻炼计划，帮助患者逐步恢复体力和功能。

3. 心理支持

心理咨询：提供定期的心理咨询服务，帮助患者应对可能出现的心理压力和焦虑。

支持小组：组织相关的支持小组，让患者能够分享经验，互相支持。

4. 饮食与营养

饮食指导：根据患者的具体情况，提供个性化的饮食指导，确保患者获得足够的营养。

补充营养品：针对可能出现的营养不良问题，可以考虑补充相应的营养品，如维生素、矿物质等，以促进患者的身体康复。

5. 定期随访

医疗团队随访：定期由医疗团队进行随访，包括放射科医师、肿瘤学家等，评估患者的整体健康状况。

患者自我观察：教育患者掌握一些自我观察的技能，及时发现可能的异常症状，以便及时就医。

6. 生活方式管理

戒烟与戒酒：对于吸烟或酗酒的患者，进行戒烟和戒酒的健康管理，减少额外的健康风险。

合理作息：制定合理的作息时间，保证充足的睡眠，有助于促进身体康复。

（五）放射治疗后的远期护理挑战与展望

1. 挑战

多因素影响：患者在放射治疗后可能面临多种远期并发症，需要综合考虑各种因素，制定个性化的监测和护理计划。

心理障碍：放射治疗可能对患者的心理健康产生影响，而心理健康问题可能会影响患者对治疗的接受和遵循。

资源分配：提供全面的远期监测与护理需要协调医疗资源和团队，确保患者能够得到及时而有效的服务。

2. 展望

精准医学：随着医学科技的发展，未来将更加注重精准医学，通过基因检测等手段，制定更为个性化的监测和护理方案。

远程医疗：利用远程医疗技术，提供更便捷的远期监测服务，使患者能够在家中进行一些必要的监测。

综合健康管理：将放射治疗后的远期护理纳入综合健康管理体系，与其他慢性病管理相结合，实现全面的健康服务。

放射治疗虽然在癌症治疗中发挥着重要作用，但其对患者的远期影响不可忽视。制定科学合理的远期监测与护理方案，能够帮助患者更好地应对潜在的并发症，提高生活质量。在未来，随着医学科技的不断进步和医疗模式的转变，放射治疗后的远期监测与护理将更加精细化、个性化，为患者提供更全面、全方位的医疗服务。

第七章 神经创伤与外伤后神经病学

第一节 颅脑损伤的临床表现与早期处理

一、颅脑损伤的分级与评估

颅脑损伤是指头部遭受外力，导致颅骨和（或）脑组织受到损害的状况。颅脑损伤可能是由于意外事故、运动伤害、军事冲突等原因引起的，它的严重程度可以有很大的变化。为了更好地了解颅脑损伤的情况，医学界通常采用不同的分级和评估体系来对颅脑损伤进行分类和评估。本文将重点讨论颅脑损伤的分级与评估，介绍一些常见的评估工具和方法。

（一）颅脑损伤的分级

颅脑损伤的分级旨在帮助医疗专业人员对患者的损伤程度有一个客观的认识，以便采取相应的治疗措施。目前，最常用的颅脑损伤分级系统是格拉斯哥昏迷评分（Glasgow Coma Scale，简称 GCS）。

1. 格拉斯哥昏迷评分（GCS）

格拉斯哥昏迷评分是一种通过观察患者的眼睛、语言和运动反应来评估颅脑损伤严重程度的方法。GCS 分为眼睛开启反应（E）、语言反应（V）和运动反应（M）三个维度，每个维度的评分范围从 1 到 5 或 6 不等，总分最高为 15 分。分数越高，说明患者的意识状态越好，反之越低则说明情况越严重。

2. 颅脑损伤临床分级

根据患者的症状和临床表现，颅脑损伤通常分为轻度、中度和重度三个级别。轻度颅脑损伤通常伴随短暂的意识丧失，GCS 分数在 13～15 之间；中度颅脑损伤表现为意识丧失时间较长，GCS 分数在 9～12 之间；重度颅脑损伤则常伴有昏迷，GCS 分数在 3～8 之间。

（二）颅脑损伤的评估方法

除了 GCS 之外，医疗专业人员还采用一系列的神经影像学、生理学和临床评估方法来全面评估颅脑损伤患者的情况。

1. 神经影像学检查

头颅 CT 扫描：用于检查颅骨骨折、颅内出血等结构性损伤。

MRI：对于更精细的结构和软组织损伤的评估，如脑干损伤等。

2. 生理学监测

颅内压测定：通过在颅内植入压力监测器来监测颅内压力的变化，以评估脑水肿和颅内占位性病变。

脑电图（EEG）：用于监测脑电活动，评估癫痫活动和意识状态。

3. 临床评估

神经系统检查：包括检查瞳孔对光反应、运动功能、感觉功能等，以评估神经系统的状况。

生命体征监测：包括心率、呼吸、血压等生命体征的监测，以评估患者的整体状况。

（三）颅脑损伤的治疗和康复

颅脑损伤的治疗和康复是一个综合性的过程，需要多学科的协作。治疗的目标包括控制颅内压、防止继续损伤、促进神经再生和恢复功能。在患者稳定后，康复阶段涉及物理治疗、职业治疗、语言治疗等多方面的工作，以帮助患者最大限度地恢复日常生活功能。

总的来说，颅脑损伤的分级与评估是一个复杂而重要的过程，需要医疗专业人员综合运用临床技能、医学影像学和生理学监测等多种手段。通过系统而全面的评估，医疗团队可以更好地理解患者的状况，从而制定出更科学、合理的治疗方案，提高患者的康复率。

二、早期神经保护与修复策略

早期神经保护与修复策略是指在颅脑损伤发生后的初期阶段，通过一系列的措施来最大限度地减轻神经系统受损，并促进神经组织的修复与康复。这些策略旨在防止继续的损伤、减轻炎症反应、促进神经再生和恢复功能。以下是关于早期神经保护与修复策略的详细论述。

（一）早期神经保护策略

1. 头颅压力管理

颅内压力的增加是颅脑损伤患者常见的严重并发症之一。早期的头颅压力管理是关键的神经保护策略。通过监测颅内压，医生可以及时采取降低颅内压的措施，例如脱水疗法、使用渗透性药物、颅内引流等，以防止神经组织的二次损伤。

2. 气道管理和呼吸支持

保持患者的良好气道通畅和提供足够的氧气是早期神经保护的关键步骤。有效的气道管理和呼吸支持可以确保患者获得足够的氧气供应，有助于减轻脑缺氧导致的继续性损伤。

3. 血流动力学支持

维持稳定的血流动力学状态对于减轻颅脑损伤的影响至关重要。通过监测血压、心率、中心静脉压等指标，医生可以调整血流动力学支持，确保大脑得到足够的灌注。这有助于减轻继续性缺血引起的神经损伤。

4. 抗炎症治疗

颅脑损伤后，炎症反应在神经组织中常常被激活，导致细胞损伤和神经炎性损伤。早期采用抗炎症治疗，如使用皮质类固醇或其他抗炎症药物，有助于减轻炎症反应，降低细胞损伤程度。

5. 预防并发症

颅脑损伤后，患者容易发生各种并发症，包括感染、深静脉血栓形成等。通过早期的并发症预防措施，如抗生素使用、深静脉血栓预防等，可以降低患者整体病情的恶化风险。

（二）早期神经修复策略

1. 神经再生促进剂

为促进受损神经的再生和修复，研究人员正在探索各种神经再生促进剂的应用。这些促进剂可以包括生长因子、神经营养因子和干细胞等。这些物质的使用有助于提高神经元再生的速度和效率，从而促进受损神经的修复。

2. 神经保护药物

一些特定的药物具有神经保护作用，有助于减轻神经细胞的损伤。例如，抗氧化剂、神经营养剂等可以通过减少氧化应激和提供养分支持，保护神经细胞的稳定性。

3. 神经重塑和康复训练

康复训练是早期神经修复的重要组成部分。通过物理疗法、职业疗法和言语疗法等康复手段，帮助患者重新学习和恢复日常生活活动，促进受损神经的重塑。

4.电刺激和磁刺激

电刺激和磁刺激是一些新兴的神经修复技术。这些技术通过对神经组织施加电流或磁场，促进神经元的活动，有助于增强神经传导功能，提高神经修复效果。

（三）综合治疗和团队协作

在早期神经保护与修复中，综合治疗和多学科团队协作是至关重要的。神经外科医生、重症医学专家、康复医生、护理人员等专业人员应密切协作，制定个体化的治疗方案，以最大程度地提高患者的生存率和生活质量。早期神经保护与修复策略是颅脑损伤治疗的关键，对于最大程度地减轻神经系统损伤、促进神经修复和康复至关重要。综合来看，早期神经保护与修复策略包括头颅压力管理、气道管理和呼吸支持、血流动力学支持、抗炎症治疗、预防并发症等多方面的措施。同时，神经再生促进剂、神经保护药物、神经重塑和康复训练、电刺激和磁刺激等新兴技术也为早期神经修复提供了新的途径。

在实施这些策略时，需要根据患者的具体情况制定个体化的治疗计划。不同患者的损伤程度、临床病史以及并发症等因素都会影响治疗方案的选择。因此，多学科团队协作是确保早期神经保护与修复策略有效实施的关键。

此外，随着医学科技的不断发展，对于颅脑损伤的治疗策略也在不断更新和完善。新的药物、治疗技术以及康复手段的引入为提高患者的治疗效果提供了更多可能性。因此，医疗团队应保持对最新研究和技术的关注，以不断改进早期神经保护与修复的实践。

总体而言，早期神经保护与修复是颅脑损伤综合治疗的关键环节。通过及时有效的干预，可以最大限度地减轻神经系统受损，为患者的康复创造更有利的条件。未来，随着科学技术的不断进步，相信将会有更多新的治疗方法和策略涌现，为颅脑损伤患者的康复带来更多希望。

三、休克期患者的神经内科处理

休克是一种严重的生命威胁性疾病状态，常见于多种情况，包括感染、大出血、心脏衰竭等。在休克期间，机体的重要器官，尤其是心脏和脑部，由于血液灌注不足而面临着严重的氧供应不足和代谢紊乱的风险。神经内科在休克期患者的处理中发挥着关键作用，包括对神经系统的监测、早期神经保护和支持性治疗。本文将深入探讨休克期患者的神经内科处理。

（一）休克期的神经内科监测

1. 神经系统评估

在休克期，患者的神经系统容易受到损害，因为血液灌注不足导致脑部缺氧。因此，神经内科医生首先需要进行全面的神经系统评估，包括对神经状态、意识水平、瞳孔反应、脑神经功能等方面的检查。这有助于确定患者是否存在神经系统损伤，以及损伤的程度。

2. 脑电图（EEG）

脑电图是一种监测大脑电活动的非侵入性方法，对于评估休克期患者的神经状态非常重要。脑电图能够检测到癫痫活动、缺血性损伤等异常，提供有关患者脑电活动的实时信息。在休克期，脑电图的变化可能有助于及早发现脑部异常，为及时调整治疗方案提供依据。

3. 颅内压监测

在休克期，由于脑组织的水肿、血管扩张等原因，颅内压力可能升高，对神经系统造成进一步损害。颅内压监测是通过植入颅内传感器进行的，可以实时监测颅内压的变化。对于休克期患者，特别是存在颅内损伤风险的患者，颅内压监测对于早期发现并处理颅内危象非常关键。

（二）休克期的神经保护策略

1. 脑保护药物

在休克期患者中，脑部缺血缺氧是一个严重的问题。一些脑保护药物，如脑组织氧合物、神经生长因子、抗氧化剂等，可能有助于减轻脑部损伤，提高脑细胞的耐受力。这些药物的使用应在监测下谨慎进行，以确保其在治疗中的有效性和安全性。

2. 血流动力学支持

休克期患者的血流动力学不稳定可能导致脑部血液灌注不足，进而引起脑缺氧。通过提供足够的液体复苏、使用血管活性药物等手段，保持患者的血流动力学稳定是神经保护的重要步骤。这有助于维持正常的脑血流，减轻脑缺氧引起的损伤。

3. 温度管理

控制患者的体温是另一个重要的神经保护策略。高热和低温都可能对神经系统产生负面影响。在休克期患者中，保持正常体温范围有助于减轻脑部损伤，降低继续性缺氧的风险。对于一些特定情况，如心脏骤停后的体外循环，可以考虑使用低温治疗来减缓神经细胞的新陈代谢，减轻细胞损伤。

（三）神经系统并发症的处理

1. 脑水肿管理

在休克期，脑水肿是一个常见且严重的并发症。通过使用渗透性药物（如甘露醇）和利尿剂，可以尽量减轻脑组织的水肿。对于重度脑水肿，可能需要考虑颅内引流等手段来缓解颅内压。

2. 癫痫的防治

休克期患者中癫痫的发生率相对较高。癫痫状态可能对神经系统造成严重的影响。通过使用抗癫痫药物，如苯妥英钠、丙戊酸钠等，可以有效预防和控制癫痫发作。

3. 颅内感染的防治在休克期患者中，颅内感染是一个严重的并发症，可能导致脑膜炎、脑脓肿等严重疾病。神经内科处理需要重点关注颅内感染的早期识别和及时治疗。使用抗生素和其他抗感染药物是关键的治疗手段，但选择药物时应考虑患者的病原体敏感性，并密切监测治疗反应。

（四）休克期患者的神经康复

1. 床旁神经康复

即使在休克期，也可以进行一些轻度的床旁神经康复活动，以维持肌肉活性、促进关节活动，并避免长时间的卧床导致的并发症，如肌肉萎缩、关节强直等。这包括passsive range of motion（PROM）和其他简单的关节活动。

2. 早期康复评估和规划

尽早进行康复评估是休克期患者的重要步骤。康复团队包括康复医生、物理治疗师、职业治疗师等专业人员，可以根据患者的神经状态和整体情况，制定个性化的康复计划。早期的康复干预有助于预防和减轻康复期的并发症，提高患者的功能水平。

3. 意识水平的监测和促进

在休克期，一些患者可能经历意识水平的改变，从混乱到昏迷。神经内科医生需要密切监测患者的意识状态，并通过合适的药物、调整治疗计划等手段促进患者的清醒度。这不仅有助于提高患者的生存率，还有助于减轻后续神经康复的负担。

（五）心理康复和社会支持

在休克期患者的神经内科处理中，除了生理层面的康复，心理康复也是至关重要的。休克期患者可能经历意识改变、神经系统受损等问题，对于其心理状态的影响较大。心理康复包括心理评估、心理治疗、康复心理学等，有助于提高患者对治疗的参与度、减轻焦虑和抑郁情绪。

此外，社会支持也是休克期患者康复的重要组成部分。家庭成员、朋友的支持对患者的康复过程至关重要。康复团队应当与患者家属积极沟通，提供康复计划的详细信息，教育他们如何在患者康复期间提供适当的支持。休克期患者的神经内科处理是一个复杂而关键的过程。早期的神经监测、神经保护策略的实施，以及康复计划的早期规划，都对患者的生存率和功能康复至关重要。综合医疗团队的协作和患者家属的积极参与，有助于提供全面的神经内科护理，改善患者的预后和生活质量。在未来，随着医学科技的不断进步，更加精准和个体化的神经内科处理策略将进一步提升休克期患者的护理水平。

第二节　神经内科手术在颅脑损伤中的应用

一、开颅手术与闭合性颅脑损伤的选择

开颅手术（craniotomy）和闭合性颅脑损伤的选择是神经外科领域中关键的治疗决策之一。颅脑损伤涉及到头颅和脑组织的受损，可以由外伤、出血、脑挫裂伤等多种原因引起。治疗方法的选择直接关系到患者的生存率、功能恢复和生活质量。本文将详细探讨开颅手术和闭合性颅脑损伤的选择，包括各自的适应证、手术原则、并发症以及近年来的技术进展。

（一）开颅手术

1.适应证

开颅手术通常用于处理以下情况：

（1）颅内出血

硬膜外血肿：血液在硬脑膜与颅骨之间积聚，对颅内压产生影响。开颅手术可以清除血肿、止血，并减轻颅内压。

硬膜下血肿：血液在硬脑膜下积聚，可通过开颅手术切除。

颅内混合性血肿：包括硬膜外和硬膜下同时存在的血肿。

（2）脑挫裂伤

脑挫裂伤时，脑组织遭受严重挫伤，可能需要开颅手术进行清创、修复，并减轻

颅内压。

（3）颅骨骨折

颅骨骨折可能导致颅内出血、脑膜破裂等情况，需要开颅手术进行修复。

（4）脑肿瘤

对于良性或恶性脑肿瘤，开颅手术是最常见的治疗方法之一。手术的目标是切除肿瘤、减轻颅内压，有助于缓解症状和提高患者的生存率。

2. 手术原则

（1）穿刺和引流

在手术开始时，通常需要进行穿刺和引流，以清除颅内的血液或其他液体，减轻颅内压。

（2）切除异常组织

根据病变的类型，外科医生可能需要切除异常的脑组织、血肿、肿瘤等。

（3）缝合和修复

手术完成后，外科医生会进行缝合和修复工作，以恢复颅骨的结构和完整性。

（4）监测和护理

术后，患者需要密切监测，包括颅内压力、生命体征等，以及提供相关的护理支持。

3. 并发症

开颅手术虽然是一种常见的神经外科手术，但仍然伴随着一些潜在的并发症，包括：

感染：开颅手术后存在感染的风险，可能需要抗生素治疗。

脑脊液漏：手术中可能会损伤到脑膜，导致脑脊液漏。这可能需要额外的手术修复。

血管损伤：手术中的血管损伤可能导致出血，需要迅速的处理。

神经功能障碍：手术可能会导致一些神经功能上的改变，这需要密切的康复和随访。

（二）闭合性颅脑损伤

1. 适应证

闭合性颅脑损伤是指在颅脑损伤治疗中不进行颅骨开放的一种治疗方法。它适用于以下情况：

（1）轻度颅脑损伤

对于轻度颅脑损伤，闭合性治疗可能是首选。这包括轻微的脑震荡、头部挫伤等，不需要直接干预脑组织。

（2）颅内压不显著升高

如果颅内压力没有显著升高，患者没有明显的神经功能障碍，可能选择闭合性治疗。

（3）选择性手术干预

对于某些病例，如小面积硬膜外血肿，可能可以通过选择性手术干预而不进行开颅手术。

2. 手术原则

（1）观察和监测

对于轻度颅脑损伤的患者，医生可能会选择通过观察和监测的方式处理。这包括病房内密切的生命体征监测、神经状态观察以及影像学检查等手段，以确保患者在没有显著恶化的情况下康复。

（2）药物治疗

对于闭合性颅脑损伤，药物治疗可能是关键的干预手段。这可能包括：

镇静剂和止痛药物：用于缓解疼痛、减轻焦虑，以促进患者的舒适和休息。

抗抑郁药物：在需要的情况下，可以使用抗抑郁药物来帮助患者应对心理压力和情绪波动。

抗惊厥药物：如果存在癫痫的风险，抗惊厥药物可能被添加到治疗方案中。

3. 并发症

虽然闭合性颅脑损伤的并发症相对较少，但仍然需要警惕可能出现的问题，包括：

慢性头痛：一些患者可能在受伤后经历慢性头痛，需要及时管理。

神经功能异常：尽管大多数闭合性颅脑损伤患者能够完全康复，但一些患者可能会经历一些神经功能障碍，需要定期随访和康复治疗。

心理健康问题：颅脑损伤可能对患者的心理健康产生影响，包括焦虑、抑郁等，需要心理支持和治疗。

（三）技术进展与新方法

1. 穿刺引流技术

在一些特定情况下，如小面积硬膜外血肿，医生可能选择通过穿刺引流技术来清除血肿，而无须开颅手术。这种技术减少了手术的侵入性，有助于减轻患者的手术创伤。

2. 脑功能监测

随着神经监测技术的进步，包括脑电图（EEG）、脑氧饱和度监测等，医生能够更及时地监测患者的脑功能状态。这有助于指导治疗决策，提高手术的安全性和效果。

3. 影像学技术

高分辨率的神经影像学技术，如磁共振成像（MRI）和计算机断层扫描（CT）等，为医生提供了更为详细的颅内结构信息，有助于更准确地诊断和评估颅脑损伤的程度。这对于制定治疗计划和手术方案至关重要。

4. 生物标志物研究

近年来，生物标志物研究在神经损伤领域取得了显著进展。通过检测特定的生物标志物，可以更早地识别颅脑损伤，帮助医生做出更迅速、准确的治疗决策。开颅手术与闭合性颅脑损伤的选择是一个需要仔细权衡的复杂决策。开颅手术通常用于严重的颅脑损伤，包括颅内出血、脑挫裂伤、脑肿瘤等，其优势在于直接处理颅内病变、缓解颅内压。闭合性颅脑损伤治疗更适用于轻度颅脑损伤，其优势在于较小的侵入性和更短的康复期。

医学技术的进步使得手术治疗更为精确和个体化，监测技术和影像学技术的应用使得医生能够更及时地了解患者的病情，为治疗决策提供更有力的支持。未来，随着科技的不断发展，有望看到更多创新性的治疗方法和技术的应用，为颅脑损伤患者提供更好的治疗选择。在任何情况下，治疗选择应该是一个基于多学科团队讨论和患者具体情况的个体化决策。

二、神经内镜技术在颅内手术中的应用

神经内镜技术是一种在颅内手术中广泛应用的先进技术，它通过经鼻或经口腔进入颅内，利用高分辨率的显微摄像系统为外科医生提供实时、高清的图像，从而实现对颅内病变的显微操作。这一技术的应用不仅提高了手术的精确性和安全性，还减小了手术创伤，缩短了康复时间。本文将深入探讨神经内镜技术在颅内手术中的应用，包括其原理、适应证、手术技术、优势和局限性等方面的内容。

（一）神经内镜技术的原理

神经内镜技术主要通过引入显微摄像系统，使外科医生可以在手术中获得高分辨率的显微图像。这种显微摄像系统通常包括光源、显微摄像头、显微镜等组成部分。根据手术需要，可以选择不同类型的神经内镜，如刚性内镜、可弯曲内镜等。

1. 光源

光源是神经内镜技术中至关重要的一部分，它通过光导纤维将光能传递到患者体内，使手术区域充分照明。光源的高亮度和颜色还影响到显微摄像系统的成像质量。

2. 显微摄像头

显微摄像头负责将手术区域的图像传递到显微镜，并通过连接到显示屏或眼镜等设备，使外科医生能够清晰地观察手术区域。

3. 显微镜

显微镜是神经内镜技术的核心，它使外科医生可以通过显微摄像系统放大手术区域的图像，以便更准确地进行微创操作。

（二）神经内镜技术在颅内手术中的应用

1. 颅内肿瘤切除

（1）垂体瘤切除

神经内镜技术在垂体瘤手术中得到广泛应用。传统的开颅手术可能需要进行较大的颅骨切割，而神经内镜技术可以通过鼻腔进入颅内，直接观察并切除垂体瘤，减小手术创伤，提高手术的安全性和患者的生活质量。

（2）脑膜瘤切除

脑膜瘤位于颅底或脑膜窝等深部区域，传统手术对于这些部位的切除可能较为困难。神经内镜技术通过其高分辨率显微摄像系统，使外科医生能够更好地观察手术区域，精准切除脑膜瘤，减少对周围正常组织的伤害。

2. 脑室镜手术

（1）脑室内肿瘤切除

在脑室内的肿瘤包括脑室管膜瘤等，传统的手术方法可能需要开颅进入脑室，而脑室镜手术通过小孔径的入路，直接进入脑室进行显微操作，避免了大面积颅骨切割，减小了手术创伤。

（2）脑室腔内手术

神经内镜技术还可用于处理脑室腔内的多种疾病，如脑室腔内出血、脑室腔内囊肿等。通过脑室镜，外科医生能够直接观察脑室内的情况，进行引流、清创等操作。

3. 经导管技术

内镜下神经内外科手术：

经导管技术是神经内镜技术的一种发展，它通过在导管内引入显微摄像系统，使外科医生能够通过微小的切口进行手术。这种技术在颅内手术中的应用，例如第三脑室胆囊瘤的切除、脑室腔内异物的取出等，可以减小手术创伤，缩短康复时间。

4.脑积水治疗

内镜下脑室分流术：

脑积水是一种由于脑脊液循环障碍导致的疾病，神经内镜技术可以用于进行脑室分流术，通过在脑室内放置导管，将多余的脑脊液引流到其他部位，以减轻脑室内的压力。内镜下脑室分流术相比传统的手术方式，具有更小的创伤、更短的康复期和更低的感染风险。

5.神经导航与显像技术的结合

神经导航技术与神经内镜的结合，使外科医生能够更准确地定位和操作，提高手术的精确性。通过导航系统，医生可以在手术中实时地看到患者的解剖结构，调整手术计划，确保手术的成功进行。

（三）优势与局限性

1.优势

（1）微创性。神经内镜技术是一种微创性的手术方法，通常只需要小孔径的入路或通过自然腔道进入颅内，相比传统的开颅手术，减小了手术创伤，有助于患者更快地康复。

（2）高分辨率显微图像。神经内镜技术提供了高分辨率的显微图像，使外科医生能够清晰地观察手术区域，准确操作，提高手术的成功率。

（3）减小颅骨开放的需求。相比传统手术方式，神经内镜技术通常不需要大面积的颅骨开放，降低了感染的风险，减小了手术的复杂性。

（4）减轻颅内压。对于一些需要减轻颅内压的病症，如颅内肿瘤、脑积水等，神经内镜技术通过切除病变、引流脑脊液等手段，能够有效地减轻颅内压。

2.局限性

（1）学习曲线。神经内镜技术需要外科医生具备较高的操作技能，而学习曲线相对较长。医生需要经过系统培训和实践，才能熟练掌握这一技术。

（2）有限的工作空间。由于颅内的解剖结构复杂，而神经内镜的操作空间相对有限，对外科医生的精细操作技能提出了更高的要求。

（3）无法处理一些复杂病变。对于一些位于深部结构、较为复杂的颅内病变，神经内镜技术可能无法提供足够的操作空间和视野，需要结合其他手术技术进行处理。

（四）技术进展与未来展望

1.智能化与机器辅助

随着人工智能和机器学习技术的不断发展，神经内镜技术也逐渐向智能化方向发展。机器辅助系统能够通过对大量临床数据的分析，为外科医生提供实时的建议和指导，提高手术的精确性和安全性。

2. 虚拟和增强现实技术

虚拟现实（VR）和增强现实（AR）技术的应用将为神经内镜技术提供更先进的操作环境。医生可以通过虚拟或增强的视觉图像，更直观地感知手术区域，提高手术的操作精确性。

3. 神经内镜的远程操控

随着远程医疗技术的发展，神经内镜的远程操控将成为可能。这意味着专业的神经外科医生可以在不同地理位置远程操控神经内镜进行手术，为偏远地区的患者提供更及时、专业的治疗。

4. 个体化治疗方案

未来，随着基因组学和生物信息学等领域的发展，神经内镜技术将更加个体化。医生可以根据患者的基因信息和病理特征，制定更为精准的治疗方案，提高治疗的针对性和效果。神经内镜技术作为一种微创性、高精确性的手术方法，在颅内手术中发挥着越来越重要的作用。它不仅减小了手术创伤，提高了手术的安全性，同时也为医生提供了更清晰、更直观的手术视野。尽管在应用中存在一些局限性，但随着技术的不断进步和创新，神经内镜技术有望在未来更好地服务于患者，为神经外科领域带来更多的突破。

三、多模式监测在手术中的辅助价值

多模式监测是一种整合多种监测手段和技术的方法，旨在全面了解患者的生理状态、手术过程和术后情况。在手术中，多模式监测通过实时、综合、精准的数据采集和分析，为医生提供全面的信息支持，以提高手术的安全性、效果和患者的康复。本文将深入探讨多模式监测在手术中的辅助价值，包括其原理、技术手段、应用领域、优势与局限性等方面的内容。

（一）多模式监测的原理与技术手段

1. 原理

多模式监测基于对患者生理状态和手术过程进行全方位、多层次的监测。通过整合多种监测手段，如生命体征监测、神经监测、影像学监测等，构建一个全面、综合的监测体系。这一体系通过实时采集、传输和分析多模态数据，为医生提供全景式的患者信息，以支持手术决策和干预。

2.技术手段

（1）生命体征监测。包括血压、心率、呼吸率、体温等生理参数的监测。这些生命体征是患者整体生理状态的重要指标，通过监测变化可以及时了解患者的健康状况。

（2）神经监测。通过脑电图（EEG）、脑氧饱和度监测等技术手段，实时监测患者的神经功能状态。这对于神经外科手术等需要保护神经系统的手术具有重要意义。

（3）影像学监测。结合实时影像学监测，如超声、X线、磁共振等，对手术过程中的器官结构、血管情况等进行实时观察，为医生提供直观的操作指导。

（4）实时数据采集与传输技术。通过先进的传感器技术和数据传输技术，实现多模态数据的实时采集和传输，确保医生能够及时获取全面的患者信息。

（二）多模式监测在手术中的应用领域

1. 心脏手术

在心脏手术中，多模式监测可以同时监测患者的心脏功能、血流动力学状态、氧合水平等多个方面。通过心电图监测心脏的电生理状态，超声监测心脏结构和功能，血流动力学监测血液循环状态，可以全面评估手术的效果，及时发现并处理可能的并发症。

2. 脑神经外科手术

在脑神经外科手术中，多模式监测对于保护神经系统、减少手术风险至关重要。脑电图监测可以实时观察神经活动，脑氧饱和度监测有助于评估脑组织的氧合水平，影像学监测可实时观察手术区域结构。这些监测手段的综合应用，为神经外科医生提供了更为全面的患者信息，有助于避免神经损伤等并发症。

3. 腹部手术

在腹部手术中，多模式监测可以监测患者的循环系统、呼吸系统、肾功能等多个方面。通过实时监测血流动力学状态，超声监测腹部器官结构，呼吸监测呼吸功能，可以及时了解手术过程中的变化，提高手术的安全性。

4. 术后监测与康复

多模式监测在手术结束后的监测与康复阶段同样具有重要作用。通过监测术后生命体征、神经功能、影像学表现等多个方面，可以及时发现并处理术后并发症，制定个性化的康复方案，提高患者术后生活质量。

（三）多模式监测的优势

1. 实时性

多模式监测通过先进的传感器和数据传输技术，实现对患者生理状态的实时监测。医生可以在手术过程中获得及时的、动态的患者信息，有助于迅速调整手术计划和干预措施。

2. 综合性

多模式监测整合了生命体征监测、神经监测、影像学监测等多种手段，为医生提供了全方位、多层次的患者信息。这有助于医生全面了解患者的病情，制定更科学、更有效的治疗方案。

3. 安全性

通过多模式监测，医生可以更准确地了解患者的生理状态和手术过程中的变化，从而及时发现潜在的危险因素。这有助于提高手术的安全性，减少并发症的发生。

4. 个性化治疗

多模式监测为个性化治疗提供了基础。不同患者在手术中可能会有不同的生理反应，通过监测不同模式的数据，医生可以更好地了解患者的个体差异，制定更符合患者需要的治疗方案。

5. 数据可视化

多模式监测系统通常提供直观的数据可视化界面，使医生能够清晰地查看和分析监测数据。这有助于医生更迅速地做出决策，提高医疗团队的工作效率。

（四）多模式监测的局限性

1. 技术复杂性

多模式监测系统涉及多种监测技术和设备的整合，需要高度的技术复杂性。医疗人员需要接受专门的培训，以熟练操作和解读多模态数据。

2. 数据隐私和安全性

多模态监测涉及大量患者数据的采集和传输，因此面临着数据隐私和安全性的挑战。保护患者的隐私信息，防止数据泄露和滥用，是一个需要认真对待的问题。

3. 成本高昂

引入多模式监测系统需要大量的资金投入，包括设备购置、系统集成、培训等方面的成本。这对一些资源匮乏的医疗机构可能构成一定的负担。

4. 依赖技术设备

多模态监测依赖于各种先进的技术设备，如传感器、监测仪器等。一旦设备出现故障或损坏，可能对监测系统的正常运行产生影响。多模式监测在手术中的辅助价值不仅体现在全面、综合的数据采集和监测上，更在于为医生提供了更为精确、实时的患者信息，有助于科学决策、及时干预，提高手术的安全性和成功率。然而，随着科学技术的不断发展，我们也要认识到多模态监测系统在引入和应用过程中可能面临的一些挑战，如技术复杂性、数据安全性等。未来，通过智能算法、无创监测技术、移动端与远程监测等方面的创新，多模态监测系统有望在医疗领域发挥更为重要的作用，为患者提供更个性化、精准的医疗服务。

第三节　脊髓损伤的诊疗原则与康复护理

一、脊髓损伤的急救处理与固定技术

脊髓损伤是一种严重的创伤，其急救处理和固定技术对于患者的生存和康复具有至关重要的意义。在脊髓损伤的急救过程中，迅速而有效的处理可以最大限度地减少进一步的损伤，并提高患者的康复潜力。本文将深入探讨脊髓损伤的急救处理与固定技术，包括其基本原则、具体步骤、常用设备以及可能的并发症等方面的内容。

（一）脊髓损伤的基本原则

1. 确定脊髓损伤的类型和程度

在急救处理之前，首先需要迅速而准确地确定脊髓损伤的类型和程度。这通常需要进行详细的初步评估，包括检查神经系统功能、确定感觉和运动缺陷的范围，以及评估脊柱的稳定性。

2. 防止进一步的损伤

在脊髓损伤发生后，防止进一步的损伤是至关重要的。患者在脊柱受损的情况下，任何不当的移动都可能导致更多的神经损伤。因此，需要谨慎操作，避免滑动、扭曲或弯曲患者的脊柱。

3. 保持呼吸通畅

脊髓损伤可能导致呼吸肌肉受累，影响呼吸功能。因此，在急救处理中，要确保患者的呼吸通畅。如果患者停止呼吸，立即进行心肺复苏（CPR）。

4. 保持头颈部稳定

为了防止颈椎进一步受伤，需要保持头颈部的稳定。这可以通过使用颈托或手法固定头颈部来实现。在移动患者之前，务必先固定好头颈部。

5. 寻求专业医疗援助

脊髓损伤是一种严重的创伤，需要专业的医疗援助。在进行急救处理后，尽早拨打紧急救援电话，将患者送往医院进行进一步的评估和治疗。

（二）脊髓损伤的急救处理步骤

1. 评估患者的安全性

在接触患者之前，首先需要确保急救现场的安全性。检查是否有危险物品、危险环境，确保急救人员和患者的安全。

2. 初步评估神经系统功能

通过简要的神经系统检查，了解患者的感觉和运动功能是否受到影响。这包括检查患者的肢体感觉、运动能力，以及有无疼痛、麻木或瘫痪等症状。

3. 固定头颈部

在初步评估后，立即固定患者的头颈部。这可以通过使用颈托或手法来实现。固定头颈部是为了防止颈椎的进一步损伤。

4. 呼吸道管理

确保患者的呼吸通畅，及时进行人工呼吸和心肺复苏，如果患者出现呼吸困难或停止呼吸。

5. 翻身患者

如果患者需要转运或存在危险，需要谨慎地进行翻身操作。这一过程需要协同急救人员，保持患者的头颈部稳定，防止进一步损伤。

6. 保持体温

脊髓损伤患者往往容易出现体温调节障碍。因此，在急救处理中，要注意保持患者的体温，避免过度冷却。

7. 控制出血

如果脊髓损伤伴随有外伤性出血，需要采取措施控制出血。这可以通过包扎、施加压力、使用止血带等方式来实现。

（三）脊柱固定技术

1. 颈椎固定

颈托固定法：使用颈托将颈椎固定在中性位置，避免颈椎的弯曲或扭转。这种方法适用于急救阶段，但不能长时间使用。

手法固定法：急救人员通过手法固定患者的头颈部，要求熟练的急救技能，适用于短时间的固定。

颈椎创伤板固定法：使用颈椎创伤板进行固定，这是一种更为稳定的固定方法。创伤板通过患者的头颈部，将头颈固定在一定的位置，有效避免颈椎的不稳定性。

2. 背部固定

在背部脊柱损伤的情况下，背部固定是至关重要的。常见的固定方法包括：

硬颈颚枕固定法：在患者的头颈部下方放置硬颈颚枕，通过系带或包扎的方式将患者的头颈固定在硬颈颚枕上。

脊柱板固定法：使用脊柱板或脊柱固定器将患者的背部脊柱固定在中性位置。这种方法对于脊柱的稳定性较好，适用于长时间的固定。

3. 骨科治疗

在急救处理后，患者可能需要接受骨科治疗，特别是对于脊柱骨折等明显骨折的情况。手术治疗可以通过植入脊柱螺钉、支具等来恢复脊柱的稳定性。

（四）注意事项与并发症

1. 注意事项

谨慎移动：在脊髓损伤的急救过程中，患者的移动要十分谨慎，以免加重损伤。

避免颈椎弯曲：颈椎损伤时，要避免颈椎的弯曲，使用颈托或手法固定。

维持呼吸道通畅：保持患者呼吸道的通畅是急救的重要一环，及时进行人工呼吸和心肺复苏。

2. 并发症

呼吸系统并发症：脊髓损伤可能导致呼吸肌肉麻痹，增加呼吸系统并发症的风险，如肺炎等。

循环系统并发症：长时间的固定和卧床容易导致静脉血栓形成、低血压等循环系统并发症。

压疮：患者长时间卧床，尤其是不能自行翻身的情况下，易发生压疮。

尿路感染：长时间导尿管的使用增加了尿路感染的风险，需要定期更换导尿管。

（五）技术进展与未来展望

1. 先进的固定设备

随着医学技术的不断进步，脊髓损伤的固定设备也在不断更新。先进的固定设备，如生物可降解的植入物、可调节的脊柱支具等，为脊髓损伤的治疗提供更多选择。

2. 干细胞治疗

干细胞治疗作为一种新兴的治疗方法，被研究用于脊髓损伤的修复。通过注入干细胞，促进脊髓的再生和神经功能的修复。

3. 神经工程学的应用

神经工程学的发展为脊髓损伤的治疗提供了新的思路。通过人工植入电子器件或人工智能系统，促进神经信号的传导，有望恢复患者的神经功能。

4. 个体化治疗

未来的治疗趋势将更加注重个体化。根据患者的具体情况，制定个性化的治疗方案，包括手术治疗、物理治疗、康复训练等综合干预。脊髓损伤的急救处理与固定技术是一项综合性而复杂的工作，涉及到多个学科领域的知识与技能。在面对脊髓损伤患者时，急救人员需要快速而准确地判断损伤的程度，并采取适当的急救措施。随着医学技术的不断发展，脊髓损伤的治疗方法也在不断创新与完善，为提高患者的康复率和生活质量提供了更多的可能性。

二、脊髓损伤后的早期康复计划

脊髓损伤（SCI）是一种严重的神经系统损伤，可能导致部分或全部肢体瘫痪以及其他功能障碍。早期康复对于脊髓损伤患者至关重要，可以最大限度地提高生活质量、恢复功能，减轻并发症的发生。本文将深入探讨脊髓损伤后的早期康复计划，包括康复的原则、具体的康复措施、康复团队的角色，以及患者和家庭的支持等方面的内容。

（一）康复的基本原则

1. 个体化

每位脊髓损伤患者的情况都是独特的，康复计划应该根据患者的个体特点和损伤程度进行个性化制定。考虑到患者的年龄、性别、健康状况、家庭支持等方面的因素，制定出最适合患者的康复计划。

2. 综合性

脊髓损伤康复是一个多学科的综合性过程，涉及到医学、康复医学、物理治疗、职业治疗、心理学等多个领域。康复团队应该协同合作，共同制定并执行康复计划，确保全方位的康复效果。

3. 渐进性

康复计划应该是一个渐进性的过程，根据患者的康复程度和生理状况逐步调整。从最初的基础康复练习到后期的复杂功能训练，康复过程应该是有计划、有步骤的，以确保患者的适应性和康复效果。

4. 长期性

脊髓损伤康复是一个长期的过程，需要持续的努力和支持。康复计划应该包含长期的康复目标，并鼓励患者在康复过程中保持积极的态度，逐渐实现长期的康复目标。

（二）早期康复措施

1. 生命体征监测和医疗管理

在脊髓损伤的早期阶段，患者可能需要接受生命体征监测和医疗管理，以确保基本的生命支持和防止并发症的发生。这包括监测呼吸、心率、血压等生命体征，并进行必要的药物治疗。

2. 物理治疗

物理治疗是脊髓损伤早期康复的重要组成部分。通过物理治疗，可以促进肌肉的灵活性、力量和耐力，减轻肌肉痉挛，预防关节僵硬，并促进骨密度的增加。物理治疗的具体措施包括床边锻炼、被动关节活动、坐姿练习等。

3. 职业治疗

职业治疗旨在帮助患者适应脊髓损伤后的日常生活和工作环境。这包括康复性的日常活动训练，如自理能力训练、饮食自理等。职业治疗师还可以提供辅助设备的建议，以提高患者的生活质量。

4. 康复性心理治疗

脊髓损伤患者常常伴随有心理压力和情绪问题，因此心理治疗在早期康复中是非常重要的。康复性心理治疗可以帮助患者面对脊髓损伤带来的心理压力，提高应对能力，增强康复信心。

5. 药物治疗

药物治疗主要用于缓解疼痛、控制痉挛和预防并发症。对于疼痛的管理，可以使用镇痛药物；对于肌肉痉挛，可以使用肌松药物；而预防骨质疏松和尿路感染，则可能需要使用其他药物。

6. 营养支持

脊髓损伤患者由于肌肉运动受限，代谢率降低，容易出现营养不良。因此，早期的康复计划中需要包括合理的营养支持，以维持患者的营养状态，促进康复。

7. 康复教育

康复教育是患者和家庭了解脊髓损伤、康复过程，以及学会有效管理的重要组成部分。康复教育内容包括康复的预期目标、如何进行自我监测和管理、康复过程中可能遇到的问题及应对方法等。患者及其家庭成员需要理解脊髓损伤的性质，学习如何进行日常护理，以及掌握有效的康复策略，以更好地应对康复过程中的挑战。

（三）康复团队的角色

1. 医生

医生在早期康复中发挥着关键的角色，负责制定和监督患者的康复计划。医生会对患者的生理状况进行全面评估，确定康复的方向和重点，并调整康复计划以适应患者的变化。医生还负责处理康复过程中出现的并发症，提供必要的医学支持。

2. 物理治疗师

物理治疗师通过定制的运动计划，帮助患者恢复肌肉力量、关节活动和平衡能力。物理治疗师还教授患者如何正确使用助行器、轮椅等辅助设备，以提高生活自理能力。他们在早期康复中的工作是帮助患者最大限度地减轻运动限制，促进康复进程。

3. 职业治疗师

职业治疗师的任务是帮助患者适应日常生活和工作环境。他们通过日常活动的训练，提高患者的生活自理能力。职业治疗师还可以提供有关辅助设备的建议，帮助患者更好地适应家庭和社会生活。

4. 康复护士

康复护士在早期康复中负责患者的全面护理，包括伤口护理、药物管理、生命体征监测等。他们与患者建立密切的沟通，提供情感支持，协助患者顺利过渡到日常康复生活。

5. 心理医生

心理医生的作用是帮助患者和家庭应对脊髓损伤带来的心理压力和情绪问题。他们提供心理治疗，帮助患者建立积极的心态，培养面对挑战的勇气。心理医生还协助患者建立康复目标，并提供有效的心理支持。

6. 社会工作者

社会工作者协助患者和家庭解决社会、经济和法律方面的问题。他们提供资源链接，协助康复团队与社区服务机构合作，以确保患者能够获得全面的康复支持。

（四）患者和家庭的支持

患者及其家庭在早期康复过程中发挥着不可替代的作用。以下是患者和家庭可以提供支持的方面：

1. 积极参与康复计划

患者需要积极参与康复计划，按照康复团队的建议进行锻炼、活动和治疗。遵循医疗建议，按时参加康复活动，对于康复的顺利进行至关重要。

2. 制定合理的康复目标

患者和家庭应与康复团队共同制定合理的康复目标。目标应该是具体、可量化的，既能够激励患者，又符合患者的实际情况。通过制定康复目标，可以更好地引导康复的方向。

3. 保持积极的心态

脊髓损伤是一项严峻的挑战，但积极的心态对于康复至关重要。患者和家庭需要共同面对康复中的困难，鼓励患者始终保持乐观、坚定的信念，相信康复的可能性。

4. 学会有效的沟通

患者和家庭需要与康复团队保持良好的沟通。及时向医生、治疗师等康复团队成员反馈患者的状况，提出问题和疑虑，以便及时调整康复计划。

5. 寻求社会支持

脊髓损伤对患者和家庭的社会生活可能带来很大的改变。积极寻求社会支持，加入康复支持群体，与其他脊髓损伤患者分享经验，互相鼓励，有助于建立更好的社会支持系统。

（五）康复的进展和调整

康复是一个动态的过程，康复计划需要根据患者的进展和变化进行定期评估和调整。以下是康复过程中的一些关键考虑因素：

1. 进展的监测

康复团队应定期监测患者的康复进展。这包括生理功能、肌肉力量、运动范围、生活自理能力等方面。通过定期评估，可以及时发现问题并调整康复计划。

2. 康复计划的调整

康复计划需要根据患者的实际情况进行调整。如果患者取得了良好的进展，可以逐步增加康复的强度和难度。反之，如果出现问题或进展较慢，康复计划可能需要进行适度的调整。

3. 康复目标的更新

随着康复的进行，原定的康复目标可能需要进行更新和调整。新的康复目标应该更符合患者当前的康复水平和生活需求，以激励患者继续努力。

4. 康复团队的协同合作

康复团队成员之间需要保持良好的协同合作。医生、物理治疗师、职业治疗师、心理医生等成员应该及时分享患者的信息，共同制定和调整康复计划，确保康复工作有序进行。

5.康复环境的优化

患者的康复环境也需要不断优化。这包括家庭环境的改造，以适应患者的特殊需求，以及社会环境的逐步融入，帮助患者更好地适应社会生活。

（六）康复过程中的挑战与应对

1.身体康复的挑战

肌肉萎缩和力量丧失：由于脊髓损伤影响了神经冲动传递，患者容易出现肌肉萎缩和力量丧失。物理治疗的重点是通过逐步的锻炼和康复技术来减轻这些问题。

痉挛和疼痛：部分脊髓损伤患者可能经历肌肉痉挛和神经痛。药物治疗和物理治疗是缓解这些症状的主要手段。

2.心理康复的挑战

情绪波动：脊髓损伤可能引起患者情绪的波动，包括沮丧、焦虑和愤怒。心理治疗和心理支持有助于患者应对这些情绪问题。

社交障碍：康复过程中，患者可能面临社交障碍，感到孤独和无助。加入康复支持群体、参与社交活动可以缓解这些问题。

3.社会康复的挑战

职业和就业问题：脊髓损伤可能影响患者的职业和就业。职业治疗师可以提供相关建议和培训，帮助患者重新融入工作环境。

社会融入问题：社交隔离和康复期间的活动限制可能使患者感到社会融入的难度。康复团队和社会工作者可以提供支持，帮助患者重新建立社会联系。

（七）康复的未来展望

1.新技术的应用

随着科技的发展，新技术的应用为脊髓损伤康复带来了新的可能性。如神经调制、外骨骼技术等，可以帮助患者提高肌肉功能，改善生活质量。

2.干细胞治疗的研究

干细胞治疗被研究用于脊髓损伤的再生。通过注入干细胞，有望促进脊髓的再生和神经功能的修复。

3.社会意识的提高

随着社会对残疾人权益的重视，脊髓损伤患者将更容易融入社会，获得更多的支持和关注。社会的理解和支持有助于患者更好地适应康复生活。

4.康复研究的不断深入

康复研究的不断深入将为脊髓损伤患者提供更多的康复选择。不断更新的康复理论和技术将为患者提供更为有效的康复方案。脊髓损伤后的早期康复计划是一个复杂而综合的过程，需要医护团队、患者和家庭的共同努力。通过科学合理的康复计划，患者可以最大限度地恢复功能，提高生活质量。随着医学技术和康复理念的不断进步，我们对于脊髓损伤康复的认识将不断深化，为患者提供更好的康复支持。

在未来，我们可以期待更多创新性的康复方法的出现，更多科技手段的应用，以及更多社会层面的支持，共同推动脊髓损伤康复领域的发展。通过科学研究、医疗实践和社会努力的结合，我们有信心在未来为更多的脊髓损伤患者提供更为有效和全面的康复服务。

第四节　运动神经元疾病的外伤后康复

一、外伤对运动神经元疾病患者的影响

运动神经元疾病是一组影响运动神经元的疾病，其中包括运动神经元本身的疾病（如运动神经元病），以及影响运动神经元周围环境的疾病（如周围神经病变）。这些疾病可能导致肌肉无力、运动障碍和其他运动功能障碍。外伤，特别是与损伤有关的外部刺激和力量，对运动神经元疾病患者可能产生一系列影响。本文将深入探讨外伤对运动神经元疾病患者的影响，包括影响机制、临床表现、康复策略等方面的内容。

（一）外伤与运动神经元疾病的关系

1.外伤可能引发运动神经元疾病

外伤是一种可能触发或加重运动神经元疾病的因素。一些运动神经元疾病，如运动神经元病（如肌萎缩侧索硬化症）、周围神经病变等，其发病机制可能与遗传、环境因素以及外伤等因素相互作用有关。外伤可能导致神经元的直接损伤，引起炎症反应，从而加速运动神经元的损失。

2.外伤可能加重运动神经元疾病症状

对于已经存在运动神经元疾病的患者，外伤可能导致病情加重或症状恶化。损伤后的炎症反应、局部组织的破坏以及神经元的进一步受损，都可能引起原有疾病的恶化。此外，外伤可能导致肌肉损伤和功能障碍，使患者更加容易受到运动神经元疾病的影响。

（二）外伤对运动神经元疾病患者的影响机制

1. 神经炎症反应

外伤引发的组织损伤可能导致炎症反应的发生。在运动神经元疾病患者中，炎症反应可能加速神经元的损伤和丧失。炎症细胞的聚集和炎症介质的释放可能对周围神经组织产生直接的毒性作用，加剧神经元的功能受损。

2. 神经元再损伤

外伤引发的机械力作用可能对运动神经元造成直接的损伤。神经元的轴突或树突可能受到牵拉、切割或挤压，从而导致神经元结构的破坏。这种直接的神经元损伤可能导致神经元的功能受损，影响神经冲动的传导。

3. 血液循环障碍

外伤可能导致局部血液循环的障碍，影响神经元周围的供血。对于运动神经元来说，良好的血液供应对于其正常的代谢和功能维持至关重要。外伤引起的血液循环障碍可能导致神经元缺氧、营养不足，加重运动神经元的受损。

4. 神经元的变性和死亡

外伤可能引起运动神经元的变性和死亡。神经元的直接损伤、炎症反应的影响以及血液循环的障碍都可能导致神经元结构和功能的改变。在运动神经元疾病患者中，这种变性和死亡可能比一般损伤更为显著，因为患者已经存在基础的神经元功能障碍。

（三）外伤对运动神经元疾病患者的临床表现

1. 运动功能障碍

外伤可能导致运动神经元疾病患者的运动功能进一步受损。肌肉的无力、肌肉痉挛等运动功能障碍可能在外伤后显著加重。患者可能面临更加困难的日常活动，如行走、站立和手部操作。

2. 疼痛症状

外伤引起的炎症反应和神经元受损可能导致运动神经元疾病患者出现疼痛症状。疼痛可能是由于神经元的激活、炎症介质的释放以及周围组织的破坏所致。在运动神经元疾病患者中，本来就存在的运动功能障碍可能与外伤引起的疼痛相互作用，使患者在疼痛的同时面临更加困难的运动。

3. 心理健康影响

外伤对于运动神经元疾病患者的心理健康可能产生显著的影响。疼痛、运动功能障碍以及对于康复前景的担忧都可能导致患者的心理压力增加。心理健康问题如抑郁、焦虑等可能在外伤后显著加重，需要综合康复团队的关注和支持。

（四）康复策略及处理

1. 早期康复介入

对于运动神经元疾病患者，特别是在发生外伤后，早期的康复介入至关重要。及时的物理治疗、职业治疗和康复护理可以帮助患者尽早地恢复运动功能，减轻疼痛症状，并预防并发症的发生。早期康复介入有助于最大程度地维持患者的独立生活能力。

2. 长期的综合康复计划

针对外伤对运动神经元疾病的影响，制定长期的综合康复计划是必要的。该计划应涵盖物理治疗、职业治疗、心理治疗以及社会工作的多个方面。通过全方位的康复干预，可以更好地改善患者的生理和心理状态，提高生活质量。

3. 疼痛管理

外伤可能导致运动神经元疾病患者出现疼痛症状，因此疼痛管理是康复过程中的重要一环。合理使用药物治疗、物理疗法以及心理治疗等手段，有助于减轻疼痛症状，提高患者的生活质量。

4. 心理支持

由于外伤可能引发患者的心理压力增加，提供心理支持也是康复中不可忽视的方面。心理治疗、心理咨询以及康复团队的心理健康专业人士的支持，有助于患者更好地应对心理困扰，保持积极的康复态度。

5. 个体化的康复计划

每位运动神经元疾病患者的情况都是独特的，因此康复计划应该根据患者的具体情况制定。个体化的康复计划可以更好地满足患者的康复需求，确保康复措施的有效性。

6. 定期康复评估和调整

随着康复的进行，定期的康复评估和调整是确保康复计划有效性的关键。根据患者的康复进展和外伤的影响，康复团队应该及时调整康复计划，以适应患者的变化和需求。外伤对运动神经元疾病患者的影响是一个复杂而多面的问题。外伤可能引发或加重运动神经元疾病，导致运动功能障碍、疼痛症状以及心理健康问题。在康复方面，早期介入、个体化康复计划、心理支持等都是关键因素。

未来，通过生物学标志物的研究、康复科技的创新、个体化医疗的推广、跨学科合作以及社会支持体系的建设，我们有望更好地理解外伤对运动神经元疾病的影响，提高患者的康复水平。深入的康复研究将为制定更有效的康复策略提供科学依据，为患者提供更全面、个性化的康复服务。在不断的科技进步和医学研究的推动下，我们有信心在未来为运动神经元疾病患者提供更好的康复支持，改善他们的生活质量。

二、外伤后的康复治疗策略

外伤是指机体在外部作用下受到的一种机械性或物理性的损伤，可以涉及骨骼、关节、软组织等多个系统。外伤后的康复治疗是一个复杂而综合的过程，涉及到多学科的合作，旨在最大限度地减轻患者的症状，提高生活质量，促进功能的恢复。本文将深入探讨外伤后的康复治疗策略，包括早期康复介入、物理治疗、药物治疗、心理支持等多个方面的内容。

（一）早期康复介入

1. 早期评估和诊断

外伤后的早期康复介入始于对患者的早期评估和诊断。通过临床检查、影像学检查等手段，及时发现和了解外伤的损伤程度，为制定个体化的康复计划提供基础。早期诊断有助于及时采取相应的治疗措施，防止症状的进一步恶化。

2. 疼痛管理

外伤后常伴随着疼痛，因此早期的疼痛管理是康复的重要环节。药物治疗、物理疗法、神经阻滞等手段可用于缓解疼痛，提高患者的舒适度。有效的疼痛管理有助于减轻患者的不适感，同时也为后续的康复活动创造了更有利的条件。

3. 早期活动和关节功能维护

早期的活动和关节功能维护是外伤康复的关键步骤。适当的关节活动有助于减缓关节强直、肌肉萎缩等并发症的发生。物理治疗师可以制定个体化的早期运动方案，包括主动和被动的关节活动，以促进血液循环、减轻肌肉紧张度，帮助患者更快地恢复正常的生理功能。

4. 康复团队的协同工作

早期康复介入需要康复团队的协同工作，包括医生、物理治疗师、职业治疗师、康复护士等多个专业人员。通过多学科的合作，可以更全面地评估患者的康复需求，制定更有效的治疗方案，并及时调整康复计划以适应患者的变化。

（二）物理治疗

1. 运动治疗

运动治疗是外伤康复的重要组成部分。通过有针对性的运动训练，可以增强肌肉力量、提高关节灵活性，并帮助患者逐渐恢复正常的生理功能。运动治疗旨在根据患者的具体病情和损伤程度，制定个性化的康复计划，包括逐步增加的运动强度和频率。

2. 物理疗法

物理疗法包括热疗、冷疗、电疗等多种手段，用于减轻疼痛、消肿、促进组织修复。热疗可以扩张血管、促进血液循环，有助于缓解肌肉紧张；冷疗则可减轻炎症反应，降低组织代谢。电疗通过电流的刺激，可以改善神经传导速度、减轻疼痛等。

3. 康复设备的应用

现代康复中，各种康复设备的应用对于外伤后的康复治疗至关重要。这包括生物反馈设备、外骨骼辅助设备、康复机器人等。生物反馈设备可以帮助患者了解和调控身体的生理反应，提高运动控制能力。外骨骼辅助设备可以支持患者的运动，减轻肌肉负担，促进康复训练。康复机器人则通过精确的动作控制，为患者提供个性化、高强度的康复训练。

（三）药物治疗

1. 疼痛管理药物

疼痛是外伤后常见的症状，药物治疗是疼痛管理的关键。非甾体抗炎药（NSAIDs）可用于减轻炎症和疼痛，镇痛药和麻醉药可以用于严重疼痛的缓解。药物治疗的选择应该根据患者的具体情况，例如年龄、健康状况、可能的副作用等因素进行综合考虑。

2. 肌肉松弛剂

对于外伤后伴随的肌肉痉挛，肌肉松弛剂的应用有助于减轻肌肉紧张，提高患者的运动舒适度。然而，肌肉松弛剂的使用需要谨慎，因为可能引起一系列副作用，包括头晕、乏力等。

3. 促进骨折愈合的药物

在外伤导致骨折的情况下，药物治疗也可以包括促进骨折愈合的药物，如钙剂、维生素 D 等。这些药物有助于提高骨密度，促进骨折愈合的速度。

（四）心理支持

1. 康复心理治疗

外伤不仅仅是生理上的损伤，还可能对患者的心理健康产生负面影响。康复心理治疗可以帮助患者应对外伤引发的焦虑、抑郁等心理问题。心理治疗的目标是帮助患者建立积极的康复信念，提高康复的自信心，以更好地应对康复过程中的各种挑战。

2. 社会支持

在外伤康复中，社会支持是至关重要的。家庭成员、朋友、康复专业人员的支持都可以对患者的康复产生积极的影响。建立一个良好的社会支持体系，可以提供患者所需的情感支持、信息支持和实质性的帮助，有助于患者更好地适应康复生活。

（五）康复计划的制定和调整

1. 个体化康复计划

每位外伤患者的病情和康复需求都是独特的，因此制定个体化的康复计划至关重要。康复团队应该根据患者的具体情况，综合考虑生理、心理、社会等多个因素，制定符合患者个体差异的康复方案。

2. 阶段性康复目标

康复计划应该明确阶段性的康复目标。根据患者的康复阶段，设定合适的康复目标，以保证康复过程的连贯性和有效性。阶段性康复目标有助于患者理解和参与康复计划，同时也为康复团队提供了评估的依据。

3. 定期康复评估和调整

随着康复的进行，定期的康复评估和调整是必要的。通过定期评估患者的康复进展，康复团队可以及时发现问题、调整治疗计划，以确保康复效果最大化。患者在康复过程中的需求和能力可能发生变化，因此康复计划应该灵活调整，以适应患者的个体差异。

外伤后的康复治疗是一项综合性而复杂的工作，需要多学科的合作，包括医学、康复医学、心理学等多个领域的专业人员。通过早期康复介入、物理治疗、药物治疗、心理支持等综合性的康复策略，可以最大限度地减轻患者的症状，提高生活质量，促进功能的恢复。个体化的康复计划、定期的康复评估和调整、社会支持等方面的措施有助于确保康复过程的顺利进行，使患者能够更好地应对外伤带来的身体和心理挑战。

三、运动神经元疾病复发与预防

运动神经元疾病是一组影响运动神经元的疾病，包括肌肉萎缩侧索硬化症（ALS）、脊髓性肌萎缩症（SMA）、脊髓运动神经元病等。这些疾病通常导致肌肉无法正常运动，最终影响患者的生活质量。对于患有运动神经元疾病的患者，复发是一种常见的现象，而复发的预防成为关注的焦点。本文将深入探讨运动神经元疾病复发的原因、复发的表现，以及预防复发的策略，为患者提供更全面的康复支持。

（一）运动神经元疾病的特点

1. 肌肉萎缩和功能丧失

运动神经元疾病的共同特点之一是肌肉萎缩和功能丧失。由于神经元的损害，神经冲动无法正常传导到肌肉，导致肌肉逐渐萎缩，失去运动功能。这种特征直接影响了患者的日常生活能力和生活质量。

2. 进展迅速和不可逆

运动神经元疾病通常具有进展迅速和不可逆的特点。随着疾病的发展，患者的运动功能逐渐丧失，最终导致严重的残疾。由于神经元的受损难以逆转，疾病的治疗主要集中在缓解症状、提高生活质量和延缓疾病进展。

3. 多样性的症状

运动神经元疾病表现为多样性的症状，包括肌无力、肌肉萎缩、运动障碍、言语困难等。不同的运动神经元疾病可能表现出不同的症状，但都与神经元的损害有关。

（二）运动神经元疾病复发的原因

1. 遗传因素

对于一些运动神经元疾病，遗传因素在其发病机制中起到重要的作用。某些基因突变可能导致神经元的异常，使得患者更容易患上这些疾病。因此，家族史是影响运动神经元疾病发病和复发的一个关键因素。

2. 环境因素

环境因素也被认为与运动神经元疾病的复发相关。环境中的毒素、化学物质、感染等因素可能对神经元产生不良影响，加速疾病的发展。患者在特定环境下的暴露可能增加疾病复发的风险。

3. 免疫系统异常

一些研究表明，免疫系统的异常活动可能与运动神经元疾病的发病和复发有关。自身免疫性疾病可能导致免疫系统攻击神经元，加速疾病的进展。因此，免疫调节可能成为预防复发的一种策略。

4. 生活方式因素

患者的生活方式因素，如饮食、运动、睡眠等，也可能对运动神经元疾病的复发产生影响。不良的生活习惯可能加重患者的症状，增加疾病的复发风险。

（三）运动神经元疾病复发的表现

1. 运动功能下降

运动神经元疾病复发的主要表现之一是运动功能的明显下降。患者可能感觉到肌肉无力、运动困难，甚至出现新的运动受限区域。这种下降可能表现为特定肌群的无力，也可能影响全身的运动功能。

2. 肌肉萎缩加重

复发时，肌肉萎缩往往会加重。由于神经元的损害导致运动信号传导受阻，肌肉不能正常得到刺激和使用，最终导致肌肉的萎缩。患者可能会观察到肌肉变得更为瘦弱。

3. 感觉异常

运动神经元疾病的复发有时也会伴随着感觉异常，包括刺痛、麻木、痛觉过敏等症状。感觉异常可能与神经元的进一步受损有关，导致患者对于触觉、温度、疼痛等刺激的感知出现异常。这些感觉异常可能进一步影响患者的日常生活活动和舒适度。

4. 生理功能受限

除了运动功能下降外，运动神经元疾病的复发还可能导致其他生理功能的受限。这包括呼吸功能、吞咽功能等。对于某些运动神经元疾病，如 ALS，呼吸肌群的受累可能导致呼吸功能的进行性下降，影响患者的生存和生活质量。

（四）运动神经元疾病复发的预防策略

1. 个体化治疗计划

制定个体化的治疗计划是预防运动神经元疾病复发的重要步骤。由于不同的患者病情和生活背景各异，治疗计划应该根据患者的具体情况进行个性化调整。个体化治疗计划可以涵盖药物治疗、康复训练、营养支持等多个方面。

2. 定期康复评估

定期康复评估是预防复发的有效手段。通过定期的身体检查、神经电生理检测、影像学检查等手段，康复团队可以及时发现患者病情的变化，调整治疗方案，防止疾病复发。

3. 药物治疗

药物治疗在预防运动神经元疾病复发中扮演着重要的角色。对于一些特定的运动神经元疾病，存在一些可用于延缓疾病进展的药物，如 Riluzole 对于 ALS 的治疗。患者应按医生建议规范用药，以维持稳定的病情。

4. 康复锻炼

康复锻炼是预防运动神经元疾病复发的重要组成部分。通过定期进行物理治疗、康复训练，可以维持肌肉的力量和灵活性，减轻症状，提高患者的生活质量。康复锻炼也有助于改善患者的心理状态，增强对疾病的适应能力。

5. 营养支持

良好的营养支持有助于维持患者的整体健康状况，对于预防运动神经元疾病复发至关重要。特别是对于需要呼吸肌群支持的患者，合理的营养摄入可以维持充足的体力和呼吸功能。

6. 心理支持

心理支持对于预防运动神经元疾病复发同样至关重要。患者可能面临身体功能下降、生活质量降低等挑战，心理支持可以帮助患者积极面对疾病，减轻焦虑和抑郁情绪，提高对治疗的依从性。

7. 定期随访

定期随访是确保患者康复计划执行的关键环节。通过定期随访，医生可以了解患者的生活状况、治疗依从性以及可能的症状变化。及时调整治疗计划，制定新的康复目标，有助于预防疾病的复发。

第五节　护理部在神经创伤中的作用

一、护理团队在神经创伤急救中的分工与协作

神经创伤是指对中枢神经系统（包括脑和脊髓）或外周神经系统（包括神经根、神经干、神经丛和末梢神经）造成的损伤。这种创伤可能是由于外力作用、炎症、感染、缺血、中毒等因素引起。在神经创伤的急救过程中，护理团队的协同工作至关重要，需要各个环节的专业人员密切合作，以确保患者得到及时、全面、有效的护理。本文将探讨护理团队在神经创伤急救中的分工与协作，强调多专业团队的作用以及其在急救过程中的关键角色。

（一）护理团队的多专业构成

1. 护士

护士是神经创伤急救团队中不可或缺的一部分。他们负责患者的日常护理、病情观察、监测生命体征、给予药物治疗等。在急救过程中，护士扮演着桥梁的角色，将患者的情况及时传递给其他医疗专业人员，确保信息畅通。

2. 急救医生

急救医生是在紧急情况下为患者提供医疗救助的专业人员。他们具有急救技能，能够快速评估患者的病情，采取紧急措施，为进一步的治疗提供时间窗口。在神经创伤急救中，急救医生可能进行头颅 CT 扫描、评估神经功能等必要的检查。

3. 外科医生

外科医生在神经创伤的急救中负责手术干预。对于一些需要紧急手术的神经创伤，如颅内血肿、脑挫裂伤等，外科医生需要迅速进行手术，减轻颅内压，阻止出血，并修复受损的神经组织。

4. 放射科医生

放射科医生在神经创伤的影像学检查中发挥着关键作用。通过头颅 CT、脊柱 MRI 等检查，他们能够清晰地了解神经组织的损伤情况，为医疗团队制定合理的治疗方案提供重要信息。

5. 神经外科医生

神经外科医生是专门负责处理神经系统疾病和创伤的专业人员。在神经创伤急救中，他们可能参与手术治疗、神经修复等方面的工作，提供专业的神经外科护理。

6. 神经科医生

神经科医生主要负责对患者的神经系统疾病进行诊断和治疗。在神经创伤急救中，他们可能参与制定治疗计划、用药方案，并在患者稳定后负责长期的康复工作。

7. 物理治疗师和职业治疗师

物理治疗师和职业治疗师在神经创伤的康复中发挥着至关重要的作用。物理治疗师通过康复锻炼帮助患者恢复肌肉功能、平衡感和行走能力。职业治疗师则关注患者的日常生活技能，帮助其重新获得独立生活的能力。

（二）护理团队的分工

1. 急救初期

在神经创伤的急救初期，护理团队需要迅速而有序地进行工作。护士负责对患者进行初步的生命体征监测、抢救性处理，确保患者的呼吸、循环等基本生理功能稳定。急救医生通过快速的初步评估，判断患者是否需要紧急手术或其他特殊处理。

2. 临床阶段

当患者在急救初期稳定后，进入临床阶段，护理团队的分工更加明确，各专业人员密切合作以提供全面的护理：

（1）护士的角色：

监测和评估：护士负责监测患者的生命体征，包括血压、心率、呼吸等。他们还对神经系统的状况进行观察，注意意识水平、瞳孔反应等指标的变化。

药物管理：护士根据医生的嘱托，管理患者的药物，包括止痛药、抗炎药、抗生素等。对于需要持续监测的药物，如血压药物，护士需要密切关注患者的反应。

患者教育：护士向患者及其家属提供关于疾病、治疗和康复的信息。这包括手术后的护理、康复锻炼的指导等。患者及其家属的合作对康复过程至关重要。

（2）外科医生和神经外科医生的角色：

手术干预：在神经创伤的急救中，外科医生可能需要进行紧急手术，处理颅内血肿、脑挫裂伤等紧急情况。神经外科医生可能介入处理脊髓损伤等神经外科问题。

手术后的监测：手术后，外科医生和神经外科医生需要密切关注患者的手术恢复情况，防止术后并发症，确保伤口愈合良好。

（3）放射科医生的角色：

影像学检查：放射科医生负责进行神经创伤的影像学检查，如头颅 CT、脊柱 MRI 等。这些检查能够提供关键信息，帮助医疗团队了解损伤的具体情况，制定后续治疗方案。

（4）物理治疗师和职业治疗师的角色：

康复计划制定：物理治疗师负责根据患者的神经创伤类型和程度，制定个性化的康复计划。这包括康复锻炼、物理疗法等。

日常生活技能恢复：职业治疗师帮助患者重建日常生活技能，如自理能力、就餐、穿衣等。他们通过各种训练和活动，帮助患者提高生活质量。

（5）神经科医生的角色：

疾病诊断和治疗规划：神经科医生负责对神经创伤进行详细的神经系统评估，制定治疗计划，包括药物治疗、神经修复等。

患者监测和随访：神经科医生在患者康复阶段负责监测神经系统的变化，调整治疗计划，并进行定期随访。

（三）护理团队的协作机制

1. 多学科会诊

在神经创伤的急救中，多学科会诊是协作的关键。医生、护士、物理治疗师、职业治疗师等专业人员需要定期召开会议，共同讨论患者的情况，制定一致的治疗方案。通过会诊，可以确保各个专业的工作有机地结合在一起，形成协同合作的局面。

2. 信息共享和沟通

及时的信息共享和沟通是护理团队协作的关键。护士需要将患者的观察结果、生命体征、药物反应等情况及时传达给医生和其他团队成员。各专业人员之间要保持畅通的沟通渠道，确保患者的情况得到全面了解。

3. 紧急情况的处理

在神经创伤的急救中，可能会出现紧急情况，需要团队成员迅速做出反应。团队需要提前制定应急计划，明确每个成员的职责和行动步骤。定期进行模拟演练，提高团队应对紧急情况的协作能力。

4. 定期病例讨论

护理团队需要定期进行病例讨论，总结治疗经验，分享成功案例和失败案例的教训。通过病例讨论，团队成员可以学习到不同专业的观点和经验，促进共同成长。

5. 定期培训与更新知识

由于医学和护理领域的知识不断更新，护理团队的成员需要定期参加培训，了解最新的研究成果、治疗方案和护理技术。通过不断更新知识，护理团队能够更好地适应新的医疗环境，提高应对神经创伤的水平。

6. 患者与家属的沟通

在整个治疗过程中，与患者及其家属的沟通也是护理团队协作的一个重要方面。护士作为患者的主要联系人，需要与患者及其家属建立起有效的沟通渠道，向他们解释治疗方案、提供心理支持，并收集患者的反馈信息，以便及时调整护理计划。

（四）护理团队的挑战与应对策略

1. 团队合作与沟通障碍

挑战：不同专业背景的护理团队成员之间存在语言和概念上的差异，可能导致合作和沟通障碍。

应对策略：开展团队建设培训，提高成员之间的相互理解和沟通技巧。定期组织跨专业的病例讨论，促使团队成员学习和理解其他专业的工作。

2. 紧急情况处理的协同困难

挑战：在神经创伤急救中，可能会出现紧急情况，需要团队成员快速而协调地作出反应。如果团队成员之间协作默契不足，处理效率可能受到影响。

应对策略：进行定期的紧急情况模拟演练，提高团队成员的紧急情况处理能力。强调团队合作的重要性，明确每个成员在紧急情况下的职责。

3. 患者家属的情绪管理

挑战：神经创伤对患者及其家属来说是一次重大的打击，可能伴随着情绪波动、焦虑和恐惧。

应对策略：为护理团队提供心理健康培训，提高团队成员处理患者家属情绪的能力。建立专门的心理支持团队，为患者及其家属提供及时的心理咨询和支持。

4. 长期康复阶段的团队疲劳

挑战：神经创伤患者的康复过程可能是漫长而繁复的，护理团队可能面临疲劳和工作动力下降的问题。

应对策略：定期进行团队建设活动，增强团队凝聚力。为护理团队提供定期的专业培训，使他们保持对康复领域最新知识的关注。

在神经创伤的急救中，护理团队的协作是保障患者安全、提高治疗效果的关键。各专业人员的明确分工和有效协作，可以为患者提供全方位、高质量的护理服务。团队成员之间的沟通、合作和培训都是确保协作顺畅的重要手段。通过不断总结经验，解决团队面临的挑战，提高护理团队的整体素质，将有助于提升神经创伤患者的治疗效果和康复质量。

二、神经创伤术后患者的综合护理

神经创伤术后患者的综合护理是一项极其重要的工作，旨在确保患者迅速康复、减轻疼痛，同时预防术后并发症的发生。神经创伤手术通常涉及神经系统的修复、损伤部位的处理，这要求护理团队具备高度的专业素养和协同合作能力。本文将探讨神经创伤术后患者的综合护理，包括手术后初期护理、术后并发症的预防、康复护理等方面。

（一）手术后初期护理

1. 生命体征监测

神经创伤手术后，患者生命体征的监测是护理的首要任务。包括血压、心率、呼吸、体温等指标，监测频率通常要求较高，以确保患者的生命体征在手术后的稳定。

2. 术后神经功能评估

在术后初期，护理团队需要密切关注患者的神经功能。这包括对运动、感觉、反射等方面的评估，以及对意识状态的观察。神经功能评估的变化可能提示手术效果，同时也是及时发现并处理并发症的重要手段。

3. 疼痛管理

神经创伤手术后患者常常伴随着剧烈的疼痛，疼痛的合理管理对于患者的康复至关重要。护理团队需要制定个性化的疼痛管理方案，包括药物治疗、物理疗法、心理支持等多方面的综合干预。

4. 伤口护理

术后伤口护理是手术后初期护理的重要内容。护理人员需要保持伤口的清洁、干燥，定期更换敷料，以防止感染的发生。对于有引流管的患者，护理人员还需要定期检查引流液的性质和量，及时发现并处理异常情况。

5. 液体管理

在手术后初期，患者通常需要通过静脉输液来维持体液平衡。护理团队需要密切关注患者的液体入量和输出，确保患者的水电解质平衡处于良好状态。

（二）术后并发症的预防

1. 感染预防

感染是神经创伤术后常见的并发症之一。为了预防感染的发生，护理团队需要遵循严格的无菌操作规范，确保手术器械、环境的清洁。此外，对于需要留置导尿管或其他引流管的患者，要定期清理和更换，以减少感染的风险。

2. 血栓形成预防

神经创伤术后患者通常需要卧床休息，这增加了血栓形成的风险。为了预防血栓的发生，护理团队需要进行深静脉血栓形成（DVT）的风险评估，并采取相应的预防措施，如使用抗凝药物、进行物理性预防措施等。

3. 呼吸并发症的预防

部分神经创伤术后患者可能出现呼吸功能受损的情况，特别是对于颅脑手术。护理团队需要监测患者的呼吸情况，提倡深呼吸、咳嗽等呼吸康复训练，防止肺部并发症的发生。

（三）神经康复护理

1. 早期康复训练

在手术后的早期，护理团队需要积极进行康复训练，帮助患者尽早恢复生活自理能力。这包括运动康复、物理治疗、职业治疗等方面的综合康复计划。

2. 心理社会支持

神经创伤术后患者常常伴随着情绪波动、焦虑和抑郁。护理团队需要为患者提供心理社会支持，包括心理咨询、康复心理治疗等，帮助患者应对手术后的心理压力。

3. 定期随访和评估

术后康复是一个漫长的过程，护理团队需要通过定期随访和评估，监测患者的康复进展。定期的神经功能评估、影像学检查以及康复成效的量化评估，有助于及时调整康复计划，确保患者在康复过程中取得良好的效果。

4. 营养支持

神经创伤术后患者往往需要额外的营养支持，以促进伤口愈合和提高免疫力。护理团队应根据患者的实际情况制定个性化的营养方案，包括合理的蛋白质摄入、维生素和矿物质的补充等。

5. 安全护理

由于神经创伤患者可能存在运动和感觉功能的障碍，护理团队需要特别关注患者的安全。提供安全的护理环境，防止跌倒和其他意外事件的发生，是至关重要的。

6. 社会康复服务

在患者康复过程中，社会康复服务也是重要的一环。护理团队需要协助患者及其家属了解社会康复资源，包括康复机构、康复活动、社区支持等，以便患者在康复后更好地融入社会。

（四）护理团队的协同合作

神经创伤术后患者的护理需要多专业团队的协同合作。各专业成员之间需要紧密配合，形成一个有机的整体，确保患者得到全面的关怀。以下是协同合作的一些建议：

1. 多学科会诊

定期召开多学科会诊，由神经外科医生、神经科医生、康复医生、护士、物理治疗师、职业治疗师等专业人员共同讨论患者的情况，制定一致的治疗和康复方案。

2. 定期沟通

护理团队成员之间需要保持定期的沟通，分享患者的情况和治疗进展。护士要及时向医生反馈患者的生命体征、疼痛情况，医生要向康复医生了解患者的神经功能恢复情况。

3. 团队培训

为护理团队提供相关的培训，使每个成员都具备处理神经创伤患者的专业知识和技能。培训可以包括手术后护理、康复训练、疼痛管理等方面。

4. 紧急情况的应对

建立紧急情况的处理机制，明确每个团队成员在紧急情况下的职责和行动步骤。定期进行紧急情况模拟演练，以提高团队对突发状况的应对能力。

神经创伤术后患者的综合护理是一项细致而复杂的工作，需要护理团队具备高度的专业素养和协同合作能力。通过早期的生命体征监测、感染预防、康复训练等综合护理措施，可以最大限度地提高患者的康复水平。护理团队的协同合作是成功实施这些措施的关键，只有多学科的团队协同努力，才能为神经创伤术后患者提供全面、高效的护理服务。

参考文献

[1] 范楷. 神经内科常见疾病临床诊疗实践[M]. 长春：吉林科学技术出版社, 2019.

[2] 矫丽丽. 临床内科疾病综合诊疗[M]. 青岛：中国海洋大学出版社, 2019.

[3] 徐敏. 神经内科临床诊疗实践[M]. 天津：天津科学技术出版社, 2019.

[4] 朱琳，何盛华. 内科疾病现代诊疗技术[M]. 长春：吉林科学技术出版社, 2019.

[5] 毛洪兵. 神经内科常见病诊疗与康复[M]. 长春：吉林科学技术出版社, 2020.

[6] 孙洁. 神经内科疾病诊疗与康复[M]. 长春：吉林科学技术出版社, 2019.

[7] 李杰. 神经系统疾病内科治疗实践[M]. 长春：吉林科学技术出版社, 2019.

[8] 玄进，边振，孙权. 现代内科临床诊疗实践[M]. 北京：中国纺织出版社, 2020.

[9] 黄佳滨. 实用内科疾病诊治实践[M]. 北京：中国纺织出版社, 2021.

[10] 边容. 内科常见病诊疗指南[M]. 长春：吉林科学技术出版社, 2019.

[11] 翟爱东. 临床内科疾病诊治[M]. 天津：天津科学技术出版社, 2018.

[12] 李双. 临床常见疾病诊治与护理[M]. 长春：吉林科学技术出版社, 2019.

[13] 马文华. 内科疾病临床护理实践[M]. 天津：天津科学技术出版社, 2018.

[14] 鹿嫚. 神经内科疾病诊治处理与康复[M]. 长春：吉林科学技术出版社, 2022.